INDUSTRY AND INFORMATION TECHNOLOGY TRAINING PLANNING MATERIALS

TECHNICAL AND VOCATIONAL EDUCATION

工业和信息化人才培养规划教材　高职高专计算机系列

CorelDRAW X5 图形设计基础教程

（第2版）

CorelDRAW X5 Graphic Design Basics Tutorial

周建国 王丽莉 ◎ 主编

何其慧 曹文梁 王小艳 ◎ 副主编

人民邮电出版社

北京

图书在版编目（CIP）数据

CorelDRAW X5图形设计基础教程 / 周建国，王丽莉主编. -- 2版. -- 北京 : 人民邮电出版社，2013.1（2015.8重印）
工业和信息化人才培养规划教材. 高职高专计算机系列
ISBN 978-7-115-28880-6

Ⅰ. ①C… Ⅱ. ①周… ②王… Ⅲ. ①图形软件－高等职业教育－教材 Ⅳ. ①TP391.41

中国版本图书馆CIP数据核字(2012)第241565号

内 容 提 要

本书全面系统地介绍了CorelDRAW X5的基本操作方法和图形图像处理技巧，包括初识CorelDRAW X5中文版、图形的绘制和编辑、曲线的绘制和编辑、轮廓线编辑与颜色填充、对象的排序和组合、文本和表格、位图的编辑、图形的特殊效果、商业案例设计等内容。

本书具有完善的知识结构体系，力求通过对软件基础知识的讲解，使学生深入学习软件功能；在学习了基础知识和基本操作后，精心设计了课堂案例，力求通过课堂案例演练，使学生快速掌握软件的应用技巧；最后通过每章的课后习题实践，拓展学生的实际应用能力。在本书的最后一章，精心安排了专业设计公司的多个商业案例，力求通过这些案例的制作，使学生提高艺术设计创意能力。

本书适合作为高等职业院校数字媒体艺术类专业"CorelDRAW"课程的教材，也可供相关人员自学参考。

工业和信息化人才培养规划教材——高职高专计算机系列

CorelDRAW X5 图形设计基础教程（第 2 版）

◆ 主　　编　周建国　王丽莉
　副 主 编　何其慧　曹文梁　王小艳
　责任编辑　桑　珊
◆ 人民邮电出版社出版发行　　北京市丰台区成寿寺路 11 号
　邮编 100164　　电子邮件　315@ptpress.com.cn
　网址 http://www.ptpress.com.cn
　北京艺辉印刷有限公司印刷
◆ 开本：787×1092　1/16
　印张：17.25　　2013年1月第2版
　字数：486千字　　2015年8月北京第3次印刷

ISBN 978-7-115-28880-6

定价：39.80 元（附光盘）

读者服务热线：(010)81055256　印装质量热线：(010)81055316
反盗版热线：(010)81055315

前言

CorelDRAW 是目前矢量图形处理软件中功能最强大的软件之一。它功能强大，易学易用，深受图形图像处理爱好者和平面设计人员的喜爱。目前，我国很多高职院校的数字媒体艺术专业，都将“CorelDRAW”列为一门重要的专业课程。为了帮助高职院校的教师全面、系统地讲授这门课程，使学生能够熟练地使用 CorelDRAW 来进行设计创意，几位长期在高职院校从事 CorelDRAW 教学的教师和专业平面设计公司经验丰富的设计师，共同编写了本书。

本书具有完善的知识结构体系，力求通过对软件基础知识的讲解，使学生深入学习软件功能；在学习了基础知识和基本操作后，精心设计了课堂案例，力求通过课堂案例演练，使学生快速掌握软件的应用技巧；最后通过每章的课后习题实践，拓展学生的实际应用能力。在本书的最后一章，精心安排了专业设计公司的多个商业案例，力求通过这些案例的制作，使学生提高艺术设计创意能力。本书在内容编写方面，力求细致全面、重点突出；在文字叙述方面，注意言简意赅、通俗易懂；在案例选取方面，强调案例的针对性和实用性。

本书配套光盘中包含了书中所有案例的素材及效果文件。另外，为方便教师教学，本书配备了详尽的课后习题的操作步骤以及 PPT 课件、教学大纲等丰富的教学资源，任课教师可到人民邮电出版社教学服务与资源网（www.ptpedu.com.cn）免费下载使用。本书的参考学时为 45 学时，其中实训环节为 17 学时，各章的参考学时参见下面的学时分配表。

章节	课程内容	学时分配	
		讲授	实训
第 1 章	初识 CorelDRAW X5 中文版	1	
第 2 章	图形的绘制和编辑	4	3
第 3 章	曲线的绘制和编辑	2	2
第 4 章	轮廓线编辑与颜色填充	4	3
第 5 章	对象的排序和组合	3	2
第 6 章	文本和表格	4	3
第 7 章	位图的编辑	2	1
第 8 章	图形的特殊效果	4	3
第 9 章	商业案例设计	4	
课时总计		28	17

本书由周建国、王丽莉任主编，何其慧、曹文粱、王小艳任副主编。参与本书编写工作的还有葛润平、张文达、张丽丽、张旭、吕娜、李悦、崔桂青、尹国勤、张岩、王丽丹、王攀、陈东生、周亚宁、贾楠、程磊等。

由于作者水平有限，书中难免存在错误和不妥之处，敬请广大读者批评指正。

编　者

2012 年 7 月

教学辅助资源及配套教辅

素材类型	名称或数量	素材类型	名称或数量
教学大纲	1 套	课堂实例	31 个
电子教案	9 单元	课后实例	7 个
PPT 课件	9 个	课后答案	7 个
第 2 章 图形的绘制和编辑	绘制液晶显示器	第 5 章 对象的排序和组合	图形的标注
	绘制卡片相机		绘制警示标志
	绘制卡通图标		绘制游戏手柄
	绘制圣诞树	第 6 章 文本和表格	制作台历
	绘制汽车图标		制作杂志内文
	绘制天气图标		制作手机广告
	绘制电视节目		电脑销售宣传单
	绘制急救箱	第 7 章 位图的编辑	制作门票
第 3 章 曲线的绘制和编辑	绘制小熊图形		打印机广告设计
	绘制 T 恤衫	第 8 章 图形的特殊效果	制作瓷器鉴赏会海报
	绘制桌子		绘制水果文字
	绘制齿轮图		绘制菊花
第 4 章 轮廓线编辑与颜色填充	绘制水果图形		制作立体字
	绘制风景插画		制作摄像机产品宣传单
	绘制布纹图案	第 9 章 商业案例设计	博览会请柬
	绘制民间剪纸		旅游宣传单设计
	绘制玫瑰花		食品海报设计
	绘制环保电池		数码相机招贴
	印刷拼版		POP 设计

目录

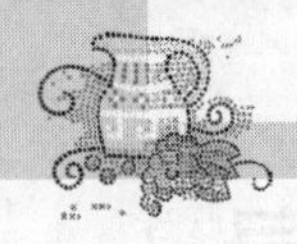

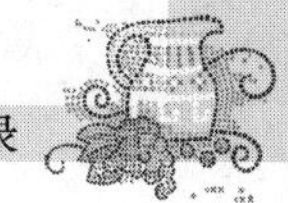

第1章 初识 CorelDRAW X5 中文版

本章将简要介绍 CorelDRAW X5 中文版的基本概况和基本的操作方法。通过对本章的学习，可以达到初步认识和使用这一创作工具的目的。

课堂学习目标

- CorelDRAW X5 中文版概述
- CorelDRAW X5 中文版的工作界面
- 文件的基本操作
- 绘图页面显示模式的设置
- 设置版面
- 图形和图像的基础知识

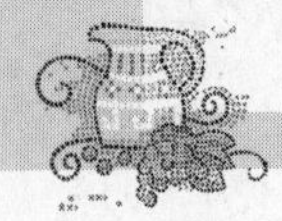

1.1 CorelDRAW X5 中文版概述

CorelDRAW 是目前最流行的矢量图形设计软件之一，它是由全球知名的专业化图形设计与桌面出版软件开发商——加拿大的 Corel 公司于 1989 年推出的。目前，软件版本已经升级到 X5。CorelDRAW X5 是集图形设计、文字编辑、排版及高品质输出于一体的设计软件，并被广泛应用于平面广告设计、文字处理和排版、企业形象设计、包装设计、书籍装帧设计等众多领域。

1.2 CorelDRAW X5 中文版的工作界面

本节将简要介绍 CorelDRAW X5 中文版的工作界面，以及对 CorelDRAW X5 中文版的菜单、工具栏、工具箱及泊坞窗做简单介绍。

1.2.1 工作界面

CorelDRAW X5 中文版的工作界面主要由“标题栏”、“菜单栏”、“标准工具栏”、“属性栏”、“工具箱”、“标尺”、“调色板”、“页面控制栏”、“状态栏”、“泊坞窗”和“绘图页面”等部分组成，如图 1-1 所示。

图 1-1

标题栏：用于显示软件和当前操作文件的文件名，还可以用于调整 CorelDRAW X5 中文版窗口的大小。

菜单栏：集合了 CorelDRAW X5 中文版中的所有命令，并将它们分门别类地放置在不同的菜单中，供用户选择使用。执行 CorelDRAW X5 中文版菜单中的命令是最基本的操作方式。

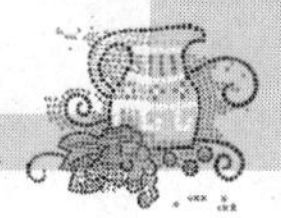

标准工具栏：提供了最常用的几种操作按钮，可使用户轻松地完成几个最基本的操作任务。

工具箱：分类存放着 CorelDRAW X5 中文版中最常用的工具，这些工具可以帮助用户完成各种工作。使用工具箱，可以大大简化操作步骤，提高工作效率。

标尺：用于度量图形的尺寸并对图形进行定位，是进行平面设计工作不可缺少的辅助工具。

绘图页面：指绘图窗口中带矩形边沿的区域，只有此区域内的图形才可被打印出来。

页面控制栏：可以用于创建新页面并显示 CorelDRAW X5 中文版中文档各页面的内容。

状态栏：可以为用户提供有关当前操作的各种提示信息。

属性栏：显示了所绘制图形的信息，并提供了一系列可对图形进行相关修改操作的工具。

泊坞窗：这是 CorelDRAW X5 中文版中最具特色的窗口，因它可放在绘图窗口边缘而得名。它提供了许多常用的功能，使用户在创作时更加得心应手。

调色板：可以直接对所选定的图形或图形边缘的轮廓线进行颜色填充。

1.2.2　使用菜单

CorelDRAW X5 中文版的菜单栏包含“文件”、“编辑”、“视图”、“布局”、“排列”、“效果”、“位图”、“文本”、“表格”、“工具”、“窗口”和“帮助”等几个大类，如图 1-2 所示。

文件(F)　编辑(E)　视图(V)　布局(L)　排列(A)　效果(C)　位图(B)　文本(X)　表格(T)　工具(O)　窗口(W)　帮助(H)

图 1-2

单击每一类的按钮都将弹出其下拉菜单，如单击“编辑”按钮，系统将弹出如图 1-3 所示的下拉式菜单。

最左边为图标，它和工具栏中具有相同功能的图标一致，以便于用户记忆和使用。

最右边显示的组合键则为操作快捷键，便于用户提高工作效率。

某些命令后带有 ▸ 标志的，表明该命令还有下一级菜单，将光标停放其上即可弹出下拉菜单。

某些命令后带有 ··· 标志的，表明单击该命令可弹出对话框，允许用户进一步对其进行设置。

此外，“编辑”下拉菜单中的有些命令呈灰色状，表明该命令当前还不可使用，需要进行一些相关的操作后方可使用。

图 1-3

1.2.3　使用工具栏

在菜单栏的下方通常是工具栏，但实际上，它摆放的位置可由用户决定。不止是工具栏如此，在 CorelDRAW X5 中文版中，只要在各栏前端出现控制柄的，均可按照用户自己的习惯进行拖曳摆放。

CorelDRAW X5 中文版的“标准”工具栏如图 1-4 所示。

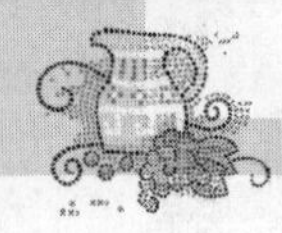

图 1-4

这里存放了几种常用的命令按钮，如“新建”、“打开”、“保存”、“打印”、“剪切”、“复制”、“粘贴”、“撤消”、“恢复”、“导入”、“导出”、“应用程序启动器”、“欢迎屏幕”、“缩放级别”、“贴齐”和“选项”等。它们可以使用户便捷地完成以上这些最基本的操作动作。

此外，CorelDRAW X5 中文版还提供了其他一些工具栏，用户可以在“选项”对话框中选择它们。选择“工具 > 选项”命令，弹出如图 1-5 所示的对话框，选取所要显示的工具栏，单击“确定”按钮则可显示，“文本”工具栏如图 1-6 所示。

图 1-5

图 1-6

选择“窗口 > 工具栏 > 变换”命令，则可显示“变换”工具栏，“变换”工具栏如图 1-7 所示。

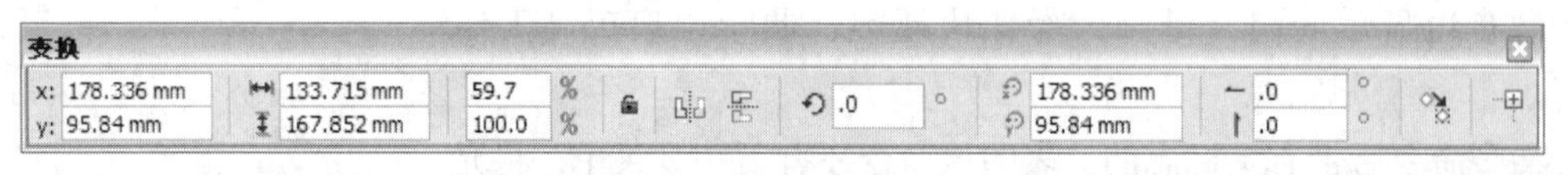

图 1-7

1.2.4 使用工具箱

CorelDRAW X5 中文版的工具箱中放置着在绘制图形时最常用到的一些工具，这些工具是每一个软件使用者都必须掌握的基本操作工具。CorelDRAW X5 中文版的工具箱如图 1-8 所示。

在工具箱中，依次分类排放着“选择”工具、“形状”工具、“裁剪”工具、“缩放”工具、“手绘”工具、“智能填充”工具、“矩形”工具、“椭圆形”工具、“多边形”工具、“基本形状”工具、“文本”工具、“表格”工具、“平行度量”工具、“直线连接器”工具、“调和”工具、“颜色滴管”工具、“轮廓笔”工具、“填充”工具和“交互式填充”工具等几大类。

其中，有些工具按钮带有小三角标记◢，表明其还有展开工具栏，用光标按住它即可展开。例如，按住“交互式填充”工具，将展开工具栏，如图 1-9 所示。

图 1-8　　　　图 1-9

1.2.5　使用泊坞窗

CorelDRAW X5 中文版的泊坞窗，是一个十分有特色的窗口。当打开这一窗口时，它会停靠在绘图窗口的边缘，因此被称为“泊坞窗”。选择“窗口 > 泊坞窗 > 属性”命令，或按 Alt+Enter 组合键，即弹出如图 1-10 右侧所示的“对象属性”泊坞窗。

还可将泊坞窗拖曳出来，放在任意的位置，并可通过单击窗口右上角的和按钮将窗口卷起或放下，如图 1-11 所示。因此，它又被称为“卷帘工具”。

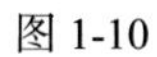

图 1-10

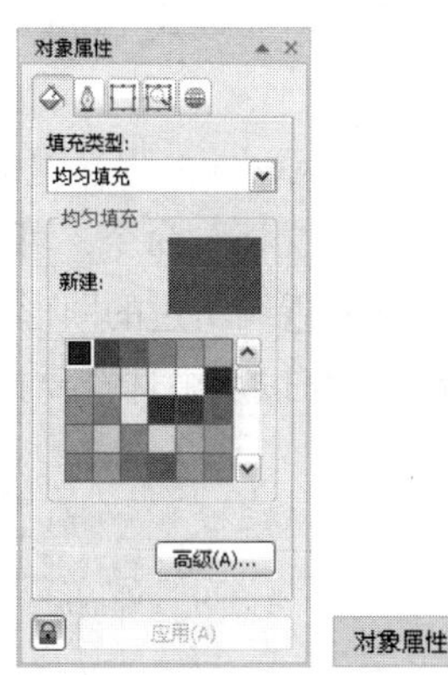

图 1-11

其实，除了名称有些特别之外，泊坞窗更大的特色是其提供给用户的便捷的操作方式。通常情况下，每个应用软件都会给用户提供许多用于设置参数、调节功能的对话框。用户在使用时，必须先打开它们，然后进行设置，再关闭它们。而一旦需要重新设置，则又要再次重复上述动作，十分不便。CorelDRAW X5 中文版的泊坞窗彻底解决了这一问题，它通过这些交互式对话框，使用户无需重复打开、关闭对话框就可查看到所做的改动，极大地方便了广大的用户。

CorelDRAW X5 中文版泊坞窗的列表，位于“窗口 > 泊坞窗”子菜单中。可以选择“泊坞窗”下的各个命令，来打开相应的泊坞窗。用户可以打开一个或多个泊坞窗，当几个泊坞窗都打开时，除了活动的泊坞窗之外，其余的泊坞窗将沿着泊坞窗的边沿以标签形式显示，效果如图 1-12 所示。

图 1-12

1.3 文件的基本操作

掌握一些基础的文件操作，是开始设计和制作作品所必须的技能。下面，将介绍 CorelDRAW X5 中文件的一些基本操作。

1.3.1 如何新建和打开文件

新建或打开一个文件是使用 CorelDRAW X5 进行设计时的第一步。下面，介绍新建和打开文件的各种方法。

⊙ 使用 CorelDRAW X5 启动时的欢迎窗口新建和打开文件。启动时的欢迎窗口如图 1-13 所示。单击“新建空白文档”命令，可以建立一个新的文档；单击“打开最近用过的文档”下的文件名称，可以打开最近编辑过的图形文件；单击“打开其他文档”按钮，弹出如图 1-14 所示的“打开绘图”对话框，可以从中选择要打开的图形文件。

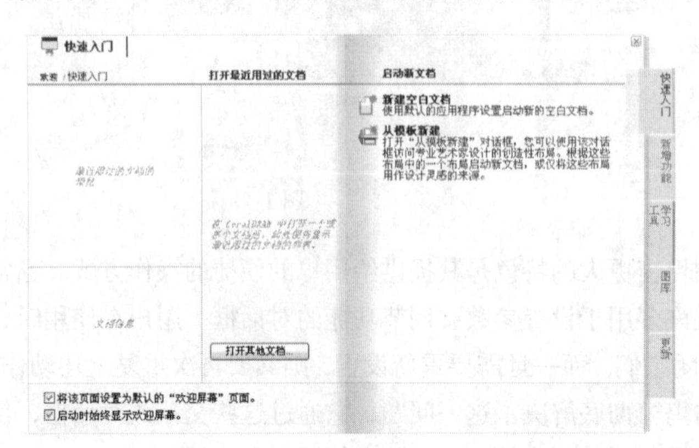

图 1-13

图 1-14

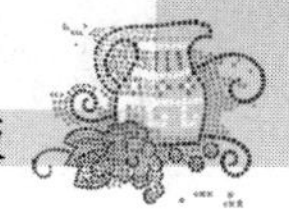

⊙　使用菜单命令和快捷键新建和打开文件。选择“文件 > 新建”命令，或按 Ctrl+N 组合键，可新建文件。选择“文件 > 从模板新建”或“打开”命令，或按 Ctrl+O 组合键，可打开文件。

⊙　使用标准工具栏新建和打开文件。使用 CorelDRAW X5 标准工具栏中的“新建”按钮和“打开”按钮来新建和打开文件。

1.3.2　如何保存和关闭文件

当我们完成好某一作品时，就要对其进行保存和关闭。下面，介绍保存和关闭文件的各种方法。

⊙　使用菜单命令和快捷键保存文件。选择“文件 > 保存”命令，或按 Ctrl+S 组合键，可保存文件。选择“文件 > 另存为”命令，或按 Ctrl+Shift+S 组合键，可更名保存文件。

如果是第一次保存文件，在执行上述操作后，会弹出如图 1-15 所示的“保存绘图”对话框。在对话框中，可以设置“文件名”、“保存类型”和“版本”等保存选项。

⊙　使用标准工具栏保存文件。使用 CorelDRAW X5 标准工具栏中的“保存”按钮来保存文件。

⊙　使用菜单命令和快捷按钮关闭文件。选择“文件 > 关闭”命令，或按 Alt+F4 组合键，或单击绘图窗口右上角的“关闭”按钮，可关闭文件。

此时，如果文件未保存，将弹出如图 1-16 的提示框，询问用户是否保存文件。单击“是”按钮，则保存文件；单击“否”按钮，则不保存文件；单击“取消”按钮，则取消保存操作。

图 1-15

图 1-16

1.3.3　如何导出文件

使用“导出”命令，可以将 CorelDRAW X5 中的文件导出为各种不同的文件格式，供其他应用程序使用。

⊙　使用菜单命令和快捷键导出文件。选择“文件 > 导出”命令，或按 Ctrl+E 组合键，弹出如图 1-17 所示的“导出”对话框。在对话框中，可以设置“文件名”、“保存类型”等选项。

⊙　使用标准工具栏导出文件。使用 CorelDRAW X5 标准工具栏中的“导出”按钮也可以将文件导出。

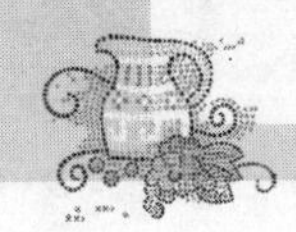

图 1-17

1.4 绘图页面显示模式的设置

在使用 CorelDRAW X5 进行图形绘制的过程中，用户可以随时改变绘图页面的显示模式及显示比例，便于用户更加细致地观察所绘图形的整体或局部。

1.4.1 设置视图的显示方式

在菜单栏中的“视图”菜单下有 6 种视图显示方式：简单线框、线框、草稿、正常、增强和像素。每种显示方式对应的屏幕显示效果都不相同。

⊙ 简单线框模式。“简单线框”模式只显示图形对象的轮廓，不显示绘图中的填充、立体化和调和等操作效果。此外，它还可显示单色的位图图像。“简单线框”模式显示的视图效果如图 1-18 所示。

⊙ 线框模式。“线框”模式只显示单色位图图像、立体透视图和调和形状等，而不显示填充效果。“线框”模式显示的视图效果如图 1-19 所示。

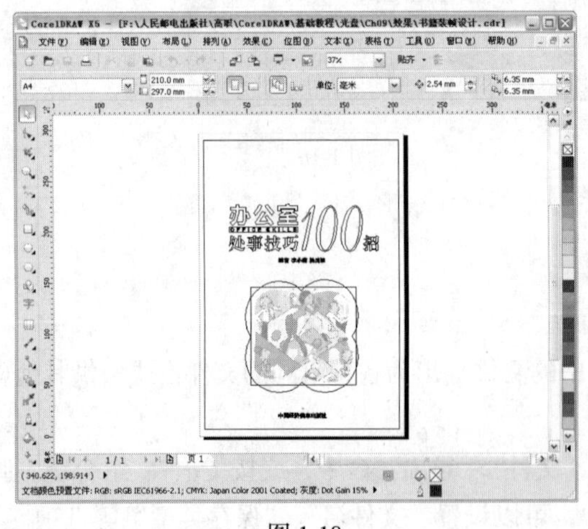

图 1-18

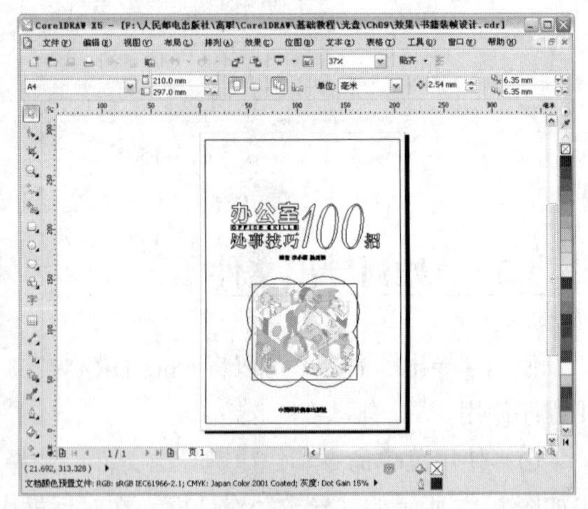

图 1-19

⊙ 草稿模式。“草稿”模式可以显示标准的填充和低分辨率的视图。同时在此模式中，利用

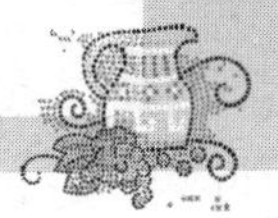

了特定的样式来表明所填充的内容。如平行线表明是位图填充，双向箭头表明是全色填充，棋盘网格表明是双色填充，“PS”字样表明是 PostScript 填充。“草稿”模式显示的视图如图 1-20 所示。

⊙ 正常模式。“正常”模式可以显示除 PostScript 填充外的所有填充以及高分辨率的位图图像。它是最常用的显示模式，它既能保证图形的显示质量，又不影响计算机显示和刷新图形的速度。“正常”模式显示的视图效果如图 1-21 所示。

图 1-20

图 1-21

⊙ 增强模式。“增强”模式可以显示最好的图形质量，它在屏幕上提供了最接近实际的图形显示效果。“增强”模式显示的视图效果如图 1-22 所示。

⊙ 像素模式。“像素”模式使图像的色彩表现更加丰富，但放大到一定程度时会出现失真现象。“像素”模式显示的视图效果如图 1-23 所示。

图 1-22

图 1-23

1.4.2　设置预览显示方式

在菜单栏的“视图”菜单下还有 3 种预览显示方式：全屏预览、只预览选定的对象和页面排序器视图。

“全屏预览”显示可以将绘制的图形整屏显示在屏幕上，选择“查看 > 全屏预览”命令，或按 F9 键，“全屏预览”的效果如图 1-24 所示。

图 1-24

“只预览选定的对象”只整屏显示所选定的对象，选择“查看 > 只预览选定的对象”命令，效果如图 1-25 所示。

“页面排序器视图”可将多个页面同时显示出来，选择“查看 > 页面排序器视图”命令，效果如图 1-26 所示。

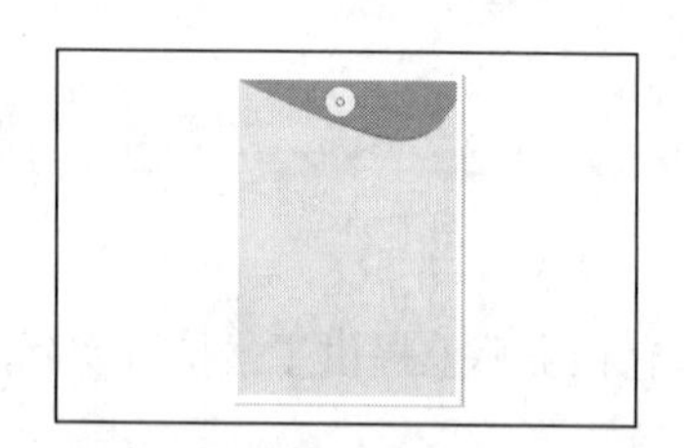
图 1-25

图 1-26

1.4.3　设置显示比例

在绘制图形过程中，可以利用“缩放”工具展开式工具栏中的“平移”工具或绘图窗口右侧和下侧的滚动条来移动视窗。可以利用“缩放”工具及其属性栏来改变视窗的显示比例，如图 1-27 所示。在“缩放”工具属性栏中，依次为“缩放级别”、“放大”按钮、“缩小”按钮、“缩放选定对象”按钮、“缩放全部对象”按钮、“显示页面”按钮、“按页宽显示”按钮和“按页高显示”按钮。

图 1-27

1.4.4　利用视图管理器显示页面

选择“视图 > 视图管理器”命令，或选择“窗口 > 泊坞窗 > 视图管理器”命令，或按 Ctrl+F2 组合键，均可打开“视图管理器”泊坞窗。

利用此泊坞窗，可以保存任何指定的视图显示效果，当以后需要再次显示此画面时，直接在“视图管理器”泊坞窗中选择，无需重新操作。使用“视图管理器”泊坞窗进行页面显示的效果如图 1-28 所示。在“视图管理器”泊坞窗中，按钮用于添加当前查看视图，按钮用于删除当前查看视图。

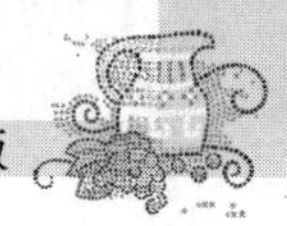

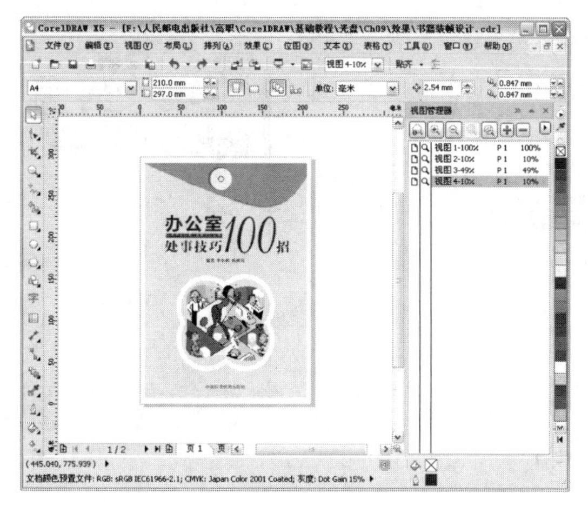

图 1-28

1.5 设置版面

利用“选择”工具属性栏可以轻松地进行 CorelDRAW X5 版面的设置。选择“选择”工具，选择“工具 > 选项”命令，单击标准工具栏中的“选项”按钮，或按 Ctrl+J 组合键，弹出“选项”对话框。在该对话框中单击“自定义 > 命令栏”选项，再勾选“属性栏”选项，如图 1-29 所示，然后单击“确定”按钮，则可显示如图 1-30 所示的“选择”工具属性栏。在属性栏中，可以设置纸张的类型大小和纸张的高度宽度、纸张的放置方向等。

图 1-29

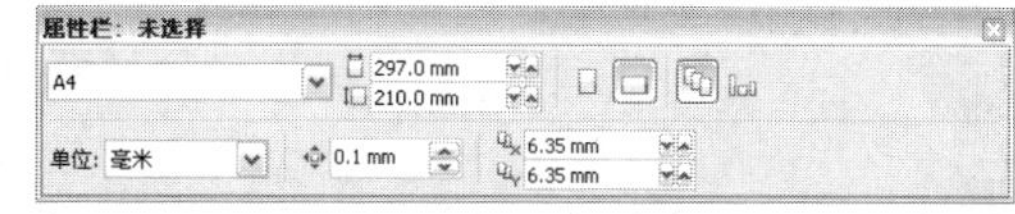

图 1-30

1.5.1 设置页面大小

利用“布局”菜单下的“页面设置”命令，可以进行更详细的设置。选择“布局 > 页面设置”命令，弹出“选项”对话框，如图 1-31 所示。

在“页面尺寸”选项中对版面纸张类型、大小和放置方向等进行设置，还可设置页面出血、分辨率等项。

选择“布局”选项，则“选项”对话框如图 1-32 所示，可从中选择版面的样式。

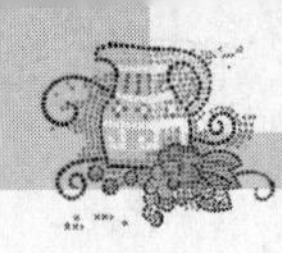

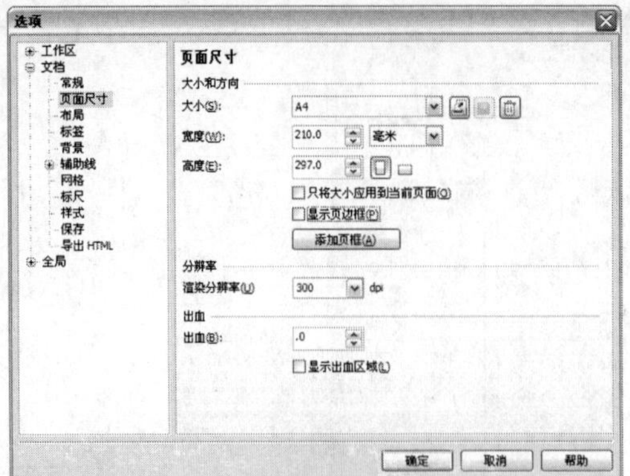

图 1-31

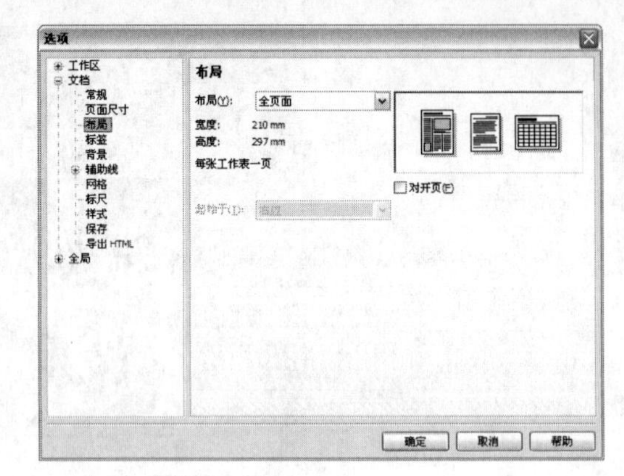

图 1-32

1.5.2 设置页面标签

选择“标签”选项，则“选项”对话框如图 1-33 所示，这里汇集了由 40 多家标签制造商设计的 800 多种标签格式供用户选择。

1.5.3 设置页面背景

选择“背景”选项，则“选项”对话框如图 1-34 所示，可以从中选择单色或位图图像作为绘图页面的背景。

图 1-33

图 1-34

1.5.4 插入、删除与重命名页面

1．插入页面

选择“布局 > 插入页”命令，弹出如图 1-35 所示的“插入页面”对话框。在对话框中，可以设置插入的页面数目、位置、页面大小和方向等选项。

在 CorelDRAW X5 状态栏的页面标签上单击鼠标右键，弹出如图 1-36 所示的快捷菜单，在菜

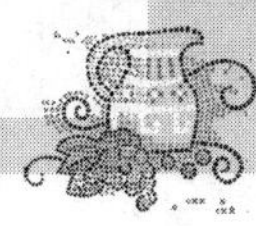

单中选择插入页的命令，即可插入新页面。

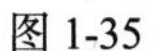

图 1-35

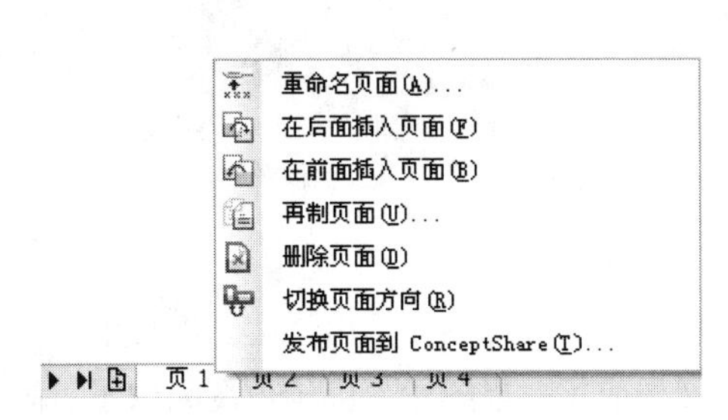

图 1-36

2．删除页面

选择“布局 > 删除页面”命令，弹出如图 1-37 所示的“删除页面”对话框。在该对话框中，可以设置要删除的页面序号，另外还可以同时删除多个连续的页面。

3．重命名页面

选择“布局 > 重命名页面”命令，弹出如图 1-38 所示的“重命名页面”对话框。在对话框中的“页名”选项中输入名称，单击“确定”按钮，即可重命名页面。

图 1-37

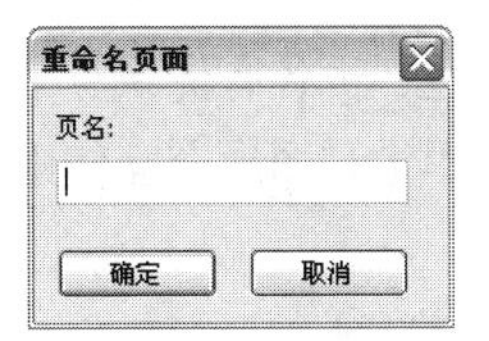

图 1-38

1.5.5　页面跳转

当 CorelDRAW X5 的文档中存在多个页面时，可以选择“布局 > 转到某页”命令，弹出“转到某页”对话框，在对话框中的“转到某页”选项中输入页面的序号，如图 1-39 所示，单击“确定”按钮，即可快速地转到需要的页面。

图 1-39

1.6　图形和图像的基础知识

本节将简要介绍 CorelDRAW X5 中的位图和矢量图，还要对 CorelDRAW X5 的色彩模式、文件格式进行分析和说明。

1.6.1　位图和矢量图

在计算机中，图形图像大致可以分为两种：位图图像和矢量图形。位图图像效果如图 1-40 所示。矢量图形效果如图 1-41 所示。

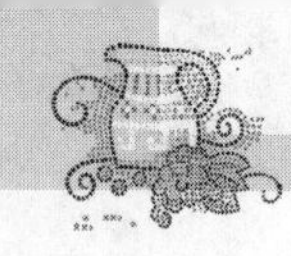

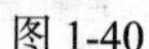

图 1-40

图 1-41

位图图像又称为点阵图，是由许多点组成的，这些点称为像素。而许许多多不同色彩的像素组合在一起便构成了一幅图像。由于位图采取了点阵的方式，使每个像素都能够记录图像的色彩信息，因而可以精确地表现色彩丰富的图像，但图像的色彩越丰富，图像的像素就越多（即分辨率越高），文件也就越大，因此处理位图图像时，对计算机硬盘和内存的要求也较高。同时由于位图本身的特点，图像在缩放和旋转变形时会产生失真的现象。

矢量图形是相对位图图像而言的，也称为向量图形，它是以数学的矢量方式来记录图形内容的。矢量图形中的图形元素称为对象，每个对象都是独立的，具有各自的属性（如颜色、形状、轮廓、大小、位置等）。矢量图形在缩放时不会产生失真的现象，并且它的文件所占的容量较少。但这种图形的缺点是不易制作色调丰富的图形，而且绘制出来的图形无法像位图那样精确地描绘各种绚丽的景象。

图像和图形各具特色，也各有优缺点，并且两者之间具有良好的互补性。因此，在图像处理和绘制图形的过程中，将图像和图形交互使用，取长补短，一定能使读者创作出来的作品更加完美。

1.6.2 色彩模式

色彩模式是把色彩用数据表示的一种方法。CorelDRAW X5 提供了多种色彩模式，这些色彩模式提供了用数值把色彩协调一致地表示出来的方法，这些色彩模式正是设计制作的作品能够在屏幕和印刷品上成功表现的重要保障。在这些色彩模式中，经常使用到的有 RGB 模式、CMYK 模式和灰度模式。

这些模式都可以在“位图 > 模式”命令下选取，每种色彩模式都有不同的色域，用户可以根据需要选择合适的色彩模式，并且各个模式之间可以相互转换。

⊙ RGB 模式。RGB 模式是工作中使用最广泛的一种色彩模式，RGB 模式是一种加色模式，它通过红、绿、蓝 3 种色光相叠加而形成更多的颜色。同时 RGB 也是色光的彩色模式，一幅 24 bit 的 RGB 图像有 3 个色彩信息的通道：红色（R）、绿色（G）和蓝色（B）。

每个通道都有 8 位的色彩信息——一个 0 ~ 255 的亮度值色域。RGB 模式 3 种色彩的数值越大，颜色就越浅，如 3 种色彩的数值都为 255 时，颜色被调整为白色。RGB 模式 3 种色彩的数值越小，颜色就越深，如 3 种色彩的数值都为 0 时，颜色被调整为黑色。

3 种色彩的每一种色彩都有 256 个亮度水平级。3 种色彩相叠加，可以有 256 × 256 × 256=1670 万种可能的颜色，这 1670 万种颜色足以表现出这个绚丽多彩的世界。用户使用的显示器就是 RGB 模式的。

选择“填充”工具展开式工具栏中的“均匀填充”工具，弹出“均匀填充”对话框，选择 RGB 色彩模式，如图 1-42 所示。在对话框中可以设置 RGB 颜色。

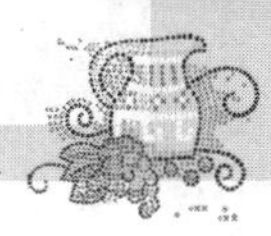

图 1-42

在编辑图像时，RGB 色彩模式应是最佳的选择。因为它可以提供全屏幕的多达 24 bit 的色彩范围，一些计算机领域的色彩专家称之为“True Color”真彩显示。

⊙ CMYK 模式。CMYK 模式在印刷时应用了色彩学中的减法混合原理，它通过反射某些颜色的光并吸收另外一些颜色的光，来产生不同的颜色，是一种减色色彩模式。CMYK 代表了印刷上用的 4 种油墨色：C 代表青色，M 代表洋红色，Y 代表黄色，K 代表黑色。CorelDRAW X5 默认状态下使用的就是 CMYK 模式。

CMYK 模式是图片和其他作品中最常用的一种印刷方式。这是因为在印刷中通常都要进行 4 色分色，制作 4 色胶片，然后再进行印刷。

选择“填充”工具展开式工具栏中的“均匀填充”工具，弹出“均匀填充”对话框，选择 CMYK 色彩模式，如图 1-43 所示。在对话框中可以设置 CMYK 颜色。

⊙ 灰度模式。灰度模式，灰度图又叫 8 bit 深度图。每个像素用 8 个二进制位表示，能产生 2 的 8 次方，即 256 级灰色调。当一个彩色文件被转换为灰度模式文件时，所有的颜色信息都将从文件中丢失。尽管 CorelDRAW X5 允许将灰度文件转换为彩色模式文件，但不可能将原来的颜色完全还原。所以，当要转换灰度模式时，请先做好图像的备份。

像黑白照片一样，一个灰度模式的图像只有明暗值，没有色相和饱和度这两种颜色信息。0%代表黑，100%代表白。其中的 K 值是用于衡量黑色油墨用量的。

将彩色模式转换为双色调模式时，必须先转换为灰度模式，然后由灰度模式转换为双色调模式。在制作黑白印刷中会经常使用灰度模式。

选择“填充”工具展开式工具栏中的“均匀填充”工具，弹出“均匀填充”对话框，选择灰度色彩模式，如图 1-44 所示。在对话框中可以设置灰度颜色。

图 1-43

图 1-44

1.6.3 文件格式

当用 CorelDRAW X5 制作或处理好一幅作品后，就需要对其进行保存。这时，选择一种合适的文件格式就显得十分重要。

CorelDRAW X5 中有 20 多种文件格式可供选择。在这些文件格式中，既有 CorelDRAW X5 的专用格式，也有用于应用程序交换的文件格式，还有一些比较特殊的格式。

⊙ CDR 格式。CDR 格式是 CorelDRAW X5 的专用图形文件格式。由于 CorelDRAW X5 是矢量图形绘制软件，所以 CDR 可以记录文件的属性、位置和分页等。但它在兼容性上比较差，所有 CorelDRAW 应用程序中均能够使用，但其他图像编辑软件打不开此类文件。

⊙ AI 格式。AI 是一种矢量图片格式。是 Adobe 公司的软件 Illustrator 的专用格式。它的兼容性比较好，可以在 CorelDRAW X5 中打开，也可以将 CDR 格式的文件导出为 AI 格式。

⊙ TIF（TIFF）格式。TIF 是标签图像格式。TIF 格式对于色彩通道图像来说是最有用的格式，具有很强的可移植性，它可以用于 PC、Macintosh 以及 UNIX 工作站 3 大平台，是这 3 大平台上使用最广泛的绘图格式。用 TIF 格式存储时应考虑到文件的大小，因为 TIF 格式的结构要比其他文件格式更大更复杂。但 TIF 格式支持 24 个通道，是一种能存储多于 4 个通道的文件格式。TIF 格式非常适合于印刷和输出。

⊙ PSD 格式。PSD 格式是 Photoshop 软件自身的专用文件格式。PSD 格式能够保存图像数据的细小部分，如图层、附加的遮膜通道等 Photoshop 对图像进行特殊处理的信息。在没有最终决定图像存储的格式前，最好先以 PSD 格式存储。另外，Photoshop 打开和保存 PSD 格式的文件较其他文件格式更快。但是 PSD 格式也有缺点，就是存储的图像文件特别大，占用磁盘空间较多。由于在一些图形程序中没有得到很好的支持，所以其通用性不强。

⊙ BMP 格式。BMP 是 Windows Bitmap 的缩写。它可以用于绝大多数 Windows 下的应用程序。

BMP 格式使用索引色彩，它的图像具有极其丰富的色彩，并可以使用 16MB 色彩渲染图像。BMP 格式能够存储黑白图、灰度图和 16MB 色彩的 RGB 图像等。此格式一般在多媒体演示、视频输出等情况下使用，但不能在 Macintosh 程序中使用。在存储 BMP 格式的图像文件时，还可以进行无损失压缩，节省磁盘空间。

⊙ GIF 格式。GIF 是 Graphics Interchange Format 的首字母缩写词。GIF 文件比较小，它形成一种压缩的 8 bit 图像文件。正因为这样，一般用这种格式的文件来缩短图形的加载时间。如果在网络中传送图像文件，GIF 格式的图像文件要比其他格式的图像文件快得多。

⊙ JPEG 格式。JPEG 是 Joint Photographic Experts Group 的首字母缩写词，译为联合图片专家组。JPEG 格式既是 Photoshop 支持的一种文件格式，也是一种压缩方案。它是 Macintosh 上常用的一种存储类型。JPEG 格式是压缩格式中的“佼佼者”，与 TIF 文件格式采用的 LIW 无损失压缩相比，它的压缩比例更大。但它使用的有损失压缩会丢失部分数据。用户可以在保存前选择图像的最后质量，这就能控制数据的损失程度。

⊙ EPS 格式。EPS 是 Encapsulated Post Script 的首字母缩写词。EPS 格式是 Illustrator 和 Photoshop 之间可交换的文件格式。Illustrator 软件制作出来的流动曲线、简单图形和专业图像一般都存储为 EPS 文件格式。Photoshop 可以获取这种格式的文件。在 Photoshop 中，也可以把其他图形文件存储为 EPS 格式，供给如排版类的 PageMaker 和绘图类的 Illustrator 等其他软件使用。

第2章

图形的绘制和编辑

CorelDRAW X5 绘制和编辑图形的功能非常强大。本章将详细介绍绘制、编辑及修整图形的方法和技巧。通过对本章的学习，读者可以熟练掌握绘制、编辑及修整图形的方法和技巧，为进一步学习 CorelDRAW X5 打下坚实的基础。

课堂学习目标

- 绘制几何图形
- 调整图形
- 对象的编辑

2.1 绘制几何图形

通过使用 CorelDRAW X5 的基本绘图工具绘制几何图形，能使用户初步掌握 CorelDRAW X5 工具的特性，为今后绘制复杂的图形打下基础。

2.1.1 绘制矩形

1. 绘制矩形

单击工具箱中的“矩形”工具□，在绘图页面中按住鼠标左键不放，拖曳鼠标到需要的位置，松开鼠标左键，绘制完成矩形，如图 2-1 所示。绘制的矩形的属性栏状态如图 2-2 所示。

按 Esc 键，取消矩形的编辑状态，矩形效果如图 2-3 所示。选择“选择”工具，在矩形上单击可以选择刚绘制好的矩形。

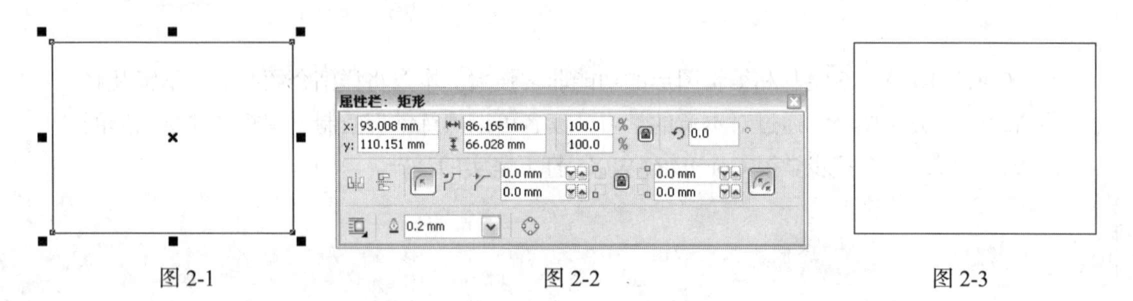

图 2-1　　图 2-2　　图 2-3

按 F6 键，快速选择“矩形”工具□，在绘图页面中适当的位置绘制矩形。按住 Ctrl 键，可以在绘图页面中绘制正方形。按住 Shift 键，在绘图页面中会以当前点为中心绘制矩形。按住 Shift+Ctrl 组合键，在绘图页面中会以当前点为中心绘制正方形。

提示 双击工具箱中的“矩形”工具□，可以绘制出一个和绘图页面大小一样的矩形。

2. 使用“矩形”工具□绘制圆角矩形

在绘图页面中绘制一个矩形，如图 2-4 所示。在绘制矩形的属性栏中，如果将“圆角半径”后的小锁图标选定，则改变“圆角半径”时，4 个角的边角半径数值将相同。设定“圆角半径”（0.0 mm），如图 2-5 所示。按 Enter 键，圆角矩形效果如图 2-6 所示。

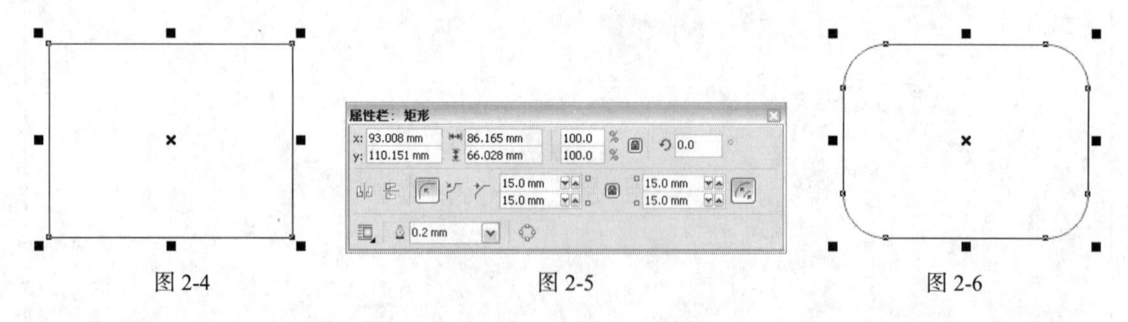

图 2-4　　图 2-5　　图 2-6

如果不选定小锁图标，则可以单独改变一个角的半径数值。在绘制矩形的属性栏中，分别

设定“圆角半径”，如图 2-7 所示。按 Enter 键，圆角矩形效果如图 2-8 所示，如果要将圆角矩形还原为直角矩形，可以将圆角半径设定为 0。

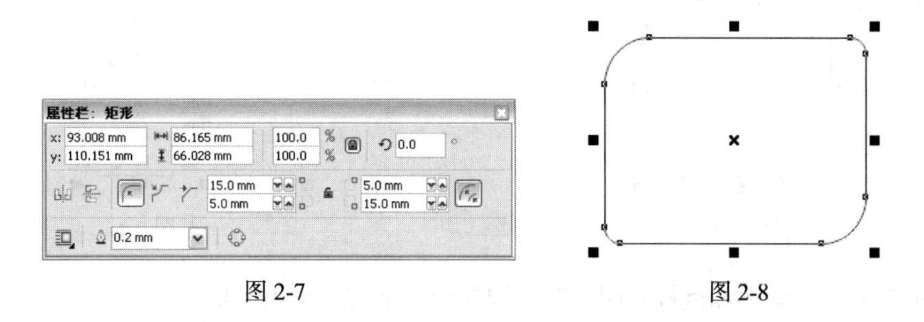

图 2-7　　图 2-8

3．使用“矩形”工具绘制扇形角图形

在绘图页面中绘制一个矩形，如图 2-9 所示。在绘制矩形的属性栏中，单击“扇形角”按钮，在“圆角半径”框中设置值为 20，如图 2-10 所示，按 Enter 键，效果如图 2-11 所示。

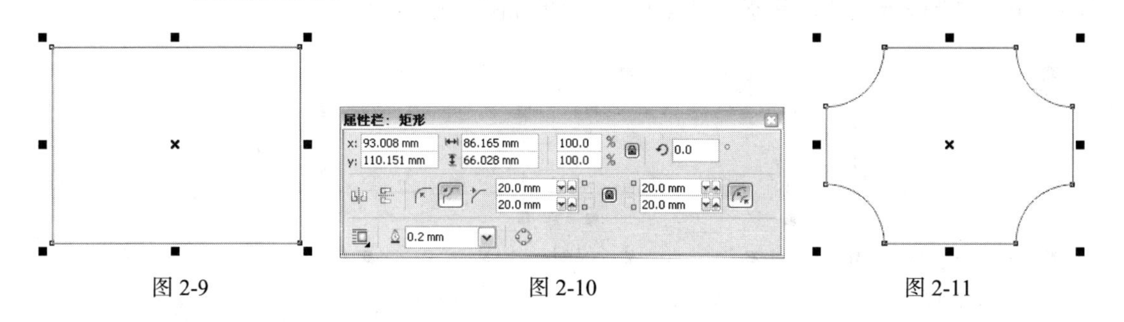

图 2-9　　图 2-10　　图 2-11

“圆角半径”的设置与圆角矩形相同，这里就不再赘述。

4．使用“矩形”工具绘制倒棱角图形

在绘图页面中绘制一个矩形，如图 2-12 所示。在绘制矩形的属性栏中，单击“倒棱角”按钮，在“圆角半径”框中设置值为 20，如图 2-13 所示，按 Enter 键，效果如图 2-14 所示。

“圆角半径”的设置与圆角矩形相同，这里就不再赘述。

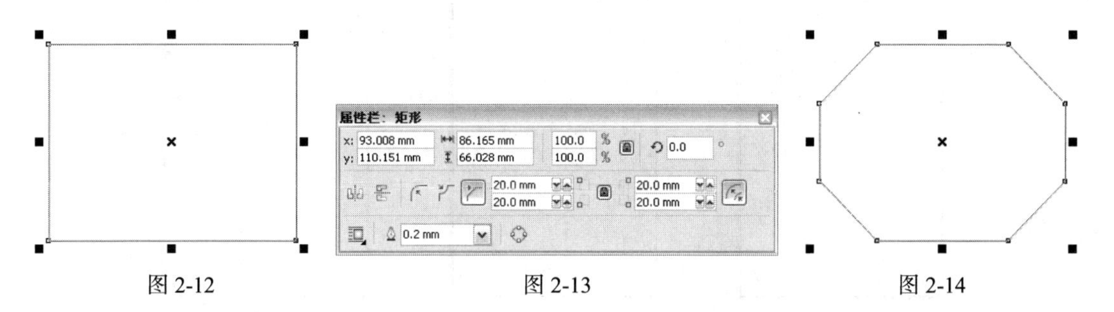

图 2-12　　图 2-13　　图 2-14

5．使用角缩放按钮调整图形

在绘图页面中绘制一个圆角图形，属性栏和效果如图 2-15 所示。在绘制矩形的属性栏中，单击“相对的角缩放”按钮，拖曳控制手柄调整图形的大小，圆角的半径根据图形的调整进行改变，属性栏和效果如图 2-16 所示。

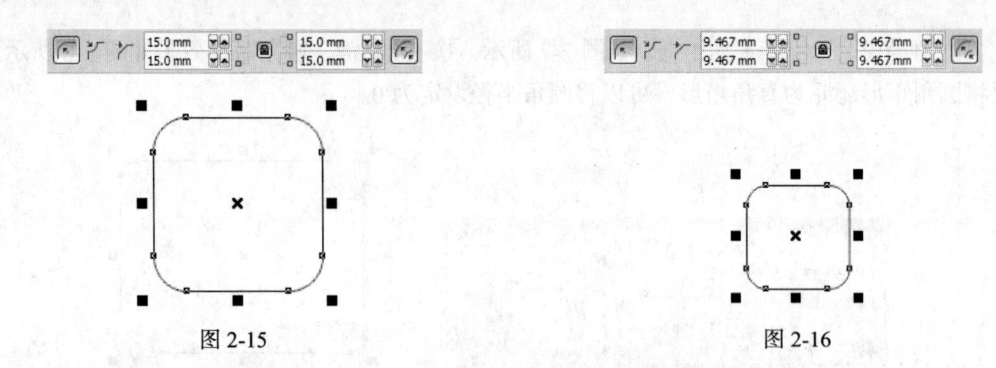

图 2-15　　图 2-16

当图形为扇形角图形和倒棱角图形时，调整的效果与圆角矩形相同。

6. 拖曳矩形的节点来绘制圆角矩形

绘制一个矩形。选择“形状”工具，单击矩形左上角的节点，如图 2-17 所示。按住鼠标左键拖曳节点，可以改变边角的角半径，如图 2-18 所示。松开鼠标左键，效果如图 2-19 所示。按 Esc 键，取消矩形的编辑状态，圆角矩形的效果如图 2-20 所示。

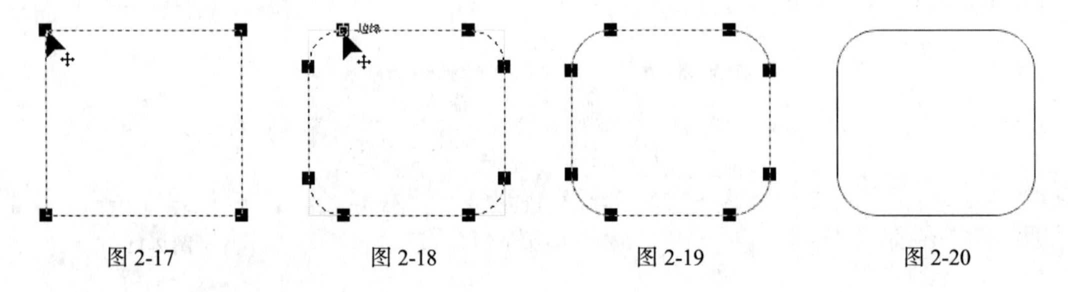

图 2-17　　图 2-18　　图 2-19　　图 2-20

7. 绘制任何角度的矩形

选择“3 点矩形”工具，在绘图页面中按住鼠标左键不放，拖曳鼠标到需要的位置，可以拖出一条任意方向的线段作为矩形的一条边，如图 2-21 所示。

松开鼠标左键，再拖曳鼠标到需要的位置，即可确定矩形的另一条边，如图 2-22 所示。单击鼠标左键，有角度的矩形绘制完成，效果如图 2-23 所示。

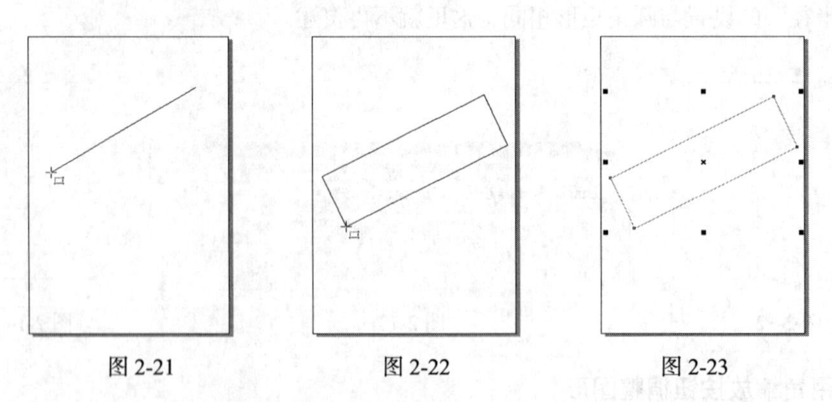

图 2-21　　图 2-22　　图 2-23

2.1.2 课堂案例——绘制液晶显示器

【案例学习目标】学习使用矩形工具绘制液晶显示器。

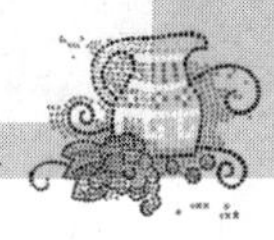

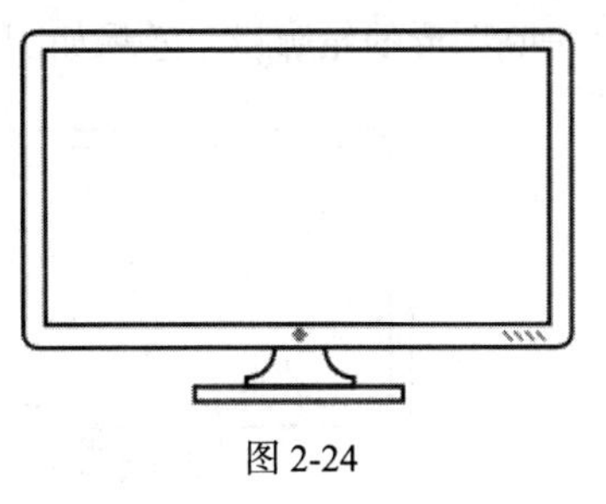

图 2-24

【案例知识要点】使用矩形工具、3 点矩形工具绘制显示屏、按钮和底座，效果如图 2-24 所示。

【效果所在位置】光盘/Ch02/效果/绘制液晶显示器.cdr。

（1）按 Ctrl+N 组合键，新建一个 A4 页面。单击属性栏中的“横向”按钮，页面显示为横向页面。选择“矩形”工具，在页面中绘制一个矩形，如图 2-25 所示。在属性栏中的“圆角半径”框中设置数值为 5mm，在“轮廓宽度”框中设置数值为 1.5mm，如图 2-26 所示，按 Enter 键，圆角矩形效果如图 2-27 所示。

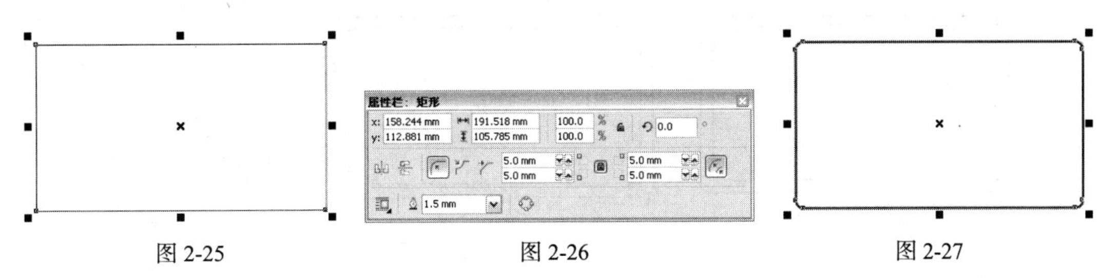

图 2-25　　图 2-26　　图 2-27

（2）选择“矩形”工具，在页面中适当的位置再绘制一个矩形，如图 2-28 所示。在属性栏中的“轮廓宽度”框中设置数值为 1.5mm，如图 2-29 所示，按 Enter 键，效果如图 2-30 所示。

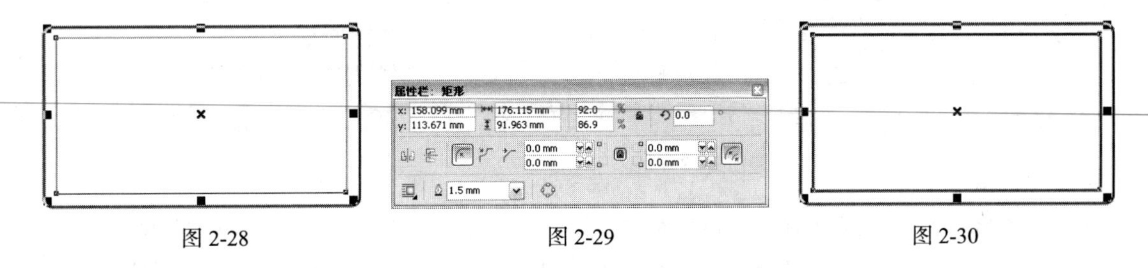

图 2-28　　图 2-29　　图 2-30

（3）选择“矩形”工具，在页面的适当位置分别绘制 2 个矩形，如图 2-31 所示。选择“选择”工具，分别选取图形，在属性栏中的“轮廓宽度”框中设置数值均为 1.5mm，按 Enter 键，效果如图 2-32 所示。

图 2-31　　图 2-32

（4）选择“选择”工具，选取需要的矩形，如图 2-33 所示。单击属性栏中的“扇形角”按钮，其他选项的设置如图 2-34 所示，按 Enter 键，效果如图 2-35 所示。

（5）选择“矩形”工具，在适当的位置绘制一个矩形，如图 2-36 所示。在“CMYK 调色板”中的“70%黑”色块上单击鼠标左键，填充矩形，在“无填充”按钮上单击鼠标右键，

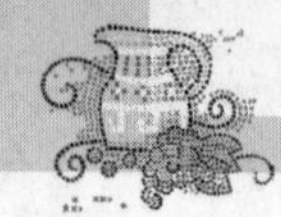

去除图形的轮廓线，效果如图 2-37 所示。

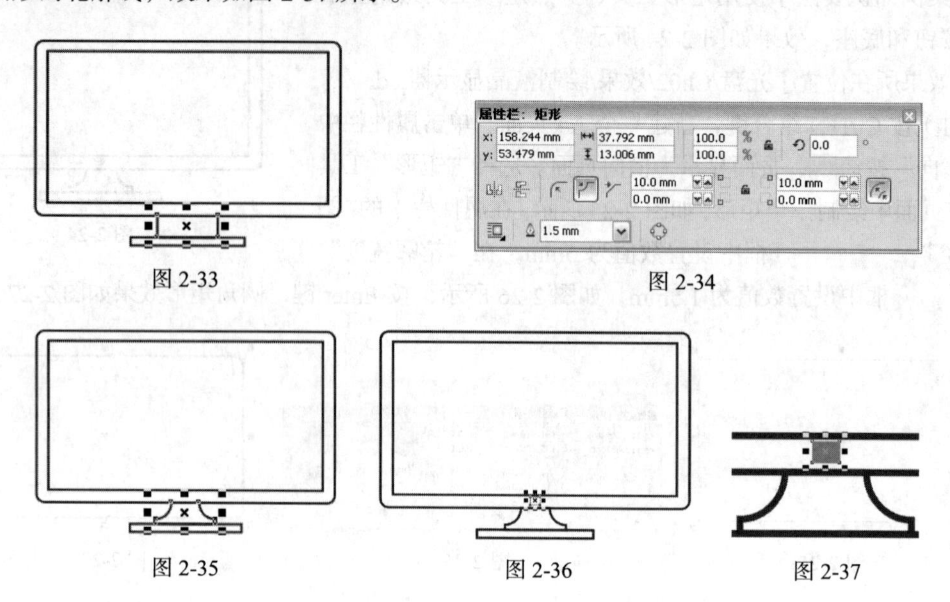

图 2-33　　图 2-34

图 2-35　　图 2-36　　图 2-37

（6）单击属性栏中的“扇形角”按钮，其他选项的设置如图 2-38 所示，按 Enter 键，矩形效果如图 2-39 所示。

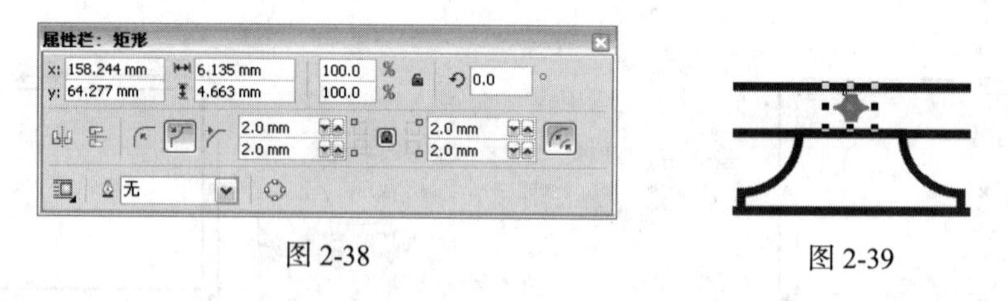

图 2-38　　图 2-39

（7）选择“3 点矩形”工具，在页面中绘制一个 3 点矩形。在“CMYK 调色板”中的“70%黑”色块上单击鼠标左键，填充矩形，在“无”按钮上单击鼠标右键，去除图形的轮廓线，效果如图 2-40 所示。用相同的方法再绘制 3 个矩形，效果如图 2-41 所示。液晶显示器绘制完成，效果如图 2-42 所示。

图 2-40　　图 2-41　　图 2-42

2.1.3　绘制椭圆和圆形

1．绘制椭圆形

单击工具箱中的“椭圆形”工具，在绘图页面中按住鼠标左键不放，拖曳鼠标到需要的位置，松开鼠标左键，椭圆形绘制完成，如图 2-43 所示。椭圆形的属性栏如图 2-44 所示。

图 2-43　　　　图 2-44

按 F7 键，快速选择“椭圆形”工具，在绘图页面中适当的位置绘制椭圆形。按住 Ctrl 键，可以在绘图页面中绘制圆形。按住 Shift 键，在绘图页面中以当前点为中心绘制椭圆形。按住 Shift+Ctrl 组合键，在绘图页面中以当前点为中心绘制圆形。

2. 使用“椭圆形”工具绘制饼形和弧形

绘制一个椭圆形，如图 2-45 所示。单击属性栏中的“饼图”按钮，椭圆属性栏如图 2-46 所示，将椭圆形转换为饼形，如图 2-47 所示。

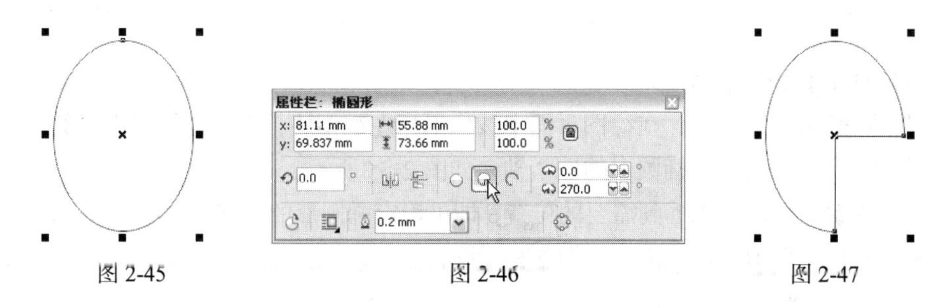

图 2-45　　　　图 2-46　　　　图 2-47

单击属性栏中的“弧”按钮，椭圆属性栏如图 2-48 所示，将椭圆形转换为弧形，如图 2-49 所示。

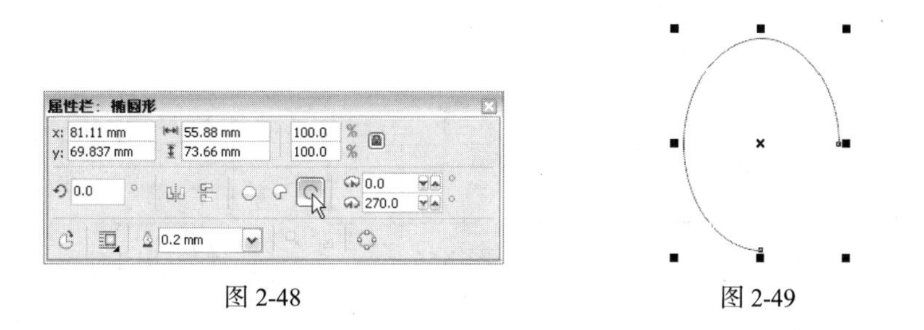

图 2-48　　　　图 2-49

在“起始和结束角度”框中设置饼形和弧形起始角度和终止角度，按 Enter 键，可以得到饼形和弧形角度的精确值。效果如图 2-50 所示。

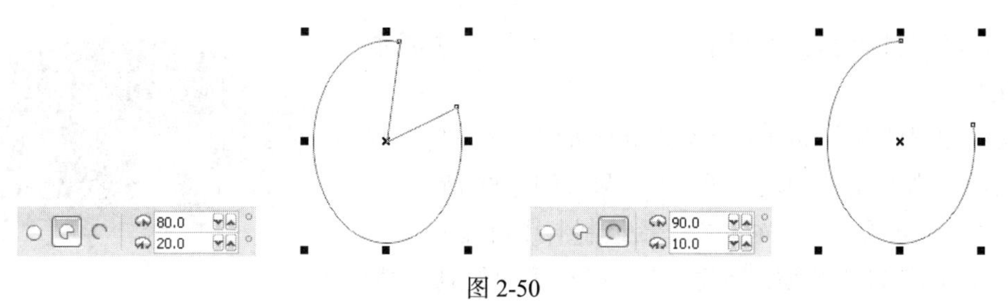

图 2-50

椭圆形在选取状态下，在属性栏中单击“饼图”按钮或“弧”按钮，可以使图形在饼形和弧形之间转换。单击属性栏中的“更改方向”按钮，可以将饼形或弧形进行 180° 的镜像变换。

3. 拖曳椭圆形的节点来绘制饼形和弧形

绘制一个椭圆形。选择“形状”工具，单击轮廓线上的节点，如图 2-51 所示，按住鼠标左键不放向椭圆内拖曳节点，如图 2-52 所示。松开鼠标左键，效果如图 2-53 所示。按 Esc 键，取消椭圆形的编辑状态，椭圆变成饼形的效果，如图 2-54 所示。向椭圆外拖曳轮廓线上的节点时，可将椭圆形变为弧形。

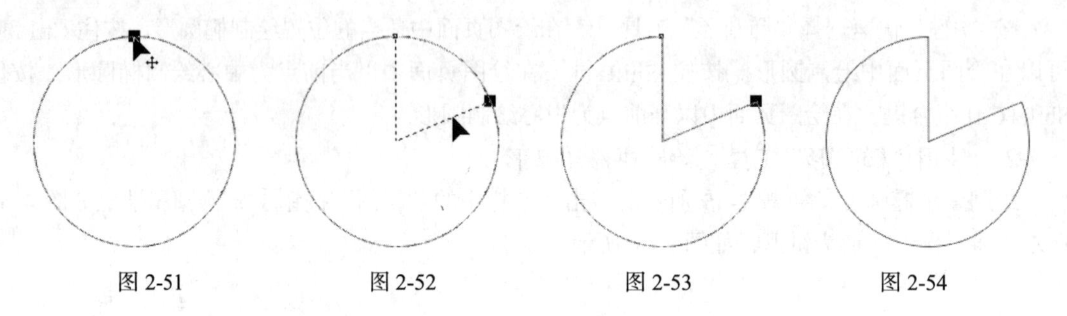

图 2-51　图 2-52　图 2-53　图 2-54

4. 绘制任何角度的椭圆形

选择“3 点椭圆”工具，在绘图页面中按住鼠标左键不放，拖曳光标到需要的位置，可以拖出一条任意方向的线段作为椭圆形的一个轴，如图 2-55 所示。

松开鼠标左键，再拖曳光标到需要的位置，即可确定椭圆形的形状，如图 2-56 所示。单击鼠标左键，有角度的椭圆形绘制完成，如图 2-57 所示。

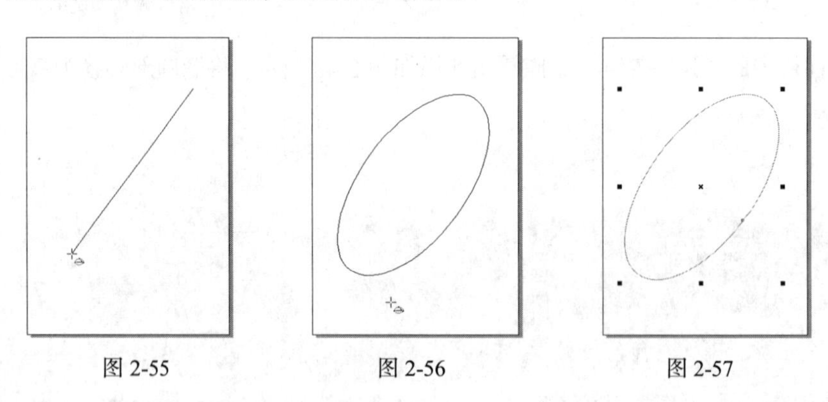

图 2-55　图 2-56　图 2-57

2.1.4 课堂案例——绘制卡片相机

【案例学习目标】学习使用矩形工具和椭圆形工具绘制卡片相机。

【案例知识要点】使用矩形工具绘制机体和瞄准镜，使用椭圆形工具绘制镜头和装饰图形，效果如图 2-58 所示。

图 2-58

【效果所在位置】光盘/Ch02/效果/绘制卡片相机.cdr。

（1）按 Ctrl+N 组合键，新建一个 A4 页面。单击属性栏

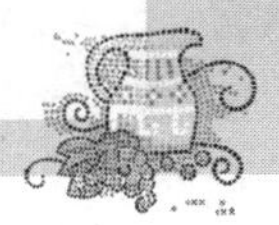

中的“横向”按钮，页面显示为横向页面。选择“椭圆形”工具，在页面中拖曳鼠标绘制一个椭圆形，如图 2-59 所示。在“CMYK 调色板”中的“蓝紫”色块上单击鼠标，填充图形，在“无填充”按钮⊠上单击鼠标右键，去除图形的轮廓线，效果如图 2-60 所示。

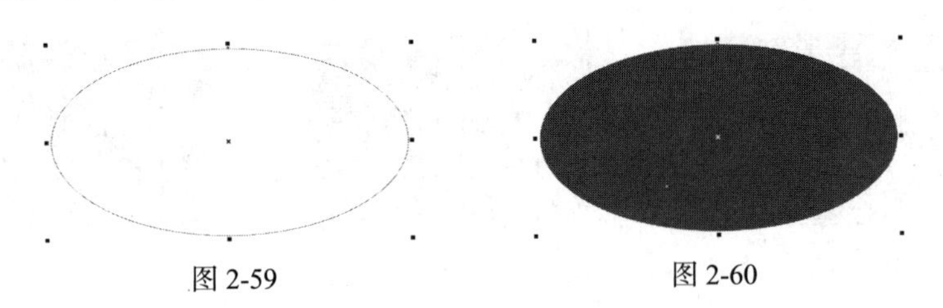

图 2-59　　图 2-60

（2）选择“矩形”工具，在页面中绘制一个矩形，在属性栏中设置该矩形的“圆角半径”的值均为 3.6mm，在“轮廓宽度” .2 mm 框中设置数值为 1mm，效果如图 2-61 所示。在“CMYK 调色板”中的“白”色块上单击鼠标右键，填充圆角矩形的轮廓线，效果如图 2-62 所示。

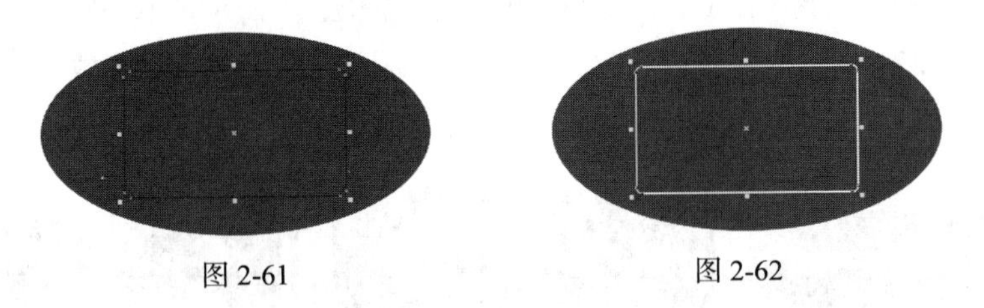

图 2-61　　图 2-62

（3）选择“选择”工具，选取圆角矩形，按数字键盘上的+键，复制图形。取消属性栏中“相对的角缩放”按钮的选取状态，如图 2-63 所示，拖曳右上角的控制手柄调整图形的大小，并将其拖曳到适当的位置，效果如图 2-64 所示。

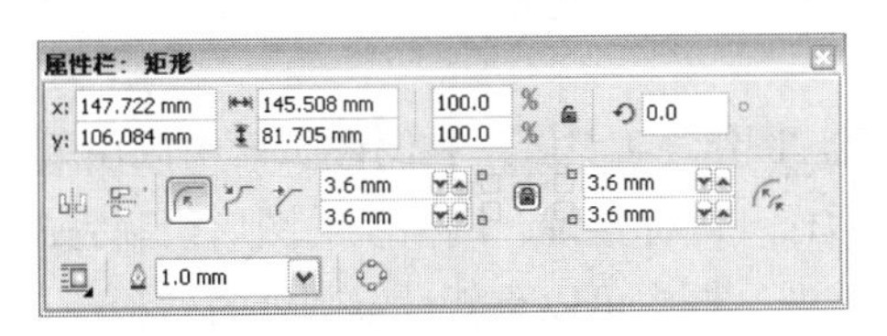

图 2-63

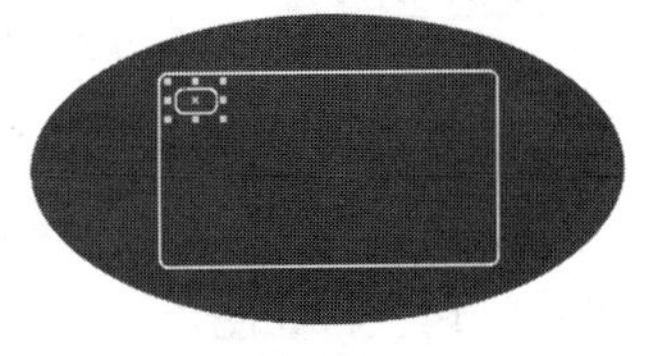

图 2-64

（4）选择“矩形”工具，在适当的位置绘制矩形，属性栏中的设置如图 2-65 所示，按 Enter 键，效果如图 2-66 所示。在“CMYK 调色板”中的“白”色块上单击鼠标右键，填充图形的轮廓线，效果如图 2-67 所示。

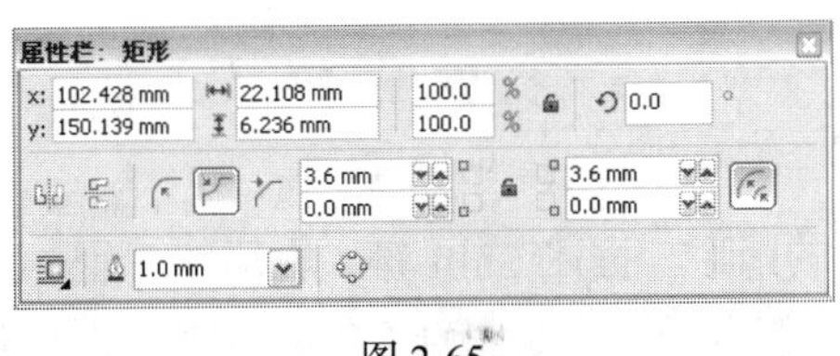

图 2-65

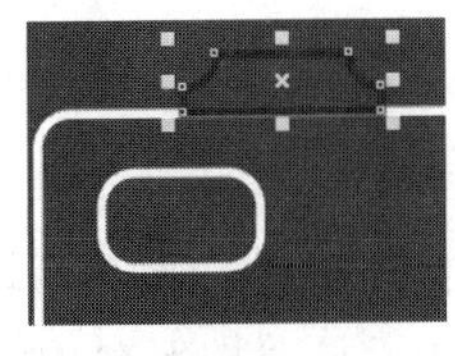

图 2-66

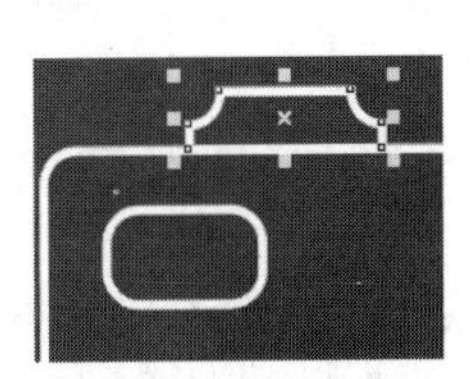

图 2-67

（5）选择“椭圆形”工具，按住 Ctrl 键的同时，绘制一个圆形，并在属性栏中的“轮廓宽度” .2 mm 框中设置数值为 1mm，在“CMYK 调色板”中的“白”色块上单击鼠标右键，填充圆形的轮廓线，效果如图 2-68 所示。按住 Shift 键的同时，向内拖曳圆形右上角的控制手柄到

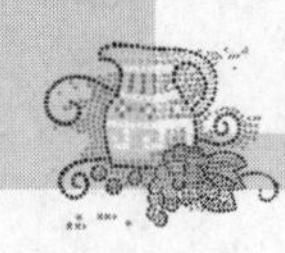

适当的位置，单击鼠标右键，制作出一个较小的圆形，同心圆效果如图 2-69 所示。

（6）选择“椭圆形”工具，按住 Ctrl 键的同时，在页面中适当的位置拖曳鼠标绘制其他圆形，并填充相同的颜色和轮廓宽度，效果如图 2-70 所示。

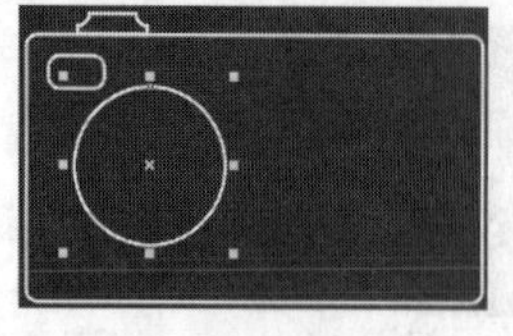

图 2-68

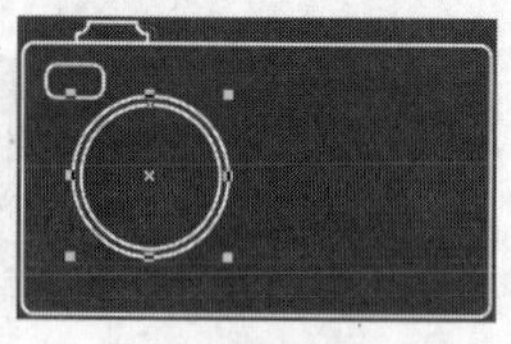

图 2-69

图 2-70

（7）选择“矩形”工具，在适当的位置绘制矩形，并在属性栏中的“轮廓宽度” .2 mm 框中设置数值为 1mm，在“CMYK 调色板”中的“白”色块上单击鼠标右键，填充矩形的轮廓线，效果如图 2-71 所示。

（8）选择“选择”工具，选取左下角的圆形，如图 2-72 所示。单击属性栏中的“饼图”按钮，效果如图 2-73 所示。在属性栏中的“旋转角度” .0 °框中设置数值为 90°，按 Enter 键，效果如图 2-74 所示。卡片相机绘制完成，效果如图 2-75 所示。

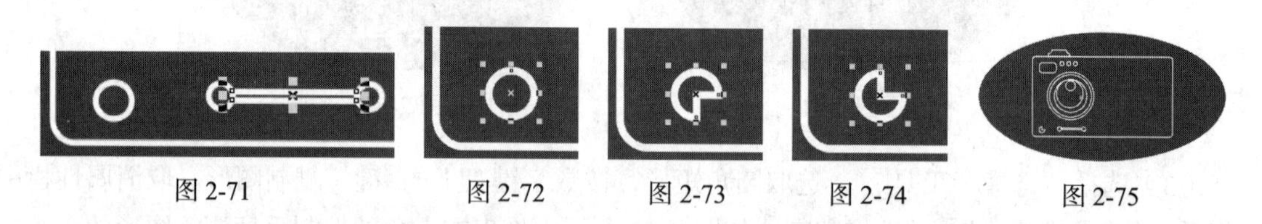

图 2-71　图 2-72　图 2-73　图 2-74　图 2-75

2.1.5 绘制图纸

选择“多边形”工具展开式工具栏中的“图纸”工具，在绘图页面中按住鼠标左键不放，从左上角向右下角拖曳光标，到需要的位置后松开鼠标左键，网格状的图形绘制完成，如图 2-76 所示，绘制的图纸属性栏如图 2-77 所示。在 4 3 框中可以重新设定图纸的列和行，绘制出需要的网格状图形效果。

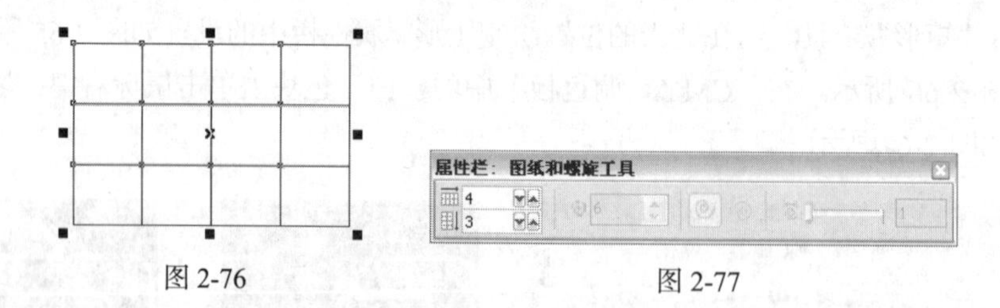

图 2-76　图 2-77

按住 Ctrl 键，可以在绘图页面中绘制正网格状的图形。按住 Shift 键，在绘图页面中会以当前点为中心绘制网格状的图形。同时按下 Shift+Ctrl 组合键，在绘图页面中会以当前点为中心绘制正网格状的图形。

使用“选择”工具，选取网格状图形，如图 2-78 所示。选择“排列 > 取消群组”命令或按 Ctrl+U 组合键，将绘制出的网格状图形取消组合。使用“选择”工具，可以单选其中的各个图形，如图 2-79 所示。

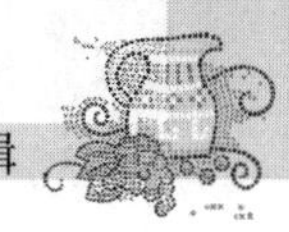

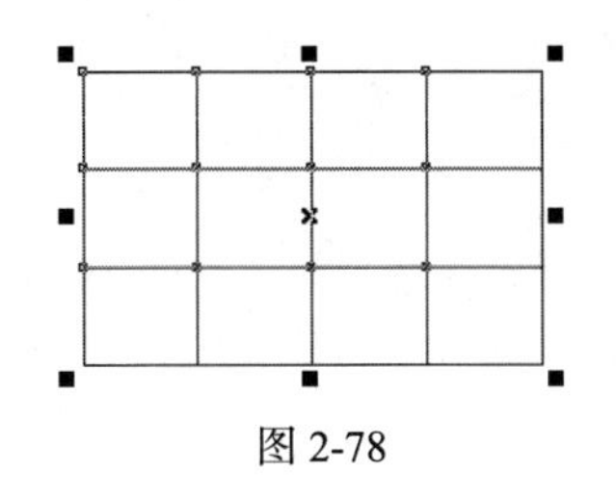

图 2-78

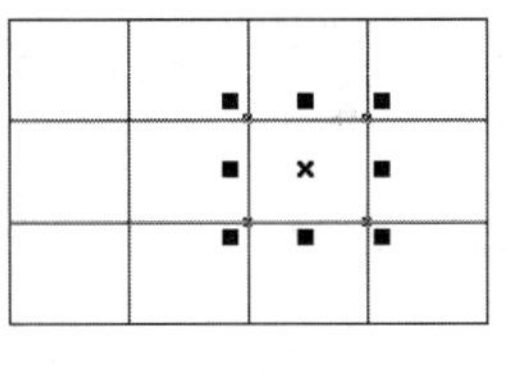

图 2-79

2.1.6　绘制多边形

选择“多边形”工具，在绘图页面中按住鼠标左键不放，拖曳光标到需要的位置，松开鼠标左键，多边形绘制完成，如图 2-80 所示。“多边形”属性栏如图 2-81 所示。

设置“多边形”属性栏中的“点数或边数”5数值为 9，如图 2-82 所示，按 Enter 键，多边形效果如图 2-83 所示。

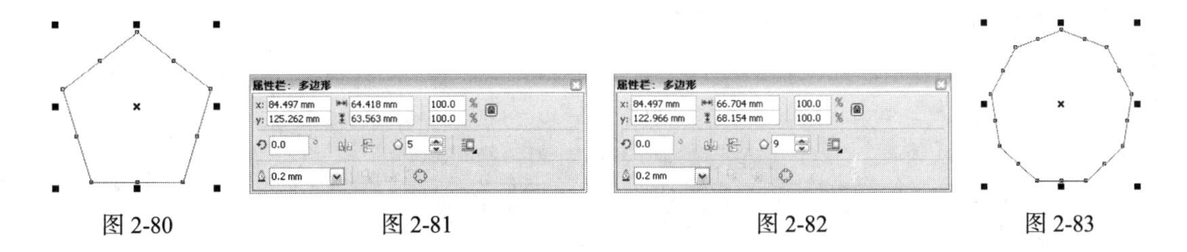

图 2-80　图 2-81　图 2-82　图 2-83

2.1.7　绘制星形

1. 绘制星形

选择“多边形”工具展开式工具栏中的“星形”工具，在绘图页面中按住鼠标左键不放，拖曳光标到需要的位置，松开鼠标左键，星形绘制完成，如图 2-84 所示。“星形”属性栏如图 2-85 所示。设置属性栏中的“点数或边数”5数值为 8，按 Enter 键，星形效果如图 2-86 所示。

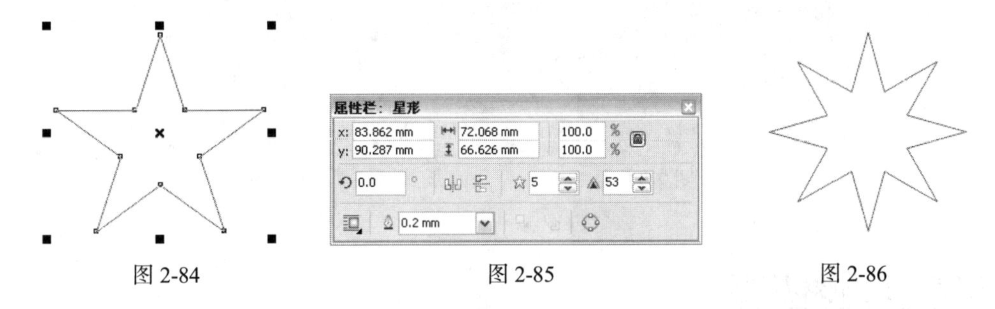

图 2-84　图 2-85　图 2-86

2. 拖曳多边形的节点来绘制星形

绘制一个多边形。选择“形状”工具，单击轮廓线上的节点，如图 2-87 所示。按住鼠标左键不放，向多边形外拖曳轮廓线上的节点，如图 2-88 所示。松开鼠标左键，多边形改变为星形，效果如图 2-89 所示。选择“选择”工具，多边形被选取，按 Esc 键，取消多边形的选取状态，效果如图 2-90 所示。

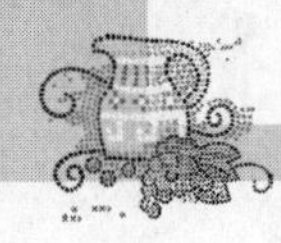

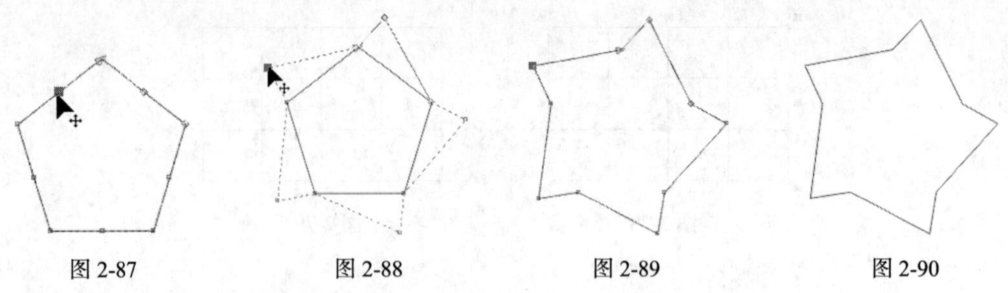

图 2-87　　图 2-88　　图 2-89　　图 2-90

通过向内或向外拖曳多边形轮廓线上的不同节点，可以得到各种不同的星形。

2.1.8　绘制复杂星形

选择“多边形”工具展开式工具栏中的“复杂星形”工具，在绘图页面中绘制星形，如图 2-91 所示。“复杂星形”属性栏如图 2-92 所示。设置属性栏中的“点数或边数” 9 数值为 12，按 Enter 键，星形效果如图 2-93 所示。

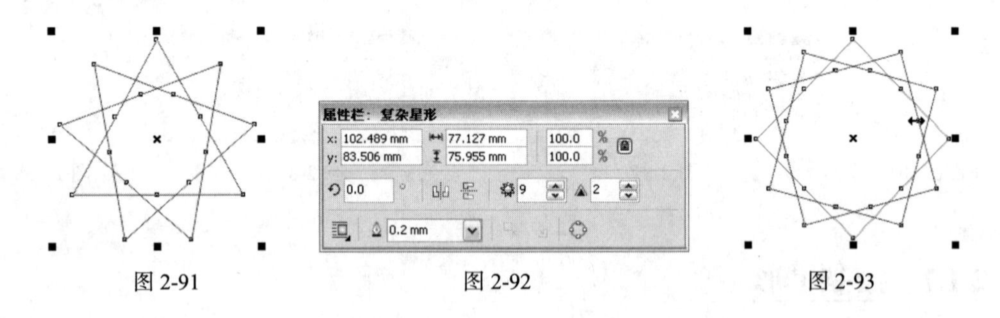

图 2-91　　图 2-92　　图 2-93

在“复杂星形”属性栏中增加多边形各角的“锐度” 2 ，如图 2-94 所示进行设定，星形效果如图 2-95 所示。

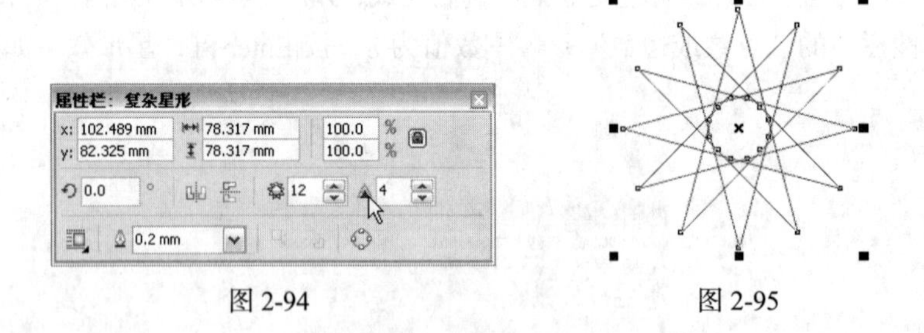

图 2-94　　图 2-95

2.1.9　绘制螺旋形

1. 绘制对称式螺旋线

选择“多边形”工具展开式工具栏中的“螺纹”工具，在绘图页面中按住鼠标左键不放，从左上角向右下角拖曳光标到需要的位置，松开鼠标左键，对称式螺旋线绘制完成，如图 2-96 所示。“图形纸张和螺旋工具”属性栏如图 2-97 所示。

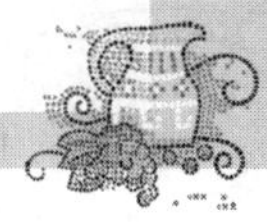

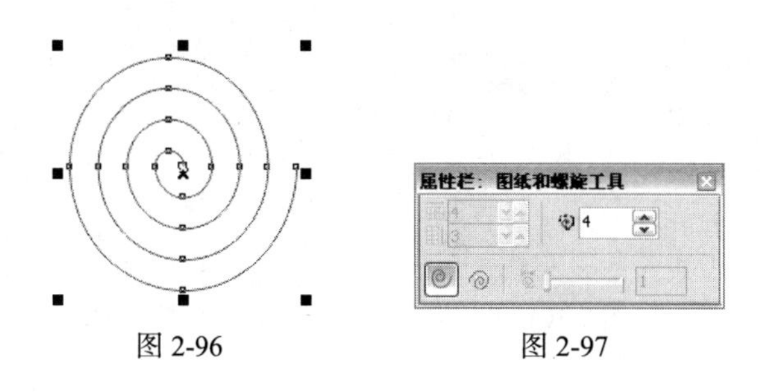

图 2-96　　　　图 2-97

如果从右下角向左上角拖曳光标到需要的位置，可以绘制出反向的对称式螺旋线。在“螺纹回圈” 4 框中可以重新设定螺旋线的圈数，绘制需要的螺旋线效果。

2. 绘制对数式螺旋线

选择“螺纹”工具，在“图形纸张和螺旋工具”属性栏中单击“对数螺纹”按钮，在绘图页面中按住鼠标左键不放，从左上角向右下角拖曳光标到需要的位置，松开鼠标左键，对数式螺旋线绘制完成，如图 2-98 所示。“图形纸张和螺旋工具”属性栏如图 2-99 所示。

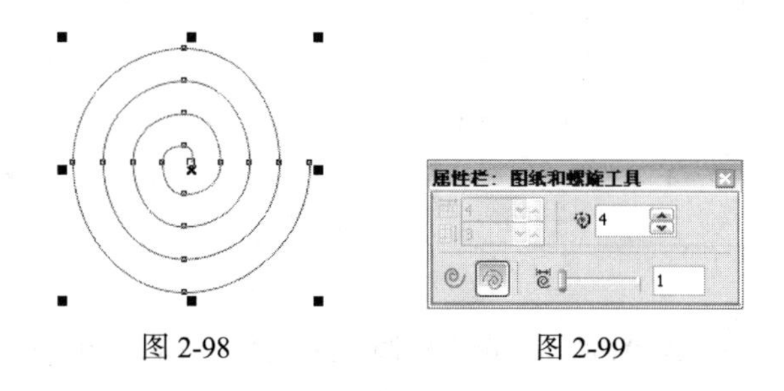

图 2-98　　　　图 2-99

在 1 框中可以重新设定螺旋线的扩展参数，将数值分别设置为 80 和 20 时，“螺旋线”向外扩展的幅度会逐渐变小，如图 2-100 所示。当数值为 1 时，将绘制出对称式螺旋线。

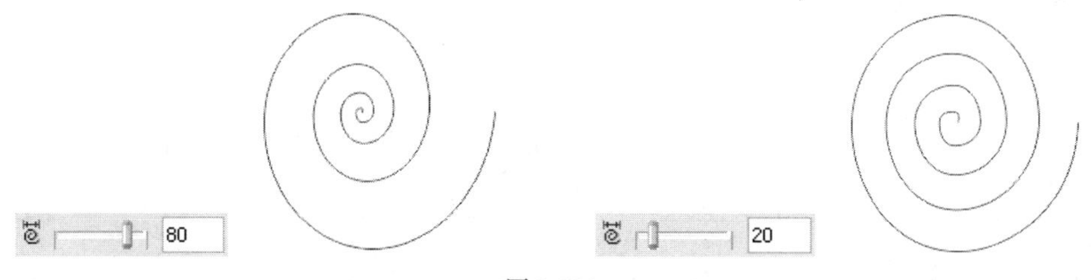

图 2-100

按 A 键，选择“螺纹”工具，在绘图页面中适当的位置绘制螺旋线。按住 Ctrl 键，可以在绘图页面中绘制正圆螺旋线。按住 Shift 键，在绘图页面中会以当前点为中心绘制螺旋线。同时按下 Shift+Ctrl 组合键，在绘图页面中会以当前点为中心绘制正圆螺旋线。

2.1.10　绘制基本形状

1. 绘制基本形状

选择“基本形状”工具，在属性栏中的“完美形状”按钮下选择需要的基本图形，如图 2-101 所示。在绘图页面中按住鼠标左键不放，从左上角向右下角拖曳光标到需要的位置，松开鼠标左键，基本图形绘制完成，效果如图 2-102 所示。

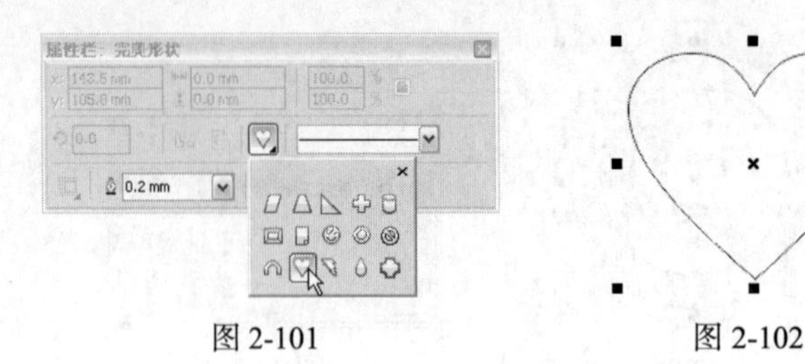

图 2-101　　图 2-102

2. 绘制其他形状

除了基本形状外，CorelDRAW X5 还提供了“箭头形状”工具、“流程图形状”工具、“标题形状”工具和“标注形状”工具，在其相应的属性栏中的“完美形状”按钮下可选择需要的基本图形，如图 2-103 所示，绘制的方法与绘制基本形状的方法相同。

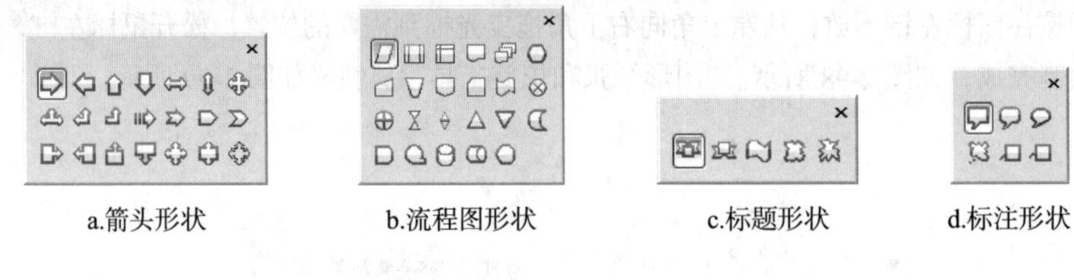

a.箭头形状　　b.流程图形状　　c.标题形状　　d.标注形状

图 2-103

3. 调整基本形状

绘制一个基本形状，如图 2-104 所示。单击要调整的基本图形的红色菱形符号并按下鼠标左键不放拖曳红色菱形符号，如图 2-105 所示。得到需要的形状后，松开鼠标左键，效果如图 2-106 所示。

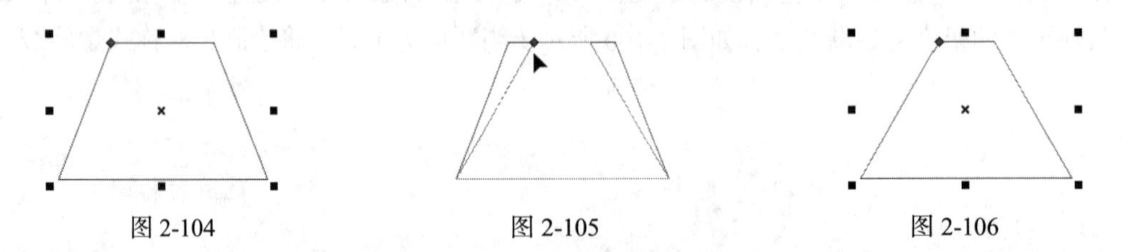

图 2-104　　图 2-105　　图 2-106

在流程图形状中没有红色菱形符号，所以不能对它进行调整。

2.1.11 课堂案例——绘制卡通图标

【案例学习目标】学习使用星形工具、基本形状工具绘制卡通图标。

【案例知识要点】使用星形工具、椭圆形工具和 3 点椭圆工具绘制图标底图。使用基本形状工具添加心形。使用贝塞尔工具添加彩带，效果如图 2-107 所示。

图 2-107

【效果所在位置】光盘/Ch02/效果/绘制卡通图标.cdr。

（1）按 Ctrl+N 组合键，新建一个 A4 页面。选择“星形”工具，在属性栏中的设置如图 2-108 所示，在页面中绘制一个星形，效果如图 2-109

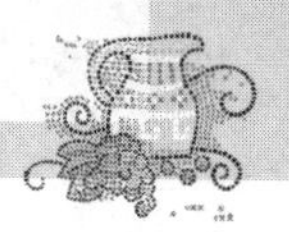

所示，在“CMYK 调色板”中的“黄”色块上单击鼠标，填充图形，在“无填充”按钮⊠上单击鼠标右键，去除图形的轮廓线，效果如图 2-110 所示。

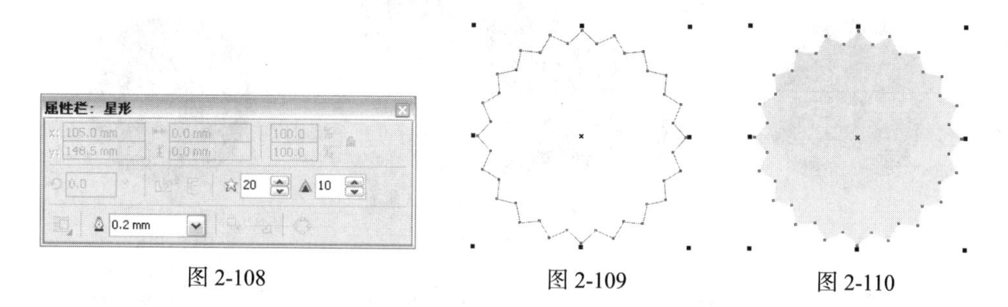

图 2-108　　图 2-109　　图 2-110

（2）选择“椭圆形”工具◯，按住 Ctrl 键的同时，在页面中的适当位置绘制一个圆形，效果如图 2-111 所示。在“CMYK 调色板”中的“红”色块上单击鼠标，填充图形，在“无填充”按钮⊠上单击鼠标右键，去除图形的轮廓线，效果如图 2-112 所示。

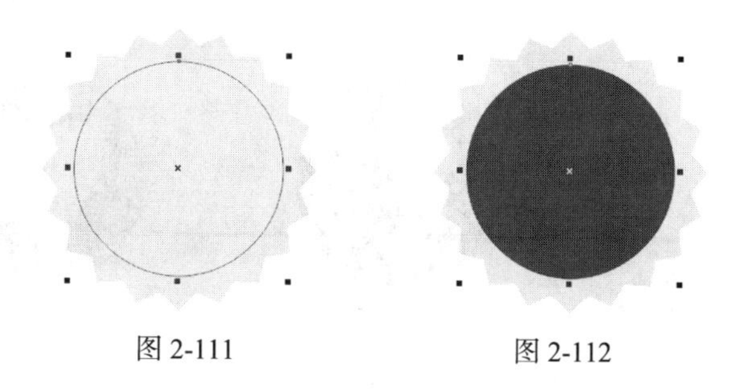

图 2-111　　图 2-112

（3）选择“3 点椭圆形”工具，在页面中的适当位置绘制一个椭圆形，效果如图 2-113 所示。选择“填充”工具展开式工具栏中的“均匀填充”工具■，在弹出的“均匀填充”对话框中进行参数设置，如图 2-114 所示，单击“确定”按钮，填充图形，在“CMYK 调色板”中的“无填充”按钮⊠上单击鼠标右键，去除图形的轮廓线，效果如图 2-115 所示。

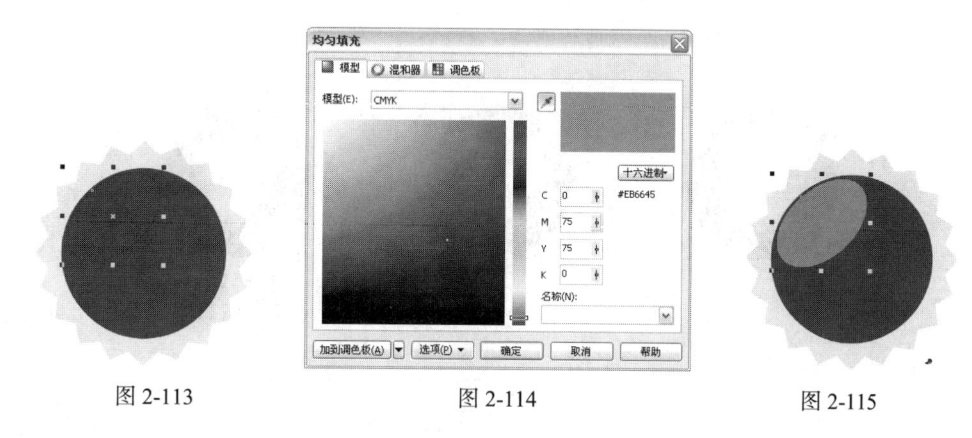

图 2-113　　图 2-114　　图 2-115

（4）使用相同的方法绘制另一个椭圆形，如图 2-116 所示。选择“均匀填充”工具■，在弹出的“均匀填充”对话框中进行参数设置，如图 2-117 所示，单击“确定”按钮，填充图形。在“CMYK 调色板”中的“无填充”按钮⊠上单击鼠标右键，去除图形的轮廓线，效果如图 2-118 所示。

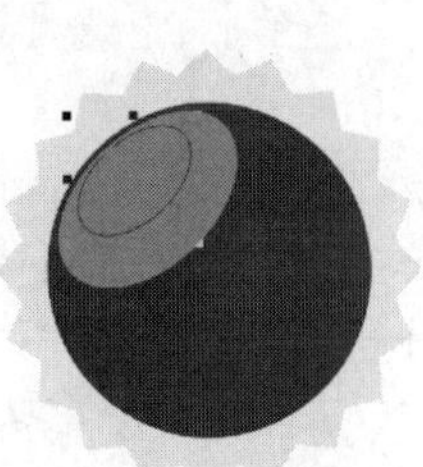

图 2-116　　图 2-117　　图 2-118

（5）选择“基本形状”工具，单击属性栏中的“完美形状”按钮，在弹出的下拉图形列表中选择需要的图标，如图 2-119 所示。在页面中的适当位置绘制出心形，效果如图 2-120 所示。在“CMYK 调色板”中的“白黄”色块上单击，填充图形，在“无填充”按钮上单击鼠标右键，去除图形的轮廓线，效果如图 2-121 所示。

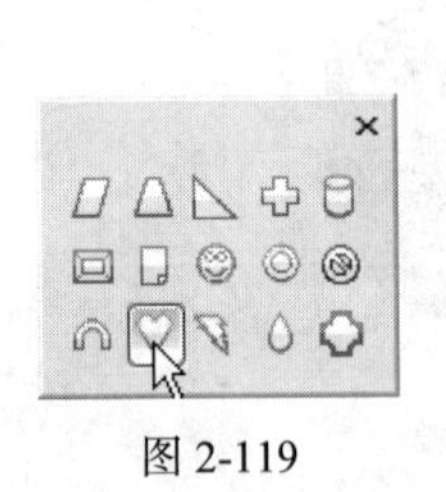

图 2-119

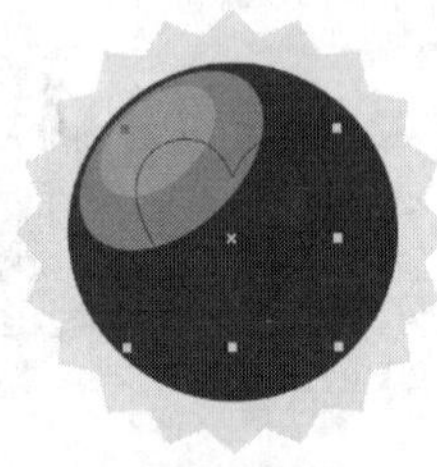

图 2-120

图 2-121

（6）选择“贝塞尔”工具，在页面中的适当位置绘制两个不规则图形，效果如图 2-122 所示。选择“选择”工具，按住 Shift 键的同时，将两个不规则图形同时选取，如图 2-123 所示。在“CMYK 调色板”中的“绿”色块上单击，填充图形，在“无填充”按钮上单击鼠标右键，去除图形的轮廓线。按 Shift+PageDown 组合键，将图形置于底层。按 Esc 键，取消图形的选取状态，效果如图 2-124 所示。卡通图标绘制完成。

图 2-122

图 2-123

图 2-124

2.2 调整图形

在 CorelDRAW X5 中，修整功能是编辑图形对象非常重要的手段。使用修整功能中的合并、修剪、相交、简化等命令可以创建出复杂的全新图形。

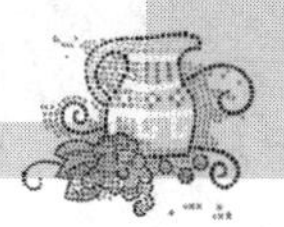

2.2.1　合并

合并是将几个图形结合成一个图形，新的图形轮廓由被合并的图形边界组成，被合并图形的交叉线都将消失。

绘制要合并的图形，如图 2-125 所示。使用“选择”工具选中要合并的图形，如图 2-126 所示。

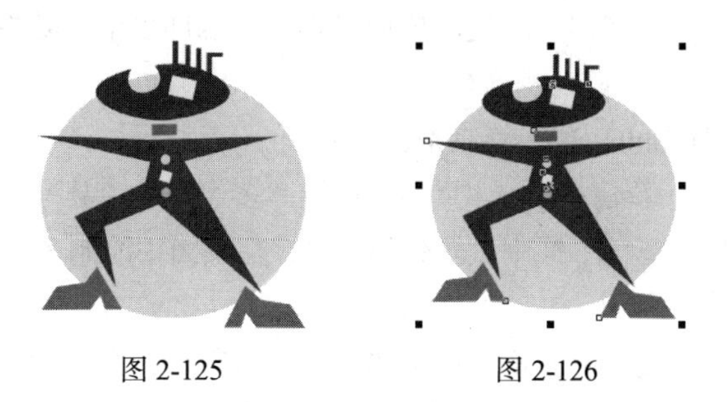

图 2-125　　　　图 2-126

选择“窗口 > 泊坞窗 > 造形”命令，或选择“排列 > 造形 > 造形”命令，弹出“造形”泊坞窗，设置如图 2-127 所示，单击“焊接到”按钮，将鼠标的光标移动到目标对象上并单击，如图 2-128 所示，焊接后的效果如图 2-129 所示，新生成的图形对象的边框和颜色填充与目标对象完全相同。

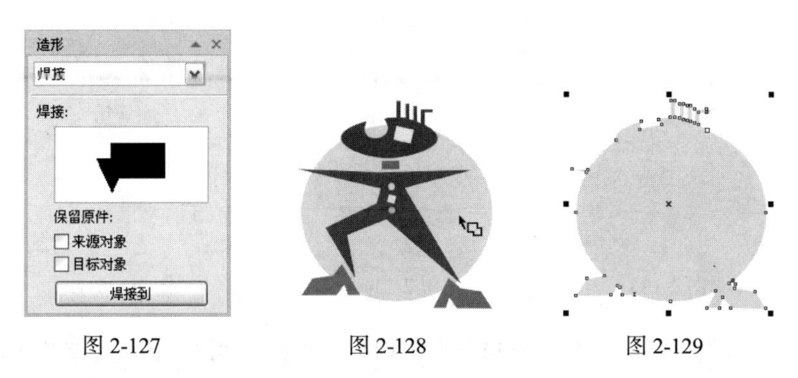

图 2-127　　　　图 2-128　　　　图 2-129

在进行焊接操作之前可以在“造形”泊坞窗中设置是否保留“来源对象”和“目标对象”。选择保留“来源对象”和“目标对象”选项，如图 2-130 所示。再焊接图形对象，来源对象和目标对象都被保留，如图 2-131 所示。保留来源对象和目标对象对“修剪”和“相交”功能也适用。

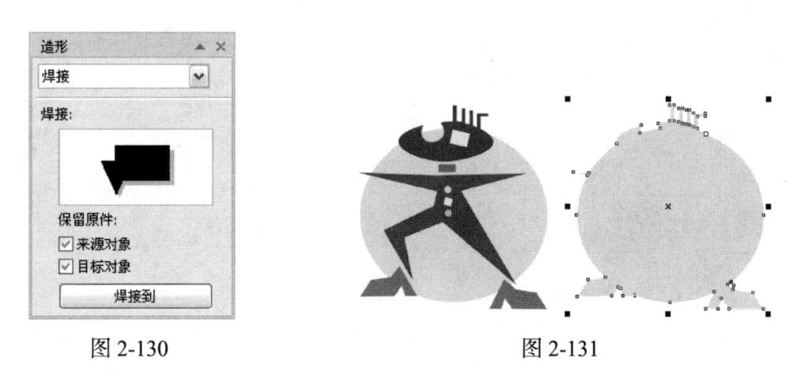

图 2-130　　　　图 2-131

选取几个要合并的图形后，直接选择“排列 > 造形 > 合并”命令，或单击属性栏中的“合并”按钮，都可以完成多个对象的合并。

2.2.2 课堂案例——绘制圣诞树

【案例学习目标】学习使用几何图形工具和合并命令绘制圣诞树。

【案例知识要点】使用多边形工具、矩形工具和星形工具绘制树的轮廓图。使用选择工具和合并命令制作树。使用星形工具添加装饰星形，效果如图 2-132 所示。

图 2-132

【效果所在位置】光盘/Ch02/效果/绘制圣诞树.cdr。

（1）按 Ctrl+N 组合键，新建一个 A4 页面。选择“多边形”工具，在属性栏中的“点数或边数”框中设置数值为 3，在页面中绘制 6 个三角形，效果如图 2-133 所示。

（2）选择“矩形”工具，在页面中的适当位置绘制一个矩形，效果如图 2-134 所示。选择“星形”工具，在属性栏中的“点数或边数”框中设置数值为 5，“锐度”框中设置数值为 50，在页面中绘制星形，效果如图 2-135 所示。

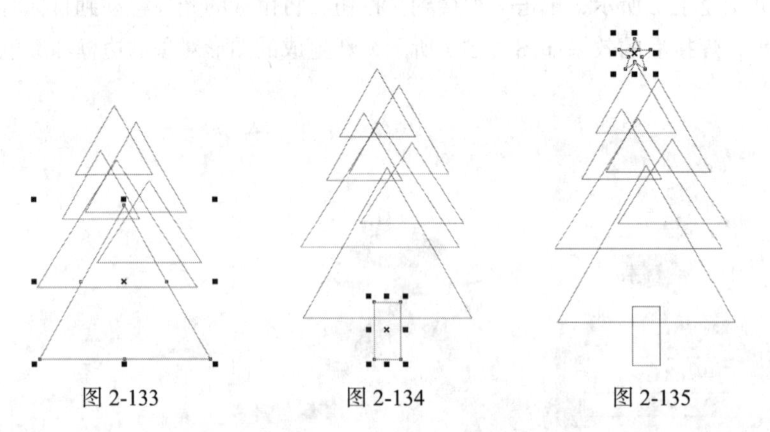

图 2-133　　图 2-134　　图 2-135

（3）选择“选择”工具，按住 Shift 键的同时，将所有图形同时选取，如图 2-136 所示。单击属性栏中的“合并”按钮，合并图形，效果如图 2-137 所示。

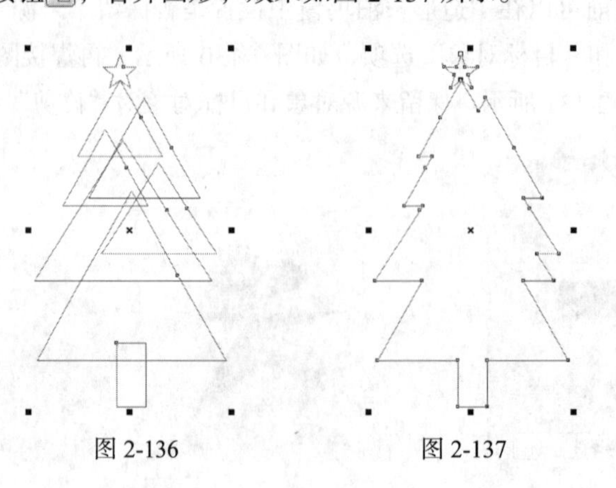

图 2-136　　图 2-137

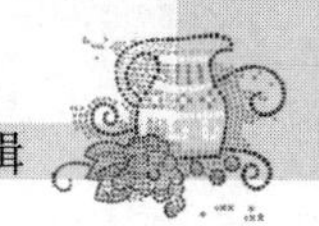

（4）保持图形的选中状态，在“CMYK 调色板”中的“绿”色块上单击鼠标，填充图形，在“无填充”按钮⊠上单击鼠标右键，去除图形的轮廓线，效果如图 2-138 所示。选择“星形”工具，在页面中绘制星形，在“CMYK 调色板”中的“红”色块上单击鼠标，填充图形，在“无填充”按钮⊠上单击鼠标右键，去除图形的轮廓线，效果如图 2-139 所示。

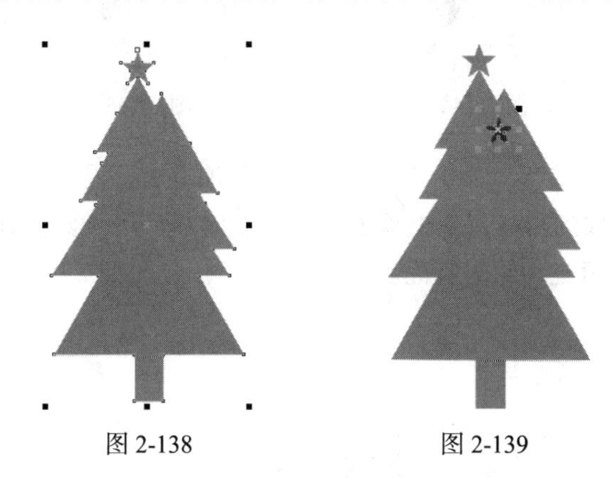

图 2-138　　图 2-139

（5）选择“星形”工具，在页面中绘制星形，在“CMYK 调色板”中的“黄”色块上单击鼠标，填充图形，在“无填充”按钮⊠上单击鼠标右键，去除图形的轮廓线，效果如图 2-140 所示。

（6）选择“选择”工具，选中黄色星形，按数字键盘上的+键，复制星形，并将其拖曳到适当的位置，如图 2-141 所示。按住 Shift 键的同时，向内拖曳右上角的控制手柄，将其缩小，效果如图 2-142 所示。

（7）使用相同方法复制红色星形，并调整其大小。再次绘制星形，并在“CMYK 调色板”中的“橘红”色块上单击鼠标，填充图形，在“无填充”按钮⊠上单击鼠标右键，去除图形的轮廓线，效果如图 2-143 所示。按 Esc 键，取消选取状态，圣诞树效果绘制完成。

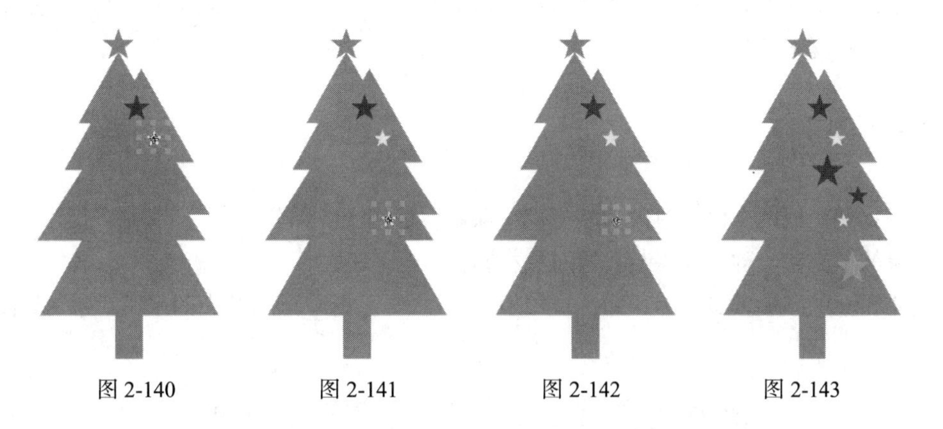

图 2-140　　图 2-141　　图 2-142　　图 2-143

2.2.3 修剪

修剪是将目标对象与来源对象的相交部分裁掉，使目标对象的形状被更改。修剪后的目标对象保留其填充和轮廓属性。

绘制两个相交的图形，如图 2-144 所示。使用“选择”工具选取其中的来源对象，如图 2-145 所示。

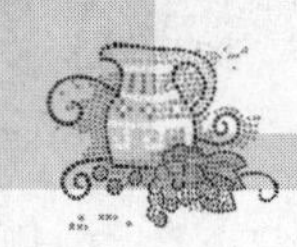

图 2-144

图 2-145

选择“排列 > 造形 > 造形”命令，弹出“造形”泊坞窗，设置如图 2-146 所示，单击“修剪”按钮，将鼠标的光标放到目标对象上单击，如图 2-147 所示，修剪后的效果如图 2-148 所示，修剪后的目标对象保留其填充和轮廓属性。

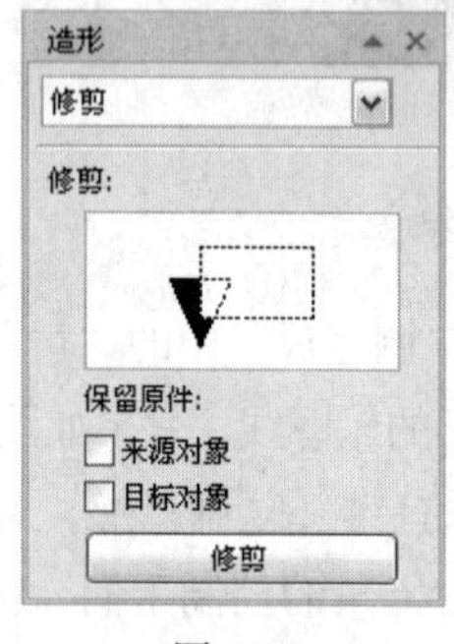

图 2-146

图 2-147

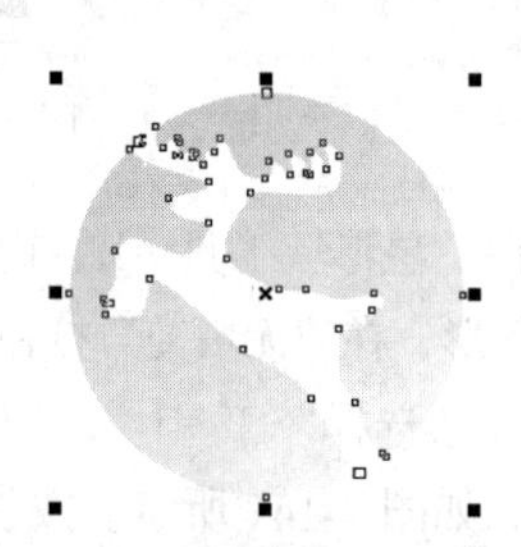

图 2-148

选择“排列 > 造形 > 修剪”命令，或单击属性栏中的“修剪”按钮，可以完成修剪。

提示 圈选多个图形时，在最底层的图形对象就是目标对象。按住 Shift 键，选择多个图形时，最后选中的图形就是目标对象。

2.2.4 相交

相交是将两个或两个以上对象的相交部分保留，使相交的部分成为一个新的图形对象。新创建图形对象的填充和轮廓属性将与目标对象相同。

绘制要相交的图形，如图 2-149 所示。使用“选择”工具选取其中的来源对象，如图 2-150 所示。

图 2-149

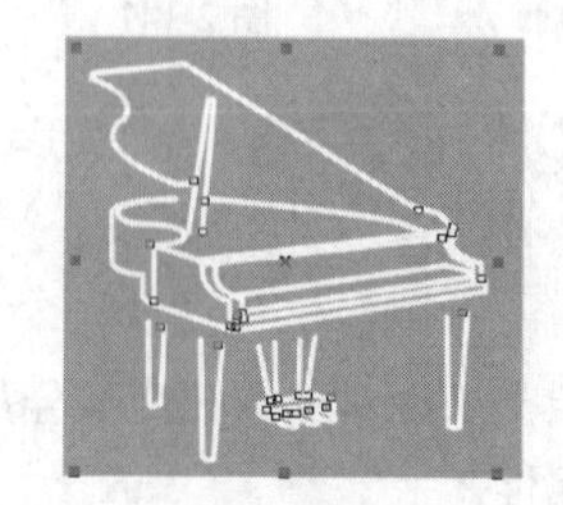

图 2-150

选择“排列 > 造形 > 造形”命令，弹出“造形”泊坞窗，设置如图 2-151 所示，单击“相

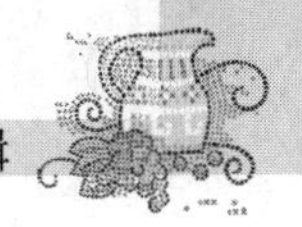

交对象”按钮，将鼠标的光标放到目标对象上单击，如图 2-152 所示，相交后的效果如图 2-153 所示，相交后图形对象将保留目标对象的填充和轮廓属性。

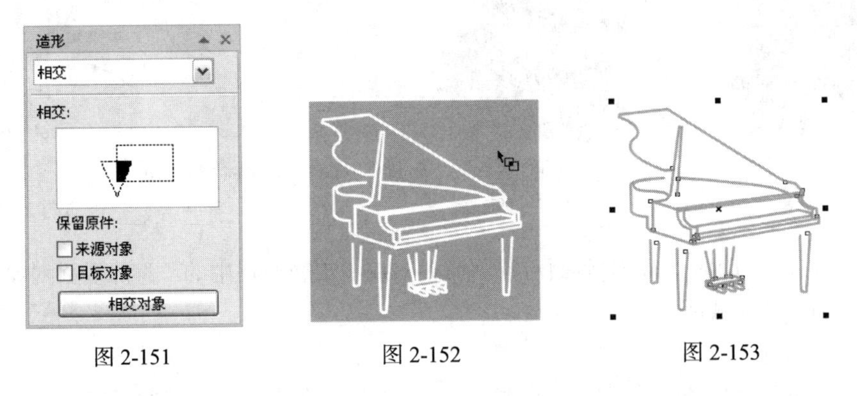

图 2-151　　图 2-152　　图 2-153

选择“排列 > 造形 > 相交”命令，或单击属性栏中的“相交”按钮，也可以完成相交裁切。

2.2.5　简化

简化是减去后面图形中和前面图形的重叠部分，并保留前面图形和后面图形的状态。

绘制需要的图形对象，如图 2-154 所示。使用“选择”工具选取图形对象，如图 2-155 所示。选择“排列 > 造形 > 造形”命令，弹出“造形”泊坞窗，设置如图 2-156 所示，单击“应用”按钮，图形的简化效果如图 2-157 所示。

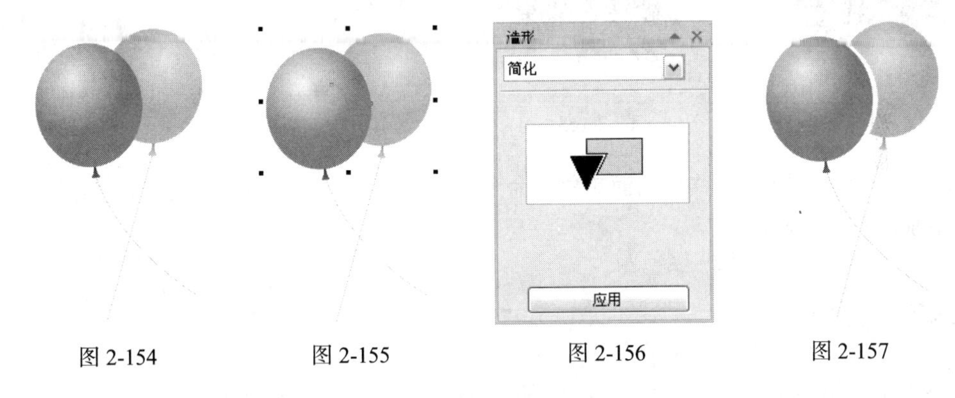

图 2-154　　图 2-155　　图 2-156　　图 2-157

选择“排列 > 造形 > 简化”命令，或单击属性栏中的“简化”按钮，也可以完成图形的简化。

2.2.6　移除

1.　移除后面对象

移除后面对象是指减去后面图形，并减去前后图形的重叠部分，保留前面图形的剩余部分。

绘制需要的图形对象，如图 2-158 所示。使用“选择”工具选取图形对象，如图 2-159 所示。选择“排列 > 造形 > 造形”命令，弹出“造形”泊坞窗，设置如图 2-160 所示，单击“应用”按钮，移除后面对象的效果如图 2-161 所示。

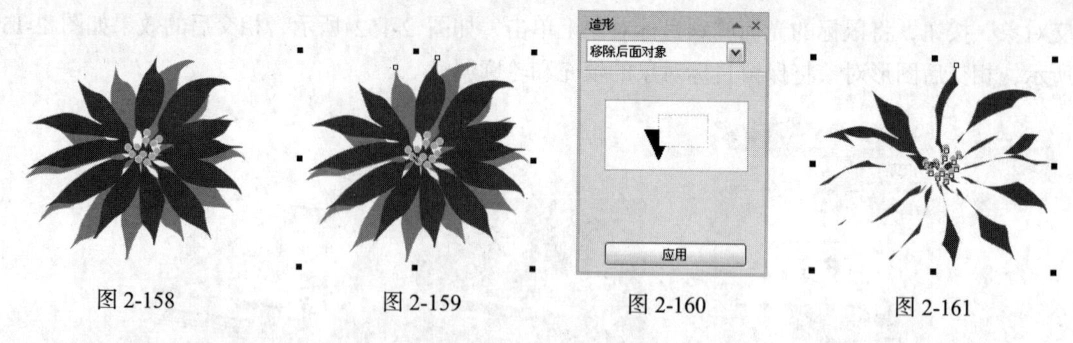

图 2-158　　图 2-159　　图 2-160　　图 2-161

选择“排列 > 造形 > 移除后面对象”命令，或单击属性栏中的“移除后面对象”按钮，也可以完成图形的前减后。

2.　移除前面对象

移除前面对象是指减去前面图形，并减去前后图形的重叠部分，保留后面图形的剩余部分。

绘制两个相交的图形对象，如图 2-162 所示。使用“选择”工具选取两个相交的图形对象，如图 2-163 所示。选择“排列 > 造形 > 造形”命令，弹出“造形”泊坞窗，设置如图 2-164 所示，单击“应用”按钮，移除前面对象的效果如图 2-165 所示。

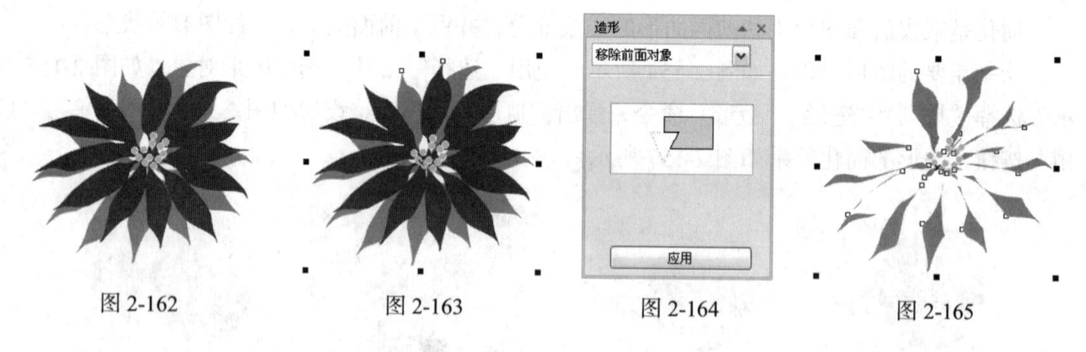

图 2-162　　图 2-163　　图 2-164　　图 2-165

选择“排列 > 造形 > 移除前面对象”命令，或单击属性栏中的“移除前面对象”按钮，也可以完成图形的后减前。

2.2.7 边界

通过应用“创建边界”按钮，可以快速创建一个所选图形的共同边界。

打开创建选择边界的图形对象，如图 2-166 所示。使用“选择”工具选中图形对象，如图 2-167 所示。单击属性栏中的“创建边界”按钮，使用“选择”工具移动图形，可以看到创建好的选择对象边界，效果如图 2-168 所示。

图 2-166　　图 2-167　　图 2-168

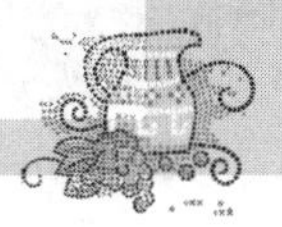

2.2.8　课堂案例——绘制汽车图标

【案例学习目标】学习使用几何图形工具和合并、移除前面对象命令制作汽车图标。

【案例知识要点】使用矩形工具和合并命令制作外框图形。使用矩形工具、椭圆形工具和合并命令、移除前面对象命令制作汽车图标，效果如图 2-169 所示。

图 2-169

【效果所在位置】光盘/Ch02/效果/绘制汽车图标.cdr。

（1）按 Ctrl+N 组合键，新建一个 A4 页面。选择“矩形”工具，在页面中绘制一个矩形，如图 2-170 所示。在属性栏中的“圆角半径”框中设置数值为 5mm，按 Enter 键，效果如图 2-171 所示。

（2）选择“矩形”工具，在页面中绘制一个矩形。单击属性栏中的“倒棱角”按钮，在“圆角半径”框中设置左上角的数值为 30mm，按 Enter 键，效果如图 2-172 所示。

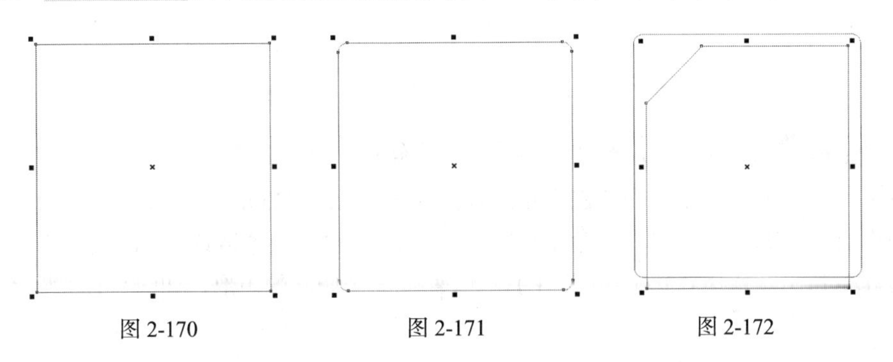

图 2-170　　图 2-171　　图 2-172

（3）选择“选择”工具，按住 Shift 键的同时，选中需要的两个图形，如图 2-173 所示。单击属性栏中的“移除前面对象”按钮，剪切后的图形效果如图 2-174 所示。

（4）选择“矩形”工具，在页面中绘制一个矩形。单击属性栏中的“倒棱角”按钮，在“圆角半径”框中设置左上角的数值为 40mm，按 Enter 键，效果如图 2-175 所示。

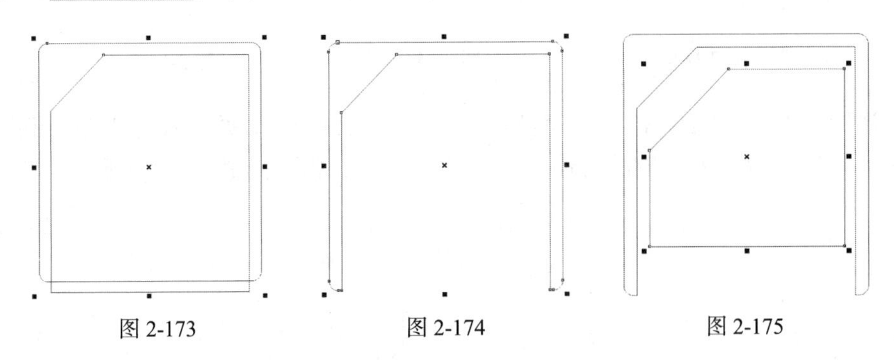

图 2-173　　图 2-174　　图 2-175

（5）选择“矩形”工具，在适当的位置绘制一个矩形，如图 2-176 所示。选择“3 点矩形”工具，绘制一个倾斜的矩形，如图 2-177 所示。选择“椭圆形”工具，在适当的位置绘制两个椭圆形，如图 2-178 所示。

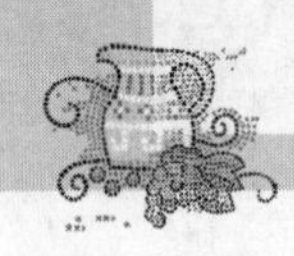

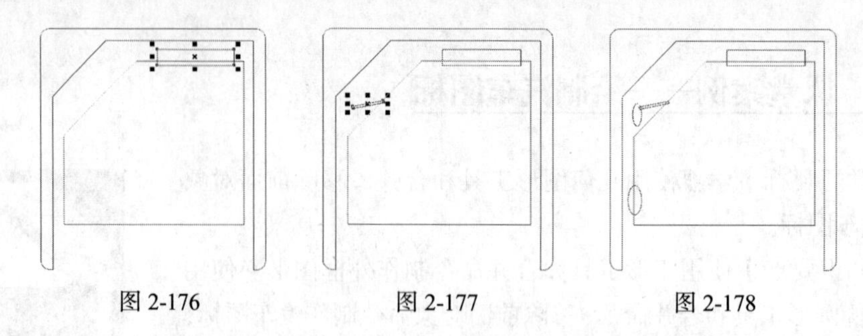

图 2-176　　图 2-177　　图 2-178

（6）选择“选择”工具，用圈选的方法选取需要的图形，如图 2-179 所示。单击属性栏中的“合并”按钮，合并图形，效果如图 2-180 所示。

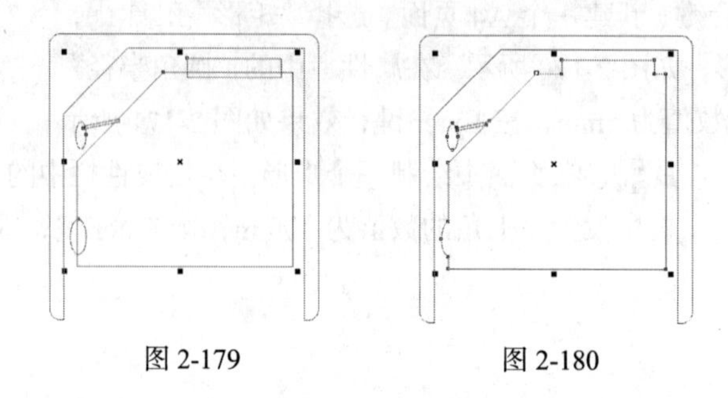

图 2-179　　图 2-180

（7）选择“矩形”工具，在页面中绘制一个矩形。单击属性栏中的“倒棱角”按钮，在“圆角半径”框中设置左上角的数值为 30mm，按 Enter 键，效果如图 2-181 所示。再绘制一个矩形，在属性栏中的“圆角半径”框中设置数值为 3mm，按 Enter 键，效果如图 2-182 所示。选择“3 点矩形”工具，绘制一个倾斜的矩形，如图 2-183 所示。

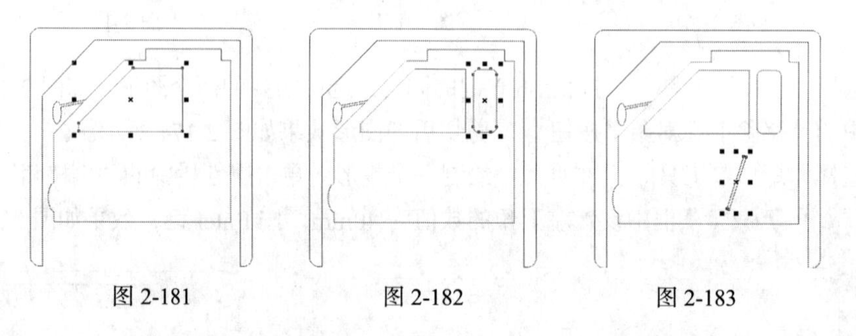

图 2-181　　图 2-182　　图 2-183

（8）选择“选择”工具，按数字键盘上的+键，复制矩形，并将其拖曳到适当的位置，效果如图 2-184 所示。按住 Ctrl 键的同时，连续点按 D 键，按需要再制作多个矩形，效果如图 2-185 所示。

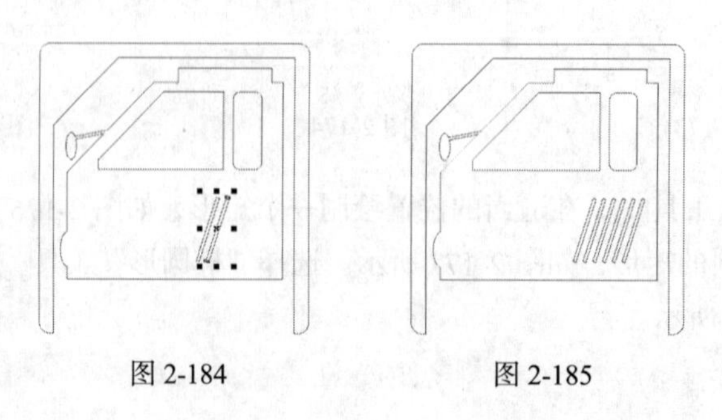

图 2-184　　图 2-185

（9）选择“选择”工具，按住 Shift 键的同时，选中需要的图形，如图 2-186 所示。单击属性栏中的“移除前面对象”按钮，剪切后的图形效果如图 2-187 所示。

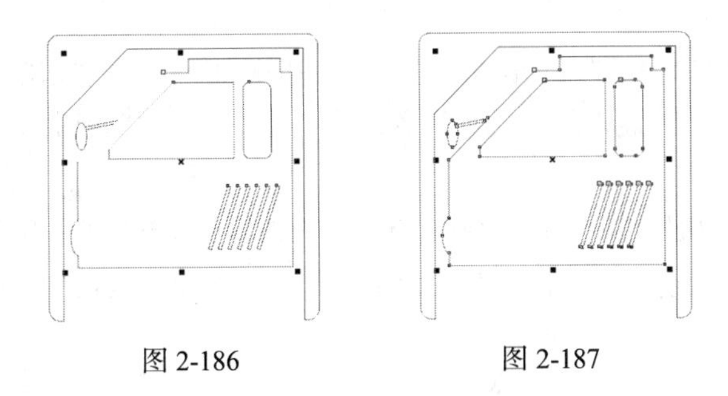

图 2-186　　　　图 2-187

（10）选择“矩形”工具和“椭圆形”工具，在适当的位置绘制需要的图形，如图 2-188 所示。选择“选择”工具，用圈选的方法选取需要的图形，如图 2-189 所示。单击属性栏中的“合并”按钮，合并图形，效果如图 2-190 所示。

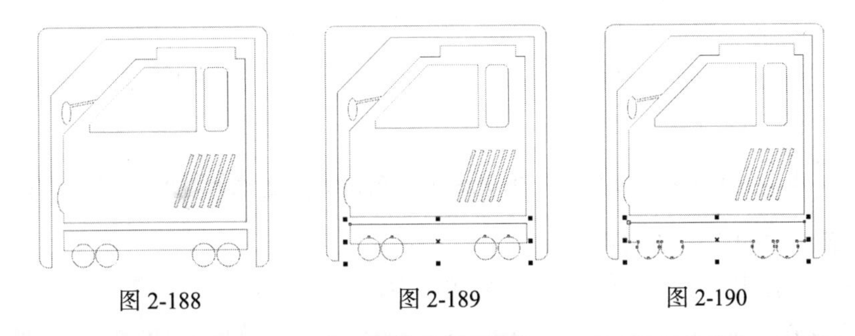

图 2-188　　　　图 2-189　　　　图 2-190

（11）选择“均匀填充”工具，在弹出的“均匀填充”对话框中进行参数设置，如图 2-191 所示，单击“确定”按钮，填充图形。在“CMYK 调色板”中的“无填充”按钮⊠上单击鼠标右键，去除图形的轮廓线，效果如图 2-192 所示。汽车图标绘制完成。

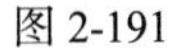

图 2-191　　　　图 2-192

2.3　对象的编辑

CorelDRAW X5 提供了强大的对象编辑功能，本节将主要讲解如何编辑对象，包括对象的多种选取方式、对象的缩放、移动和镜像、对象的复制和删除以及对象的修改。其中，对多种编辑对象的方法和技巧的讲解会对读者的学习大有帮助。

2.3.1 对象的选取

在 CorelDRAW X5 中，新建一个图形对象时，一般图形对象呈选取状态，在对象的周围出现圈选框，圈选框是由 8 个控制点组成的，对象的中心有一个“X”形的中心标记。对象的选取状态如图 2-193 所示。

当选取多个图形对象时，多个图形对象共有一个圈选框，多个对象的选取状态如图 2-194 所示。要取消对象的选取状态，只要在绘图页面中的其他位置单击或按 Esc 键即可。

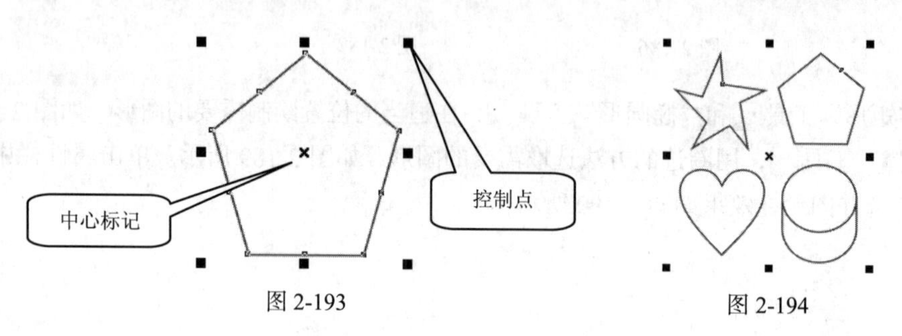

图 2-193　　图 2-194

提示 在 CorelDRAW X5 中，如果要编辑一个对象，首先要选取这个对象。

1. 用鼠标点选的方法选取对象

选择“选择”工具，在要选取的图形对象上单击，即可以选取该对象。

选取多个图形对象时，按住 Shift 键，在依次选取的对象上连续单击即可。心形、星形、多边形被同时选取的效果如图 2-195 所示。

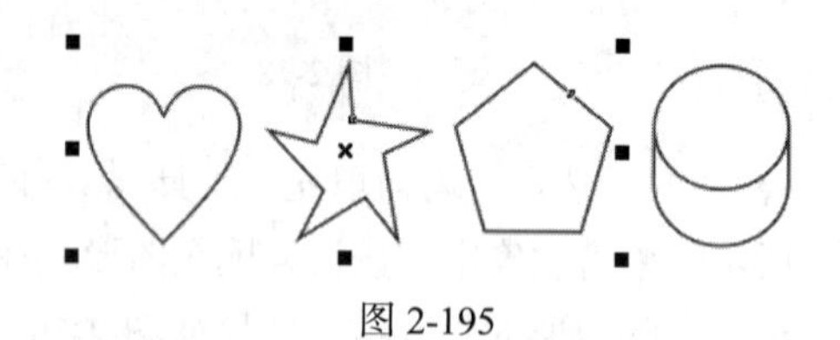

图 2-195

2. 以拖曳鼠标圈选的方法选取对象

选择“选择”工具，在绘图页面中要选取的图形对象外围单击并拖曳鼠标，拖曳后会出现一个蓝色的虚线圈选框，如图 2-196 所示。在圈选框完全圈选住对象后松开鼠标，被圈选的对象处于选取状态。用圈选的方法可以同时选取一个或多个对象，如图 2-197 所示。

图 2-196　　图 2-197

在圈选的同时按住 Alt 键，蓝色的虚线圈选框接触到的对象都将被选取，如图 2-198 所示。

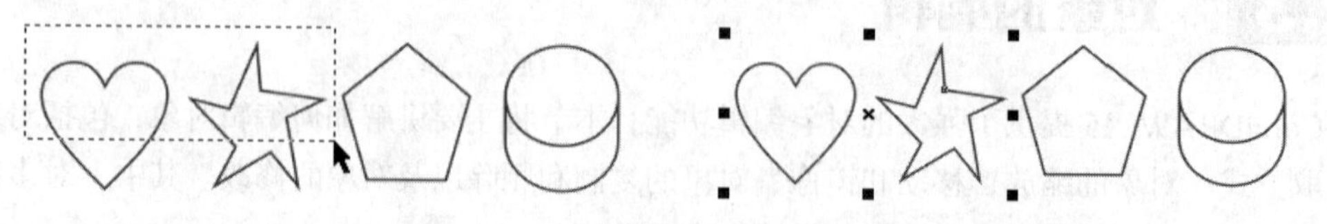

图 2-198

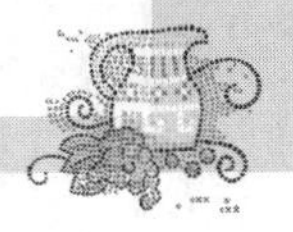

3. 使用菜单命令选取对象

选择“编辑 > 全选”子菜单下的各个命令来选取对象，按 Ctrl+A 组合键，可以选取绘图页面中的全部对象。

4. 使用键盘选取对象

当绘图页面中有多个对象时，按“空格”键，选择“选择”工具，连续按 Tab 键，可以依次选择下一个对象。选择“选择”工具，按住 Shift 键，再连续按 Tab 键，可以依次选择上一个对象。选择“选择”工具，按住 Ctrl 键，用鼠标点选可以选取群组中的单个对象。

2.3.2　对象的缩放

1. 使用鼠标缩放对象

使用“选择”工具选取要缩放的对象，对象的周围出现控制点。用鼠标拖曳控制点可以缩放对象，拖曳对角线上的控制点可以按比例缩放对象，如图 2-199 所示。拖曳中间的控制点可以不规则缩放对象，如图 2-200 所示。

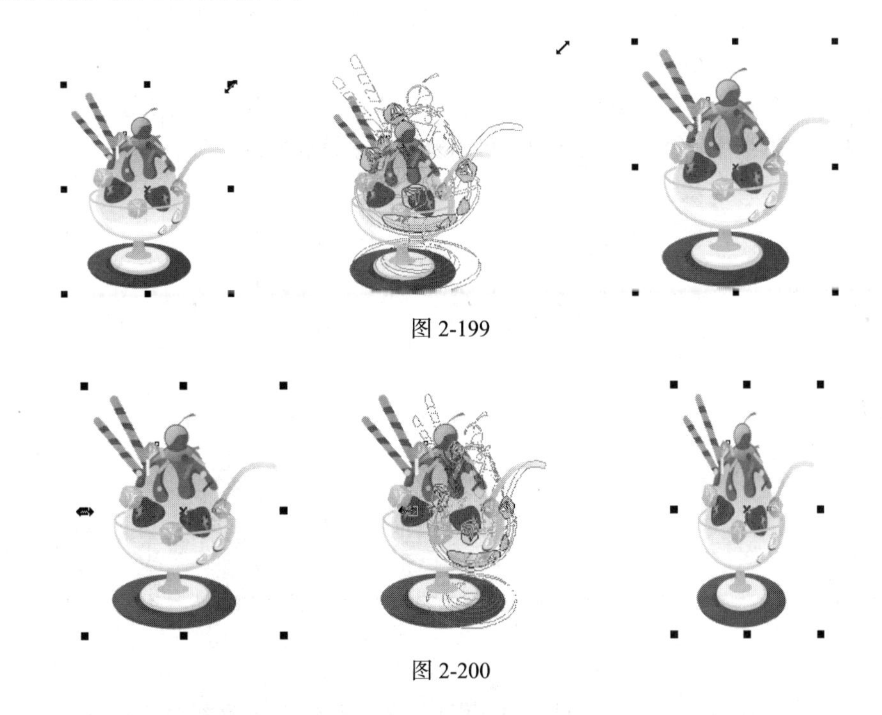

图 2-199

图 2-200

拖曳对角线上的控制点时按住 Ctrl 键，对象会以 100%的比例放大。同时按住 Shift+Ctrl 组合键，对象会以 100%的比例从中心放大。

2. 使用“自由变换”工具属性栏缩放对象

选择“选择”工具并选取要缩放的对象，对象的周围出现控制手柄。选择“形状”工具展开式工具栏中的“自由变换”工具，这时的属性栏如图 2-201 所示。

在“自由变形”属性栏中的“对象的大小”138.175 mm 171.072 mm框中，输入对象的宽度和高度。如果选择了“缩放因子”100.0 % 100.0 %中的锁按钮，则宽度和高度将按比例缩放，只要改变宽度和高度中的一个值，另一个值就会自动按比例调整。

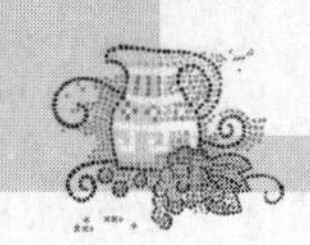

在“自由变形”属性栏中调整好宽度和高度后，按 Enter 键，完成缩放的对象。缩放的效果如图 2-202 所示。

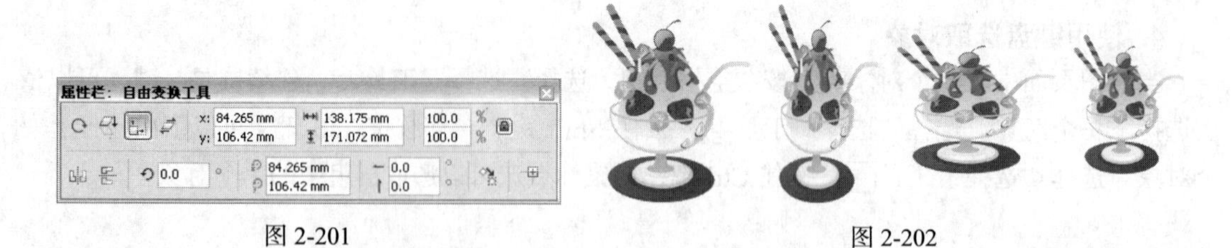

图 2-201　　图 2-202

3. 使用“转换”泊坞窗缩放对象

使用“选择”工具选取要缩放的对象，如图 2-203 所示。选择“窗口 > 泊坞窗 > 变换 > 大小”命令，或按 Alt+F10 组合键，弹出“转换”泊坞窗，如图 2-204 所示。其中，“H”表示宽度，“垂直”表示高度。如不勾选□按比例复选框，就可以不按比例缩放对象。

在“转换”泊坞窗中，图 2-205 所示的是可供选择的圈选框控制手柄 8 个点的位置，单击一个按钮以定义一个在缩放对象时保持固定不动的点，缩放的对象将基于这个点缩放，这个点可以决定缩放后的图形与原图形的相对位置。

设置好需要的数值，如图 2-206 所示，单击“应用”按钮，对象的缩放完成，效果如图 2-207 所示。在“副本”选项中输入需要的数值，可以复制多个缩放好的对象。

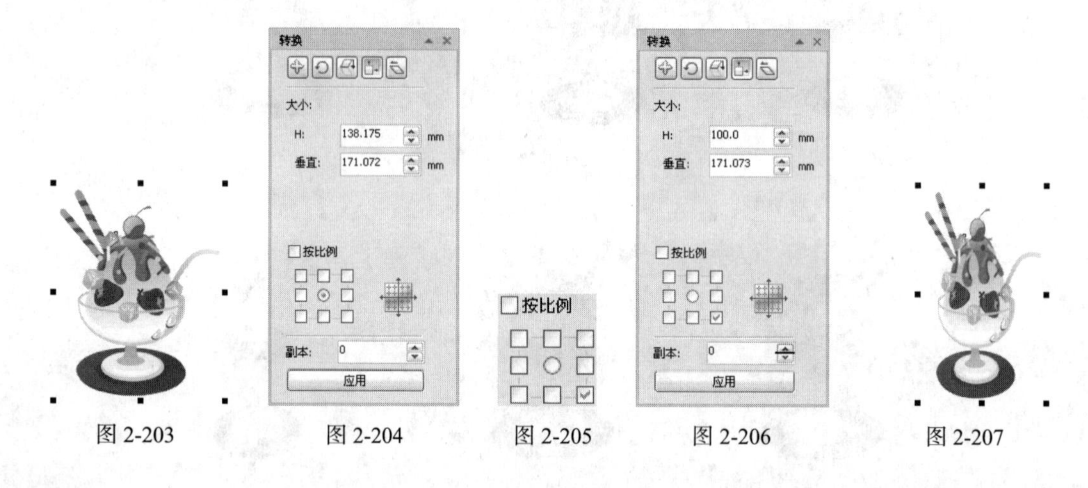

图 2-203　　图 2-204　　图 2-205　　图 2-206　　图 2-207

提示 选择“窗口 > 泊坞窗 > 变换 > 比例”命令，或按 Alt+F9 组合键，在弹出的“转换”泊坞窗中可以对对象进行缩放。

2.3.3　对象的移动

1. 使用工具和键盘移动对象

使用“选择”工具选取要移动的对象，如图 2-208 所示。使用“选择”工具或其他的绘图工具，将鼠标的光标移到对象的中心控制点，光标将变为十字箭头形✣，如图 2-209 所示。按住鼠标的左键不放，拖曳对象到需要的位置，松开鼠标左键，完成对象的移动，效果如图 2-210 所示。

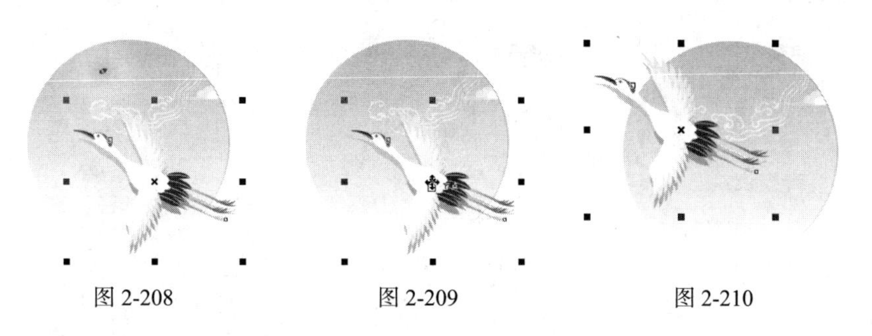

图 2-208　　图 2-209　　图 2-210

选取要移动的对象，用键盘上的方向键可以微调对象的位置，系统使用默认值时，对象将以 0.1mm 的增量移动。选择“选择”工具后不选取任何对象，在 0.1 mm 框中可以重新设定每次微调移动的距离。

2. 使用属性栏移动对象

选取要移动的对象，如图 2-211 所示。选择“选择”工具，这时的属性栏如图 2-212 所示。

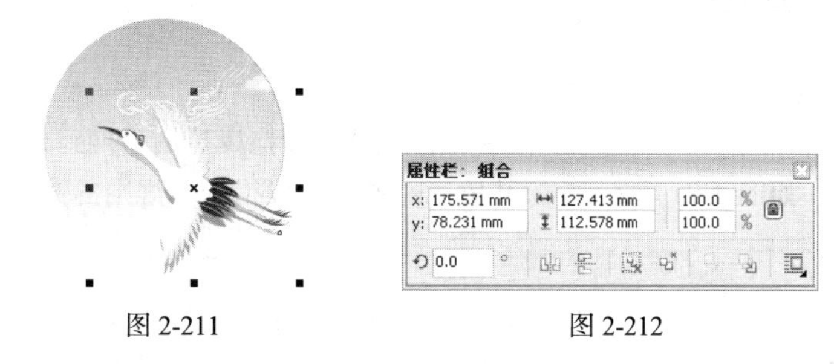

图 2-211　　图 2-212

在属性栏的“对象的位置” x: 175.571 mm y: 78.231 mm 框中，“x”表示对象所在位置的横坐标，“y”表示对象所在位置的纵坐标，在“x”、“y”后面的文本框中可以输入对象新位置的纵坐标数值。

在属性栏的“对象的位置” x: 175.571 mm y: 78.231 mm 框中，如果想将对象移动到新的位置，如横坐标的位置是 150，纵坐标的位置是 230，在“x”后面的文本框中输入 105，在“y”后面的文本框中输入 123，属性栏如图 2-213 所示。设置好后，按 Enter 键，移动后的效果如图 2-214 所示。

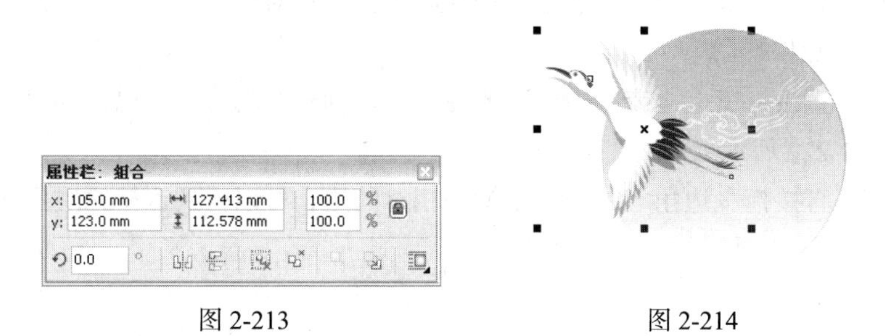

图 2-213　　图 2-214

3. 使用“转换”泊坞窗对象

选择“窗口 > 泊坞窗 > 变换 > 位置”命令，或按 Alt+F7 组合键，将弹出“转换”泊坞窗，如图 2-215 所示。也可以在打开的“转换”泊坞窗中单击“位置”按钮。

在“转换”泊坞窗中，“H”表示对象所在位置的横坐标，“垂直”表示对象所在位置的纵坐标。如勾选 相对位置 复选框，对象将相对于原位置的中心进行移动。设置需要的数值，如图 2-216 所示。单击“应用”按钮或按 Enter 键，完成对象的移动，效果如图 2-217 所示。在“副本”选项中输入需要的数值，可以在移动的新位置复制出新的对象。

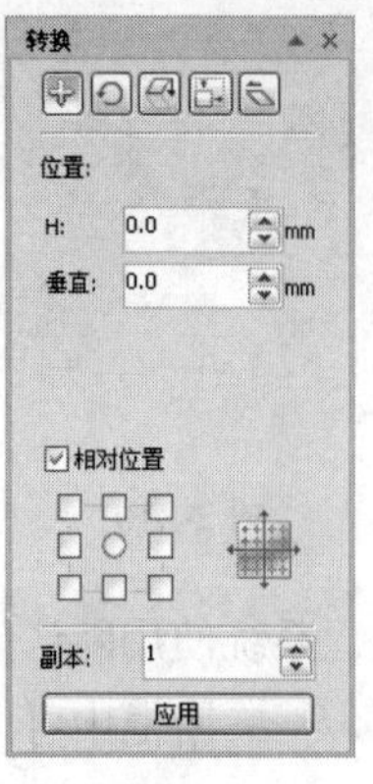

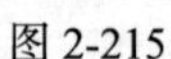
图 2-215

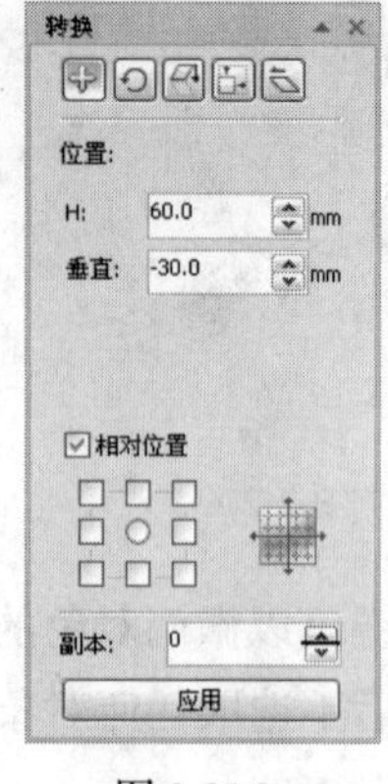

图 2-216

图 2-217

2.3.4 对象的镜像

1. 使用鼠标镜像对象

选取镜像对象，如图 2-218 所示。按住鼠标左键直接拖曳控制手柄到相对的边，直到显示对象的蓝色虚线框，如图 2-219 所示，松开鼠标左键就可以得到不规则的镜像对象，如图 2-220 所示。

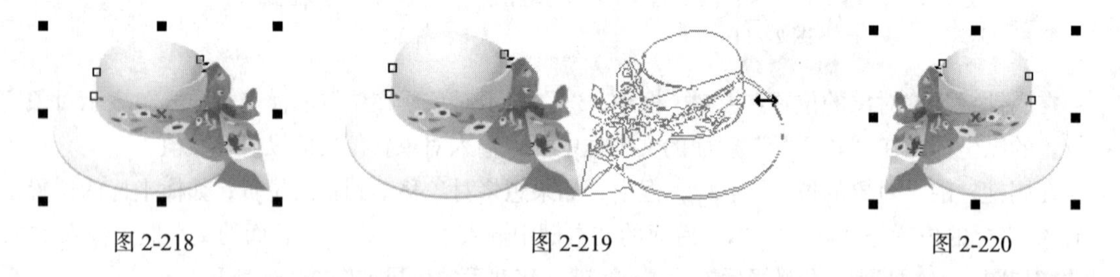
图 2-218　　图 2-219　　图 2-220

按住 Ctrl 键，直接拖曳左边或右边中间的控制手柄到相对的边，可以得到保持原对象比例的水平镜像，如图 2-221 所示。

按住 Ctrl 键，直接拖曳上边或下边中间的控制手柄到相对的边，可以得到保持原对象比例的垂直镜像，如图 2-222 所示。

按住 Ctrl 键，直接拖曳边角上的控制手柄到相对的边，可以得到保持原对象比例的沿对角线方向的镜像，如图 2-223 所示。

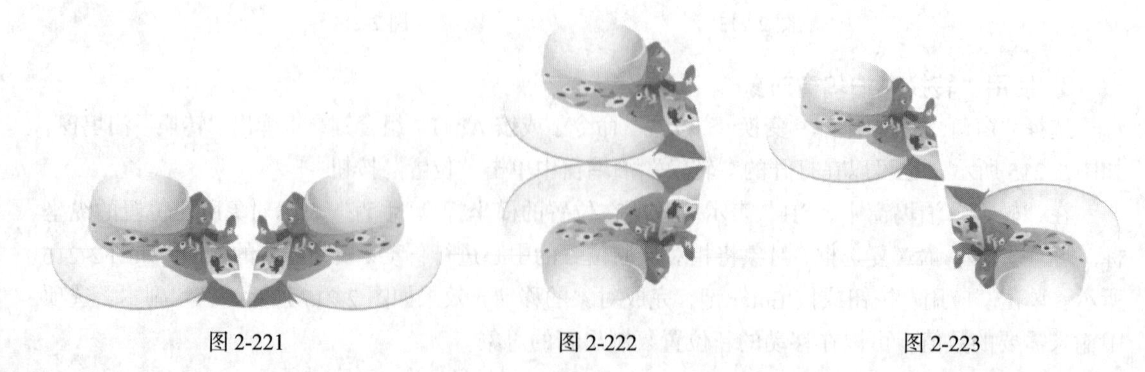
图 2-221　　图 2-222　　图 2-223

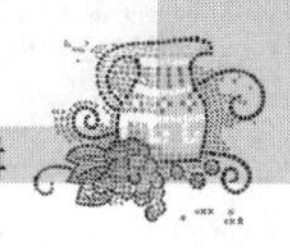

技巧 在镜像的过程中，只能使对象本身产生镜像。如果想产生图2-221、图2-222和图2-223的效果，就要在镜像的位置生成一个复制对象。其实方法很简单，在松开鼠标左键之前按下鼠标右键，就可以在镜像的位置生成一个复制对象。

2. 使用属性栏镜像对象

使用“选择”工具选取要镜像的对象，如图2-224所示。属性栏如图2-225所示。

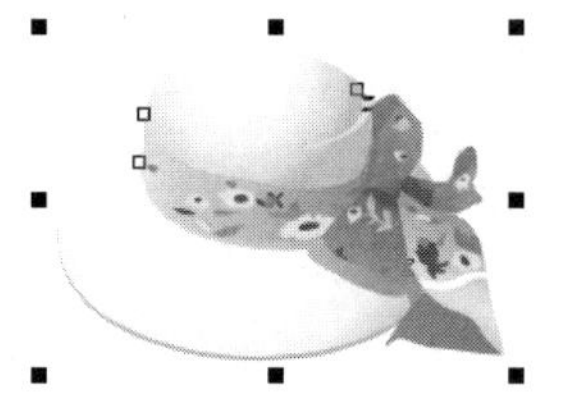

图2-224

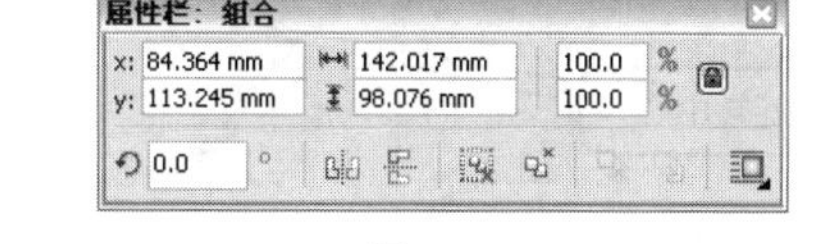

图2-225

单击属性栏中的“镜像”按钮可以完成对象的镜像，单击“水平镜像”按钮，可以使对象沿水平方向镜像翻转。单击“垂直镜像”按钮，可以使对象沿垂直方向镜像翻转。

3. 使用“自由变换”工具镜像对象

选择“自由变换”工具，单击属性栏中的“自由角度反射”按钮，在属性栏中单击“水平镜像”按钮，可以使对象沿水平方向镜像翻转。单击“垂直镜像”按钮，可以使对象沿垂直方向镜像翻转。

4. 使用“转换”泊坞窗镜像对象

选取要镜像的对象，如图2-226所示。选择“窗口 > 泊坞窗 > 变换 > 比例”命令，或按Alt+F9组合键，弹出“转换”泊坞窗，如图2-227所示。也可以在打开的“转换”泊坞窗中单击“缩放和镜像”按钮。

在“转换”泊坞窗中，单击“水平镜像”按钮，可以使对象沿水平方向镜像翻转。单击“垂直镜像”按钮，可以使对象沿垂直方向镜像翻转。参数设置好后，单击“应用”按钮可看到镜像效果。

在“转换”泊坞窗中，可以设置产生一个变形的镜像对象。如图2-228所示进行设定，单击“应用”按钮，产生一个变形的镜像对象，效果如图2-229所示。

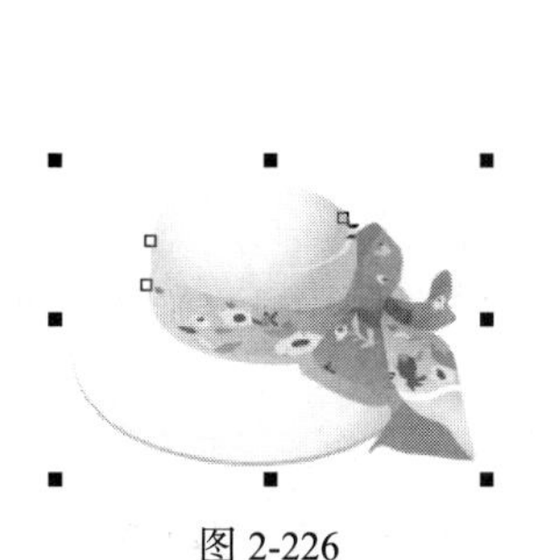

图2-226

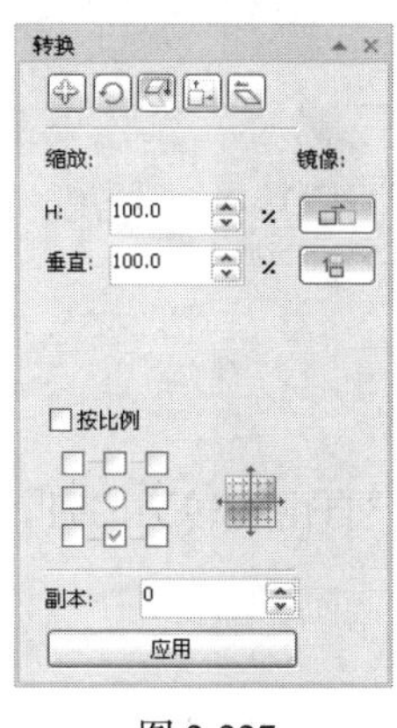

图2-227

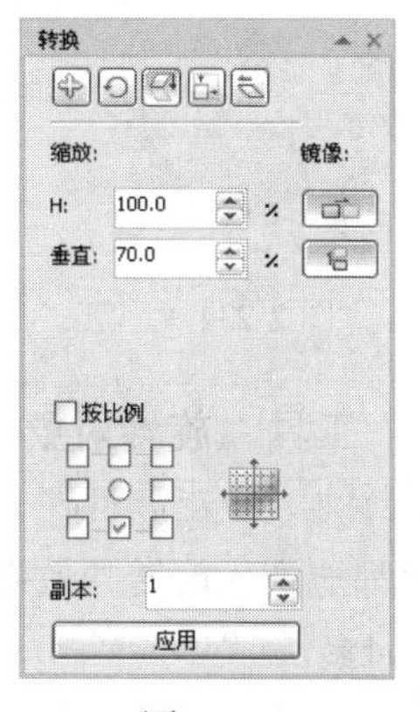

图2-228

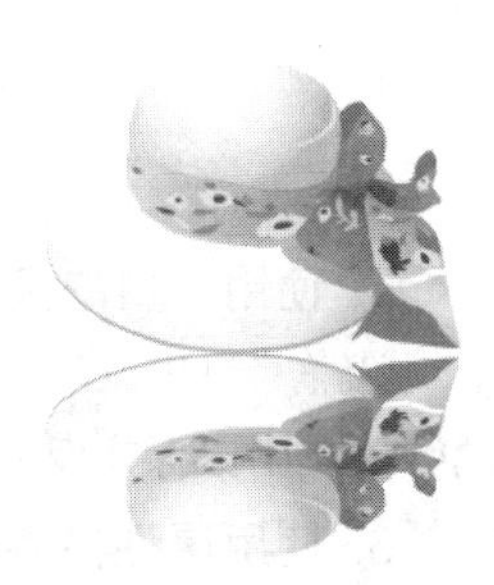

图2-229

2.3.5　对象的旋转

1. 使用鼠标旋转对象

使用“选择”工具选取要旋转的对象，对象的周围出现控制点。再次单击对象，这时对象的周围出现旋转和倾斜控制手柄，如图 2-230 所示。

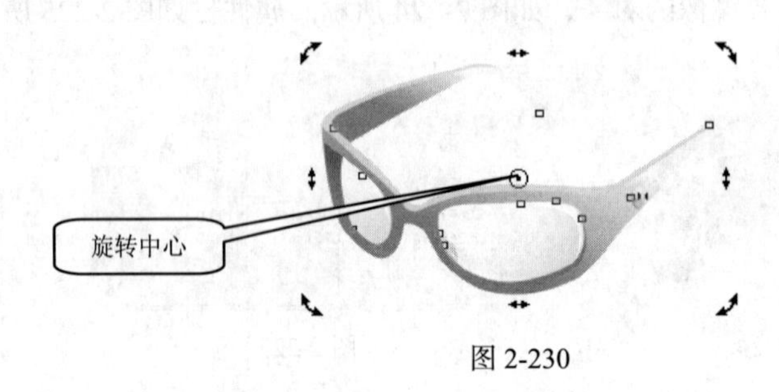

图 2-230

将鼠标的光标移动到旋转控制手柄上，这时的光标变为旋转符号，如图 2-231 所示。按下鼠标左键，拖曳鼠标旋转对象，旋转时对象会出现蓝色的虚线框指示旋转方向和角度，如图 2-232 所示。旋转到需要的角度后，松开鼠标左键，完成对象的旋转，如图 2-233 所示。

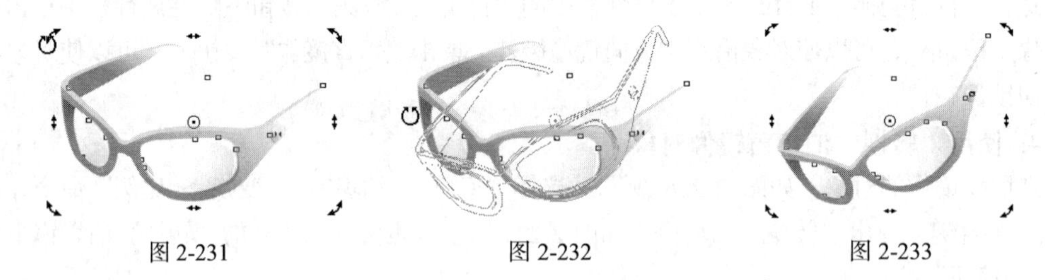

图 2-231　　图 2-232　　图 2-233

对象是围绕旋转中心⊙旋转的，CorelDRAW X5 默认的旋转中心⊙是对象的中心点，我们可以通过改变旋转中心来使对象旋转到新的位置。方法很简单，将鼠标光标移动到旋转中心上，按下鼠标左键拖曳旋转中心⊙到需要的位置，如图 2-234 所示，松开鼠标左键，完成对旋转中心的移动。应用新的旋转中心旋转对象的效果如图 2-235 所示。

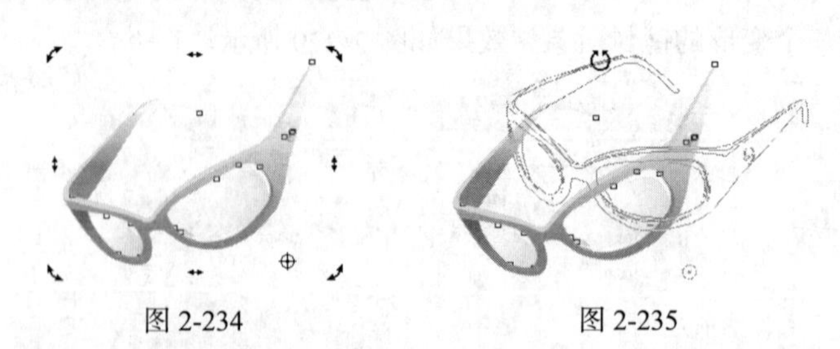

图 2-234　　图 2-235

2. 使用“自由变换”工具旋转对象

选择“自由变换”工具，单击属性栏中的“自由旋转”按钮，在属性栏中设定旋转对象的数值或用鼠标拖曳对象都能产生旋转的效果。

3. 使用属性栏旋转对象

选取要旋转的对象，效果如图 2-236 所示。选择“选择”工具，属性栏如图 2-237 所示。

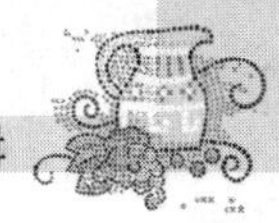

在属性栏的“旋转角度”框中，输入旋转的角度值为 45，按 Enter 键，旋转选取的对象，效果如图 2-238 所示。

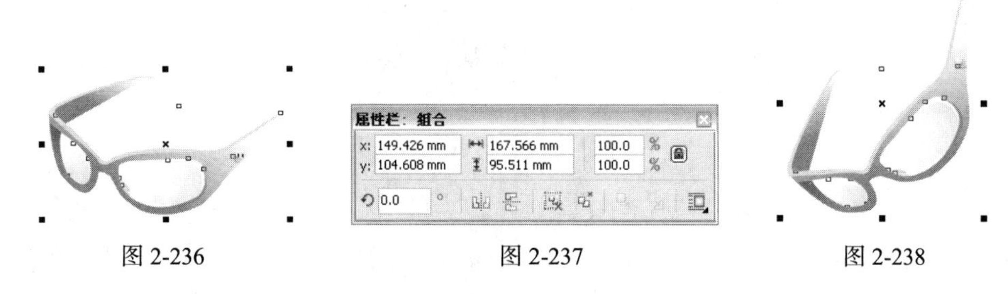

图 2-236　　图 2-237　　图 2-238

4. 使用“转换”泊坞窗旋转对象

选取要旋转的对象，如图 2-239 所示。选择“窗口 > 泊坞窗 > 变换 > 旋转”命令，或按 Alt+F8 组合键，弹出“转换”泊坞窗，如图 2-240 所示。也可以在已打开的“转换”泊坞窗中单击“旋转”按钮。

在“转换”泊坞窗的“旋转”设置区的“角度”选项框中直接输入旋转的角度数值，旋转角度数值可以是正值也可以是负值。在“中心”选项的设置区中输入旋转中心的坐标位置。勾选“相对中心”复选框，对象的旋转将以选取的旋转中心旋转。设置如图 2-241 所示，单击“应用”按钮，对象旋转的效果如图 2-242 所示。

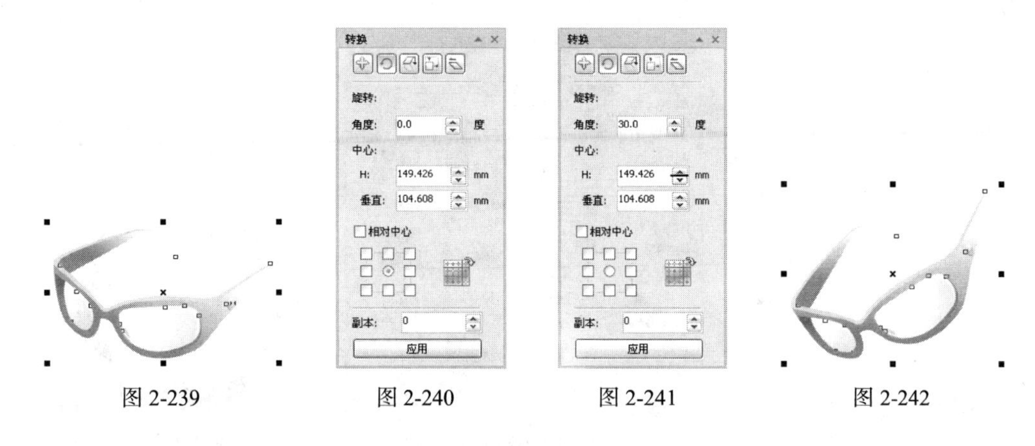

图 2-239　　图 2-240　　图 2-241　　图 2-242

2.3.6　课堂案例——绘制天气图标

【案例学习目标】学习使用几何图形工具和转换泊坞窗制作天气图标。

【案例知识要点】使用椭圆形工具、旋转命令和合并按钮制作图标边框和云图形。使用基本形状工具添加嘴和雨滴图形，天气图标效果如图 2-243 所示。

图 2-243

【效果所在位置】光盘/Ch02/效果/绘制天气图标.cdr。

（1）按 Ctrl+N 组合键，新建一个 A4 页面。选择“椭圆形”工具，按住 Ctrl 键的同时，在页面中绘制一个圆形，如图 2-244 所示。单击圆形的中心点，使其处于旋

转状态，将旋转中心拖曳到圆形的下方，如图 2-245 所示。

（2）按 Alt+F8 组合键，弹出“转换”泊坞窗，选项的参数设置如图 2-246 所示，单击“应用”按钮，效果如图 2-247 所示。

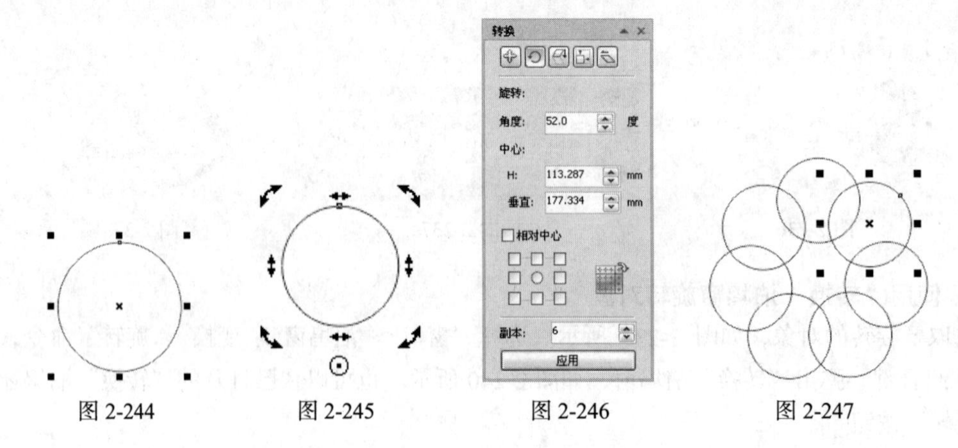

图 2-244　　图 2-245　　图 2-246　　图 2-247

（3）选择“选择”工具，用圈选的方法将所有圆形同时选取，单击属性栏中的“合并”按钮，将其合并在一起，效果如图 2-248 所示。按 F12 键，弹出“轮廓笔”对话框，在“颜色”选项中设置轮廓线颜色的 CMYK 值为 100、80、40、0，其他选项的设置如图 2-249 所示，单击“确定”按钮，效果如图 2-250 所示。

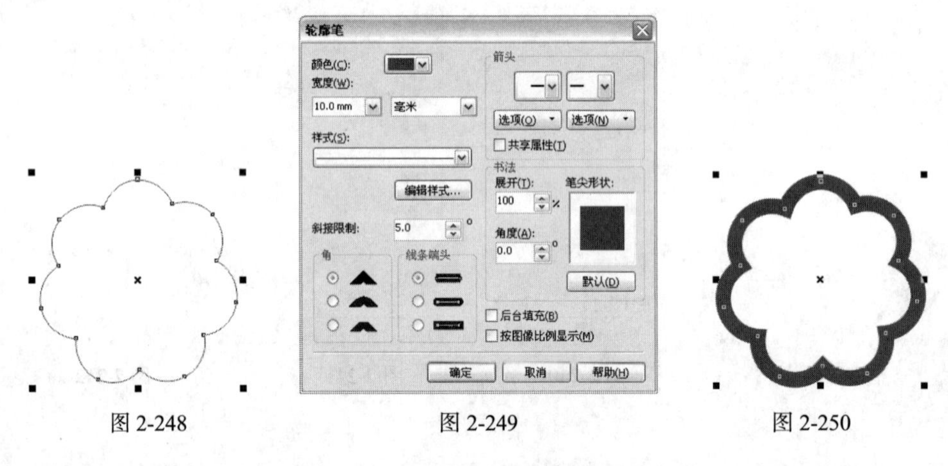

图 2-248　　图 2-249　　图 2-250

（4）选择“椭圆形”工具，在页面中适当的位置绘制多个椭圆形，如图 2-251 所示。选择“选择”工具，按住 Shift 键的同时，将绘制的椭圆形同时选中，如图 2-252 所示。单击属性栏中的“合并”按钮，合并图形，效果如图 2-253 所示。

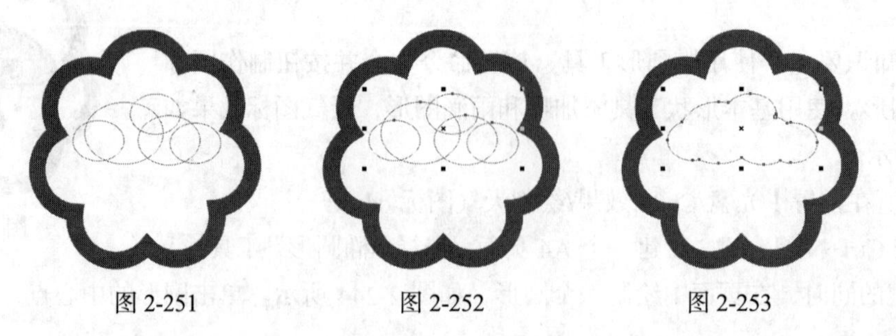

图 2-251　　图 2-252　　图 2-253

（5）选择“均匀填充”工具，在弹出的对话框中进行参数设置，如图 2-254 所示，单击“确定”按钮，填充图形。在“CMYK 调色板”中的“无填充”按钮上单击鼠标右键，去除图形的轮廓线，效果如图 2-255 所示。

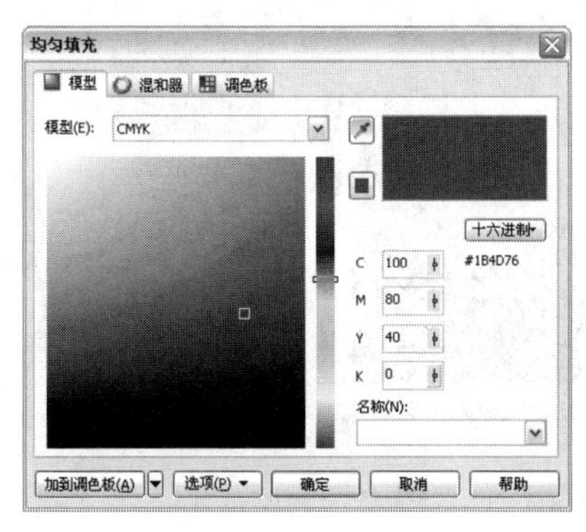

图 2-254

图 2-255

（6）选择“椭圆形”工具，按住 Ctrl 键的同时，在页面中适当的位置绘制一个圆形，填充为白色，并去除图形的轮廓线，效果如图 2-256 所示。选择“选择”工具，按数字键盘上的+键，复制一个圆形，并将其拖曳到适当的位置，效果如图 2-257 所示。

图 2-256　　图 2-257

（7）选择“基本形状”工具，在属性栏中单击“完美形状”按钮，在弹出的下拉图形列表中选择需要的图标，如图 2-258 所示，在适当的位置绘制出需要的图形，如图 2-259 所示。填充为白色，并去除图形的轮廓线，效果如图 2-260 所示。

图 2-258　　图 2-259　　图 2-260

（8）选择“基本形状”工具，在属性栏中单击“完美形状”按钮，在弹出的下拉图形列表中选择需要的图标，如图 2-261 所示，在页面中绘制出多个需要的图形，如图 2-262 所示。

（9）选择“选择”工具，用圈选的方法将绘制的图形同时选取。选择“均匀填充”工具，在弹出的对话框中进行参数设置，如图 2-263 所示，单击“确定”按钮，填充图形。在“CMYK

调色板”中的“无填充”按钮⊠上单击鼠标右键，去除图形的轮廓线，效果如图 2-264 所示。天气图标绘制完成。

图 2-261　　图 2-262　　图 2-263　　图 2-264

2.3.7　对象的倾斜变形

1. 使用鼠标倾斜变形对象

选取要倾斜变形的对象，对象的周围出现控制点。再次单击对象，这时对象的周围出现旋转和倾斜控制点，如图 2-265 所示。

将鼠标的光标移动到倾斜控制点上，光标变为倾斜符号，如图 2-266 所示。按下鼠标左键，拖曳鼠标变形对象，倾斜变形时对象会出现蓝色的虚线框指示倾斜变形的方向和角度，如图 2-267 所示。倾斜到需要的角度后，松开鼠标左键，倾斜变形的效果如图 2-268 所示。

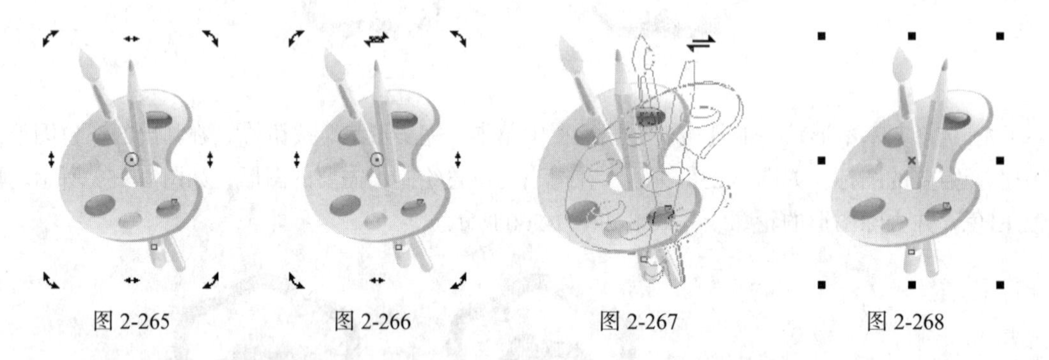

图 2-265　　图 2-266　　图 2-267　　图 2-268

2. 使用“自由变换”工具倾斜变形对象

选择“自由变换”工具，单击属性栏中的“自由倾斜”按钮，在属性栏中设定倾斜变形对象的数值或用鼠标拖曳对象都能产生倾斜变形的效果。

3. 使用“转换”泊坞窗倾斜变形对象

选取倾斜变形对象，如图 2-269 所示。选择“窗口 > 泊坞窗 > 变换 > 倾斜”命令，弹出“转换”泊坞窗，如图 2-270 所示。也可以在已打开的转换泊坞窗中单击“倾斜”按钮。

在“转换”泊坞窗中设定倾斜变形对象的数值，如图 2-271 所示，单击“应用”按钮，对象产生倾斜变形的效果，如图 2-272 所示。

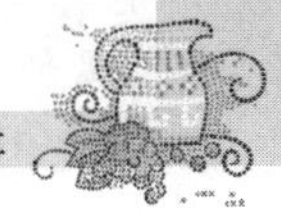

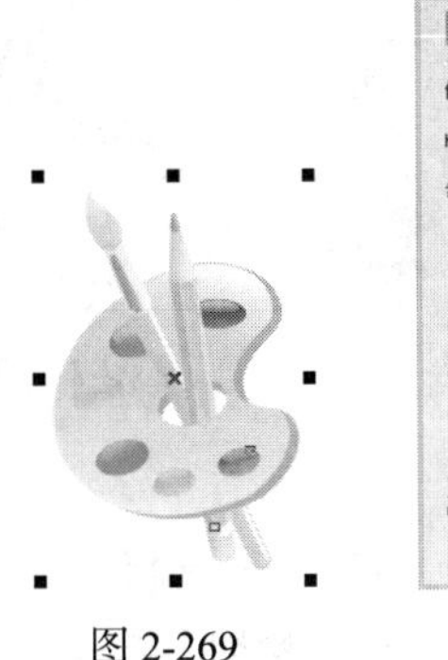

图 2-269

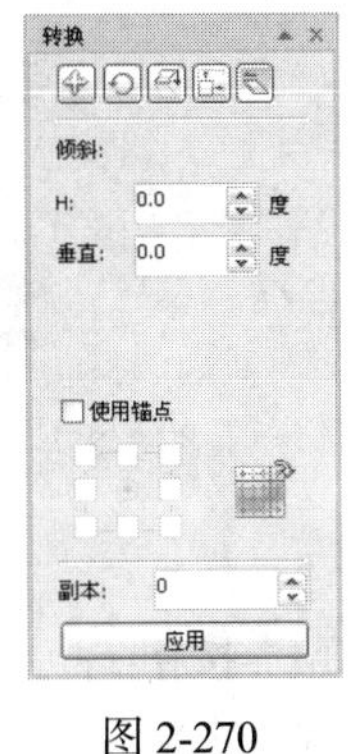

图 2-270

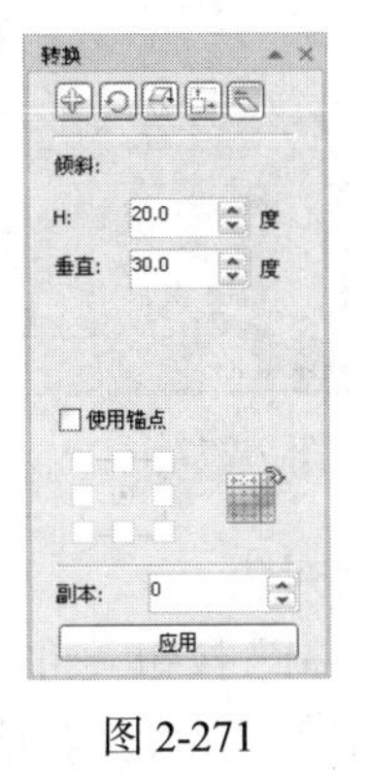

图 2-271

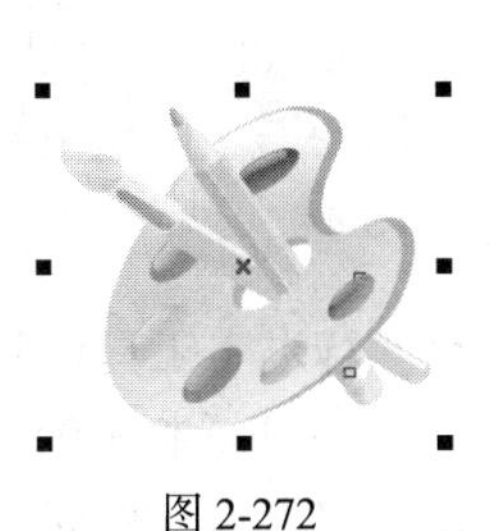

图 2-272

2.3.8　对象的复制

1. 使用菜单命令复制对象

选取要复制的对象，如图 2-273 所示。选择“编辑 > 复制”命令，或按 Ctrl+C 组合键，如图 2-274 所示，对象的副本将被放置在剪贴板中。

选择“编辑 > 粘贴”命令或按 Ctrl+V 组合键，对象的副本被粘贴到原对象的下面，位置和原对象是相同的。用鼠标移动对象，可以显示复制的对象，效果如图 2-275 所示。

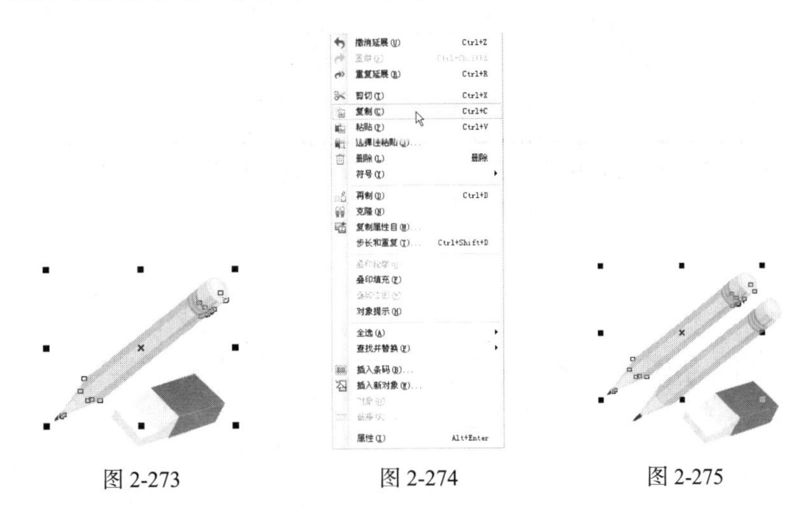

图 2-273　　图 2-274　　图 2-275

提示　选择“编辑 > 剪切”命令或按 Ctrl+X 组合键，对象将从绘图页面中删除并被放置在剪贴板上。

2. 使用菜单命令复制对象属性

在绘图页面上有两个以上的对象时，可以复制其中一个对象的属性，使其应用于其他对象。

选取要复制属性的对象，如图 2-276 所示。选择“编辑 > 复制属性自”命令，弹出“复制属性”对话框，在对话框中勾选“填充”和“轮廓色”复选框，如图 2-277 所示，单击“确定”按钮，鼠标光标显示为黑色箭头，在要复制其属性的对象上单击，如图 2-278 所示，对象的属性复制完成，效果如图 2-279 所示。

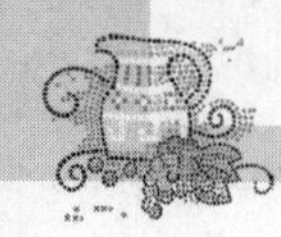

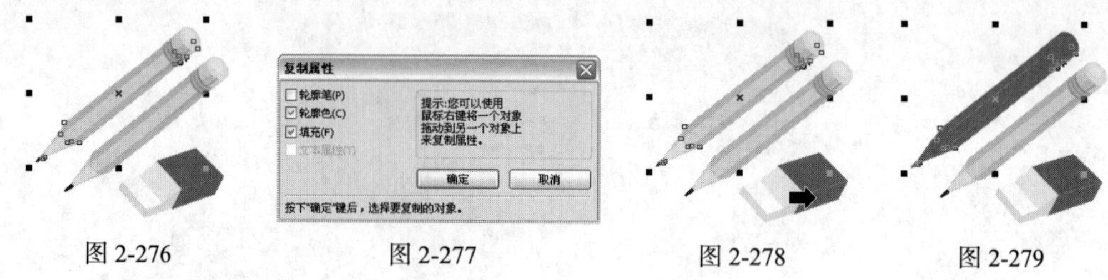

图 2-276　　图 2-277　　图 2-278　　图 2-279

3. 使用“标准”工具栏复制对象

使用“标准”工具栏中的“复制”按钮和“粘贴”按钮可以快速地复制对象。选取要复制的对象，单击“复制”按钮将对象存放到剪贴板中，再单击“粘贴”按钮完成对象的复制。

4. 使用鼠标拖曳方式复制对象

选取要复制的对象，如图 2-280 所示。将鼠标光标移动到对象的中心点上，光标变为移动光标✥，如图 2-281 所示。

按住鼠标左键拖曳对象到需要的位置，如图 2-282 所示。在位置合适后单击鼠标右键，对象复制完成，效果如图 2-283 所示。

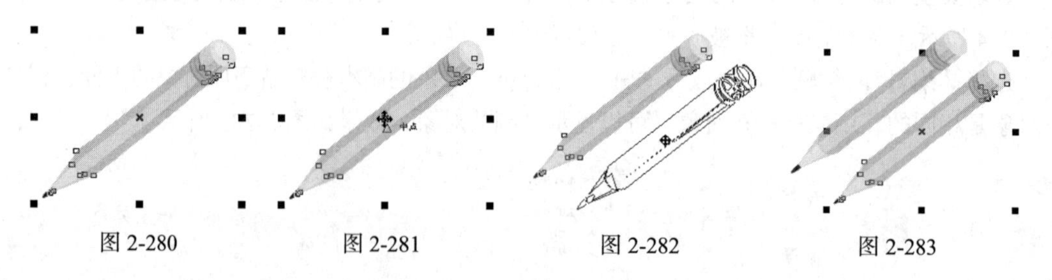

图 2-280　　图 2-281　　图 2-282　　图 2-283

选取要复制的对象，用鼠标右键拖曳对象到需要的位置，松开鼠标右键后弹出如图 2-284 所示的快捷菜单，选择“复制”命令，对象复制完成，效果如图 2-285 所示。

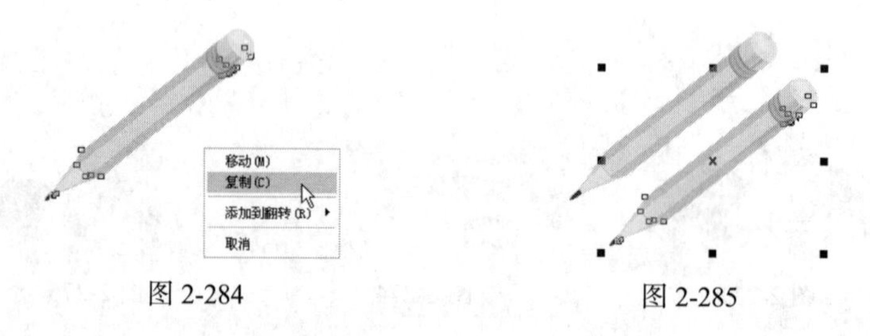

图 2-284　　图 2-285

可以在两个不同的绘图页面中复制对象，使用鼠标左键拖曳其中一个绘图页面中的对象到另一个绘图页面中，如图 2-286 所示。在松开鼠标左键前单击右键就可以了，效果如图 2-287 所示。

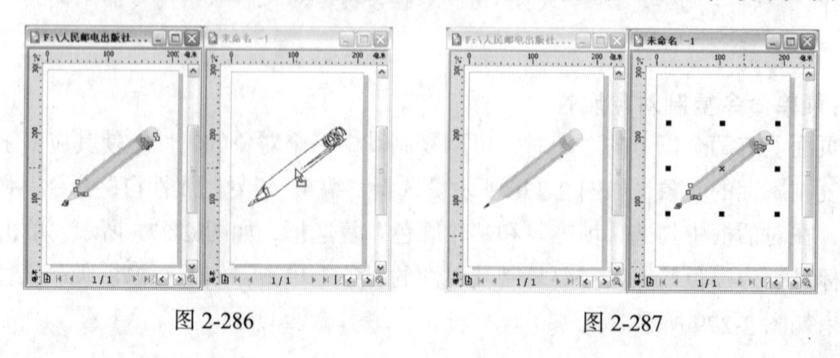

图 2-286　　图 2-287

5. 使用菜单命令再制对象

选取要再制的对象，如图 2-288 所示。选择“编辑 > 再制”命令或按 Ctrl+D 组合键，再制的对象出现在原对象的右上方，如图 2-289 所示。再制的对象与原对象没有联系，是完全独立的对象。

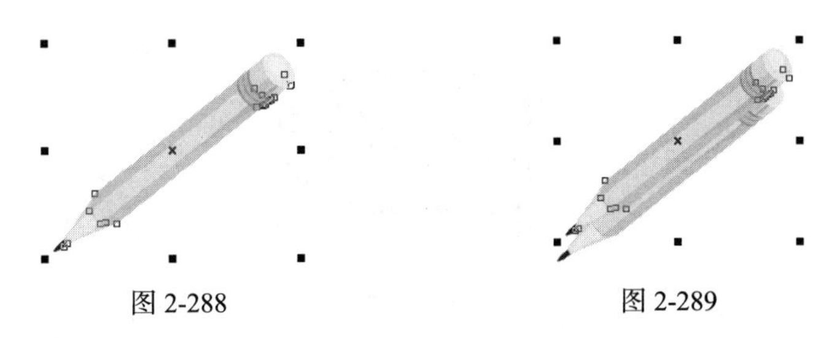

图 2-288　　图 2-289

如果重新设定再制的位置和角度，当执行下一次“再制”命令时，再制的对象与原对象的位置和角度将成为新的默认数值。

先使一个对象处于旋转的状态，再将对象的旋转中心如图 2-290 所示设定。在数字键盘上按+按钮，复制一个对象，复制对象的位置和原对象的位置相同。在属性栏中设定旋转角度为“30”，如图 2-291 所示。

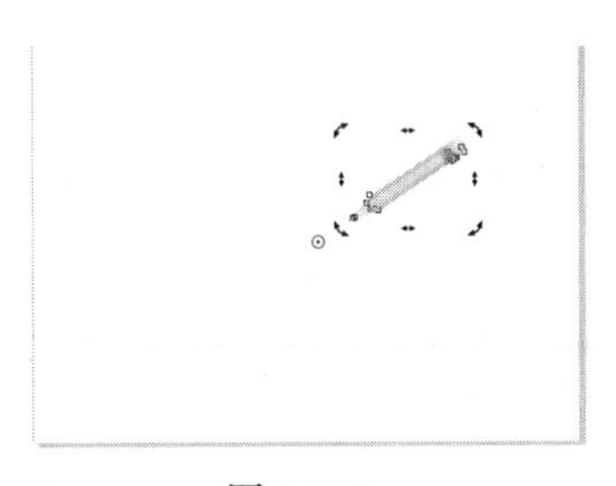

图 2-290

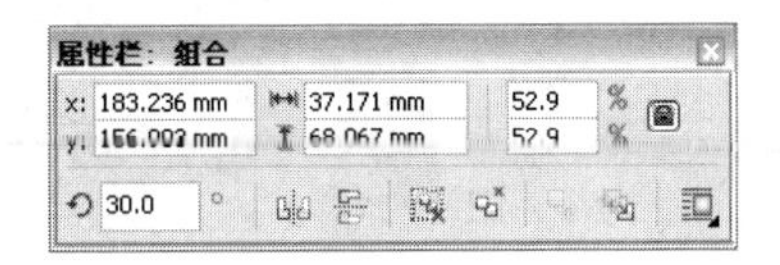

图 2-291

按 Enter 键，复制对象的旋转效果如图 2-292 所示。按住 Ctrl 键，再连续点按键盘上的 D 键，连续再制的对象效果如图 2-293 所示。

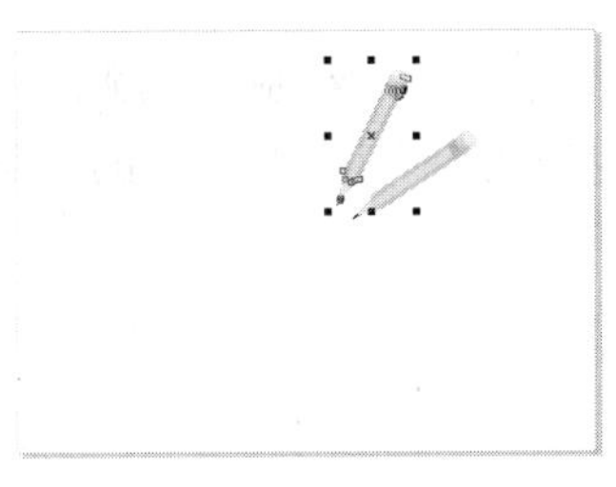

图 2-292

图 2-293

2.3.9　课堂案例——绘制电视节目

【案例学习目标】学会使用绘制几何图形工具和倾斜命令绘制电视节目。

【案例知识要点】使用矩形工具、多边形工具和椭圆形工具绘制电视机。使用矩形工具和移除按钮制作显示屏。使用倾斜命令制作节目内容。使用矩形工具和椭圆形工具添加按钮。电视节

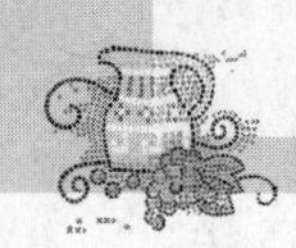

目效果如图 2-294 所示。

【效果所在位置】光盘/Ch02/效果/绘制电视节目.cdr。

图 2-294

（1）按 Ctrl+N 组合键，新建一个 A4 页面。选择“矩形”工具，在页面中绘制一个矩形，在属性栏中的“圆角半径”框中设置数值为 20mm，按 Enter 键，效果如图 2-295 所示。

（2）选择“多边形”工具，在属性栏中的“点数或边数”框中设置数值为 3，如图 2-296 所示，在页面中绘制三角形，如图 2-297 所示。

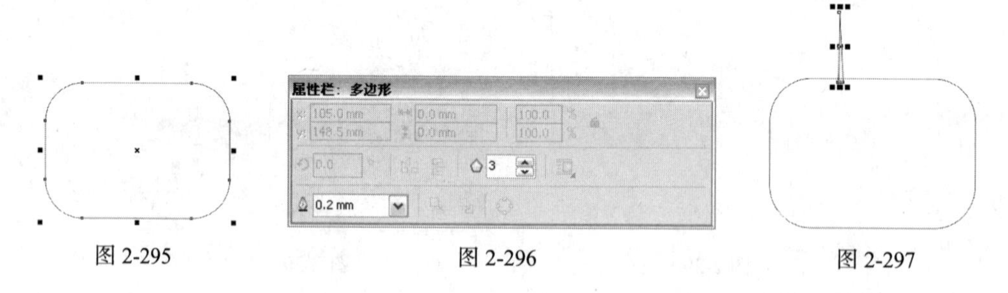

图 2-295　　图 2-296　　图 2-297

（3）选择“选择”工具，选取图形，在属性栏中的“旋转角度”框中设置数值为 17.5°，按 Enter 键，效果如图 2-298 所示。用相同的方法再次绘制三角形，并将其旋转到适当的角度，效果如图 2-299 所示。

（4）选择“椭圆形”工具，按住 Ctrl 键的同时，在页面中绘制 2 个圆形，如图 2-300 所示。选择“选择”工具，用圈选的方法将所有图形同时选取，单击属性栏中的“合并”按钮，合并图形，效果如图 2-301 所示。

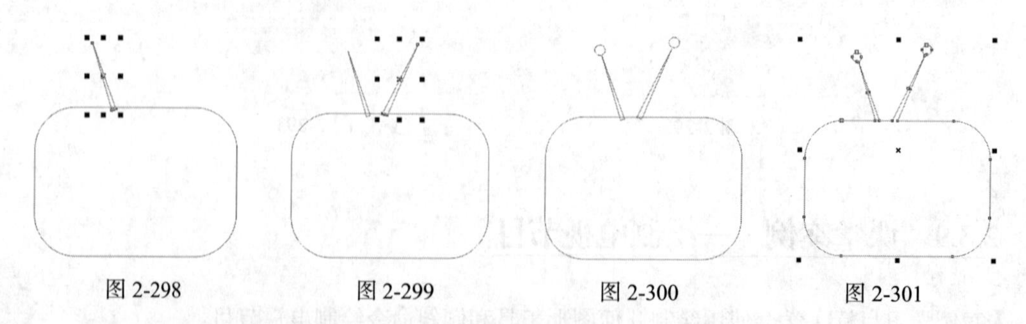

图 2-298　　图 2-299　　图 2-300　　图 2-301

（5）在“CMYK 调色板”中的“黄”色块上单击鼠标，填充图形，在“无填充”按钮上单击鼠标右键，去除图形的轮廓线，效果如图 2-302 所示。选择“矩形”工具，在页面中绘制一

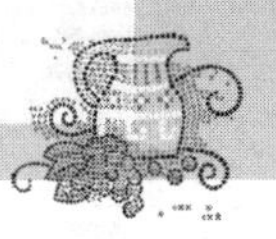

个矩形，在属性栏中的“圆角半径”框中设置数值为 10mm，按 Enter 键，效果如图 2-303 所示。

（6）选择“选择”工具，按数字键盘上的+键，复制图形，拖曳右上角的控制手柄调整图形的大小，并将其拖曳到适当的位置，效果如图 2-304 所示。按数字键盘上的+键，复制图形，按住 Shift 键的同时，选取原圆角矩形，单击属性栏中的“移除前面对象”按钮，效果如图 2-305 所示。

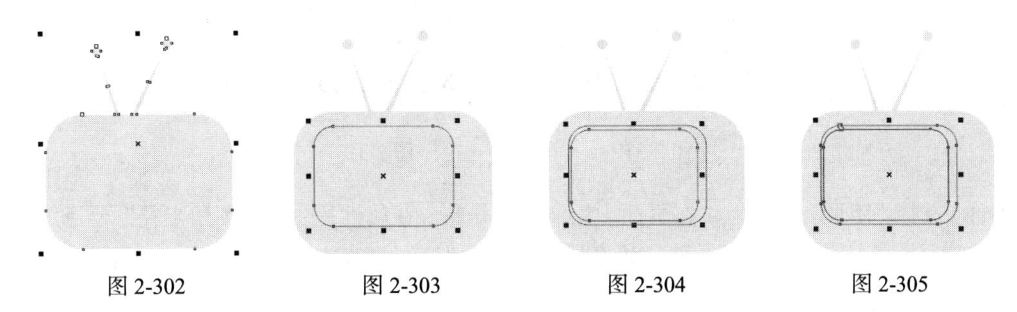

图 2-302　图 2-303　图 2-304　图 2-305

（7）在“CMYK 调色板”中的“黑”色块上单击鼠标，填充图形，在“无填充”按钮⊠上单击鼠标右键，去除图形的轮廓线，效果如图 2-306 所示。选择“选择”工具，选取需要的矩形，如图 2-307 所示。在“CMYK 调色板”中的“50%黑”色块上单击鼠标，填充图形，在“无填充”按钮⊠上单击鼠标右键，去除图形的轮廓线，效果如图 2-308 所示。

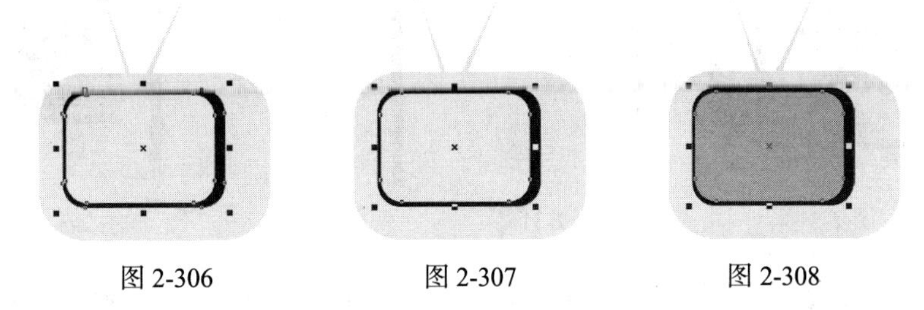

图 2-306　图 2-307　图 2-308

（8）选择“矩形”工具，在页面中绘制一个矩形，单击属性栏中的“扇形角”按钮，在属性栏中的“圆角半径”框中设置数值为 3.5mm，按 Enter 键，效果如图 2-309 所示。在“CMYK 调色板”中的“10%黑”色块上单击鼠标，填充图形，在“无填充”按钮⊠上单击鼠标右键，去除图形的轮廓线，效果如图 2-310 所示。

（9）按 Ctrl+I 组合键，弹出“导入”对话框，选择光盘中的“Ch02 > 素材 > 绘制电视节目 > 01”文件，单击“导入”按钮，在页面中单击导入图片，并调整其大小和位置，效果如图 2-311 所示。

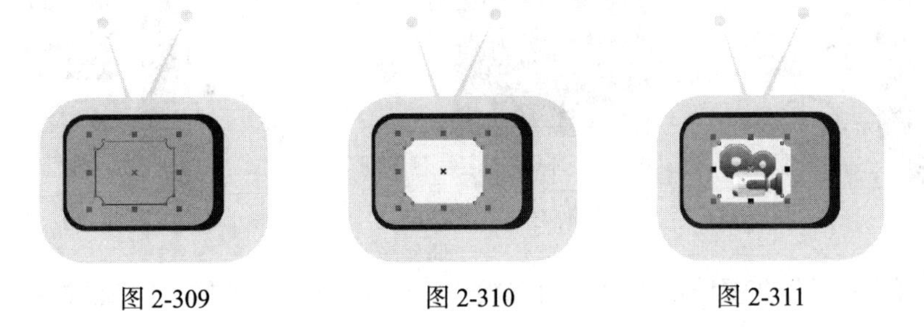

图 2-309　图 2-310　图 2-311

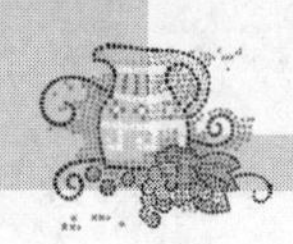

（10）选择“选择”工具，选取需要的图形，按 Ctrl+G 组合键，将其群组，效果如图 2-312 所示。再次单击图形，使其处于旋转状态，向右拖曳上方中间的控制手柄到适当的位置，效果如图 2-313 所示。

图 2-312　　图 2-313

（11）选择“矩形”工具，在页面中绘制一个矩形，在属性栏中的“圆角半径”框中设置数值为 5mm，按 Enter 键，效果如图 2-314 所示。填充矩形为黑色，并去除矩形的轮廓线，效果如图 2-315 所示。

（12）选择“选择”工具，按数字键盘上的+键，复制图形，并将其拖曳到适当的位置，效果如图 2-316 所示。按住 Ctrl 键的同时，再连续点按 D 键，按需要再制出多个图形，效果如图 2-317 所示。

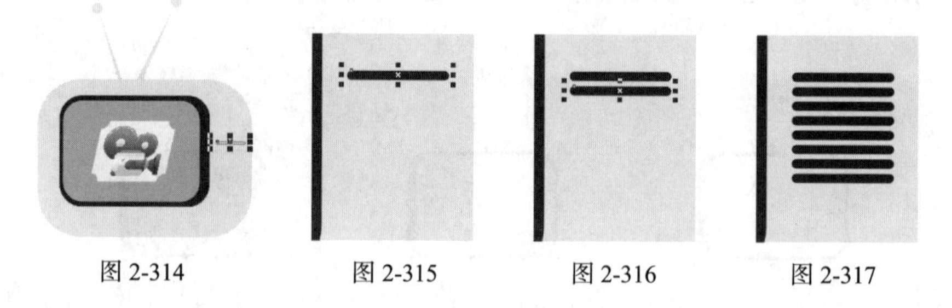

图 2-314　　图 2-315　　图 2-316　　图 2-317

（13）选择“椭圆形”工具，按住 Ctrl 键的同时，在页面中绘制一个圆形，在属性栏的“轮廓宽度” .2 mm 框中设置数值为 0.5mm，按 Enter 键，效果如图 2-318 所示。选择“均匀填充”工具，在弹出的对话框中进行参数设置，如图 2-319 所示，单击“确定”按钮，填充图形，效果如图 2-320 所示。

图 2-318　　图 2-319　　图 2-320

（14）选择“选择”工具，按住 Shift 键的同时，向内拖曳圆形右上角的控制手柄到适当的

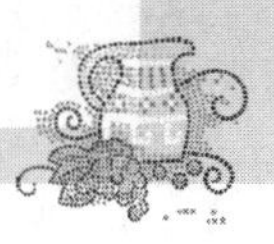

位置，单击鼠标右键，复制出一个较小的圆形，同心圆效果如图 2-321 所示。选择“均匀填充”工具▣，在弹出的对话框中进行参数设置，如图 2-322 所示，单击“确定”按钮，填充图形，效果如图 2-323 所示。

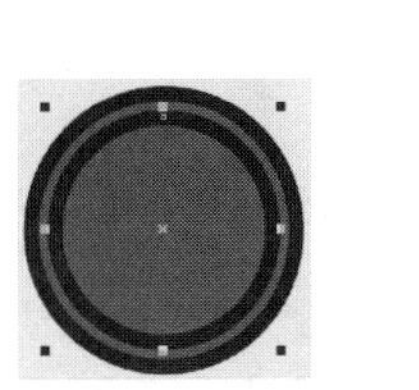
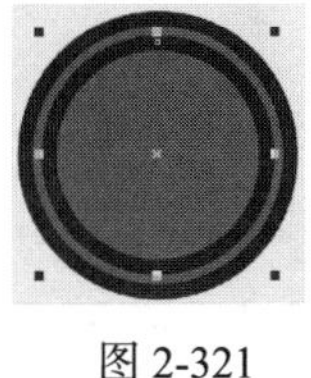

图 2-321

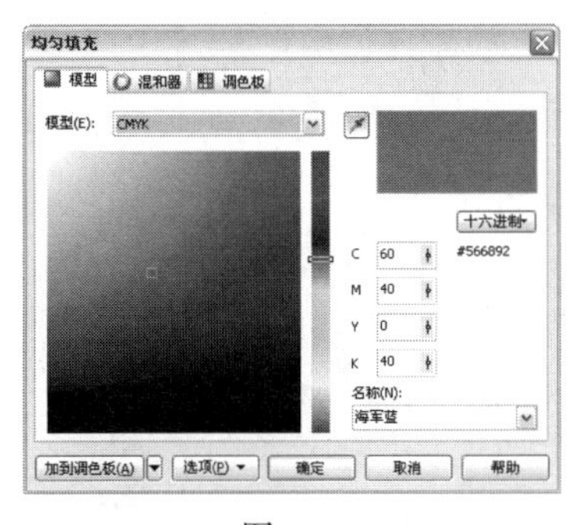

图 2-322

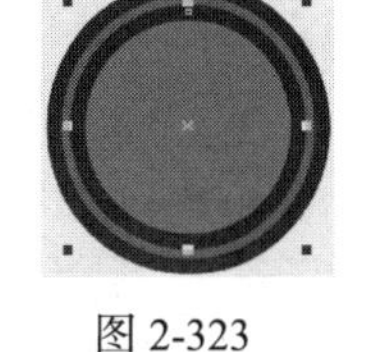

图 2-323

（15）选择“3 点椭圆形”工具，在适当的位置绘制一个倾斜的椭圆形，在属性栏的“轮廓宽度” .2 mm 框中设置数值为 0.25mm，按 Enter 键，效果如图 2-324 所示。在“CMYK 调色板”中的“黄”色块上单击鼠标，填充图形，效果如图 2-325 所示。单击属性栏中的“饼图”按钮，效果如图 2-326 所示。电视节目绘制完成，效果如图 2-327 所示。

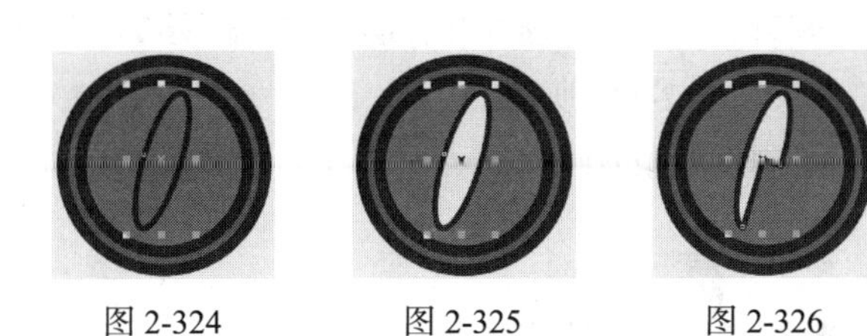

图 2-324　图 2-325　图 2-326　图 2-327

2.3.10　对象的删除

选取要删除的对象，选择“编辑 > 删除”命令或按 Delete 键，如图 2-328 所示，可以将选取的对象删除。

如果想删除多个或全部的对象，首先要全部选取这些对象，再执行“删除”命令或按 Delete 键。

2.3.11　撤销和恢复对对象的操作

1. 撤销对对象的操作

选择“编辑 > 撤销”命令，或按 Ctrl+Z 组合键，可以撤销上一次的操作。

单击“标准”工具栏中的“撤销”按钮，也可以撤销上一次的操作。单击“撤销”按钮右侧的按钮，弹出如图 2-329 所示的下拉列表，在下拉列表中可以对多个操作步骤进行撤销。

2. 恢复对对象的操作

选择“编辑 > 重做”命令，或按 Ctrl+Shift+Z 组合键，可以恢复上一次的操作。

单击“标准”工具栏中的“重做”按钮，也可以恢复上一次的操作。单击“重做”按钮右侧的按钮，将弹出下拉列表，在下拉列表中可以对多个操作步骤进行恢复。

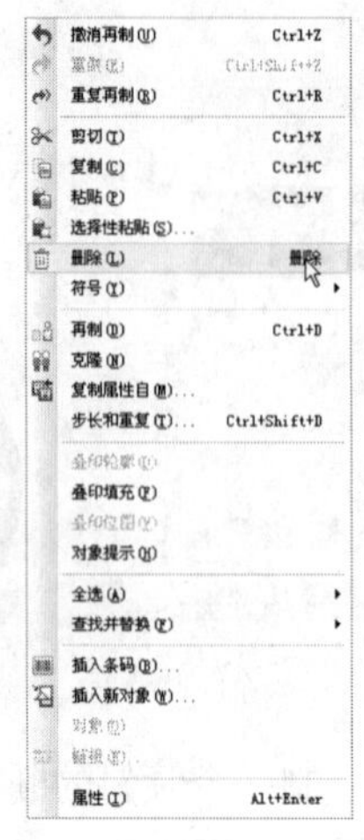

图 2-328

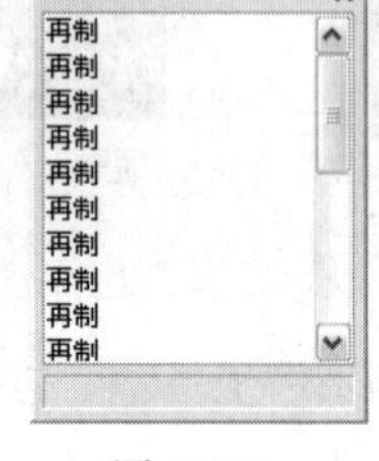

图 2-329

2.4 课后习题——绘制急救箱

【习题知识要点】使用矩形工具、倾斜命令、合并命令和移除前面对象命令绘制急救箱图形。使用文本工具添加文字效果。急救箱效果如图 2-330 所示。

【效果所在位置】光盘/Ch02/效果/绘制急救箱.cdr。

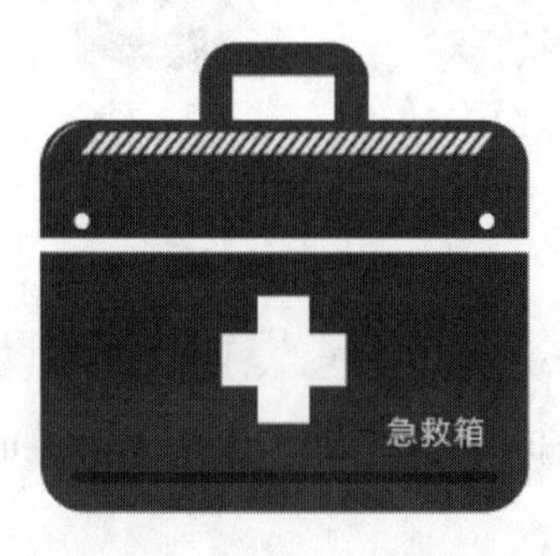

图 2-330

第3章 曲线的绘制和编辑

CorelDRAW X5 提供了多种绘制和编辑曲线的方法。绘制曲线是进行图形作品创作的基础。通过对本章的学习，读者掌握绘制图形和曲线的方法和技巧，为进一步掌握 CorelDRAW X5 打下坚实的基础。

课堂学习目标

- 曲线的绘制
- 编辑曲线

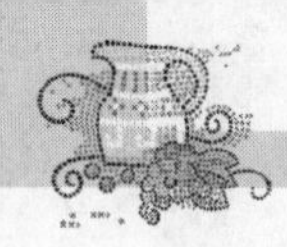

3.1 曲线的绘制

CorelDRAW X5 中大量的绘图作品都是由几何对象构成的，而几何对象的构成元素是直线和曲线。通过学习绘制直线和曲线，可以帮助读者进一步掌握 CorelDRAW X5 强大的绘图功能。

3.1.1 认识曲线

在 CorelDRAW X5 中，曲线是矢量图形的组成部分。可以使用绘图工具绘制曲线，也可以将任何的矩形、多边形、椭圆以及文本对象转换成曲线。下面，对曲线的节点、线段、控制线和控制点等概念进行讲解。

⊙ 节点。节点是构成曲线的基本要素，可以通过定位、调整节点、调整节点上的控制点来绘制和改变曲线的形状。通过在曲线上增加和删除节点使曲线的绘制更加简便。通过转换节点的性质，可以将直线和曲线的节点相互转换，使直线段转换为曲线段或曲线段转换为直线段。

⊙ 线段。线段是指两个节点之间的部分。线段包括直线段和曲线段，直线段在转换成曲线段后，可以进行曲线特性的操作，如图 3-1 所示。

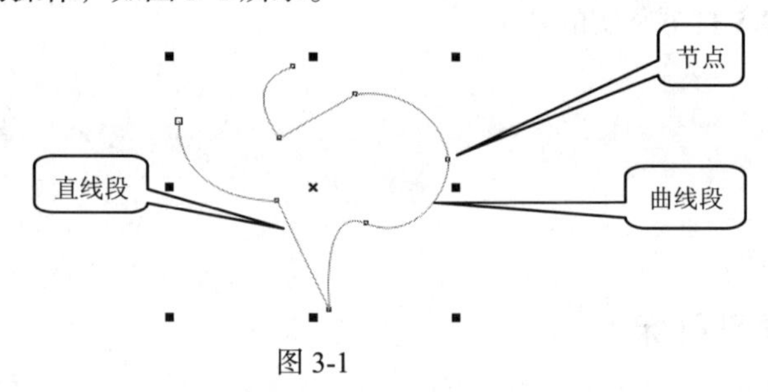

图 3-1

⊙ 控制线。在绘制曲线的过程中，节点的两端会出现蓝色的虚线，这就是控制线。选择“形状”工具，在已经绘制好的曲线的节点上单击，节点的两端会出现控制线。

提示 直线的节点没有控制线。直线段转换为曲线段后，节点上会出现控制线。

⊙ 控制点。在绘制曲线的过程中，节点的两端会出现控制线，在控制线的两端是控制点。通过拖曳或移动控制点可以调整曲线的弯曲程度，如图 3-2 所示。

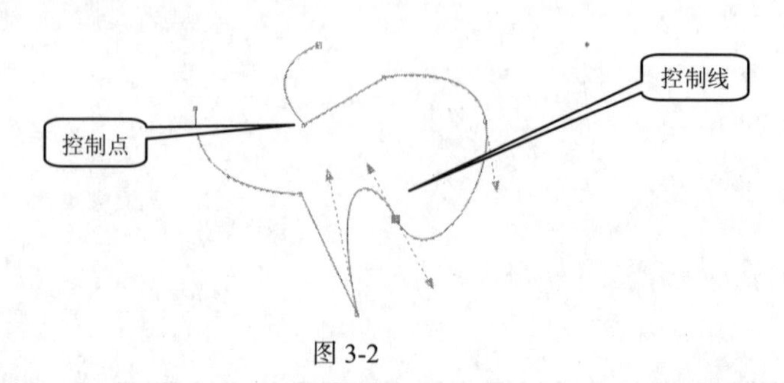

图 3-2

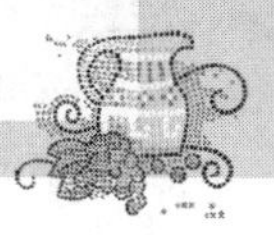

3.1.2　手绘工具的使用

1．绘制直线

单击工具箱中的“手绘”工具，在绘图页面中单击鼠标左键以确定直线的起点，此时鼠标光标变为十字形状，如图 3-3 所示。松开鼠标左键，拖动光标到直线的终点位置后单击鼠标左键，一条直线绘制完成，如图 3-4 所示。

使用“手绘”工具绘制出直线式闭合图形。选择“手绘”工具，单击鼠标左键以确定直线的起点，在绘制过程中，确定其他节点时都要双击鼠标左键，在要闭合的终点上单击鼠标左键，完成直线式闭合图形的绘制，效果如图 3-5 所示。

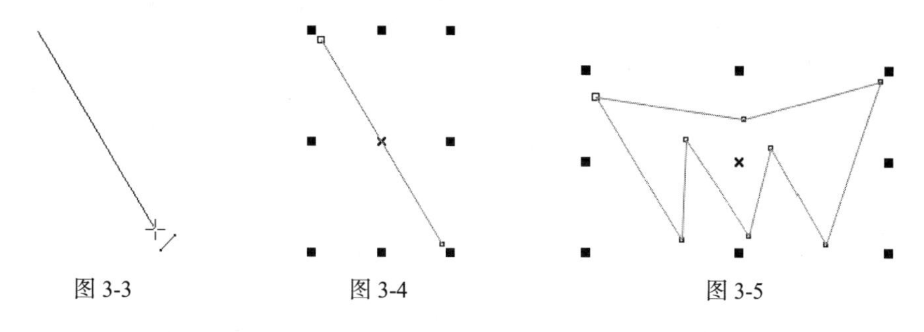

图 3-3　　图 3-4　　图 3-5

2．绘制曲线

选择“手绘”工具，单击鼠标左键以确定曲线的起点，同时按住鼠标左键并拖曳鼠标绘制需要的曲线，松开鼠标左键，一条曲线绘制完成，效果如图 3-6 所示。

拖动鼠标，使曲线的起点和终点位置重合，一条闭合的曲线绘制完成，如图 3-7 所示。

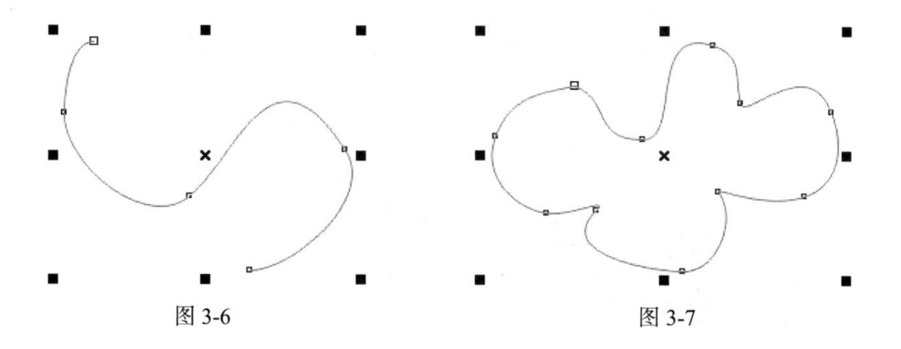

图 3-6　　图 3-7

3．绘制直线和曲线的混合图形

选择“手绘”工具，单击确定曲线的起点，同时按住鼠标左键并拖曳鼠标绘制需要的曲线，松开鼠标左键，一条曲线绘制完成，如图 3-8 所示。

在要继续绘制出直线的节点上单击鼠标左键，如图 3-9 所示。再拖曳鼠标并在需要的位置单击鼠标左键，可以绘制出一条直线，效果如图 3-10 所示。

将鼠标光标放在要继续绘制曲线的节点上，如图 3-11 所示。按住鼠标左键不放拖曳鼠标绘制需要的曲线，松开鼠标左键后图形绘制完成，效果如图 3-12 所示。

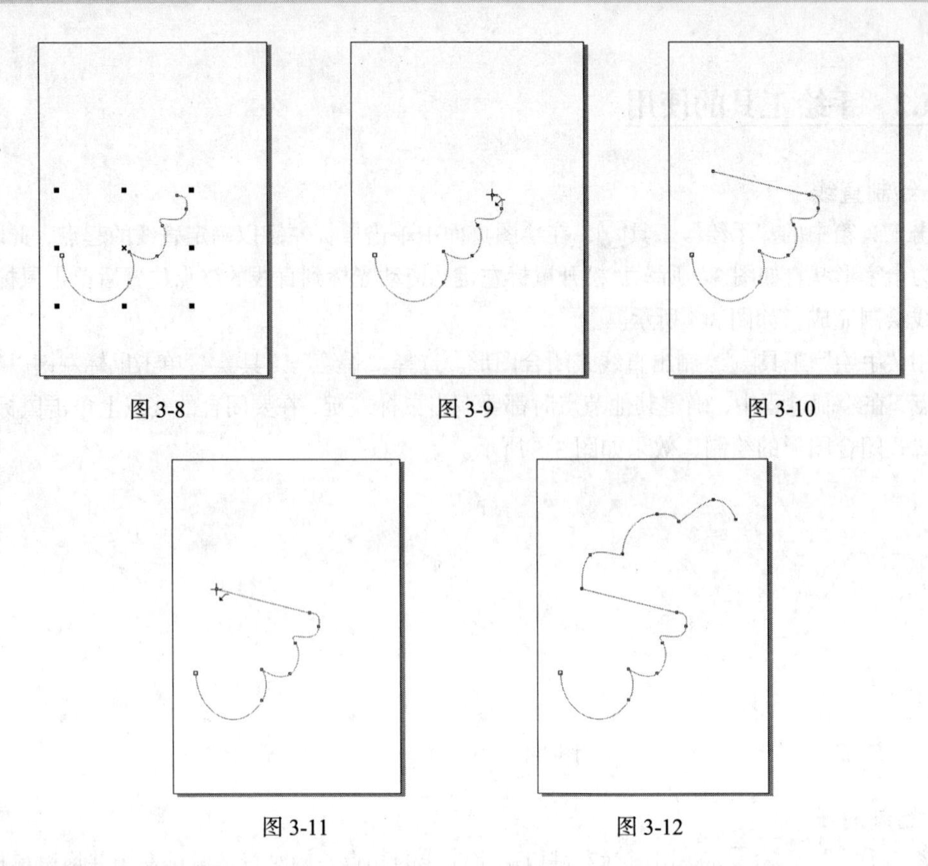

图 3-8　　图 3-9　　图 3-10

图 3-11　　图 3-12

4．设置手绘工具属性

在 CorelDRAW X5 中，读者可以根据不同的情况设定手绘工具的属性来提高自己的工作效率。下面介绍手绘工具属性的设置方法。

双击“手绘”工具的图标，弹出如图 3-13 所示的“选项”对话框。

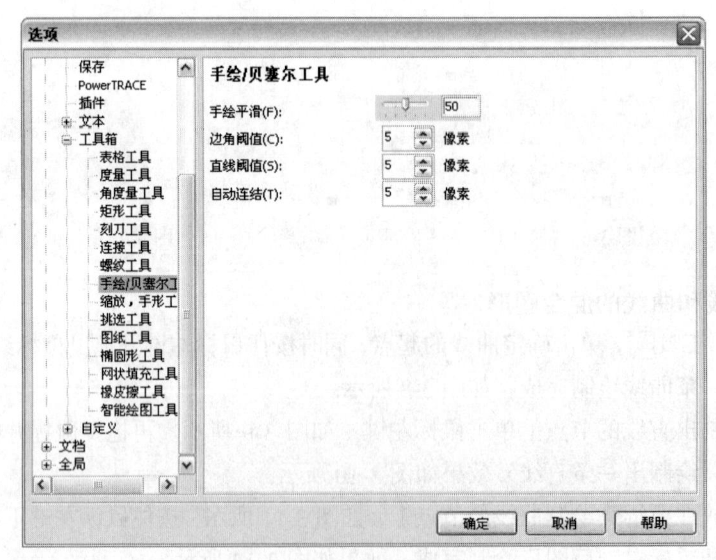

图 3-13

在对话框中的“手绘/贝塞尔工具”设置区中可以设置手绘工具的属性。

⊙　“手绘平滑”选项。用于设置手绘过程中曲线的平滑程度，它决定了绘制出的曲线和光标移动轨迹的匹配程度。设定的数值可以在0～100之间，不同的数值会有不同的绘制效果。数值设置的越小，匹配的程度越高；数值设置的越大，匹配的程度越低。

⊙　“边角阈值”选项。用于设置边角节点的平滑度，数值越大，节点越尖；数值越小，节点越平滑。

⊙　“直线阈值”选项。用于设置手绘曲线相对于直线路径的偏移量。边角阈值和直线阈值的设定值越大，绘制的曲线越接近直线。

⊙　“自动连结”选项。用于设置在绘图时两个端点自动连接所必需的接近程度。当光标接近设置的半径范围内时，曲线将自动连接成封闭的曲线。

3.1.3　贝塞尔工具的使用

“贝塞尔”工具可以绘制平滑、精确的曲线。可以通过确定节点和改变控制点的位置来控制曲线的弯曲度，还可以使用节点和控制点对绘制完的直线和曲线进行精确地调整。使用好“贝塞尔”工具可以绘制出精美的图形。

1．绘制直线和折线

选择“贝塞尔”工具，单击鼠标左键以确定直线的起点，拖曳鼠标光标到需要的位置，再单击鼠标左键以确定直线的终点，绘制出一段直线。

只要再继续确定下一个节点，就可以绘制出折线的效果，如果想绘制出多个折角的折线，只要继续确定节点即可，如图3-14所示。

如果使用“形状”工具双击折线上的节点，如图3-15所示，将删除这个节点，折线的另外两个节点将连接，效果如图3-16所示。

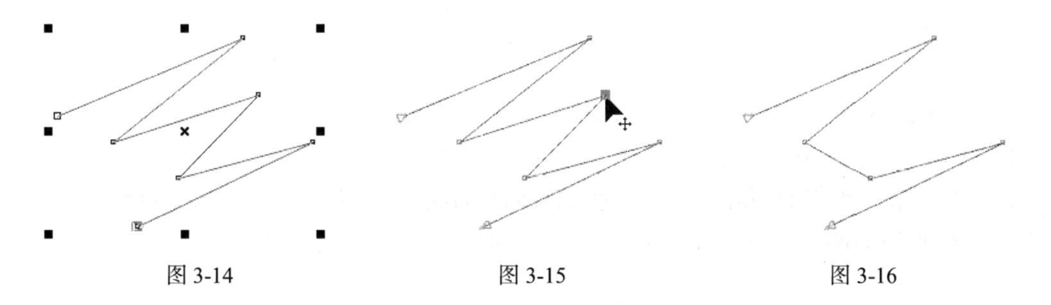

图3-14　　图3-15　　图3-16

2．绘制曲线

选择“贝塞尔”工具，在绘图页面中按下鼠标左键并拖曳鼠标以确定曲线的起点，松开鼠标左键，该节点的两边出现控制线和控制点，如图3-17所示。

将鼠标的光标移动到需要的位置单击并按住鼠标左键不动，在两个节点间出现一条曲线段，拖曳鼠标，第2个节点的两边出现控制线和控制点，控制线和控制点会随着光标的移动而发生变化，曲线的形状也会随之发生变化，调整到需要的效果后松开鼠标左键，如图3-18所示。

在下一个需要的位置单击鼠标左键，将出现一条连续的平滑曲线，如图3-19所示。使用“形状”工具在第二个节点处单击鼠标左键，显示出控制线和控制点，效果如图3-20所示。

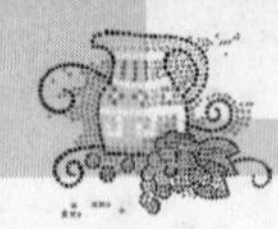

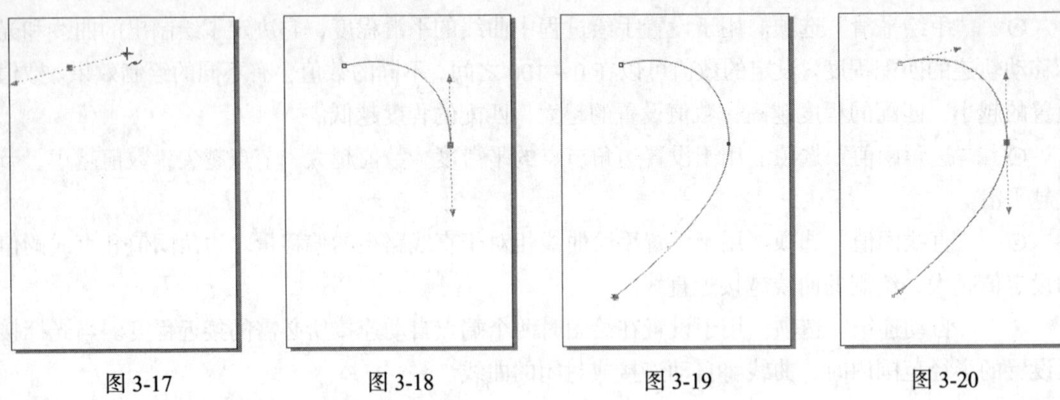

图 3-17　　图 3-18　　图 3-19　　图 3-20

3.1.4 课堂案例——绘制小熊图形

【案例学习目标】学习使用贝塞尔工具和手绘工具绘制小熊图形。

【案例知识要点】使用贝塞尔工具、椭圆形工具和手绘工具绘制小熊图形，效果如图 3-21 所示。

【效果所在位置】光盘/Ch03/效果/绘制小熊图形.cdr。

图 3-21

（1）按 Ctrl+N 组合键，新建一个 A4 页面。选择“贝塞尔”工具，在页面中的适当位置单击鼠标左键确定起点，松开鼠标左键，在适当的位置再次单击并按住鼠标左键不放，确定第 2 个节点，拖曳鼠标出现控制线和控制点，调整曲线的弯曲度后松开鼠标左键，效果如图 3-22 所示。将鼠标的光标移动到第 2 个节点上并双击该节点，如图 3-23 所示。

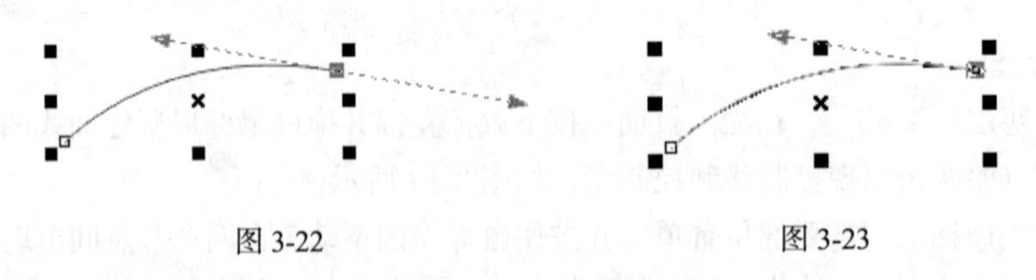

图 3-22　　图 3-23

（2）将光标移动到适当的位置单击并按住鼠标左键不放，确定第 3 个节点，拖曳鼠标出现控制线和控制点，调整曲线的弯曲度后松开鼠标左键，效果如图 3-24 所示。使用相同方法绘制其他曲线，效果如图 3-25 所示。

（3）选择“选择”工具，选中图形，在属性栏中的“轮廓宽度” .2 mm 框中设置数值为 2mm，按 Enter 键，效果如图 3-26 所示。

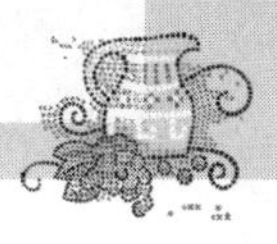

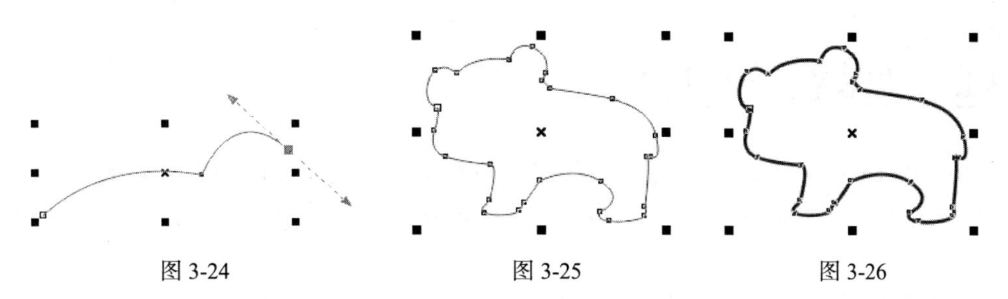

图 3-24　　图 3-25　　图 3-26

（4）选择“椭圆形”工具，在页面中适当的位置绘制一个椭圆形，如图 3-27 所示。在“CMYK 调色板”中的“黑”色块上单击鼠标左键，填充图形，在“无填充”按钮上单击鼠标右键，去除图形的轮廓线，效果如图 3-28 所示。选择“选择”工具，选取椭圆形，按数字键盘上的+键，复制一个椭圆形，向右拖曳图形到适当的位置，取消选取状态，效果如图 3-29 所示。

图 3-27　　图 3-28　　图 3-29

（5）选择“椭圆形”工具，在页面中适当的位置绘制一个椭圆形，如图 3-30 所示。在“CMYK 调色板”中的“黑”色块上单击鼠标左键，填充图形，在“无填充”按钮上单击鼠标右键，去除图形的轮廓线，效果如图 3-31 所示。在属性栏中的“旋转角度”框中设置数值为 7°，按 Enter 键，效果如图 3-32 所示。

图 3-30　　图 3-31　　图 3-32

（6）选择“手绘”工具，在页面中适当的位置绘制一个图形，如图 3-33 所示。在属性栏中的“轮廓宽度”框中设置数值为 1mm，按 Enter 键，效果如图 3-34 所示。使用相同的方法再绘制一个图形，效果如图 3-35 所示。小熊图形绘制完成。

图 3-33　　图 3-34　　图 3-35

3.1.5 艺术笔工具的使用

在 CorelDRAW X5 中，使用“艺术笔”工具可以绘制出多种精美的线条和图形，可以模仿画笔的真实效果，在画面中产生丰富的变化，通过使用“艺术笔”工具可以绘制出不同风格的设计作品。

选择“艺术笔”工具，属性栏如图 3-36 所示。

在“艺术笔”工具中包含了 5 种模式，它们分别是：“预设”模式、“笔刷”模式、“喷涂”模式、“书法”模式和“压力”模式。下面就对这 5 种模式的特点和使用方法进行介绍。

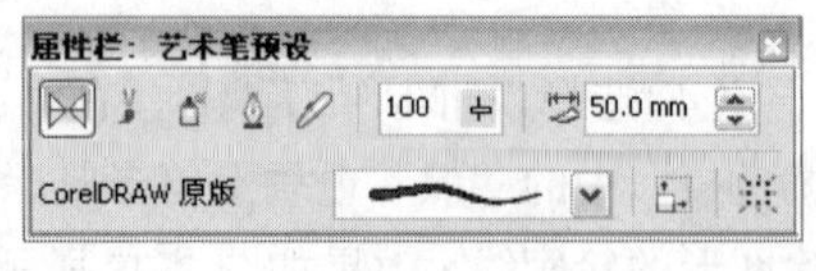

图 3-36

1．预设模式

“预设”模式提供了多种线条类型，并且可以改变曲线的宽度。可以在属性栏的“预设笔触”下拉列表框中选择预设的线条形状来绘制需要的图形。

单击属性栏的“预设笔触”右侧的按钮，弹出其下拉列表，如图 3-37 所示。在线条列表框中单击选择需要的线条类型。

单击属性栏中的“手绘平滑”设置区，弹出滑动条，拖曳滑动条或输入数值可以调节绘图时线条的平滑程度。在“笔触宽度” 10.0 mm 中输入数值可以设置曲线的宽度。

选择“预设”模式和线条类型后，鼠标的光标变为图标，在绘图页面中按住鼠标左键并拖曳光标，可以绘制出封闭的线条图形，如图 3-38 所示。当线条图形被选取后，在调色板颜色块中单击需要的颜色块，可以填充线条图形，效果如图 3-39 所示。

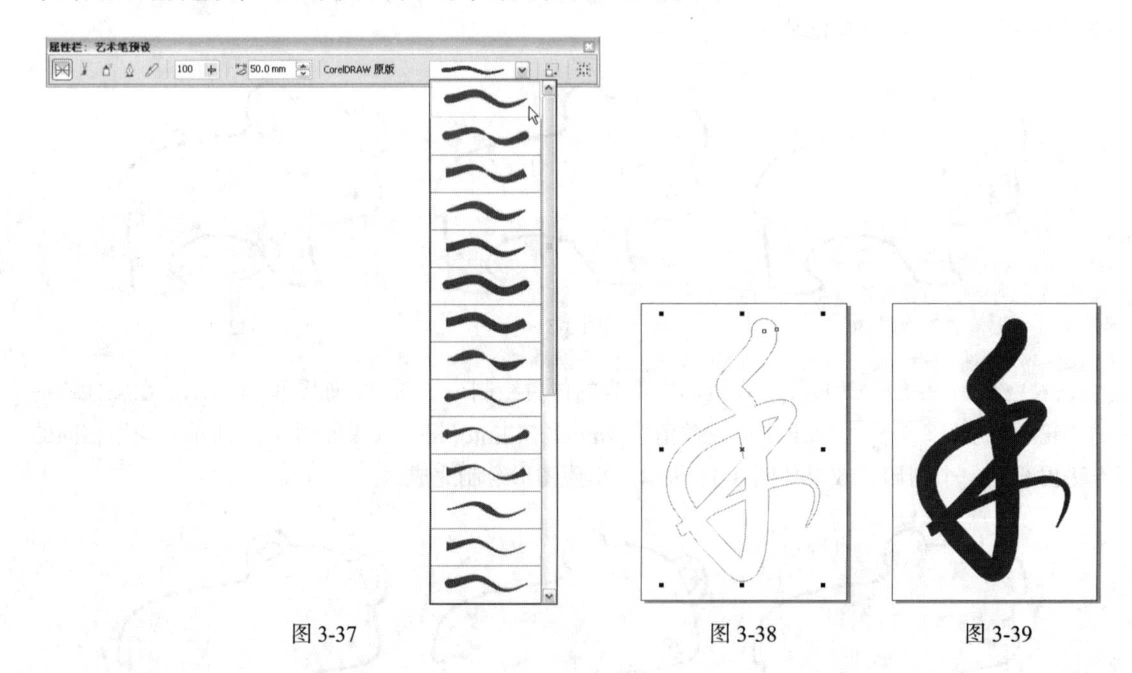

图 3-37　　图 3-38　　图 3-39

2．笔刷模式

“笔刷”模式提供了多种颜色样式的画笔，将画笔运用在绘制的曲线上，可以绘制出漂亮的

效果。

在属性栏中单击“笔刷”模式按钮，属性栏如图 3-40 所示。在“笔刷”模式属性栏中的“手绘平滑”设置区和“笔触宽度”设置区与“预设”模式属性栏中相同，使用方法也相同。在“笔刷”模式属性栏中还增加了“浏览”按钮、“保存艺术笔触”按钮、“删除”按钮、“随对象一起缩放笔触”按钮和“边框”按钮。

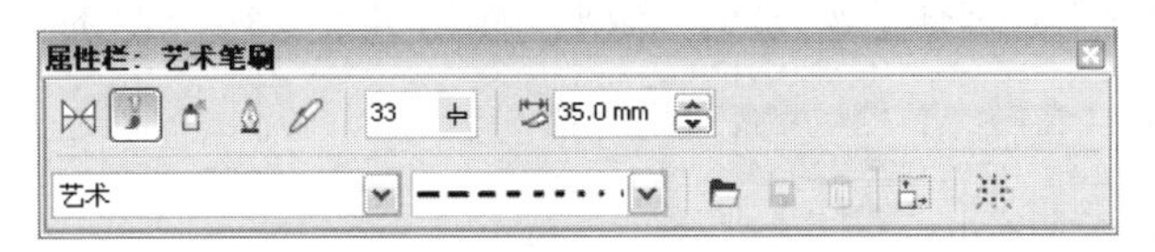

图 3-40

在“类别”选项中选择需要的笔刷类别，单击属性栏中的“笔刷笔触”右侧的按钮，弹出其下拉列表，如图 3-41 所示。在列表框中单击选择需要的笔刷类型，在页面中按住鼠标左键并拖曳光标，绘制出需要的图形，效果如图 3-42 所示。

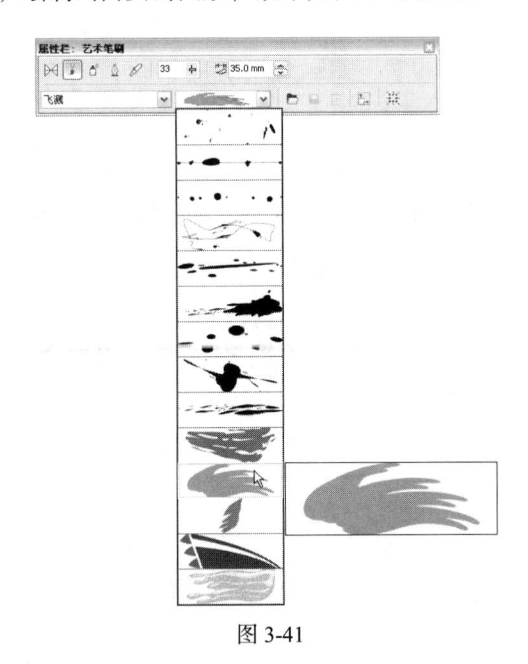

图 3-41

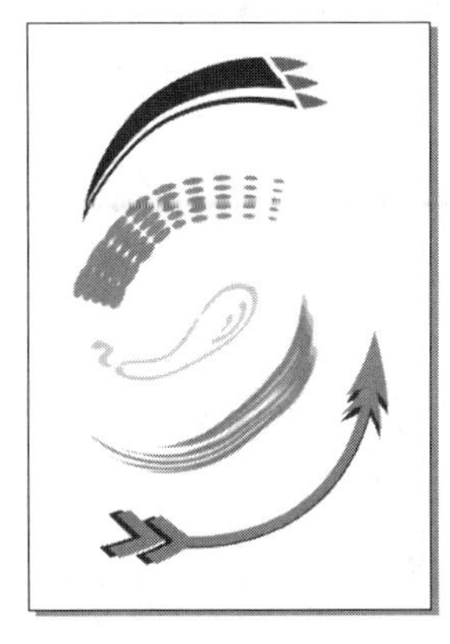

图 3-42

3. 喷涂模式

“喷涂”模式提供了多种有趣的图形对象，图形对象可以应用在绘制的曲线上。可以在属性栏的“喷射图样”下拉列表框中选择喷罐的形状来绘制需要的图形。

在属性栏中单击“喷涂”模式按钮，属性栏如图 3-43 所示。

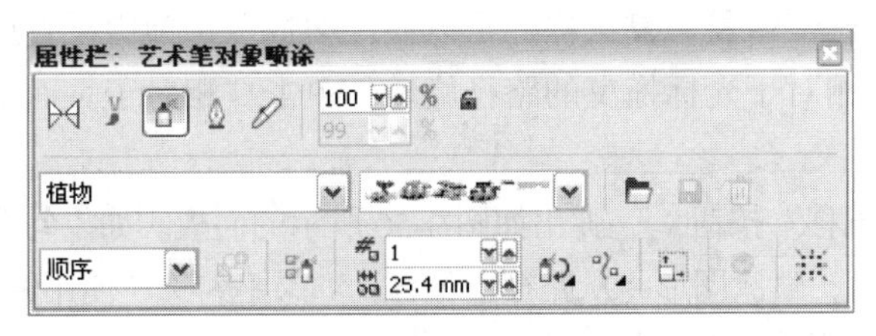

图 3-43

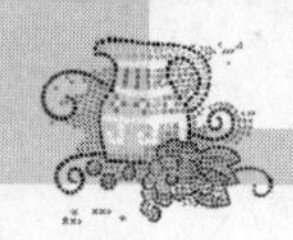

在属性栏中单击“喷涂”模式按钮，在“类别”选项中选择需要的笔触类别，单击属性栏中“喷射图样”右侧的按钮，弹出其下拉列表，如图 3-44 所示。在“喷罐”列表框中单击选择需要的喷涂类型。

单击属性栏中“喷涂顺序”随机框右侧的按钮，弹出下拉列表，可以选择喷出图形的顺序，如图 3-45 所示。选择“随机”选项，喷出的图形将会随机分布。选择“顺序”选项，喷出的图形将会以方形区域分布。选择“按方向”选项，喷出的图形将会随光标移动的路径分布。

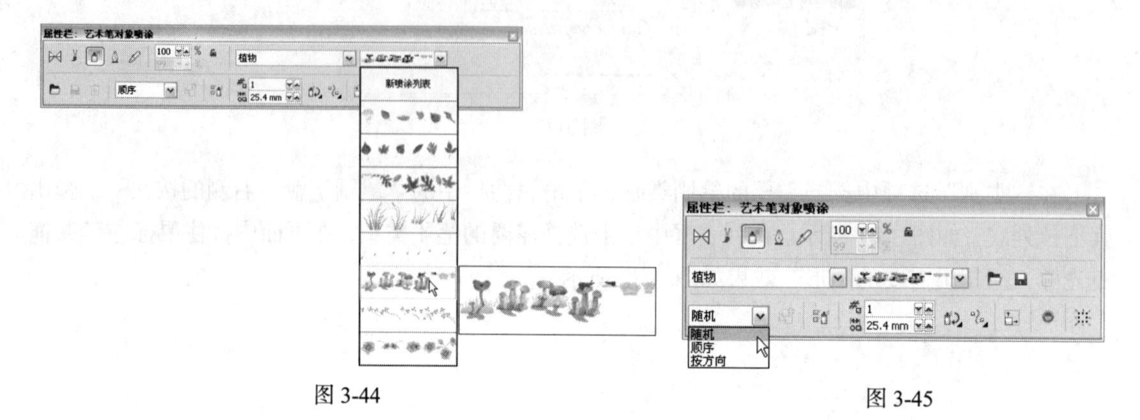

图 3-44　　图 3-45

在“喷涂”模式下选择要添加到喷涂列表中的图形对象，如图 3-46 所示。再单击“添加到喷涂列表”按钮，如图 3-47 所示，再单击“喷涂列表选项”按钮，弹出如图 3-48 所示的“创建播放列表”对话框，选择的图形对象已经被添加到喷涂列表中。

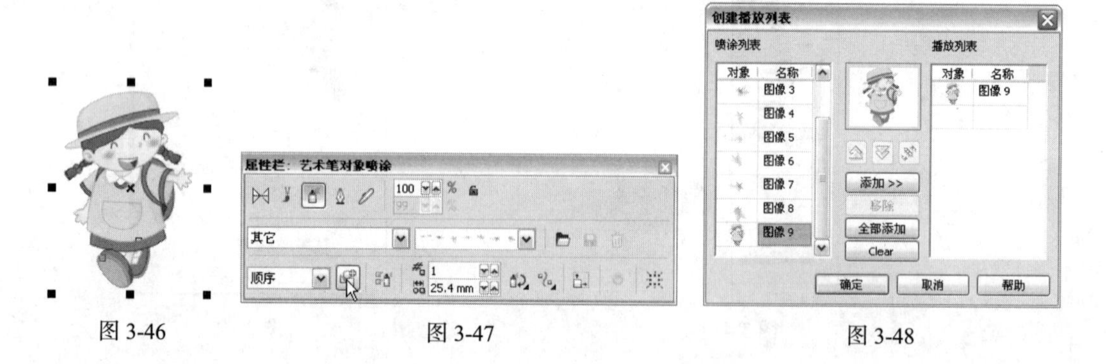

图 3-46　　图 3-47　　图 3-48

在属性栏的框中，可以设置喷涂图形的间距，在其上框中输入数值，可以设置每个色块中的图像数。在其下框中输入数值，可以调整沿每个笔触长度的色块间的距离。

单击属性栏中的“旋转”按钮，弹出如图 3-49 所示的面板。在对话框中的“旋转角度”设置区可以重新设置喷涂图形的旋转角度，设置好后按 Enter 键，喷涂图形按设置的旋转角度旋转。再次打开面板，勾选“增量”复选框，可以在“增量”选项中设置旋转增加值。单击“相对于路径”选项，会以相对于光标拖曳的路径旋转；单击“相对于页面”选项，会以绘图页面为基准旋转。

单击属性栏中的“偏移”按钮，弹出如图 3-50 所示的面板。如果勾选“使用偏移”复选框，就可以设置“偏移”数值，喷涂图形将从路径上偏移。如果不勾选“使用偏移”复选框，就不能设置“偏移”数值，喷涂图形将沿路径分布。在“方向”选项的下拉列表中可以选择一种偏移方向。

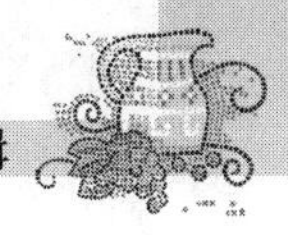

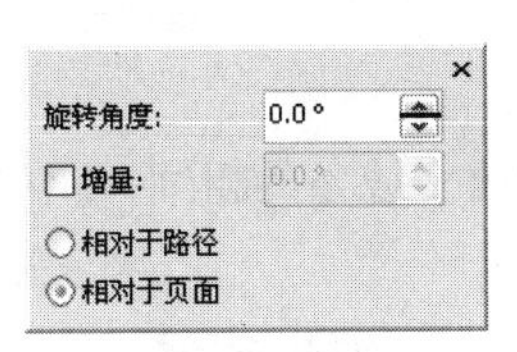

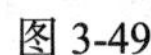

图 3-49

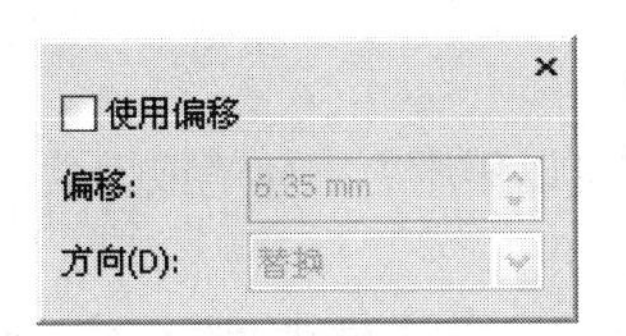

图 3-50

单击属性栏中的“重置值”按钮，可以恢复喷涂原来保存的设置。

在“喷涂”列表框中单击选择需要的喷涂类型，按下鼠标左键并拖曳鼠标绘制出设计好的线条，如图 3-51 所示，松开鼠标左键，喷涂图形的效果如图 3-52 所示。

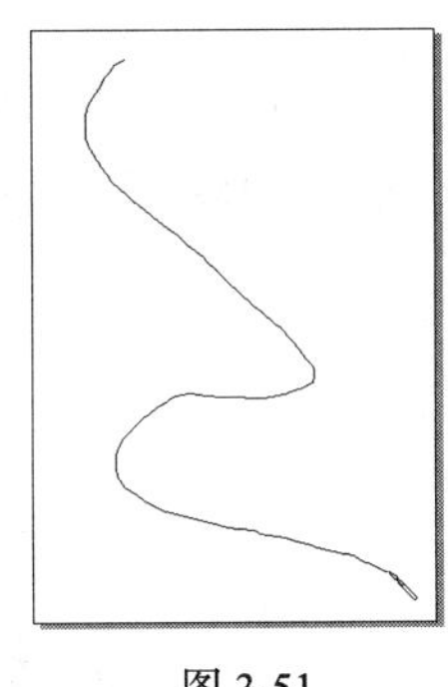

图 3-51

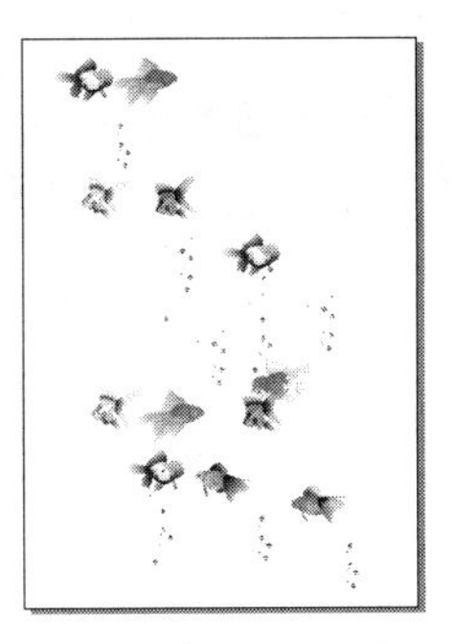

图 3-52

4．书法模式

“书法”模式可以绘制出类似书法笔的效果，可以改变曲线的粗细。通过在属性栏中设定笔触和笔尖的角度可以绘制出需要的图形效果。

在属性栏中单击“书法”模式按钮，属性栏如图 3-53 所示。

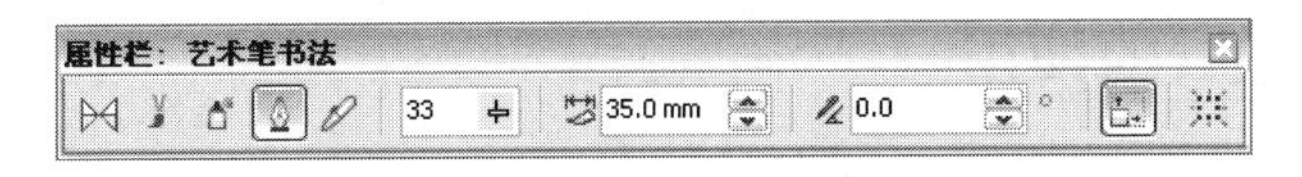

图 3-53

在属性栏的“书法角度”框中，可以指定书法笔触的角度。如果角度值设为 0°，书法笔垂直方向画出的线条最粗，笔尖是水平的，效果如图 3-54 所示。如果角度值设置为 90°，书法笔水平方向画出的线条最粗，笔尖是垂直的，效果如图 3-55 所示。

如果在“书法角度”框中设定不同的角度值，可以绘制出不同的视觉效果。用书法笔写字的效果如图 3-56 所示。

图 3-54

图 3-55

图 3-56

5．压力模式

“压力”模式可以用压力感应笔或键盘输入的方式改变线条的粗细，应用好这个功能可以绘制出特殊的图形效果。

在属性栏中单击“压力”模式按钮，属性栏如图 3-57 所示。

图 3-57

在属性栏的“预设”模式中选择需要的画笔，如图 3-58 所示。在属性栏中单击“压力”按钮，在“压力”模式中设置好压力感应笔的平滑度和画笔的宽度，如图 3-59 所示。在绘图页面中按下鼠标左键并拖曳鼠标绘制图形。

在使用鼠标拖曳绘图的过程中，可以通过键盘上的方向键来控制画笔的宽度。按住向上的方向键将增加压力效果，使画笔变宽。按住向下的方向键将减小压力效果，使画笔变窄。多次使用上面的方法可以绘制出书法字的效果，如图 3-60 所示。

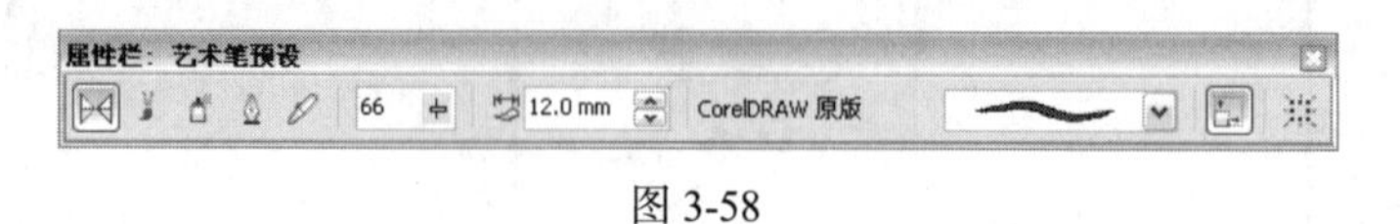

图 3-58

图 3-59

图 3-60

3.1.6 钢笔工具的使用

“钢笔”工具可以绘制出多种精美的曲线和图形。还可以对已绘制的曲线和图形进行编辑和修改。在 CorelDRAW X5 中绘制的各种复杂图形都可以通过钢笔工具来完成。

1．绘制直线和折线

选择“钢笔”工具，单击鼠标左键以确定直线的起点，拖曳鼠标光标到需要的位置，再单击鼠标左键以确定直线的终点，绘制出一段直线，效果如图 3-61 所示。

只要再继续单击确定下一个节点，就可以绘制出折线的效果，如果想绘制出多个折角的折线，只要继续单击确定节点就可以了，折线的效果如图 3-62 所示。要结束绘制，按 Esc 键或单击“钢笔”工具即可。

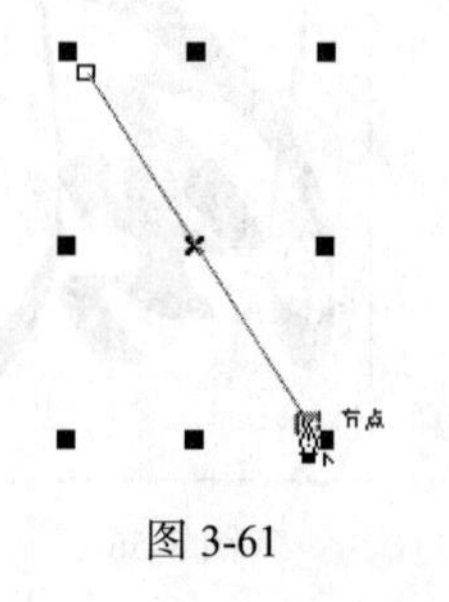

图 3-61

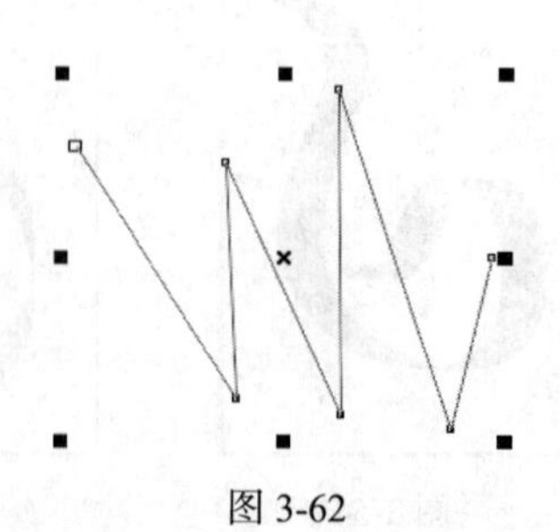
图 3-62

2．绘制曲线

选择“钢笔”工具，在绘图页面中单击鼠标左键以确定曲线的起点，松开鼠标左键，将鼠标光标移动到需要的位置再单击并按住鼠标左键不动，在两个节点间出现一条直线段，如图 3-63 所示。

拖曳鼠标，第 2 个节点的两边出现控制线和控制点，控制线和控制点会随着光标的移动而发生变化，直线段变为曲线的形状，如图 3-64 所示。调整到需要的效果后松开鼠标左键，曲线的效果如图 3-65 所示。

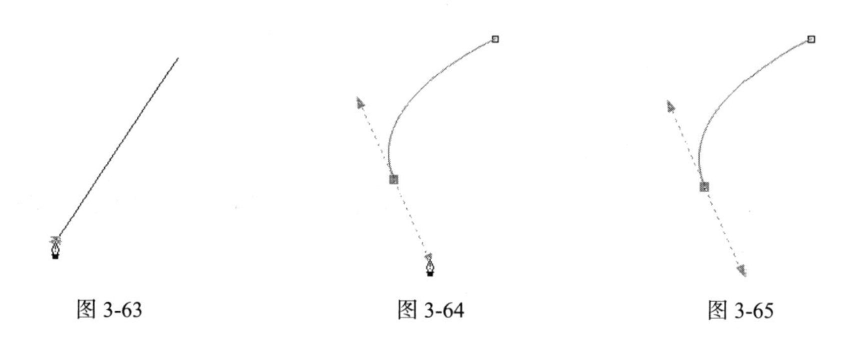

图 3-63　　图 3-64　　图 3-65

使用相同的方法可以继续绘制曲线，效果如图 3-66 和图 3-67 所示。绘制完成的曲线效果如图 3-68 所示。

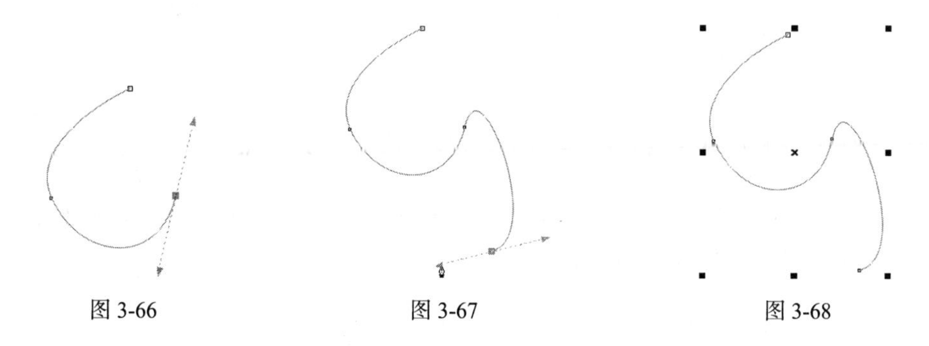

图 3-66　　图 3-67　　图 3-68

如果想在曲线后绘制出直线，按住 C 键，在要继续绘制出直线的节点上按下鼠标左键并拖曳鼠标，这时出现节点的控制点。松开 C 键，将控制点拖动到下一个节点的位置，如图 3-69 所示。松开鼠标左键，再单击鼠标左键，可以绘制出一段直线，效果如图 3-70 所示。

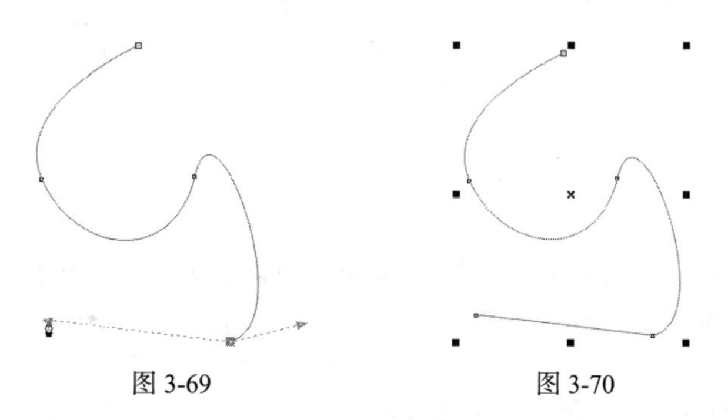

图 3-69　　图 3-70

3．编辑曲线

在“钢笔”工具属性栏中单击“自动添加或删除节点”按钮，曲线绘制的过程变为自动添加或删除节点模式。

将“钢笔”工具的光标移动到节点上，光标变为删除节点图标，如图 3-71 所示。单击可以删除节点，效果如图 3-72 所示。

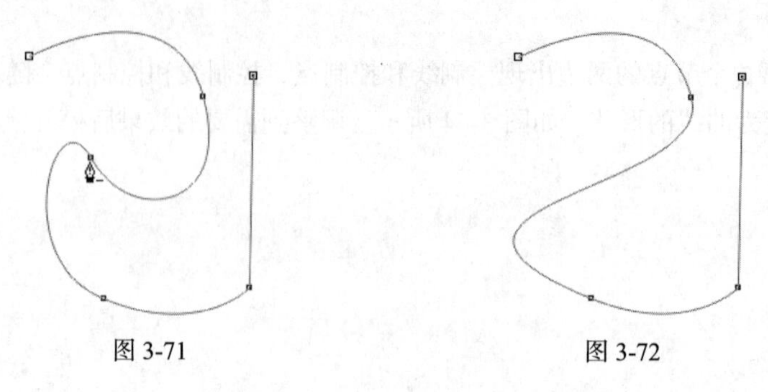

图 3-71　　图 3-72

将“钢笔”工具的光标移动到曲线上，光标变为添加节点图标，如图 3-73 所示。单击可以添加节点，效果如图 3-74 所示。

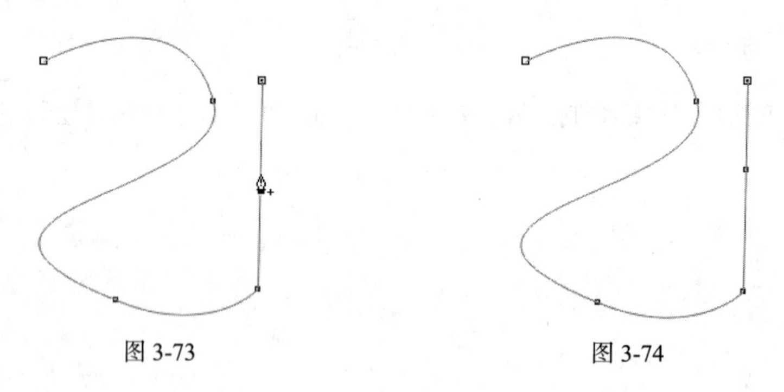

图 3-73　　图 3-74

将“钢笔”工具的光标移动到曲线的起始点，光标变为闭合曲线图标，如图 3-75 所示。单击可以闭合曲线。效果如图 3-76 所示。

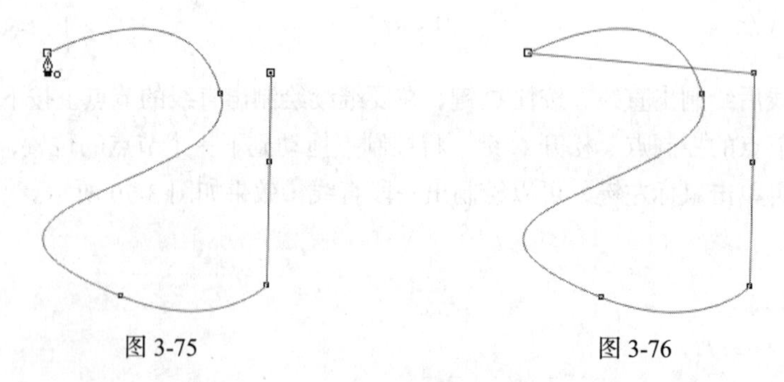

图 3-75　　图 3-76

提示 绘制曲线的过程中，按住 Alt 键，可编辑曲线段，可以进行节点的转换，移动和调整等操作，松开 Alt 键可继续进行绘制。

3.1.7 课堂案例——绘制 T 恤衫

【案例学习目标】学习使用钢笔工具绘制 T 恤衫。

【案例知识要点】使用矩形工具、钢笔工具和水平翻转命令绘制T恤衫，效果如图3-77所示。

【效果所在位置】光盘/Ch03/效果/绘制T恤衫.cdr。

图3-77

（1）按Ctrl+N组合键，新建一个A4页面。选择“矩形”工具，在属性栏中的设置如图3-78所示，在页面中适当的位置绘制一个矩形，如图3-79所示。设置矩形颜色的CMYK值为：68、78、100、55，填充图形，并去除矩形的轮廓线，效果如图3-80所示。

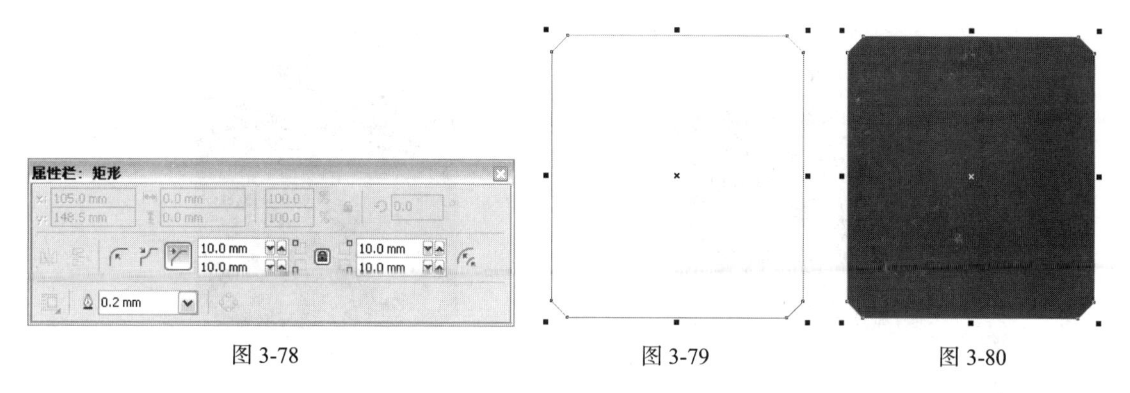

图3-78　　图3-79　　图3-80

（2）选择“钢笔”工具，在页面外适当位置绘制一条折线，如图3-81所示。选择“选择”工具，选中图形，拖曳折线到页面中适当的位置，在属性栏中的“轮廓宽度” .2 mm 框中设置数值为2mm，在“CMYK调色板”中的“白”色块上单击鼠标右键，填充图形的轮廓线，效果如图3-82所示。

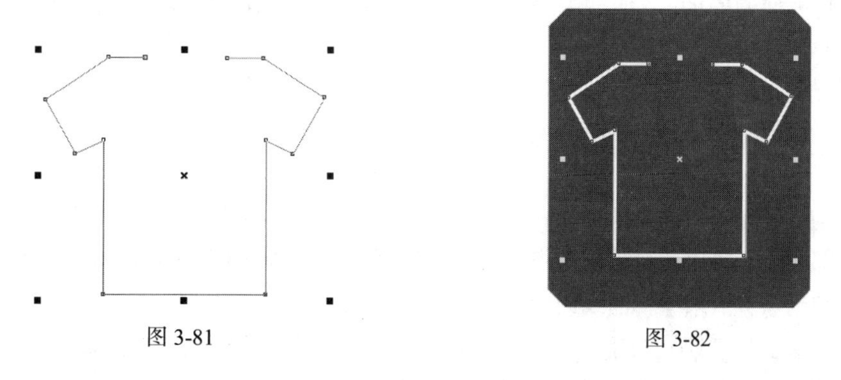

图3-81　　图3-82

（3）选择“钢笔”工具，在页面中适当的位置绘制一条斜线，如图3-83所示。在属性栏中的“轮廓宽度” .2 mm 框中设置数值为2mm，在“CMYK调色板”中的“白”色块上单击鼠

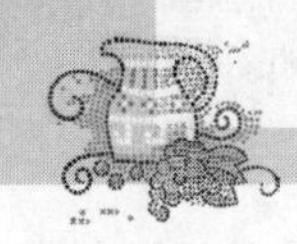

标右键，填充图形的轮廓线，效果如图 3-84 所示。

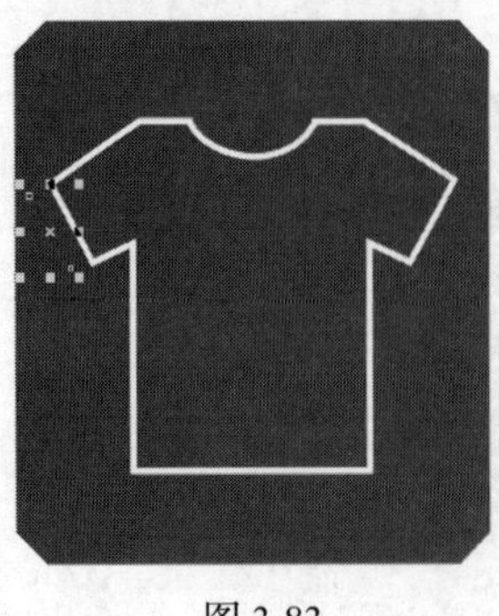

图 3-83

图 3-84

（4）选择“选择”工具，按数字键盘上的+键，复制图形。选取图形，在属性栏中单击“水平镜像”按钮，水平翻转选中的图形，向右拖曳图形到适当的位置，效果如图 3-85 所示。使用相同的方法，在页面中适当位置再绘制一条折线，并填充相同的颜色和轮廓宽度，效果如图 3-86 所示。T 恤衫绘制完成。

图 3-85

图 3-86

3.2 编辑曲线

在 CorelDRAW X5 中，完成曲线或图形的绘制后，可能还需要进一步地调整曲线或图形来达到设计和制作方面的要求，这时就需要使用 CorelDRAW X5 的编辑曲线功能来进行进一步的编辑和修改。

3.2.1 编辑曲线的节点

节点是构成图形对象的基本要素，使用“形状”工具选择曲线或图形对象后，会显示曲线或图形的全部节点。可以通过移动节点和节点的控制点、控制线来编辑曲线或图形的形状，也可以通过增加和删除节点来编辑曲线或图形。

使用“贝塞尔”工具绘制一条曲线，如图 3-87 所示。在“形状”工具上单击鼠标左键，选取曲线上的节点，如图 3-88 所示。弹出的属性栏如图 3-89 所示。

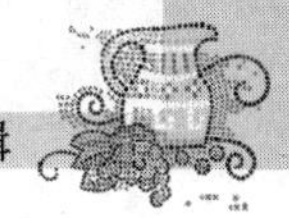

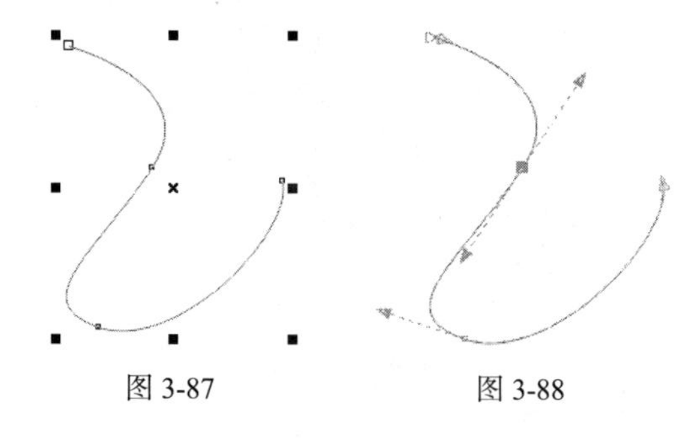

图 3-87　　　　图 3-88

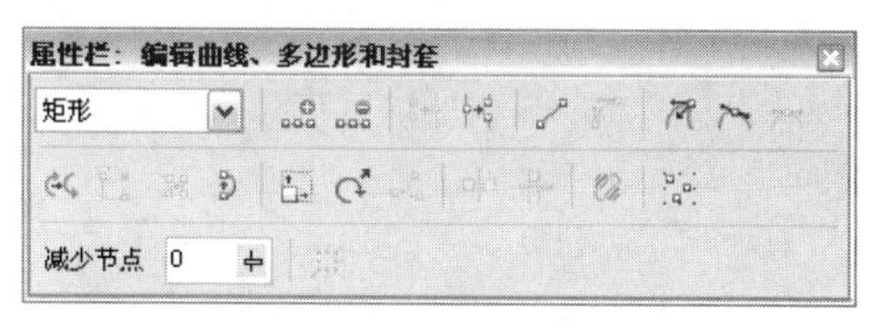

图 3-89

在 CorelDRAW X5 中提供了 3 种节点类型：尖突节点、平滑节点和对称节点。节点类型的不同决定了节点控制点的属性也不同。单击属性栏中的按钮可以转换 3 种节点的类型。

⊙　尖突节点。尖突节点的控制点是独立的，当移动一个控制点时，另外一个控制点并不移动，从而使得通过尖突节点的曲线能够尖突弯曲。

⊙　平滑节点。平滑节点的控制点之间是相关的，当移动一个控制点时，另外一个控制点也会随之移动，通过平滑节点连接的线段将产生平滑的过渡。

⊙　对称节点。对称节点的控制点不仅是相关的，而且控制点和控制线的长度是相等的，从而使得对称节点两边曲线的曲率也是相等的。

1. 选取节点

要对曲线或图形上的节点进行编辑时，必须首先选取要编辑的节点。

⊙　选取曲线上的节点。选择“贝塞尔”工具，绘制一条曲线。选择“形状”工具，将显示曲线上的节点和线段，如图 3-90 所示。

曲线中的每个方形的小圈就是曲线的节点，在需要选取的节点上单击鼠标左键，节点上会显示控制线和控制线两端的控制点，同时会显示前后节点的控制线和控制点，效果如图 3-91 所示。

提示　按 Home 键，可以直接选取曲线的起始节点。按 End 键，可以直接选取曲线的终止节点。

⊙　选取曲线上的全部或多个节点。使用“贝塞尔”工具绘制一条有多个节点的曲线。双击工具箱中的“形状”工具，可以快速地选取曲线上的全部节点。

单击属性栏中的“选择全部节点”按钮，也可以选取全部节点，效果如图 3-92 所示。

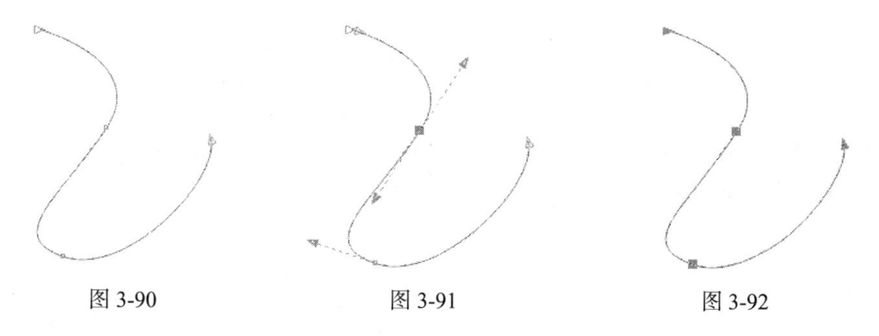

图 3-90　　　　图 3-91　　　　图 3-92

按住 Shift+Ctrl 组合键的同时，单击曲线中的任何一个节点，曲线上的全部节点都会被选取。

选择“形状”工具，在绘图页面中曲线图形的外围按下鼠标左键，拖曳光标，用光标可以圈住多个节点，如图 3-93 所示。被圈住的节点将被全部选取，如图 3-94 所示。单击曲线外的任意位置，节点的选取状态将被取消。

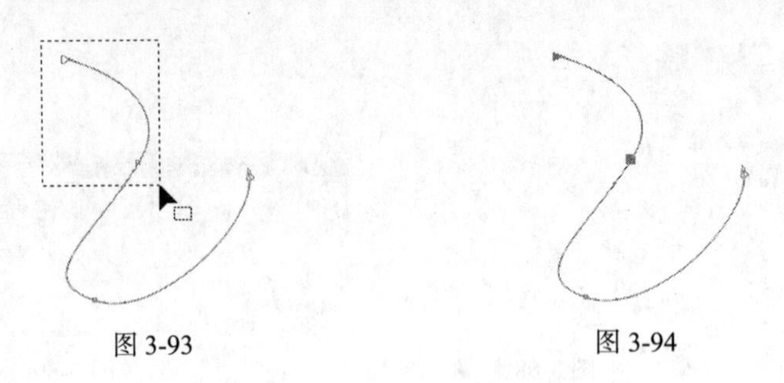

图 3-93　　图 3-94

2．移动节点

通过移动节点可以调整绘制曲线和图形的细节，移动节点和节点上的控制点，可以使绘制的图形更加完美。

⊙ 移动曲线上的单个节点。使用“贝塞尔”工具绘制一个图形，如图 3-95 所示。

选择“形状”工具，单击要移动的节点并按住鼠标左键拖曳光标，节点被移动，如图 3-96 所示。松开鼠标左键，图形调整的效果如图 3-97 所示。

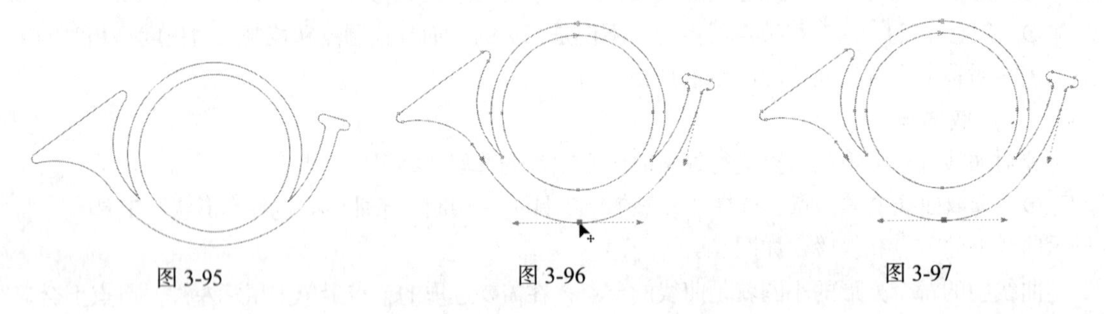

图 3-95　　图 3-96　　图 3-97

使用“形状”工具选取并拖曳节点上的控制点，如图 3-98 所示。松开鼠标左键，图形调整的效果如图 3-99 所示。

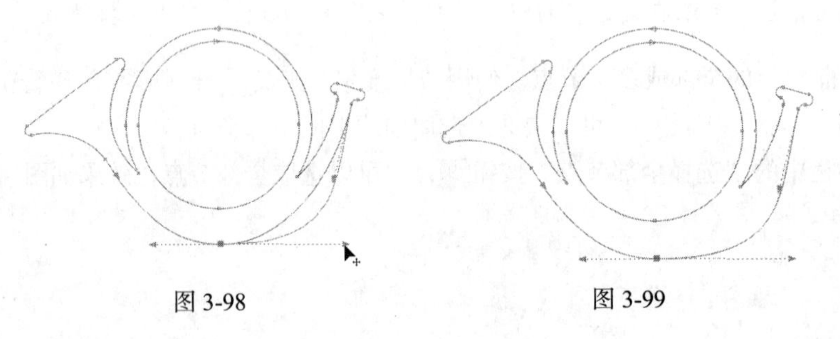

图 3-98　　图 3-99

⊙ 移动曲线上的多个节点。使用“形状”工具圈选图形上的部分节点，如图 3-100 所示。松开鼠标左键，图形被选取的部分节点如图 3-101 所示。

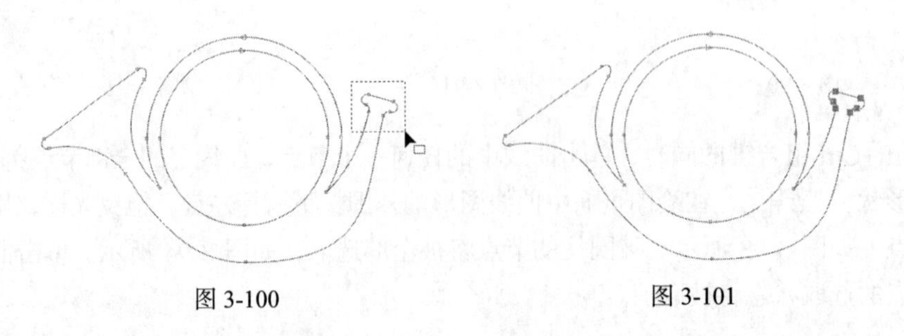

图 3-100　　图 3-101

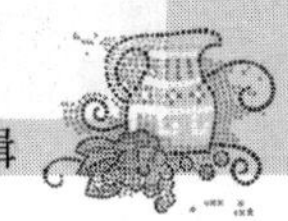

使用“形状”工具拖曳任意一个被选取的节点，其他被选取的节点也会随着移动，如图 3-102 所示。松开鼠标左键，图形调整的效果如图 3-103 所示。

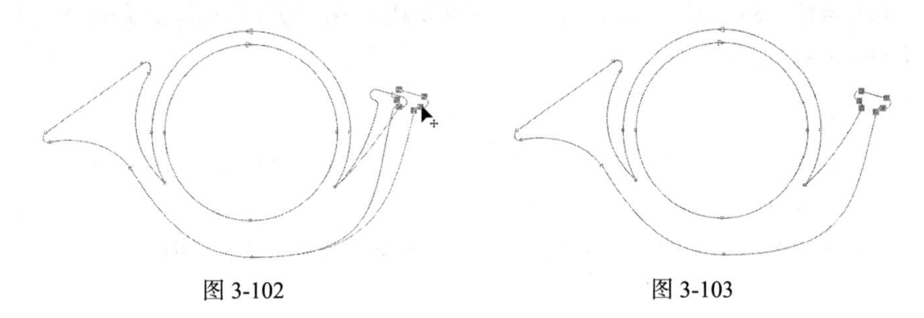

图 3-102　　　　图 3-103

提示　因为在 CorelDRAW X5 中有 3 种节点类型，所以当移动不同类型节点上的控制点时，图形的形状也会有不同形式的变化。

3. 增加或删除节点

增加或删除节点可以使绘制的曲线或图形更简洁、更准确、更完美。

使用“贝塞尔”工具绘制一个图形，如图 3-104 所示。使用“形状”工具选择需要增加节点的曲线，在适当的位置双击鼠标左键，如图 3-105 所示，在这个位置增加一个节点，效果如图 3-106 所示。

单击属性栏中的“添加节点”按钮，也可以在曲线上增加节点。

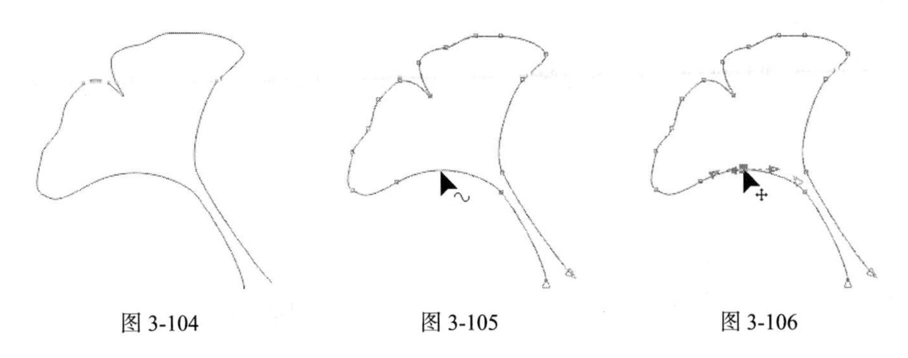

图 3-104　　　　图 3-105　　　　图 3-106

将鼠标的光标放在要删除的节点上并双击，如图 3-107 所示，就可以删除这个节点，效果如图 3-108 所示。

选取要删除的节点，单击属性栏中的“删除节点”按钮，也可以删除选取的节点。

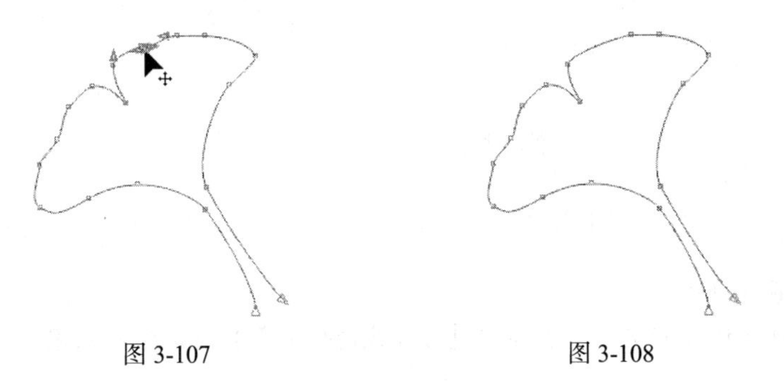

图 3-107　　　　图 3-108

提示 如果需要在曲线和图形中删除多个节点，可以先按住Shift键，再用鼠标选取要删除的多个节点，选取好后按Delete键就可以了。当然也可以使用圈选的方法选取需要删除的多个节点，选取好后按Delete键。

4．对齐节点

使用对齐节点功能可以使节点沿水平或垂直方向对齐，巧妙地使用好这个功能，可以制作出特殊的曲线和图形效果。

选取需要的曲线图形，如图3-109所示。使用“形状”工具圈选图形上需要的节点，如图3-110所示。

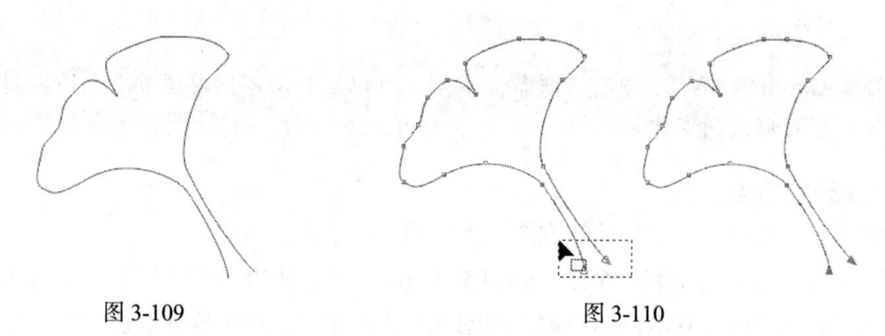
图3-109　　图3-110

单击属性栏中的“对齐节点”按钮，弹出“节点对齐”对话框，选择“水平对齐”复选框，如图3-111所示，单击“确定”按钮，图形的效果如图3-112所示。

图3-111

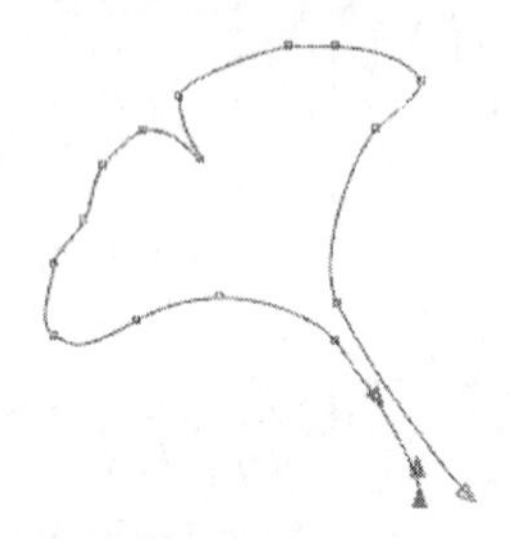
图3-112

选择“垂直对齐”复选框，如图3-113所示，单击“确定”按钮，图形的效果如图3-114所示。

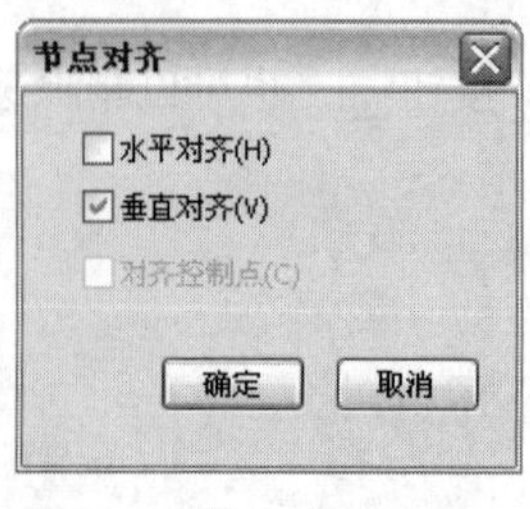

图3-113

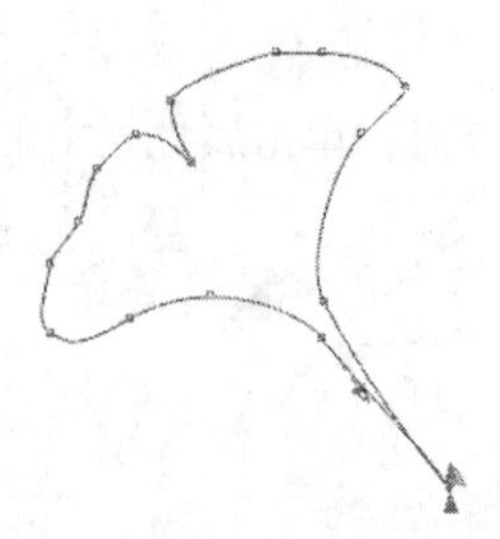
图3-114

5．合并和连接节点

在绘制曲线和图形过程中有时需要通过合并或连接节点来完成绘制效果。下面将介绍合并和连接节点的具体方法。

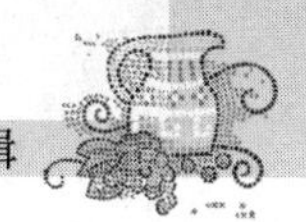

⊙　合并节点。选取需要的曲线如图 3-115 所示。选择“形状”工具，将要合并的节点拖曳到另一个节点上，将节点合并，如图 3-116 所示。使曲线成为闭合的曲线，效果如图 3-117 所示。

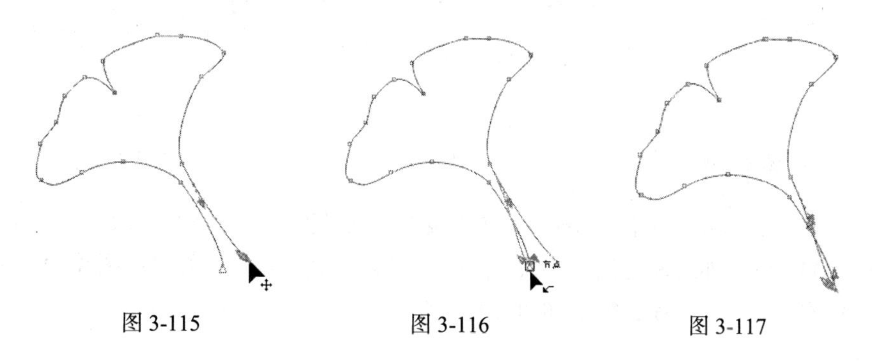

图 3-115　　图 3-116　　图 3-117

使用“形状”工具圈选两个需要合并的节点，如图 3-118 所示。选取两个需要合并的节点，效果如图 3-119 所示。再单击属性栏中的“连接两个节点”按钮，将节点合并，使曲线成为闭合的曲线，效果如图 3-120 所示。

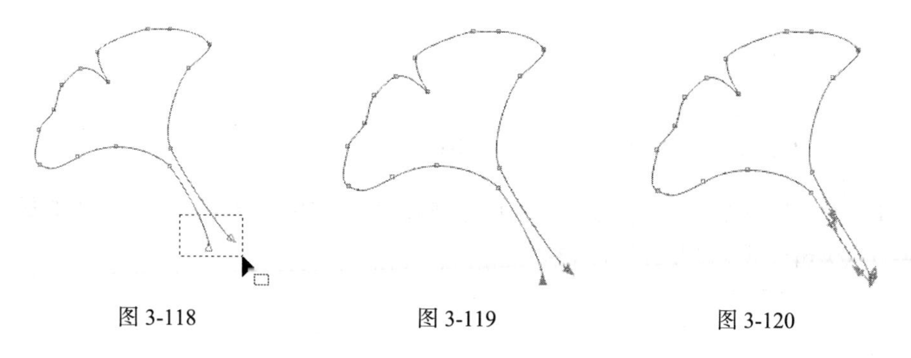

图 3-118　　图 3-119　　图 3-120

⊙　连接节点。使用“形状”工具圈选两个需要连接的节点，如图 3-121 所示。选取两个需要连接的节点，效果如图 3-122 所示。

单击属性栏中的“闭和曲线”按钮，可以将两个节点以直线连接，使曲线成为闭合的曲线，效果如图 3-123 所示。

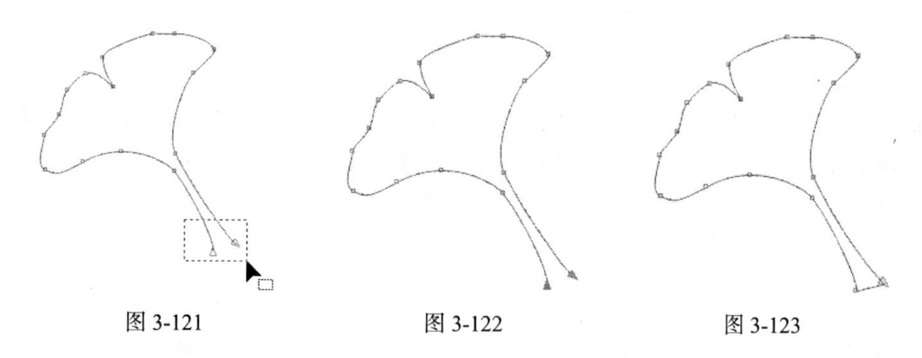

图 3-121　　图 3-122　　图 3-123

⊙　合并或连接两条独立线段的节点。使用“贝塞尔”工具绘制两条独立的线段，效果如图 3-124 所示。使用“选择”工具将两条曲线同时选取，如图 3-125 所示。单击属性栏中的“合并”按钮，将两条选取的曲线结合成一个图形对象，如图 3-126 所示。

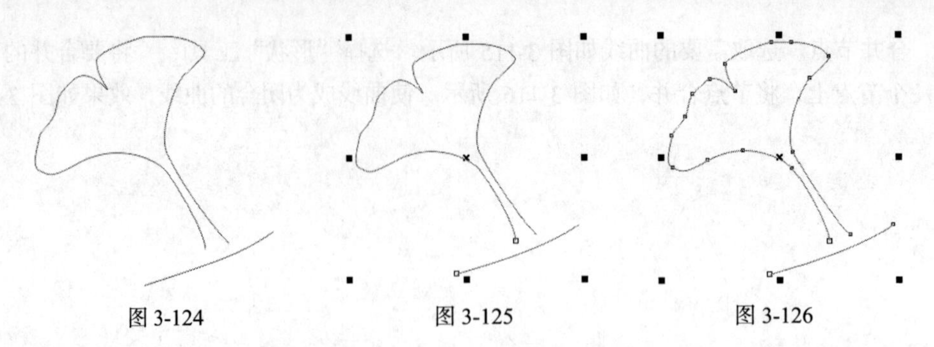

图 3-124　　图 3-125　　图 3-126

选择“形状”工具，按住 Shift 键，单击需要连接的两个节点将其选取，如图 3-127 所示。单击属性栏中的“延长曲线使之闭合”按钮，将节点合并并连接，效果如图 3-128 所示。使两条曲线合并并连接成一条曲线，效果如图 3-129 所示。

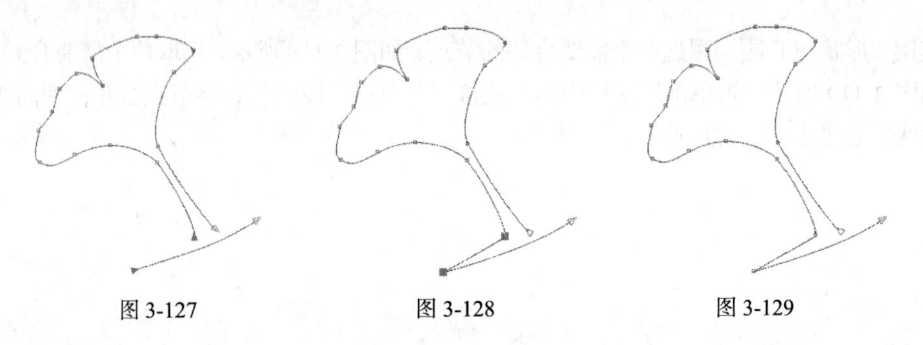

图 3-127　　图 3-128　　图 3-129

⊙ 断开曲线的节点。使用“选择”工具在要编辑的曲线上双击，如图 3-130 所示。将曲线转换到节点编辑模式，效果如图 3-131 所示。

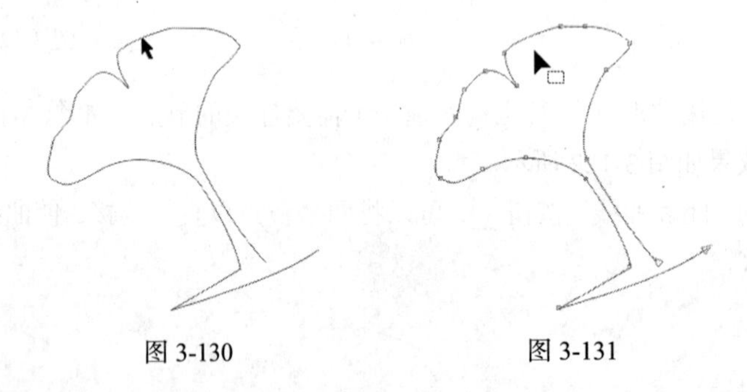

图 3-130　　图 3-131

在曲线中要断开的节点上单击，选取该节点，如图 3-132 所示。单击属性栏中的“断开曲线”按钮，断开节点，如图 3-133 所示。使用相同的方法再断开一个节点，如图 3-134 所示。

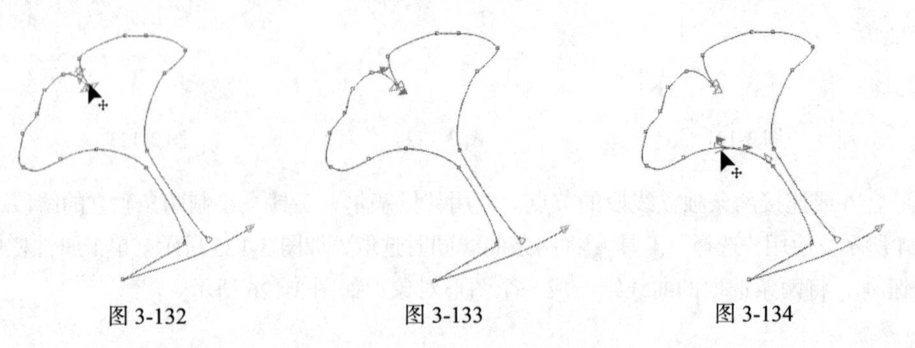

图 3-132　　图 3-133　　图 3-134

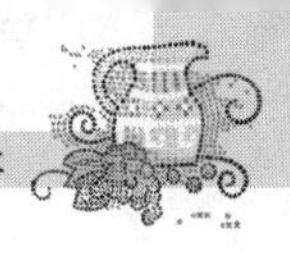

选择“选择”工具，曲线效果如图 3-135 所示。单击属性栏中的“拆分”按钮，拆分对象，如图 3-136 所示。再使用“选择”工具选择并移动曲线，曲线的节点被断开，使曲线变为两条，效果如图 3-137 所示。

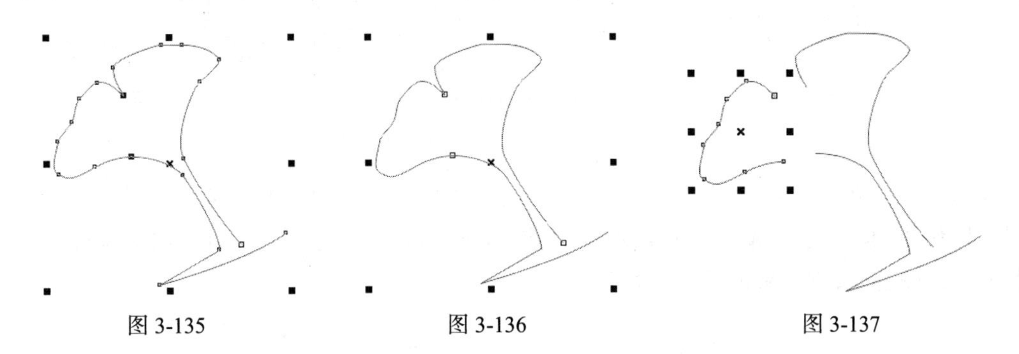

图 3-135　　图 3-136　　图 3-137

6．闭合路径

在绘制图形的过程中有时需要将开放的路径闭合。选择“排列 > 连接曲线”命令，弹出“连接曲线”泊坞窗，如图 3-138 所示，可以设置曲线的连接方式。

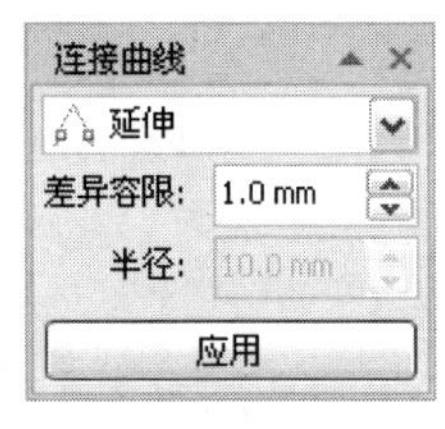

图 3-138

“延伸”：可以选择曲线的 4 种连接方式延伸、倒棱角、圆角、贝塞尔曲线。延伸方式是延伸线段将曲线连接。倒角方式就是把两个开放的点用一条直线连接起来。圆角方式只有在满足特定条件的情况下才可被圆角，否则按延伸选项处理。贝塞尔曲线选项是将曲线用一条平滑的贝塞尔曲线闭合起来。

“差异容限”：限制两个开放的节点闭合的容差范围。

“半径”：只有在连接线为圆角时才处于可编辑状态。

使用“选择”工具选取需要闭合的开放路径，如图 3-139 所示。“连接曲线”泊坞窗的设置如图 3-140 所示，单击“应用”按钮，闭合路径效果如图 3-141 所示。

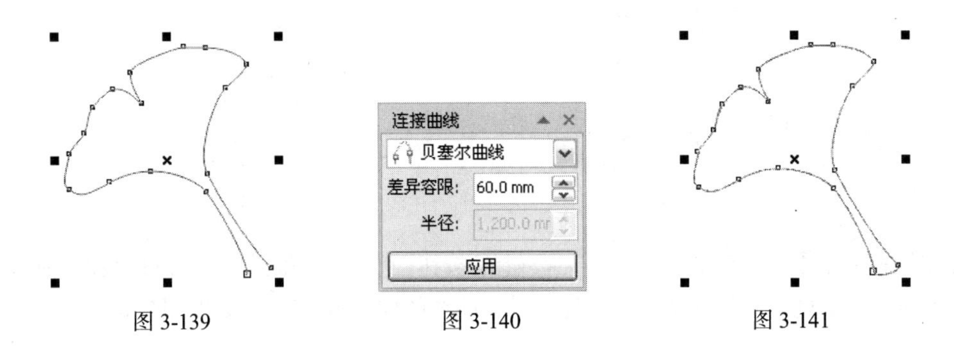

图 3-139　　图 3-140　　图 3-141

3.2.2 编辑曲线的端点和轮廓

通过属性栏可以设置一条曲线的端点和轮廓的样式，这项功能可以帮助用户制作出非常实用的效果。

使用“贝塞尔”工具绘制一条曲线，再使用“选择”工具选择这条曲线，如图 3-142 所示，属性栏如图 3-143 所示。

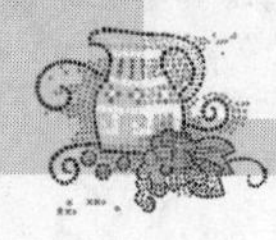

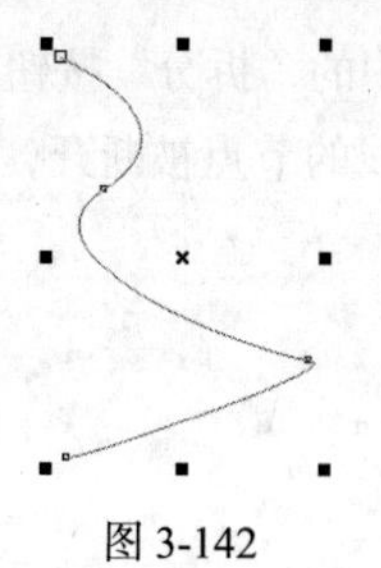

图 3-142

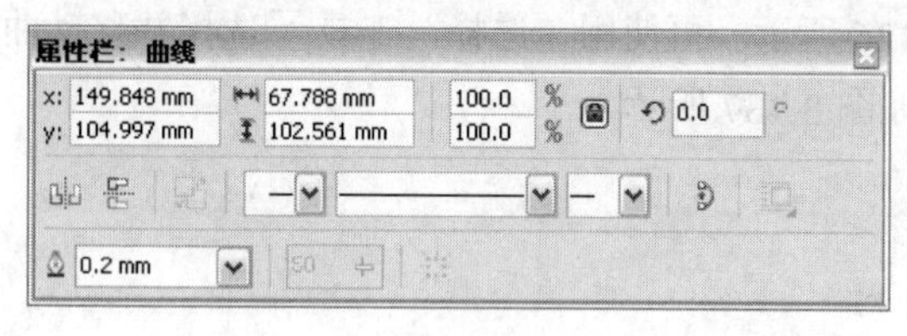

图 3-143

在属性栏中单击“轮廓宽度”框右侧的按钮，弹出轮廓宽度的下拉列表中进行选择，如图 3-144 所示，选择的曲线变宽，效果如图 3-145 所示，也可以在“轮廓宽度”框中输入数值后，按 Enter 键，来设置曲线宽度。

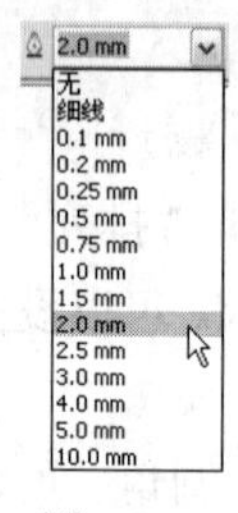

图 3-144

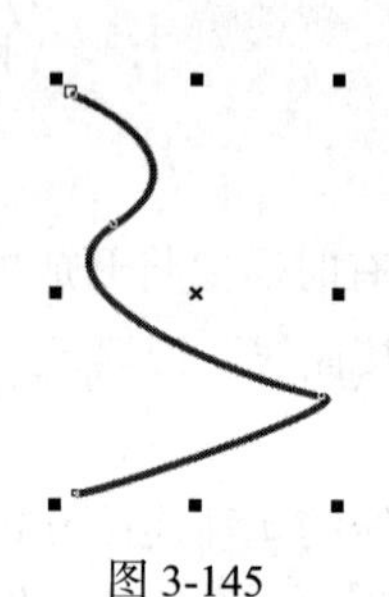

图 3-145

在属性栏中有 3 个可供选择的下拉列表按钮，按从左到右的顺序分别是“起始箭头”、“线条样式”和“终止箭头”。单击“起始箭头”上的按钮，弹出“起始箭头”下拉列表框，如图 3-146 所示。在其中需要的箭头上单击鼠标左键，选择箭头，在曲线的起始点会出现选择的箭头，效果如图 3-147 所示。

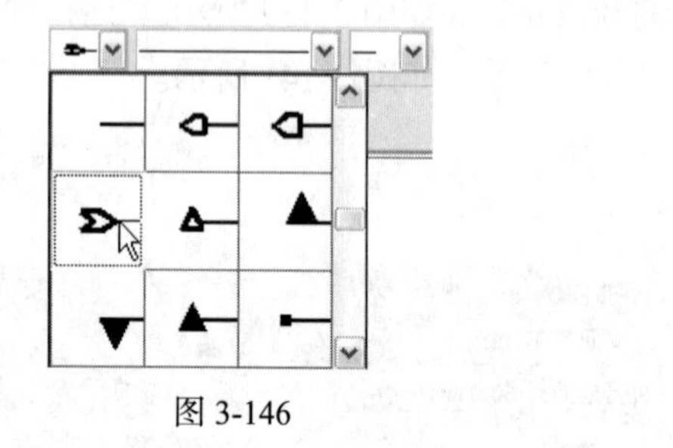

图 3-146

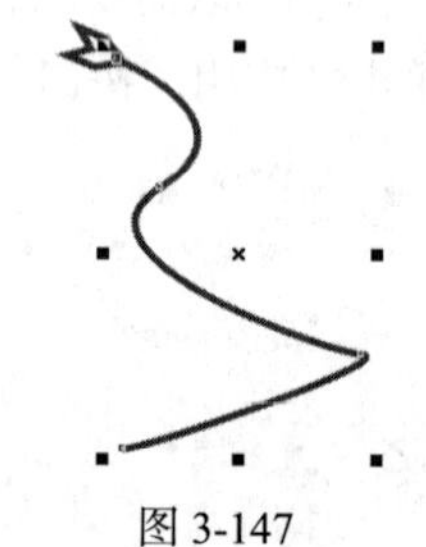

图 3-147

在属性栏中单击“线条样式”上的按钮，弹出“线条样式”下拉列表框，如图 3-148 所示。在其中需要的轮廓样式上单击鼠标左键，曲线的样式被改变，效果如图 3-149 所示。

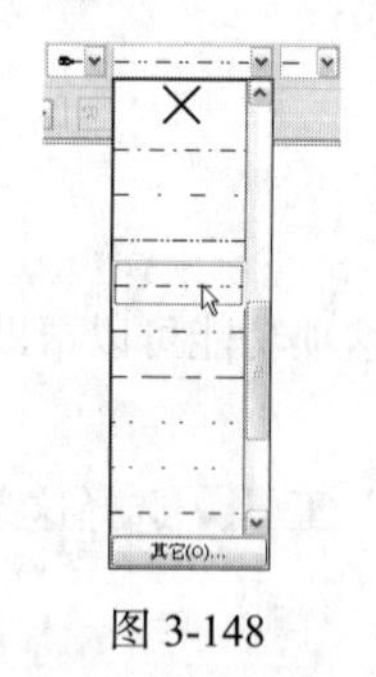

图 3-148

图 3-149

在“线条样式”下拉列表框中单击“其他”按钮，弹出“编辑线条样式”对话框，在对话框中可以对轮廓线进行编辑，如图 3-150 所示，编辑好后单击“添加”按钮，可以将新编辑的线条样式添加给曲线。

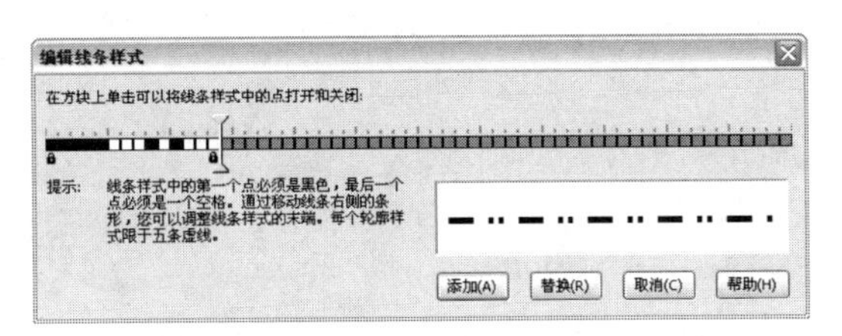

图 3-150

在属性栏中单击“终止箭头”上的按钮，弹出“终止箭头”下拉列表框，如图 3-151 所示。在其中需要的箭头样式上单击鼠标左键，在曲线的终止点会出现选择的箭头，效果如图 3-152 所示。

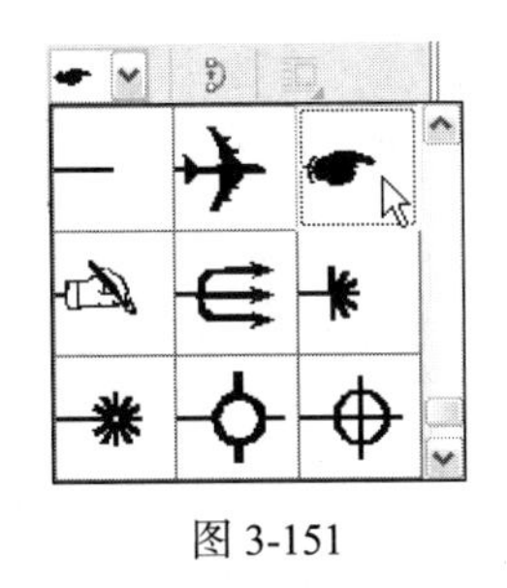

图 3-151

图 3-152

3.2.3　编辑和修改几何图形

1．将几何图形转换为曲线

使用矩形、椭圆和多边形工具绘制的图形都是简单的几何图形。这类图形有其特殊的属性，图形上的节点比较少，只能对其进行简单的编辑。如果想对其进行更复杂的编辑，就需要将简单的几何图形转换为曲线。

将简单的几何图形转换为曲线后，图形就不再有其特殊的属性，而成为普通的封闭曲线，图形上可以添加更多的节点，可以更自由地编辑几何图形。下面介绍几何图形转换为曲线的方法。

⊙　使用“转换为曲线”按钮。使用“椭圆形”工具绘制一个椭圆形，如图 3-153 所示。在属性栏中单击“转换为曲线”按钮，将椭圆图形转换为曲线图形，在曲线图形上增加了多个节点，如图 3-154 所示。

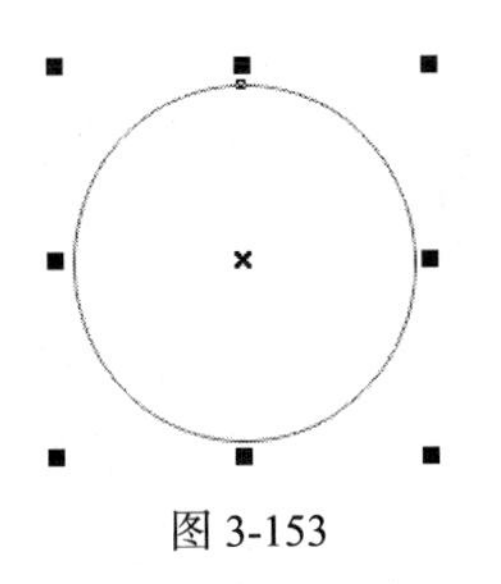

图 3-153

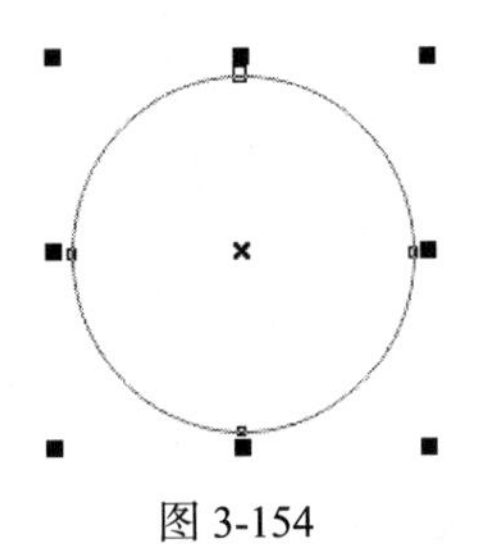

图 3-154

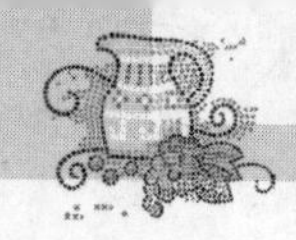

使用“形状”工具拖曳椭圆形上的节点，如图 3-155 所示。松开鼠标左键，调整的图形效果如图 3-156 所示。

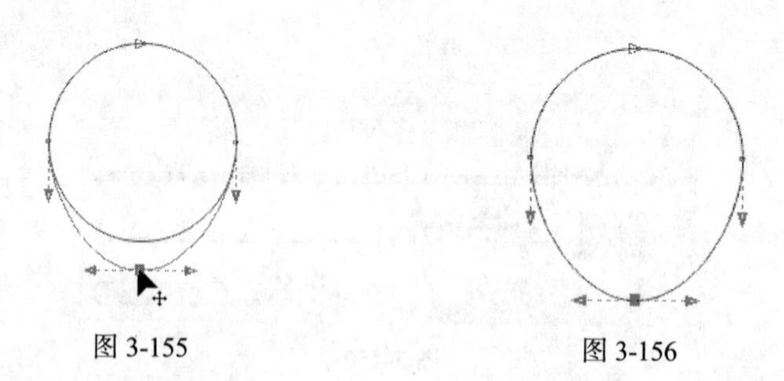

图 3-155　　图 3-156

选取椭圆形上方的 3 个节点，如图 3-157 所示。单击属性栏中的“尖突节点”按钮，将选择的几个对称节点变为尖突节点，用鼠标对几个尖突节点和其控制点进行调整，如图 3-158 所示。调整后的图形效果如图 3-159 所示。

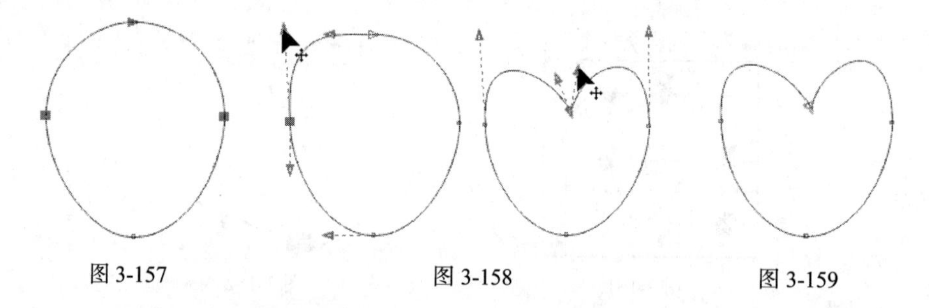

图 3-157　　图 3-158　　图 3-159

⊙ 使用“转换为曲线”按钮。使用“多边形”工具绘制一个多边形，如图 3-160 所示。选择“形状”工具，单击需要选取的节点，如图 3-161 所示。

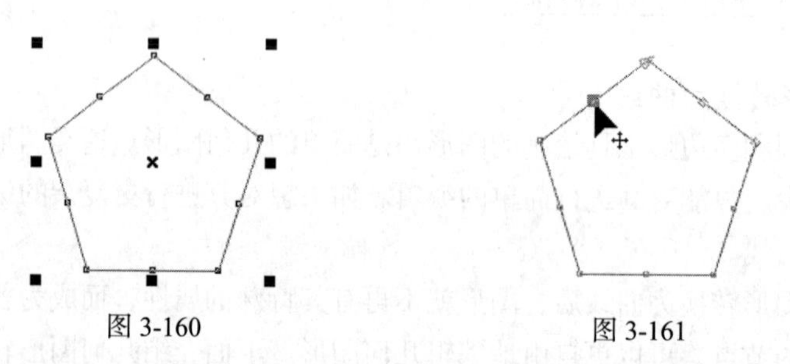

图 3-160　　图 3-161

单击属性栏中的“转换为曲线”按钮，将直线转换为曲线，在曲线上出现节点，图形的对称性被保持，如图 3-162 所示。使用“形状”工具拖曳节点调整图形，如图 3-163 所示。松开鼠标左键，图形效果如图 3-164 所示。

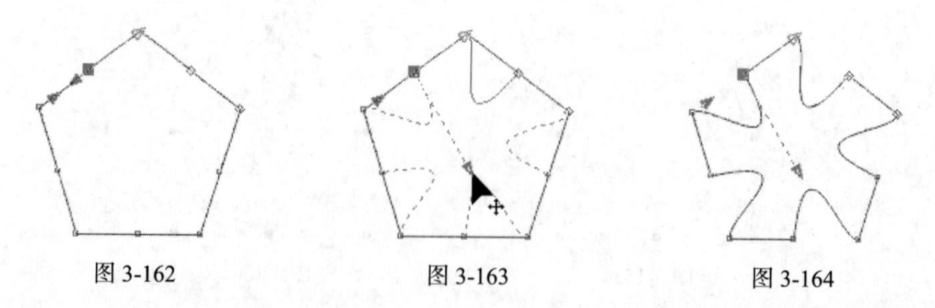

图 3-162　　图 3-163　　图 3-164

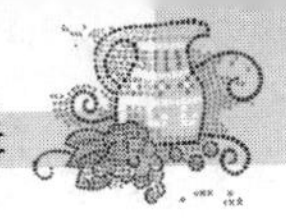

2．修改几何图形

⊙　裁切图形。使用“刻刀”工具可以对单一的图形对象进行裁切，使一个图形被裁切成两个部分。

选择“裁切”工具展开式工具栏中的“刻刀”工具，鼠标的光标变为刻刀形状。将光标放到图形上准备裁切的起点位置，光标变为竖直形状后单击鼠标左键，如图 3-165 所示。移动光标会出现一条裁切线，将鼠标的光标放在裁切的终点位置后单击鼠标左键，如图 3-166 所示。图形裁切完成的效果如图 3-167 所示。

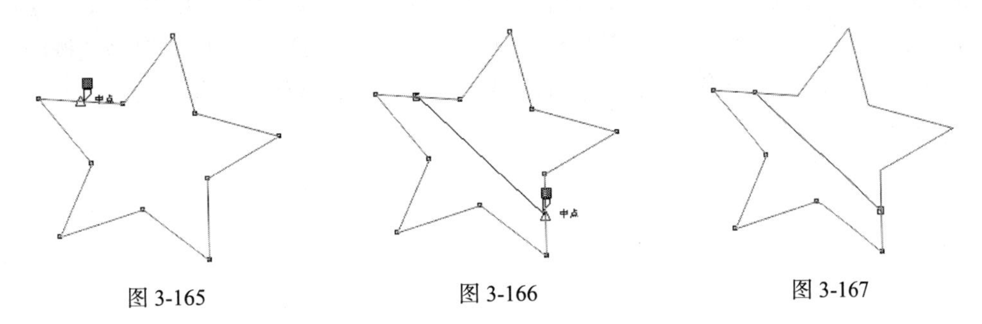

图 3-165　　　图 3-166　　　图 3-167

图形裁切完成后，使用“选择”工具拖动裁切后的图形，如图 3-168 所示。裁切的图形分成了两部分，效果如图 3-169 所示。

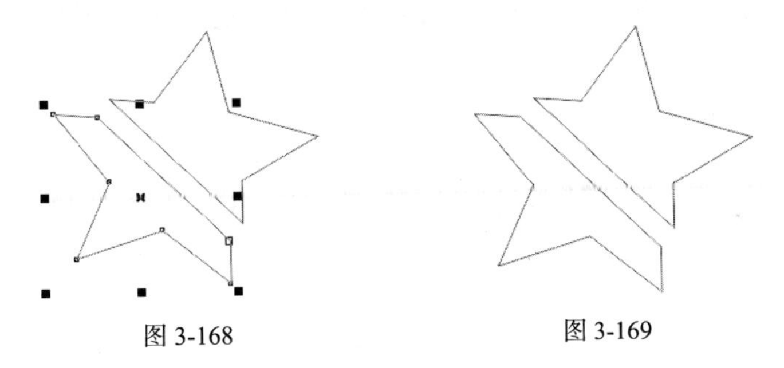

图 3-168　　　图 3-169

将刻刀的光标放到图形上准备裁切的起点位置，光标变为竖直形状，单击并按住鼠标左键不放，拖曳光标到终点的位置，如图 3-170 所示。可以以曲线的形状裁切图形，效果如图 3-171 所示。

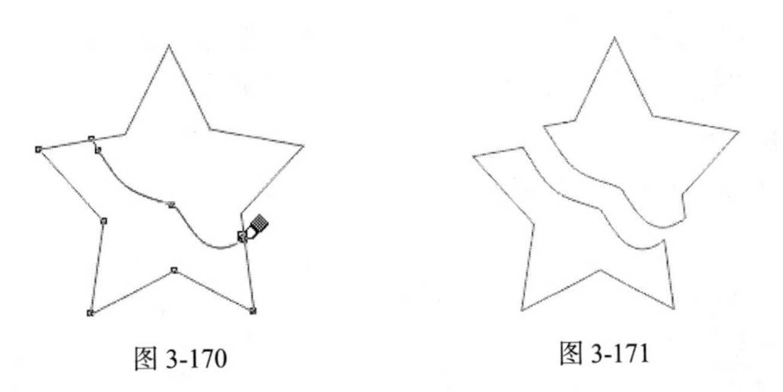

图 3-170　　　图 3-171

“刻刀”工具属性栏如图 3-172 所示。如果在裁切前选择属性栏中的“保留为一个对象”按钮，在图形被裁切后，裁切的两部分还属于一个图形对象，如图 3-173 所示。如果不选择此按钮，在裁切后可以得到两个相互独立的图形，如图 3-174 所示。

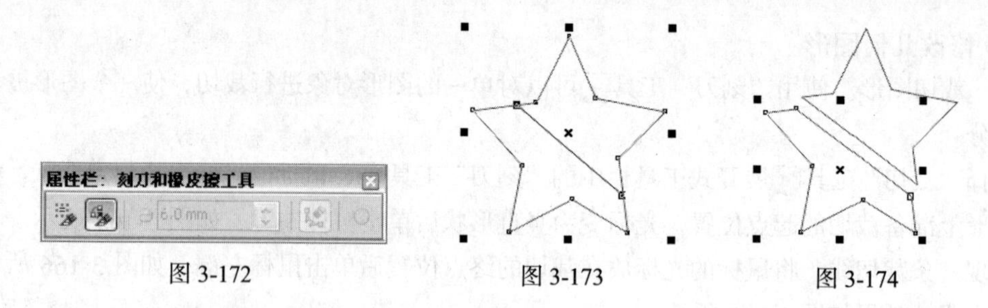

图 3-172　　图 3-173　　图 3-174

如果在裁切前选择属性栏中的“剪切时自动闭合”按钮，在图形被裁切后，裁切的两部分将自动生成闭合的曲线图形，并保留其填充的属性，如图 3-175 所示。如果不选择此按钮，在图形被裁切后，裁切的两部分将不会自动闭合，同时图形会失去填充属性，如图 3-176 所示。

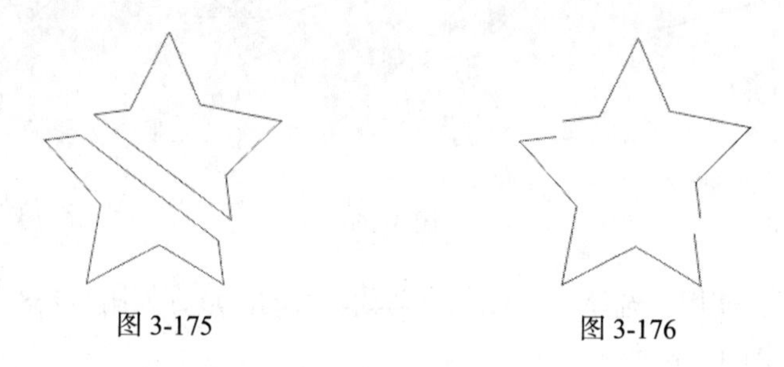

图 3-175　　图 3-176

按住 Shift 键，使用的“刻刀”工具将以贝塞尔曲线的方式裁切图形，如图 3-177 所示。

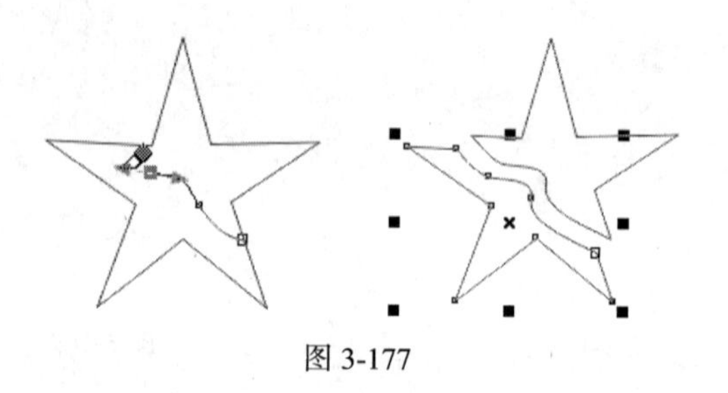

图 3-177

提示　已经经过渐变、群组及特殊效果处理的图形和位图都不能使用刻刀工具来裁切。

⊙　擦除图形。使用“橡皮擦”工具可以擦除图形的部分或全部，并可以将擦除后图形的剩余部分自动闭合。擦除工具只能对单一的图形对象进行擦除。

选取需要擦除的图形，如图 3-178 所示。选择“橡皮擦”工具，鼠标的光标变为擦除工具图标，“擦除”工具属性栏如图 3-179 所示设置。

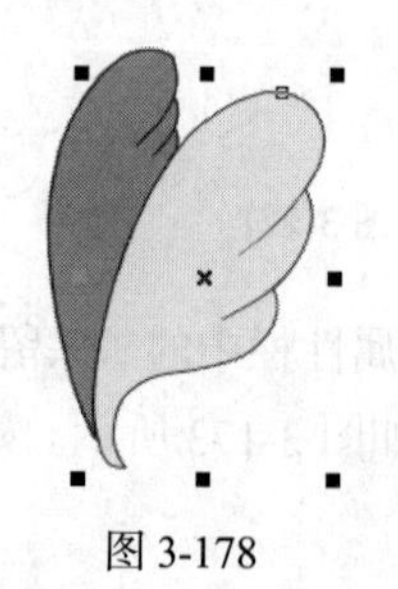

图 3-178

图 3-179

在属性栏中的“橡皮擦厚度”框中可以设置擦除的宽度。用“橡皮擦”工具单击多边形，将其选取。在多边形外单击确定擦除的起点，如图 3-180 所示，拖曳光标会出现擦除虚线，在图 3-181 所示的位置单击确定擦除的终点。擦除虚线经过的图形区域被擦除，效果如图 3-182 所示。

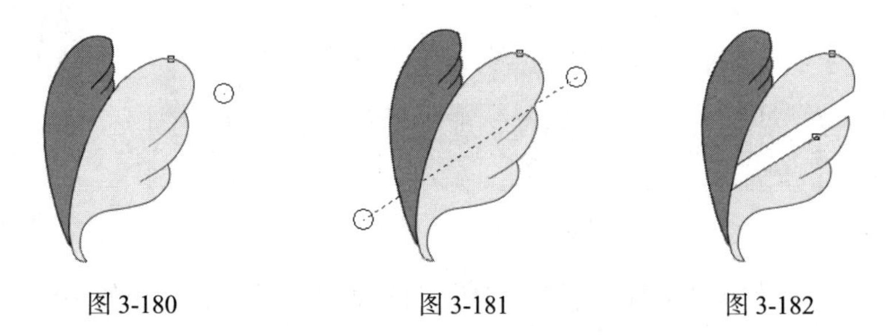

图 3-180　　图 3-181　　图 3-182

选择“橡皮擦”工具，鼠标的光标变为擦除工具图标，单击并按住鼠标左键，拖曳鼠标可以擦除图形，如图 3-183 所示。擦除后的图形效果如图 3-184 所示。

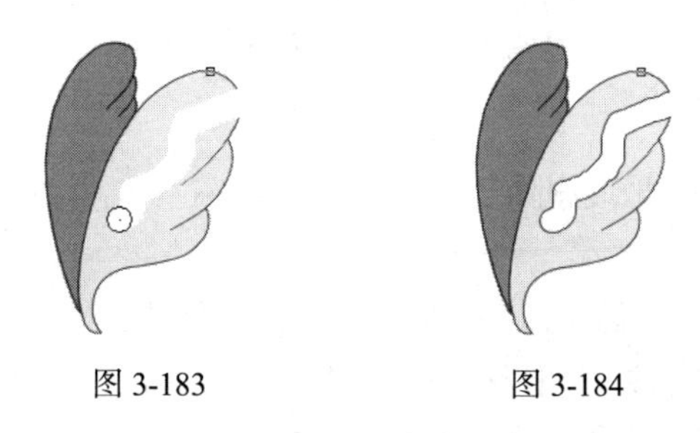

图 3-183　　图 3-184

在属性栏中的“橡皮擦形状”按钮上单击鼠标左键可以转换设置橡皮擦的形状，单击后变为按钮，用方形的擦除工具擦除图形，如图 3-185 所示。擦除后的图形效果如图 3-186 所示。

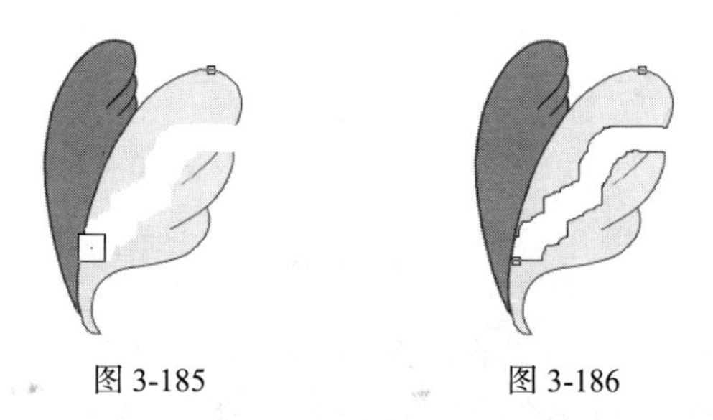

图 3-185　　图 3-186

⊙　修饰图形。使用“涂抹笔刷”工具和“粗糙笔刷”工具可以修饰已绘制的矢量图形。

选取需要的图形，如图 3-187 所示。选择“涂抹笔刷”工具，对其属性栏按照如图 3-188 所示进行设定。在图形上进行拖曳，效果如图 3-189 所示。

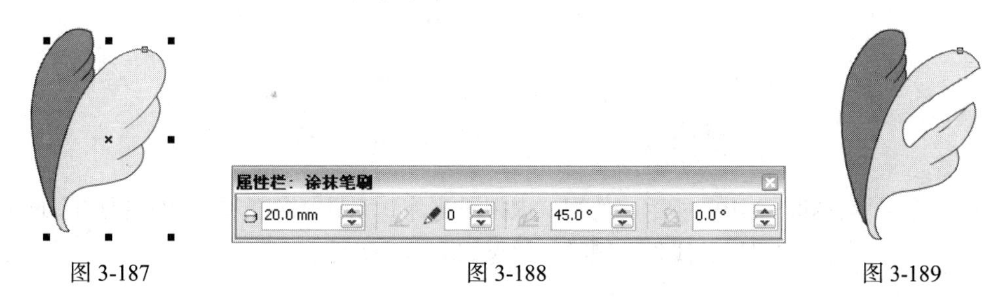

图 3-187　　图 3-188　　图 3-189

选择“粗糙笔刷”工具，对其属性栏按照如图 3-190 所示进行设定。使用“粗糙笔刷”工具在图形边缘拖曳，制作出需要的粗糙效果，如图 3-191 所示。

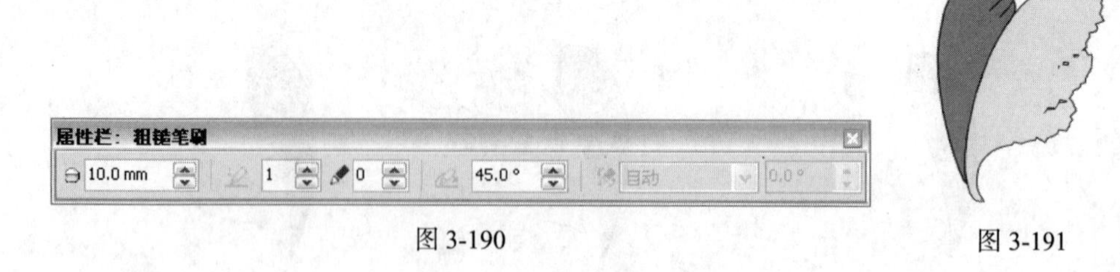

图 3-190　　　　图 3-191

“涂抹笔刷”工具和“粗糙笔刷”工具与压感笔和手写板配合使用时，可使效果更加逼真。

提示　“涂抹笔刷”工具和“粗糙笔刷”工具可以应用的对象有：开放/闭合的路径、纯色和交互式渐变填充的对象、交互式透明和交互式阴影效果的对象。不可以应用的对象有：交互式调和、立体化的对象和位图。

⊙　调整图形。使用“虚拟段删除”工具可以调整已绘制的矢量图形，将多余的矢量图形线条删除。

使用“矩形”工具和“椭圆形”工具绘制出矩形和圆形，如图 3-192 所示。将“虚拟段删除”工具移动到要删除的矢量图形线条上，光标变为直立的刻刀图标，如图 3-193 所示。单击鼠标左键将多余的矢量图形线条删除，效果如图 3-194 所示。

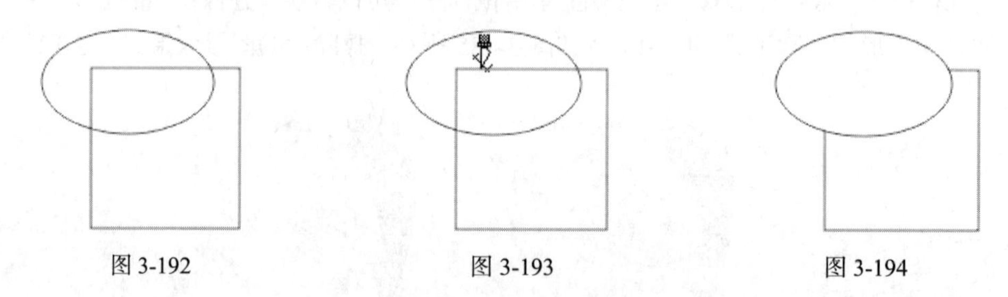

图 3-192　　　　图 3-193　　　　图 3-194

再次将“虚拟段删除”工具移动到要删除的矢量图形线条上，光标变为直立的刻刀图标，如图 3-195 所示。单击鼠标左键将多余的矢量图形线条删除，效果如图 3-196 所示。

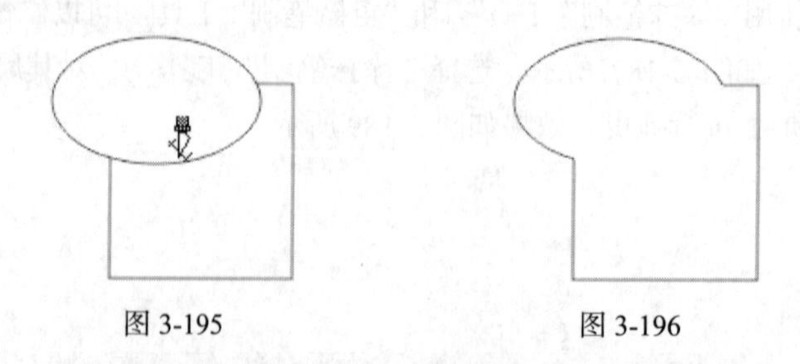

图 3-195　　　　图 3-196

绘制几个图形，如图 3-197 所示。使用“虚拟段删除”工具圈选图形中需要删除的部分，如图 3-198 所示。圈选的图形及线条被删除，效果如图 3-199 所示。

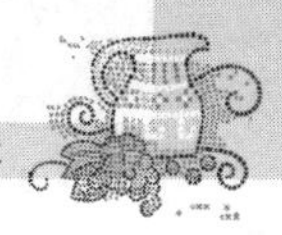

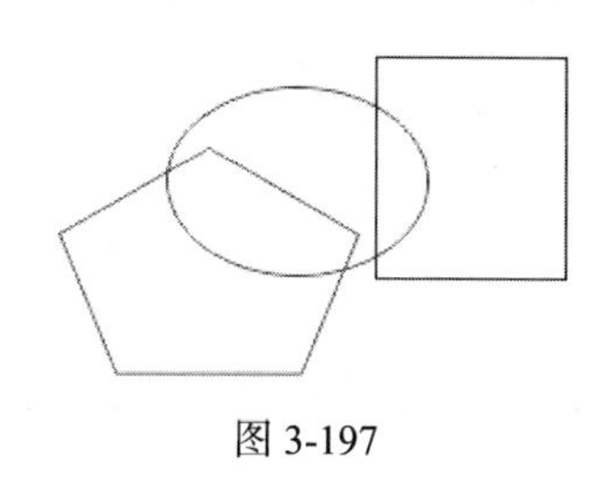

图 3-197

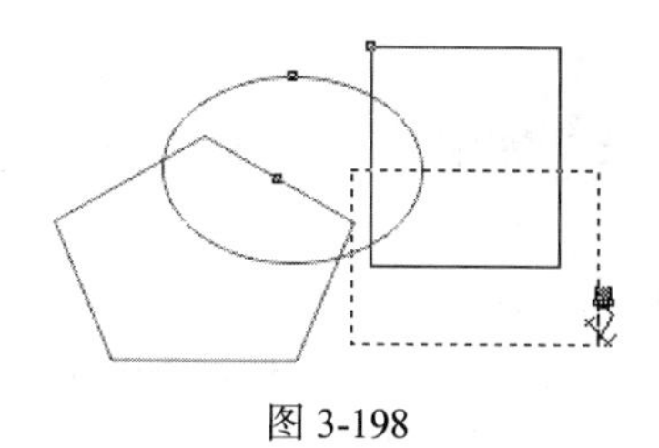

图 3-198

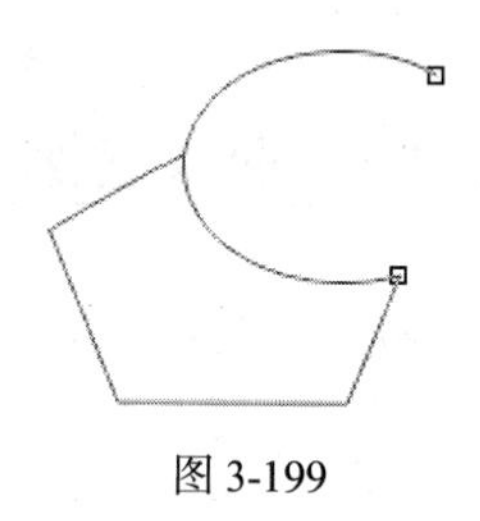

图 3-199

“虚拟段删除”工具可以应用的对象有：线条。不可以应用的对象有：位图、文本。

3.2.4　用最少的节点绘制图形

在绘制图形的过程中，必须使用节点来控制图形。节点越多越容易绘制图形，图形对象也就越复杂。当要绘制复杂的绘画作品时，图形对象和节点的数目就会相当的大。如果这时不能尽量地少用节点，那么就会为系统增加很大的负担。

在不影响作品外形的情况下要尽量使用更少的节点，对一些经过特殊效果处理的图形，也可以在不影响效果的情况下删除多余的节点。删除节点的方法很简单，已经在上面的章节中进行了讲解。

选择“文件 > 打开”命令，打开一个图形对象，如图 3-200 所示。再选择“文件 > 文档属性”命令，弹出“文档属性”对话框，在对话框中显示了这个图形对象的详细信息。如图 3-201 所示。

在对话框中可以看到这个图形对象的对象数是 11，点数是 208，在这样一个并不复杂的图形对象中，它的节点就有上千个。所以在绘制图形对象的过程中要尽量以最少的节点来完成图形对象的绘制，这样才能减轻系统的负担，提高工作效率。

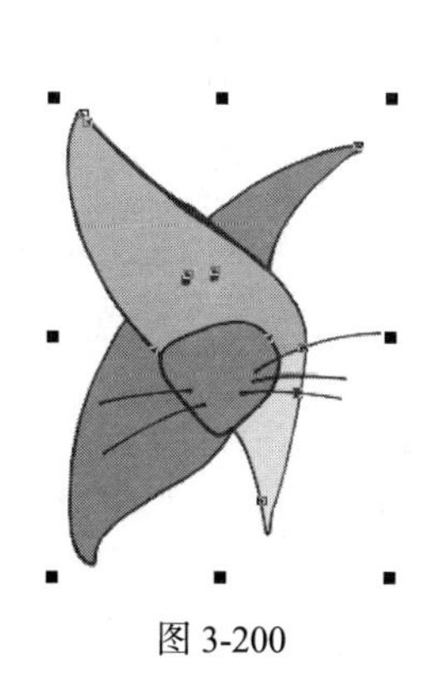

图 3-200

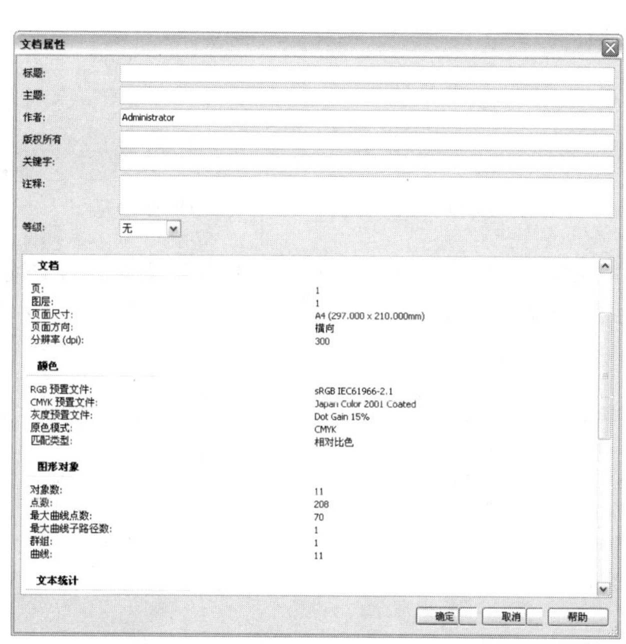

图 3-201

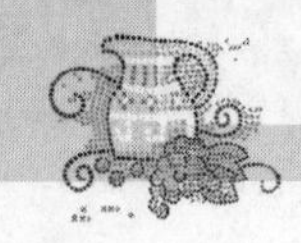

3.2.5 课堂案例——绘制桌子

【案例学习目标】学习使用贝塞尔工具绘制桌子。

【案例知识要点】使用贝塞尔工具、形状工具和矩形工具绘制桌子，效果如图 3-202 所示。

【效果所在位置】光盘/Ch03/效果/绘制桌子.cdr。

（1）按 Ctrl+N 组合键，新建一个 A4 页面。选择“贝塞尔”工具，在页面中绘制一条曲线，如图 3-203 所示。选择“选择”工具，选取曲线，按数字键盘上的+键，复制一条曲线，单击属性栏中的“水平镜像”按钮，水平翻转复制的曲线，效果如图 3-204 所示。

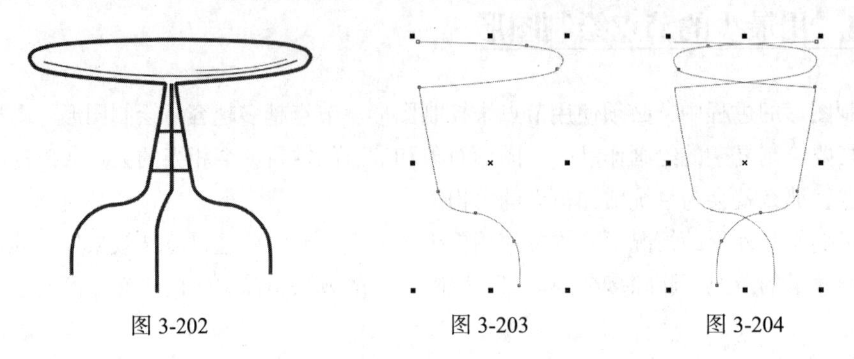

图 3-202　　图 3-203　　图 3-204

（2）按住 Ctrl 键的同时，拖曳鼠标将复制的曲线拖曳到适当位置，如图 3-205 所示。选择“选择”工具，按住 Shift 键的同时，单击第一条曲线将其同时选取，如图 3-206 所示。单击属性栏中的“合并”按钮，将两条选取的曲线合并成一个图形对象，效果如图 3-207 所示。

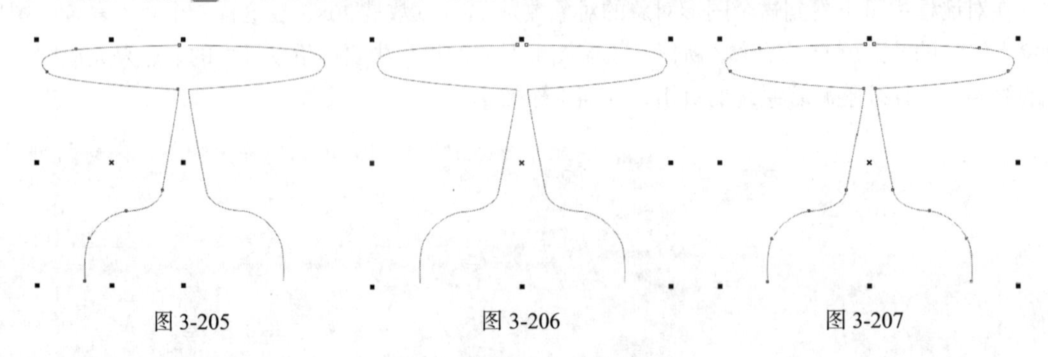

图 3-205　　图 3-206　　图 3-207

（3）选择“形状”工具，用圈选的方法选取上方两个需要的节点，如图 3-208 所示，选取后的两个节点状态如图 3-209 所示。

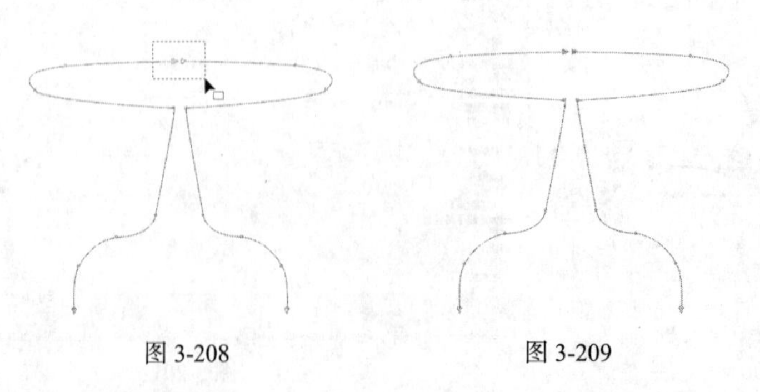

图 3-208　　图 3-209

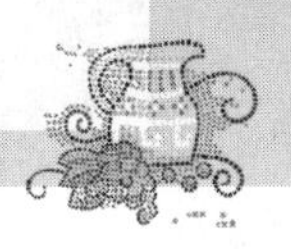

（4）单击属性栏中的“延长曲线使之闭合”按钮，将两个节点以直线连接，效果如图 3-210 所示，按 Esc 键，取消节点的选取状态，如图 3-211 所示。选择“选择”工具，选取曲线，在属性栏中的“轮廓宽度” .2 mm 框中设置数值为 2.5mm，效果如图 3-212 所示。使用相同的方法再绘制三条曲线，并设置相同的轮廓宽度，效果如图 3-213 所示。

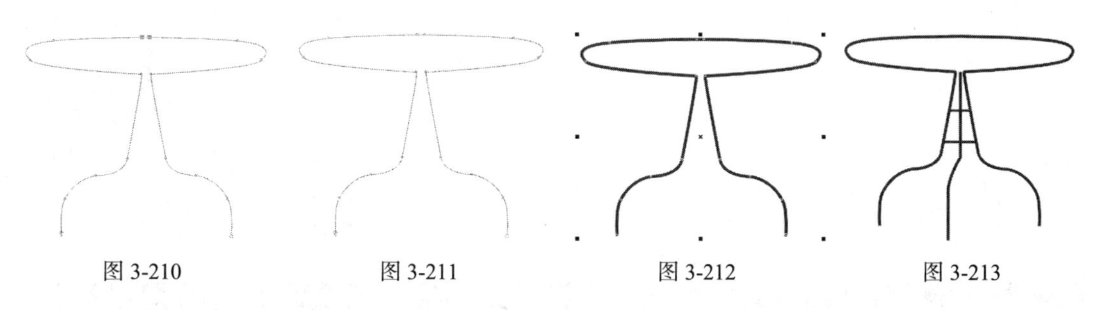

图 3-210　　图 3-211　　图 3-212　　图 3-213

（5）选择“贝塞尔”工具，在页面中适当的位置分别绘制两条曲线，如图 3-214 所示。选择“选择”工具，分别选取曲线，在属性栏中的“轮廓宽度” .2 mm 框中分别设置数值为 0.5mm、1mm，效果如图 3-215 所示。按 Esc 键，取消选取状态，效果如图 3-216 所示，桌子绘制完成。

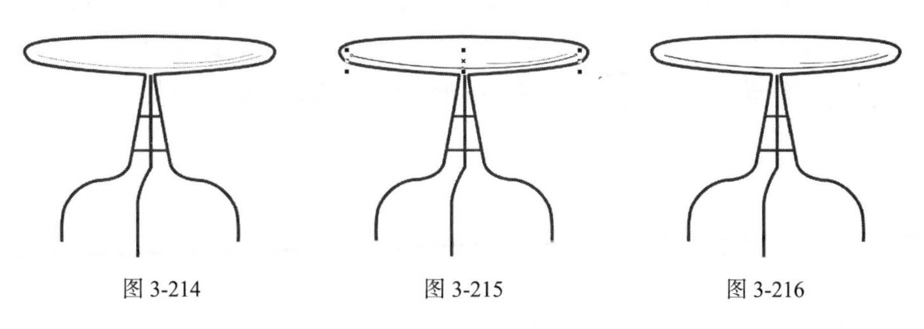

图 3-214　　图 3-215　　图 3-216

3.3　课后习题——绘制齿轮图

【习题知识要点】使用贝塞尔工具和移除前面对象命令制作齿轮效果。使用艺术笔工具绘制图形。齿轮图效果如图 3-217 所示。

【效果所在位置】光盘/Ch03/效果/绘制齿轮图.cdr。

图 3-217

第4章

轮廓线编辑与颜色填充

在 CorelDRAW X5 中，绘制一个图形时需要首先绘制出图形的轮廓线，并按照设计的需求对轮廓线进行编辑，然后使用色彩进行渲染。通过学习本章的内容，读者可以制作出不同效果的图形轮廓线，了解并掌握各种颜色的填充方式和填充技巧。

课堂学习目标

- 编辑轮廓线
- 标准填充
- 渐变填充
- 图案填充
- 纹理填充
- PostScript 填充
- 使用吸管和油漆筒工具
- 交互式网格填充

4.1 编辑轮廓线

在 CorelDRAW X5 中，提供了丰富的轮廓和填充设置，充分运用这些设置，可以制作出精彩的轮廓和填充效果。

轮廓线是指一个图形对象的边缘或路径。在系统默认的状态下，CorelDRAW X5 中绘制出的图形基本上已画出了细细的黑色轮廓线。通过调整轮廓线的宽度，可以绘制出不同宽度的轮廓线，如图 4-1 所示。还可以将轮廓线设置为无轮廓。

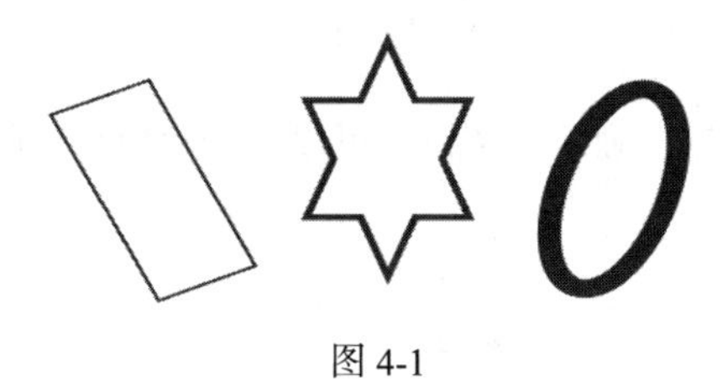

图 4-1

4.1.1 使用轮廓工具

单击“轮廓笔”工具，弹出“轮廓”工具的展开工具栏，拖曳展开工具栏上方的灰色虚线，将轮廓展开工具栏拖放到需要的位置，效果如图 4-2 所示。

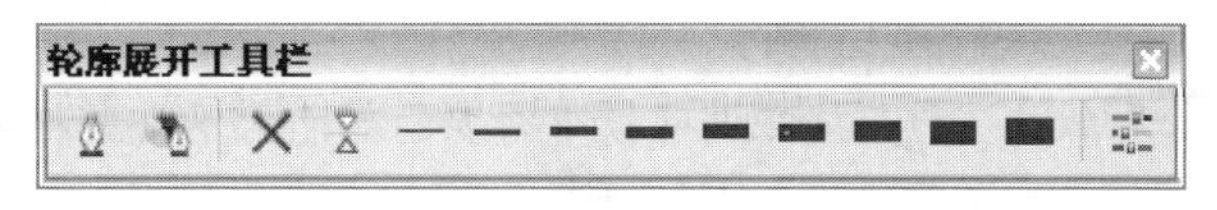

图 4-2

在“轮廓展开工具栏”中的按钮为“轮廓笔”工具，可以在弹出的对话框中编辑图形对象的轮廓线；按钮为“轮廓色”工具，可以在弹出的对话框中编辑图形对象的轮廓线颜色；11 个按钮都是设置图形对象的轮廓宽度的，分别是无轮廓、细线轮廓、0.1mm、0.2mm、0.25mm、0.5mm、0.75mm、1mm、1.5mm、2mm、2.5mm。按钮为“颜色”工具，可以在弹出的泊坞窗中设置对象的颜色选项。

4.1.2 设置轮廓线的颜色

绘制一个图形对象，并使图形对象处于选取状态，单击“轮廓笔”工具，弹出“轮廓笔”对话框，如图 4-3 所示。

在“轮廓笔”对话框中，“颜色”选项可以设置轮廓线的颜色，在 CorelDRAW X5 的缺省状态下，轮廓线被设置为黑色。在颜色列表框右侧的按钮上单击，弹出颜色下拉列表，如图 4-4 所示。

在颜色下拉列表中可以选择需要的颜色，也可以单击“其他”按钮，弹出“选择颜色”对话框，如图 4-5 所示。在对话框中可以调配需要的颜色。

图 4-3

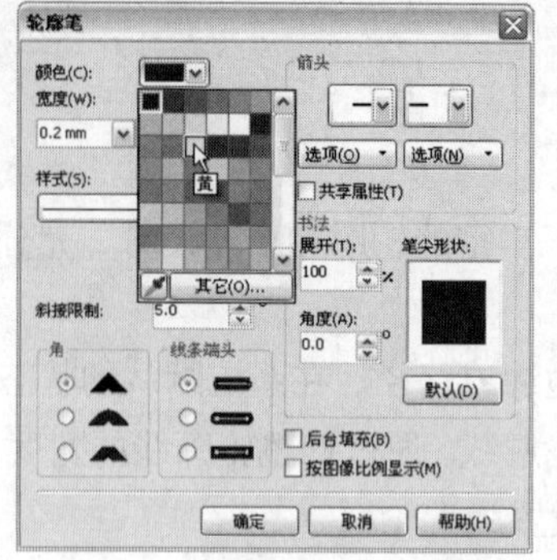

图 4-4

图 4-5

设置好需要的颜色后，单击“确定”按钮，可以改变轮廓线的颜色，改变轮廓线颜色的前后效果如图 4-6 所示。

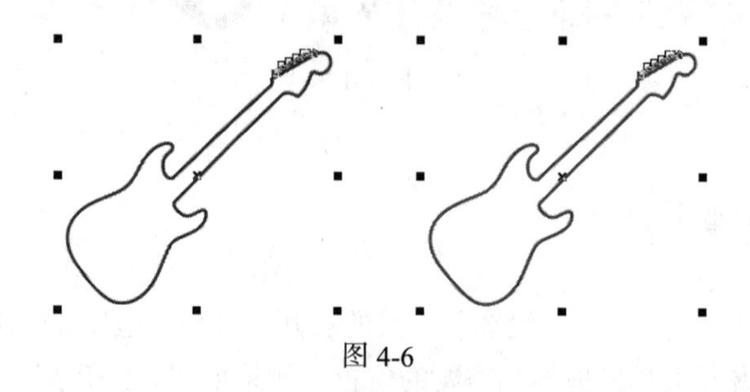

图 4-6

技巧 图形对象在选取状态下，直接在调色板中需要的颜色上单击鼠标右键，可以快速填充轮廓线颜色。

4.1.3 设置轮廓线的粗细

在“轮廓笔”对话框中，“宽度”选项可以设置轮廓线的宽度值和宽度的度量单位。在黑色三角按钮上单击，弹出下拉列表，可以选择宽度数值，也可以在数值框中直接输入“宽度”数值，如图 4-7 所示。在黑色三角按钮上单击，弹出下拉列表，可以选择“宽度”的度量单位，如图 4-8 所示。

图 4-7

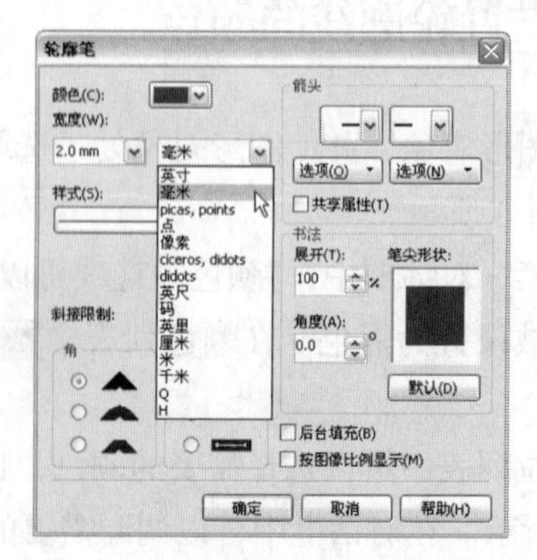

图 4-8

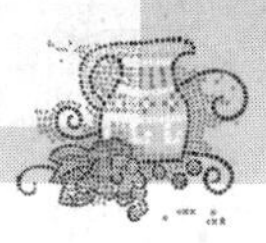

设置好需要的宽度后，单击“确定”按钮，可以改变轮廓线的宽度，改变轮廓线宽度的前后效果如图 4-9 所示。

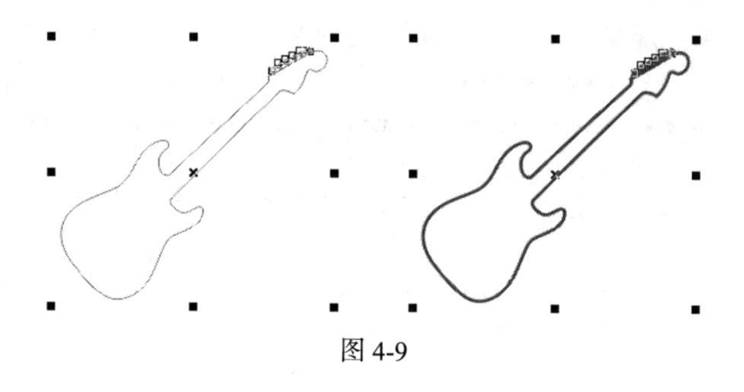

图 4-9

4.1.4　设置轮廓线的样式

在“轮廓笔”对话框中，“样式”选项中可以选择轮廓线的样式，在右侧的按钮 上单击，弹出下拉列表，可以选择轮廓线的样式，如图 4-10 所示。

单击“编辑样式”按钮，弹出“编辑线条样式”对话框，如图 4-11 所示。在对话框上方的是编辑条，右下方的是编辑线条样式的预览框。

图 4-10

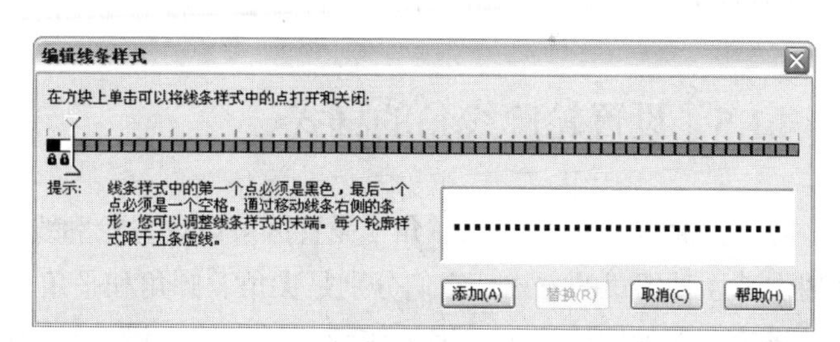

图 4-11

在编辑条上单击或拖曳可以编辑出新的线条样式，下面的两个锁型图标分别表示起点循环位置和终点循环位置。线条样式的第一个点必须是黑色，最后一个点必须是一个空格。线条右侧的是滑动标记，是线条样式的结尾。当编辑好线条样式后，编辑线条样式的预览框将生成线条应用样式，就是将编辑好的线条样式不断地重复。拖动滑动标记，效果如图 4-12 所示。

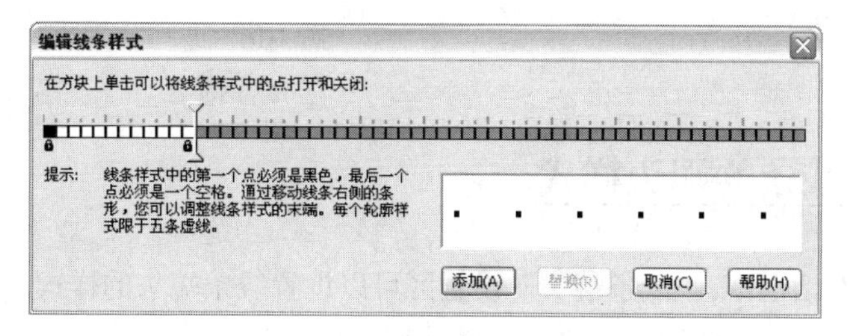

图 4-12

单击编辑条上的白色方块，白色方块变为黑色，效果如图 4-13 所示。在黑色方块上单击可以将其变为白色。

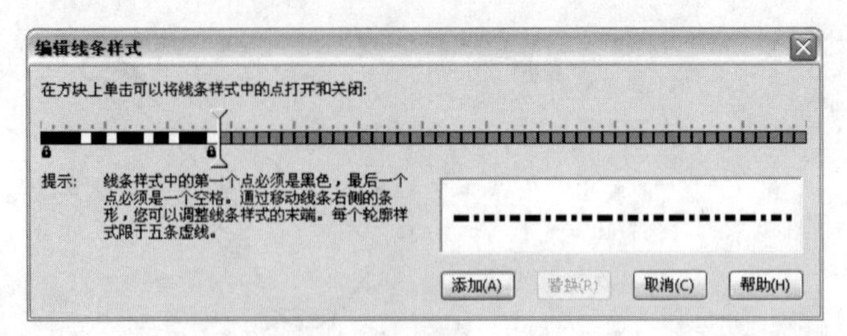

图 4-13

编辑好需要的线条样式后，单击“添加”按钮，可以将新编辑的线条样式添加到“样式”下拉列表中。单击“替换”按钮，新编辑的线条样式将替换原来在下拉列表中选取的线条样式。

编辑好需要的颜色线条样式后，单击“添加”按钮，在“样式”下拉列表中选择需要的线条样式，可以改变轮廓线的样式，效果如图 4-14 所示。

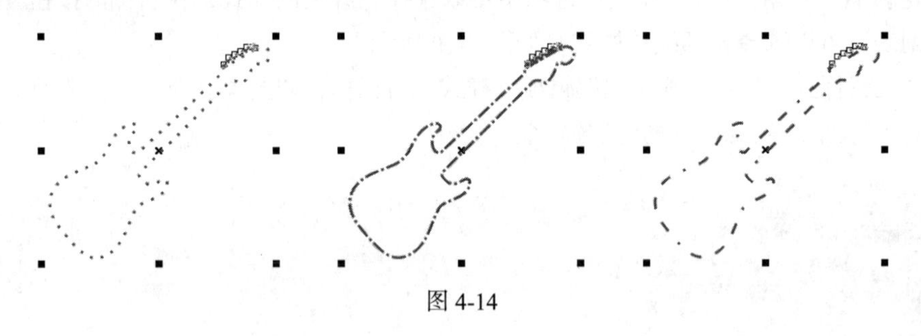

图 4-14

4.1.5　设置轮廓线角的样式

在“轮廓笔”对话框中，“角”设置区可以设置轮廓线角的样式，如图 4-15 所示。“角”设置区提供了 3 种拐角的方式，它们分别是尖角、圆角和平角。

将轮廓线的宽度增加，因为较细的轮廓线在设置拐角后效果不明显。3 种拐角的效果如图 4-16 所示。

图 4-15　　　　图 4-16

4.1.6　编辑线条的端头样式

在“轮廓笔”对话框中，“线条端头”设置区可以设置线条端头的样式，如图 4-17 所示。3 种样式分别是削平两端点、两端点延伸成半圆形和削平两端点并延伸。

使用“贝塞尔”工具绘制一条直线，使用“选择”工具选取直线，在属性栏中的“轮廓宽度” .2 mm 框中将直线的宽度设置得宽一些，直线的效果如图 4-18 所示。分别选择 3 种端头样式，单击“确定”按钮，3 种端头样式效果如图 4-19 所示。

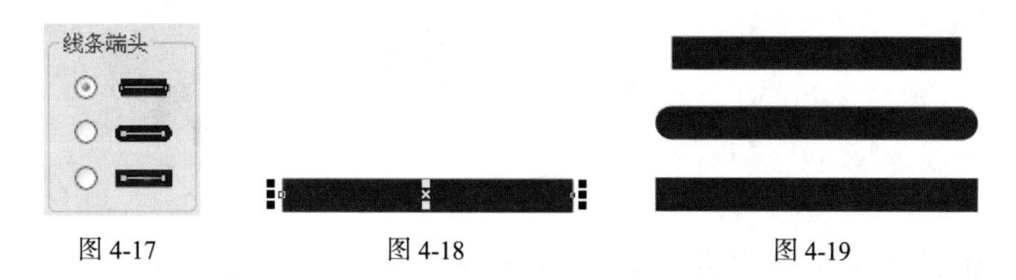

图 4-17　　图 4-18　　图 4-19

在“轮廓笔”对话框中，“箭头”设置区可以设置线条两端的箭头样式，如图 4-20 所示。“箭头”设置区中提供了两个样式框，左侧的样式框用来设置箭头样式，单击样式框右侧的按钮，弹出“箭头样式”列表，如图 4-21 所示。右侧的样式框用来设置箭尾样式，单击样式框右侧的按钮，弹出“箭尾样式”列表，如图 4-22 所示。

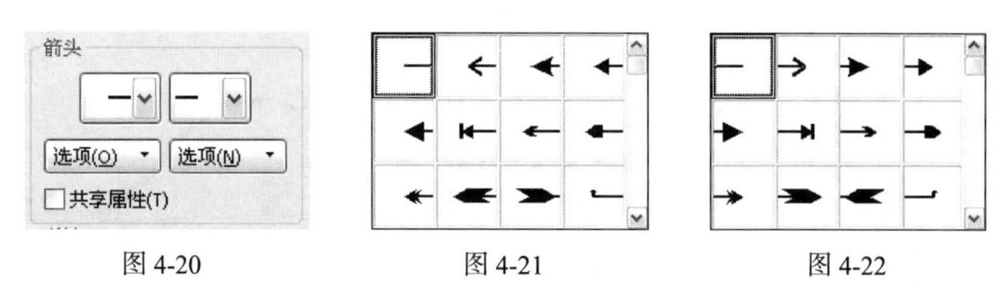

图 4-20　　图 4-21　　图 4-22

在“箭头样式”列表和“箭尾样式”列表中需要的箭头样式上单击鼠标左键，可以选择需要的箭头样式。选择好箭头样式后，单击“选项”按钮，弹出如图 4-23 所示的下拉菜单。

选择“无”选项，将不设置箭头的样式。选择“对换”选项，可将箭头和箭尾样式对换。

选择“新建”命令，弹出“箭头属性”对话框，如图 4-24 所示。编辑好箭头样式后单击“确定”按钮，就可以将一个新的箭头样式添加到“箭头样式”列表中。

选择“编辑”命令，弹出“箭头属性”对话框，如图 4-24 所示。在对话框中可以对原来选择的箭头样式进行编辑，编辑好后，单击“确定”按钮，新编辑的箭头样式会覆盖原来选取的“箭头样式”列表中的箭头样式。

在“箭头属性”对话框中，“大小”选项组可以设置箭头的大小；“镜像”选项组可以水平和垂直翻转箭头图形；“偏移”选项组可以设置箭头与直线的偏移值；“旋转”选项用于设置箭头的旋转角度；“保存箭头”选项组用于设置箭头的名称。

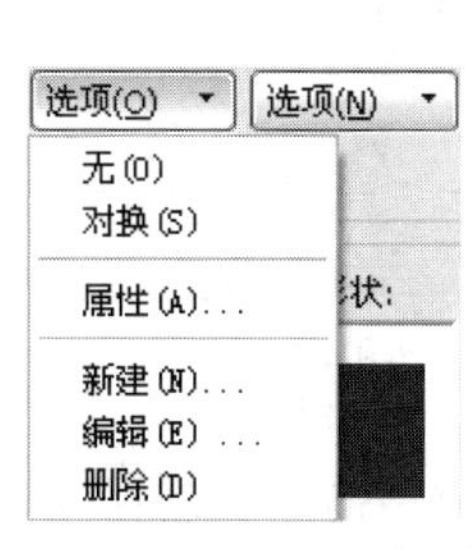

图 4-23

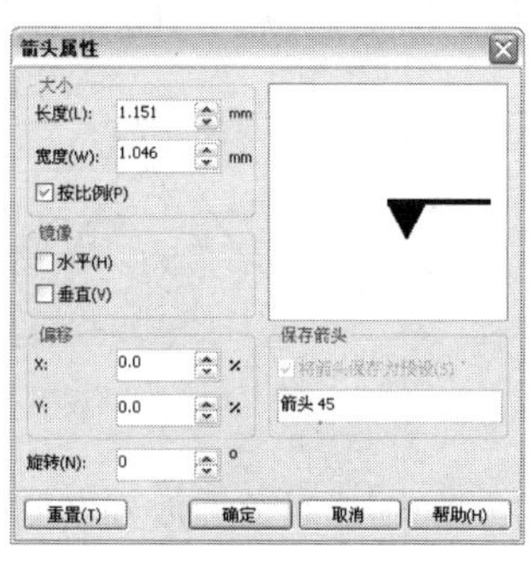

图 4-24

使用“贝塞尔”工具绘制一条曲线，使用“选择”工具选取曲线，在属性栏中的“轮廓宽度” .2 mm 框中将曲线的宽度设置得宽一些，如图 4-25 所示。分别在“箭头样式”列表和“箭尾样式”列表中选择需要的样式，单击“确定”按钮，效果如图 4-26 所示。

图 4-25　　图 4-26

在“轮廓笔”对话框中，“书法”设置区如图 4-27 所示。在“书法”设置区的“笔尖形状”预览框中，拖曳鼠标的光标，可以直接设置笔尖的展开和角度，通过在“展开”和“角度”选项中输入数值也可以设置笔尖的效果。

选择刚编辑好的线条效果，如图 4-28 所示。在“书法”设置区中设置笔尖的展开和角度，设置好后，单击“确定”按钮，线条的书法效果如图 4-29 所示。

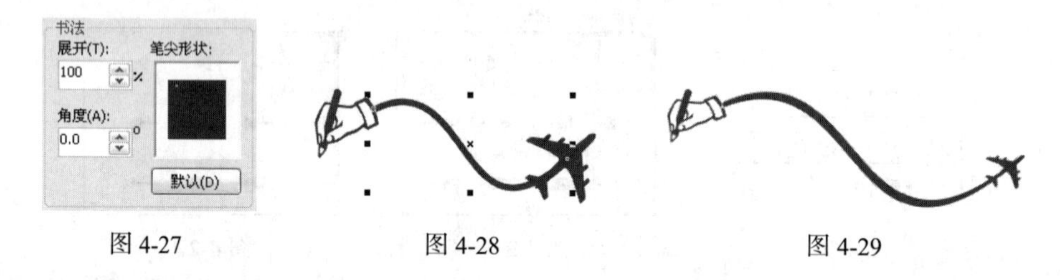

图 4-27　　图 4-28　　图 4-29

在“轮廓笔”对话框中，选择“后台填充”复选框，会将图形对象的轮廓置于图形对象的填充之后。图形对象的填充会遮挡图形对象的轮廓颜色，用户只能观察到轮廓的一段宽度的颜色。

选择“按图像比例显示”复选框，在缩放图形对象时，图形对象的轮廓线会根据图形对象的大小而改变，使图形对象的整体效果保持不变。如果不选择“按图像比例显示”复选框，在缩放图形对象时，图形对象的轮廓线不会根据图形对象的大小而改变，轮廓线和填充不能保持原图形对象的效果，图形对象的整体效果就会被破坏。

4.1.7　复制轮廓属性

当设置好一个图形对象的轮廓属性后，可以将它的轮廓属性复制给其他的图形对象。下面介绍具体的操作方法和技巧。

绘制两个图形对象，效果如图 4-30 所示。设置左侧图形对象的轮廓属性，效果如图 4-31 所示。

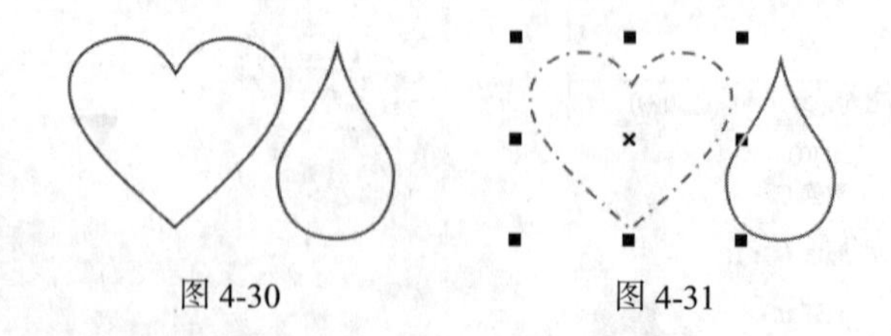

图 4-30　　图 4-31

用鼠标的右键将左侧的图形对象拖放到右侧的图形对象上，当鼠标的光标变为靶形图标后，如图 4-32 所示，松开鼠标右键，弹出如图 4-33 所示的快捷菜单，在快捷菜单中选择“复制轮廓”

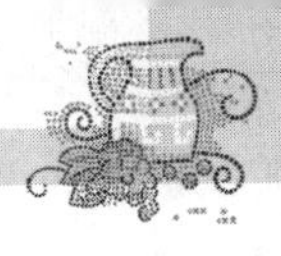

命令，左侧图形对象的轮廓属性就复制到了右侧的图形对象上，效果如图 4-34 所示。

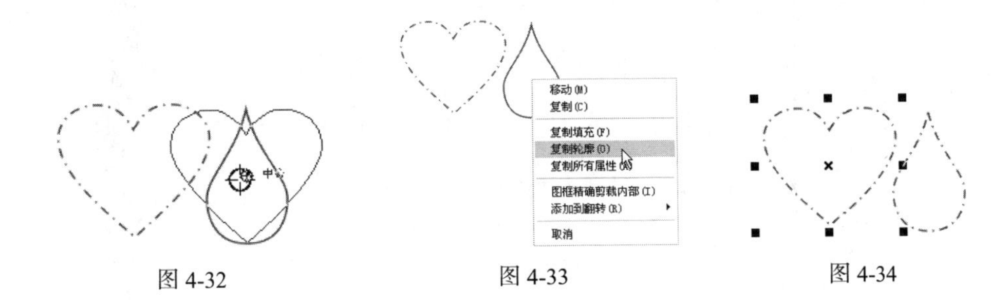

图 4-32　　图 4-33　　图 4-34

4.2 标准填充

在 CorelDRAW X5 中，颜色的填充包括对图形对象的轮廓和内部的填充。图形对象的轮廓只能填充单色，而图形对象的内部可以进行单色、渐变、图案等多种方式的填充。通过对图形对象的轮廓和内部进行颜色填充，可以制作出绚丽的作品。

图 4-35

4.2.1 选取颜色

调色板是给图形对象填充颜色的最快途径。通过选取调色板中的颜色，可以把一种新颜色快速填充给图形对象。在 CorelDRAW X5 中提供了多种调色板，选择“窗口 > 调板色”命令，弹出可供选择的多种颜色调色板，如图 4-35 所示。CorelDRAW X5 的默认状态下使用的是 CMYK 调色板。

1. 使用调色板

CorelDRAW X5 中的调色板一般在屏幕的右侧，使用“选择”工具选取屏幕右侧的竖条调色板，如图 4-36 所示，用鼠标左键拖放竖条调色板到屏幕的中间，调色板效果如图 4-37 所示。

还可以使用快捷菜单调整色盘的显示方式，在色盘上按住鼠标右键，在弹出的快捷菜单中选择“自定义”命令，弹出“选项”对话框，在“调色板”设置区中将最大行数设置为 3，单击“确定”按钮，调色板色盘将以新方式显示，效果如图 4-38 所示。

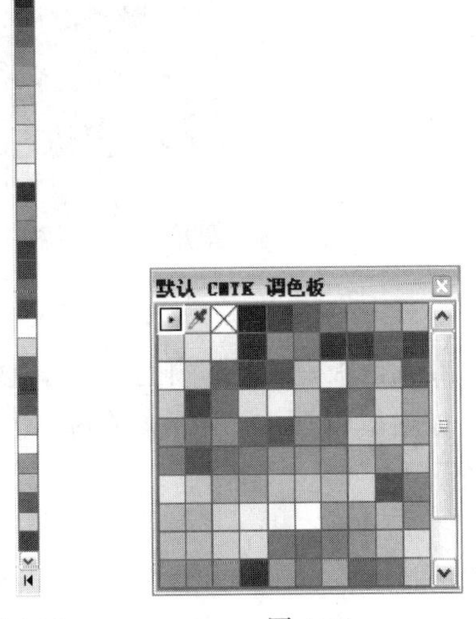

图 4-36　　图 4-37

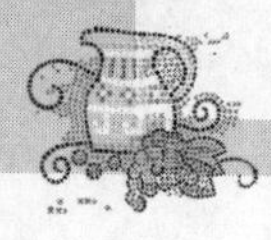

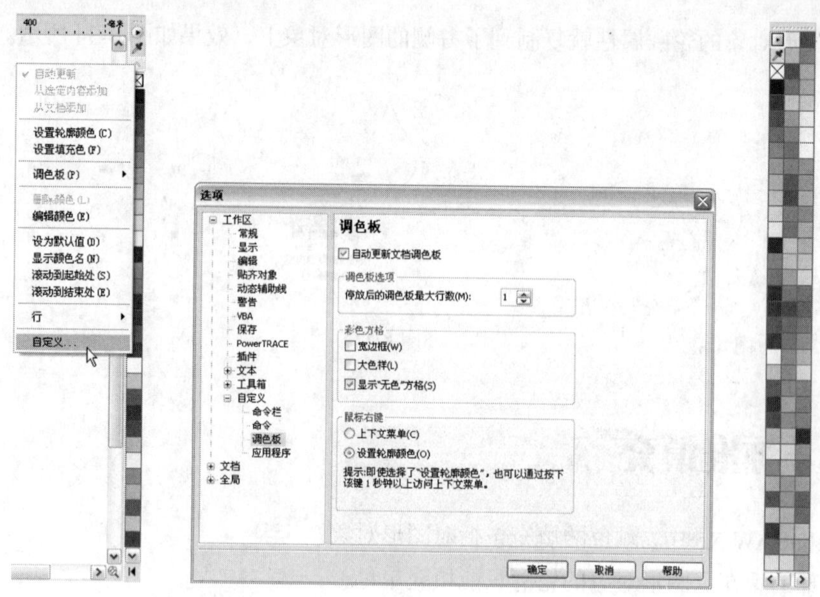

图 4-38

2．使用调色板填充颜色

绘制一个要填充的图形对象，如图 4-39 所示。使用“选择”工具选取要填充的图形对象，如图 4-40 所示。

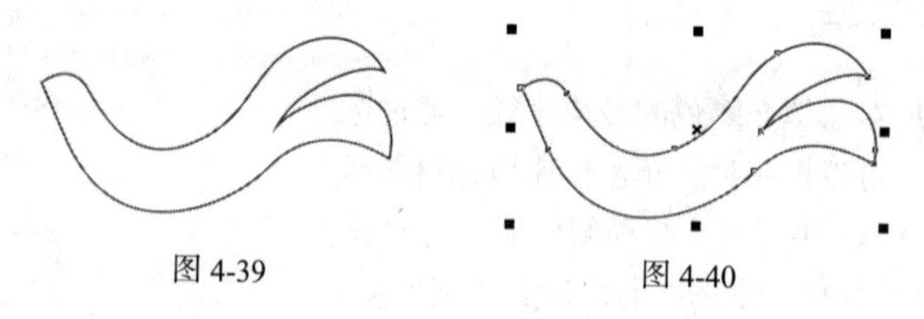

图 4-39　　图 4-40

在调色板中需要的颜色上单击鼠标左键，如图 4-41 所示，图形对象的内部被选取的颜色填充，如图 4-42 所示。单击调色板中的“无填充”按钮☒，可取消对图形对象内部的颜色填充。

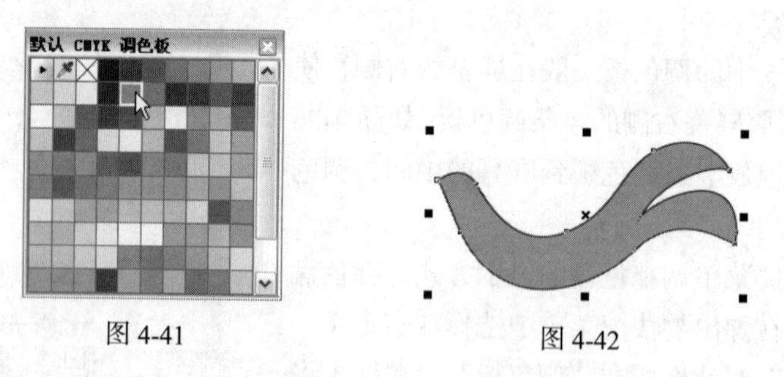

图 4-41　　图 4-42

在调色板中需要的颜色上单击鼠标右键，如图 4-43 所示，图形对象的轮廓线被选取的颜色填充，如图 4-44 所示。用鼠标右键单击调色板中的“无填充”按钮☒，可取消对图形对象轮廓线的填充。

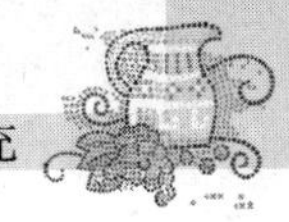

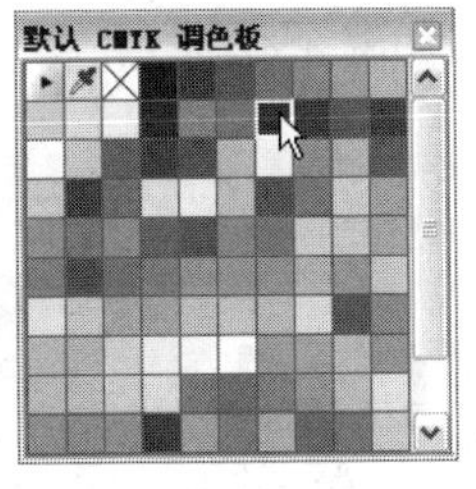

图 4-43

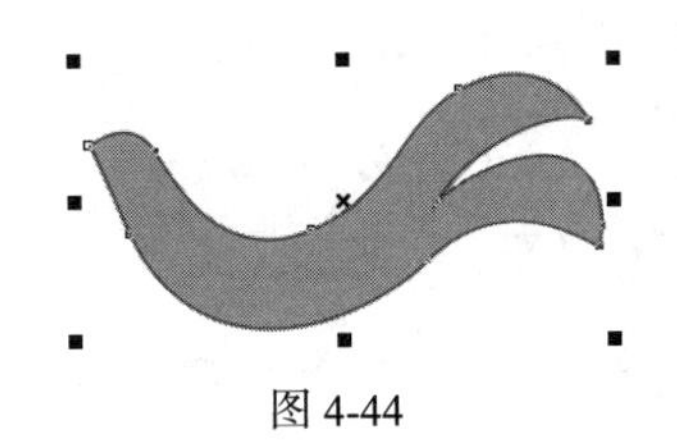

图 4-44

4.2.2　使用标准填充对话框

选择“填充”工具展开式工具栏中的“均匀填充”工具，弹出“均匀填充”对话框，可以在对话框中设置需要的颜色。

在对话框中提供了 3 种设置颜色的方式，分别是模型、混和器和调色板。选择其中的任何一种方式都可以设置需要的颜色。

1．模型

模型设置框如图 4-45 所示，在设置框中提供了完整的色谱。通过操作颜色关联控件可以更改颜色，也可以通过在颜色模式下的各参数数值框中设置数值来设定需要的颜色。在设置框中还可以选择不同的颜色模式，模型设置框默认的是 CMYK 模式，如图 4-46 所示。

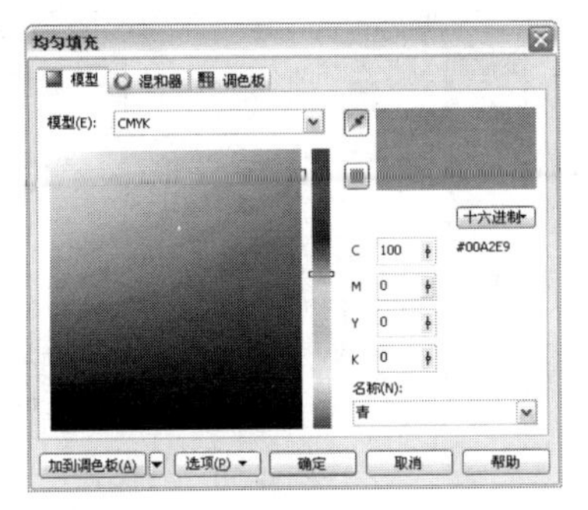

图 4-45

图 4-46

调配好需要的颜色后，单击“确定”按钮，可以将需要的颜色填充到图形对象中。

技巧　如果有需要经常使用的颜色，调配好需要的颜色后，单击对话框中的“加到调色板”按钮可以将颜色添加到调色板中。在下一次需要使用时就不需要再调配了，直接在调色板中调用就可以了。

2．混合器

混合器设置框如图 4-47 所示，混合器设置框是通过组合其他颜色的方式来生成新颜色，通过转动色环或从“色度”选项的下拉列表中选择各种形状的句柄，可以设置需要的颜色。从“变化”选项的下拉列表中选择各种选项，可以调整颜色的明度。调整“大小”选项下的滑动块可以使选择的颜色更丰富。

可以通过在颜色模式的各参数数值框中设置数值来设定需要的颜色。在设置框中还可以选择不同的颜色模式，混合器设置框默认的是 CMYK 模式，如图 4-48 所示。

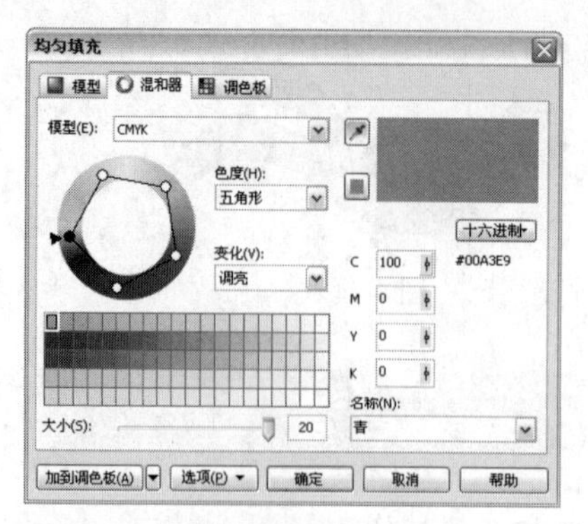

图 4-47

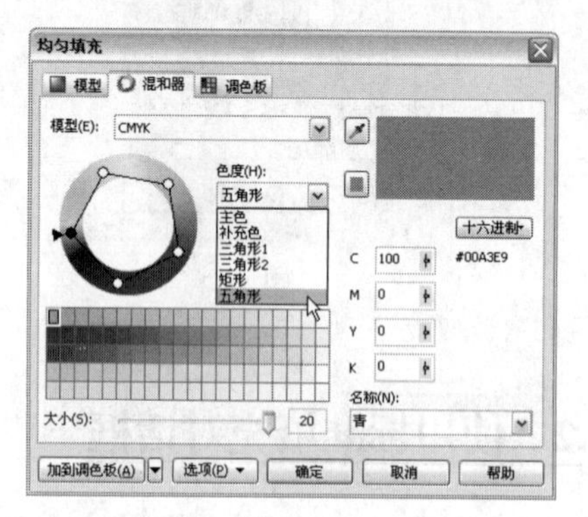

图 4-48

3. 调色板

调色板设置框如图 4-49 所示，调色板设置框是通过 CorelDRAW X5 中已有颜色库中的颜色来填充图形对象，在“调色板”选项的下拉列表中可以选择调色板库中的调色板，如图 4-50 所示。

在色板中的颜色上单击就可以选取需要的颜色。调整“淡色”选项下的滑动块可以使选择的颜色变淡。调配好需要的颜色后，单击“确定”按钮，可以将需要的颜色填充到图形对象中。

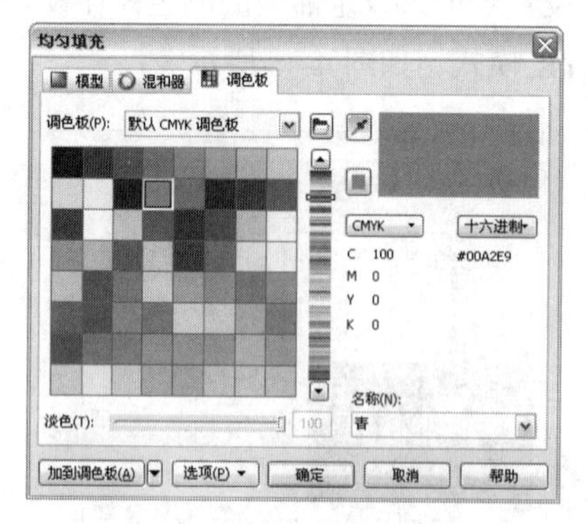

图 4-49

图 4-50

4.2.3 创建和使用自定义的专用调色板

把设计制作中经常使用的颜色放在自己专用的调色板里，可以省去重复调色的时间，提高工作效率。

在 CorelDRAW X5 中，允许用户自定义调色板，创建新的自定义调色板后，调色板中没有任何的颜色，必须将所需的颜色添加到调色板中。下面，介绍创建和使用自定义调色板的方法。

1. 创建自定义调色板

选择“工具 > 调色板编辑器”命令，弹出“调色板编辑器”对话框，如图 4-51 所示。在“调色板编辑器”对话框中单击“新建调色板”按钮，弹出“新建调色板”对话框，在对话框中输入自定义调色板的文件名，如图 4-52 所示。

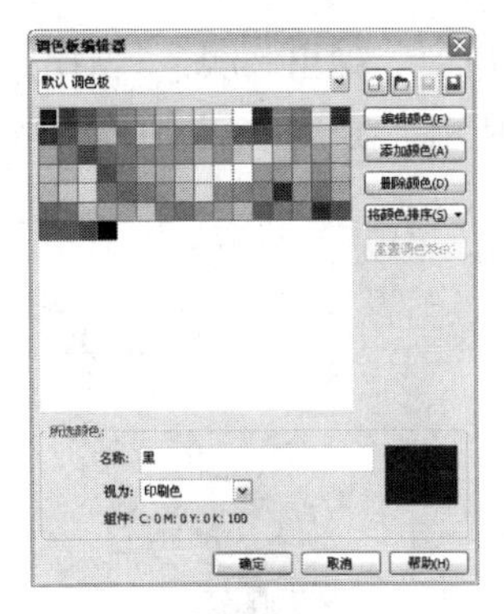

图 4-51

图 4-52

设置好后，单击“保存”按钮，弹出如图 4-53 所示的自定义调色板。

单击“添加颜色”按钮，弹出“选择颜色”对话框，如图 4-54 所示，调配好一个颜色后，单击“加到调色板”按钮，可以将一个颜色添加到调色板中；再调配好一个颜色后，再单击“加到调色板”按钮，可以将第二个颜色添加到调色板中。使用相同的方法可以将多个需要的颜色添加到自定义调色板中。

添加好颜色后，单击“关闭”按钮，关闭“选择颜色”对话框，“调色板编辑器”对话框效果如图 4-55 所示。单击“确定”按钮，自定义专用调色板设置完成。

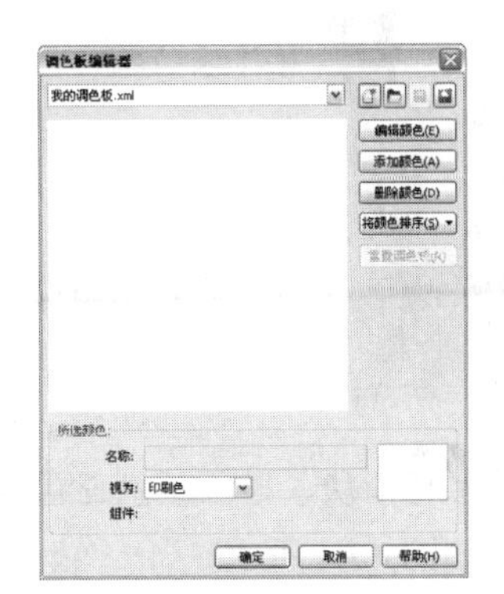

图 4-53

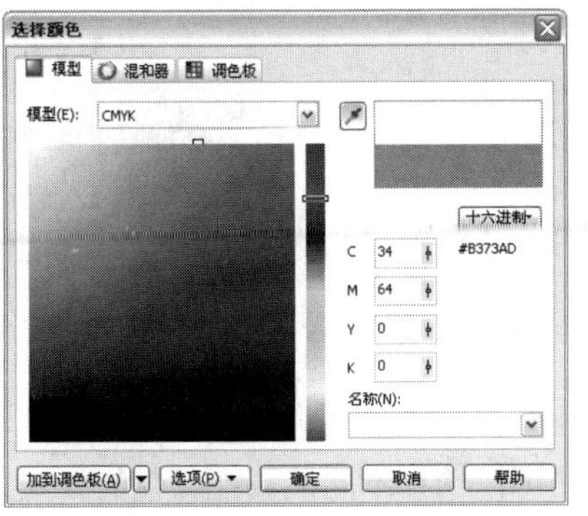

图 4-54

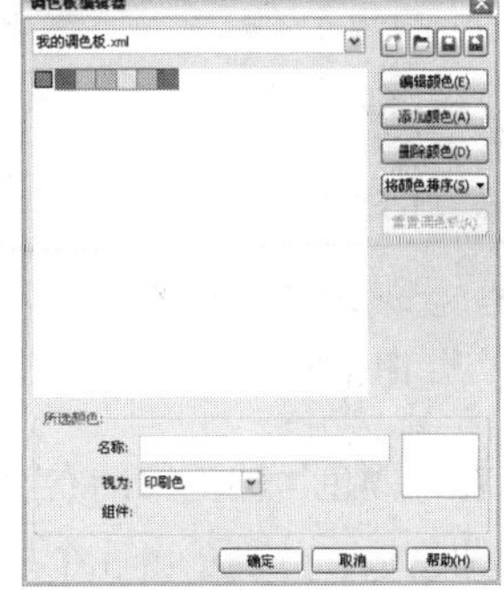

图 4-55

提示

如果想在自定义调色板设置好后继续编辑它，需重新选择“工具 > 调色板编辑器”命令，弹出“调色板编辑器”对话框，在“调色板编辑器”对话框中单击“打开调色板”按钮，将自定义调色板打开，再继续编辑即可。

2．使用自定义调色板

选择“窗口 > 调色板 > 我的调色板”命令，弹出自定义的新调色板，如图 4-56 所示。

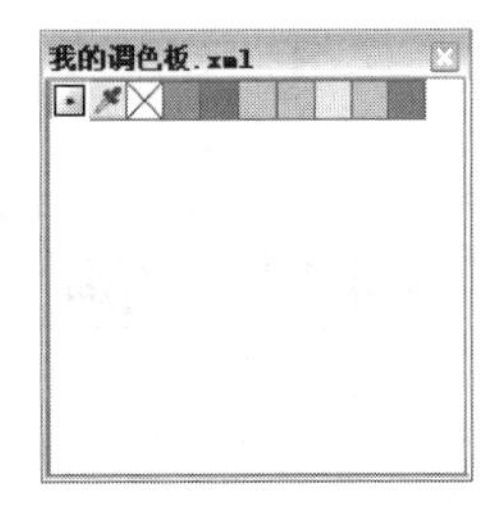

图 4-56

4.2.4　使用颜色泊坞窗

“颜色”泊坞窗是为图形对象填充颜色的辅助工具，特别适合在实际工作中应用。

选择“填充”工具展开式工具栏下的“颜色”按钮，弹出“颜色”泊坞窗，如图 4-57 所示。使用“贝塞尔”工具绘制一个话筒，如图 4-58 所示。在“颜色”泊坞窗中调配颜色，如图 4-59 所示。

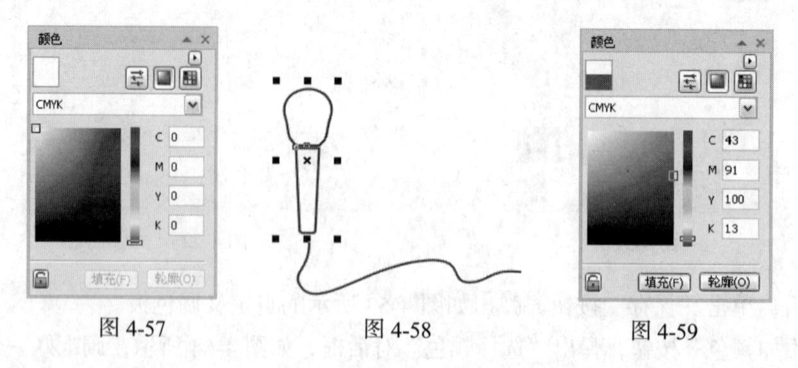

图 4-57　　图 4-58　　图 4-59

调配好颜色后，单击“填充”按钮，如图 4-60 所示，颜色填充到话筒的内部，效果如图 4-61 所示。选取话筒线，调配好颜色后，单击“轮廓”按钮，如图 4-62 所示，填充颜色到话筒线，效果如图 4-63 所示。

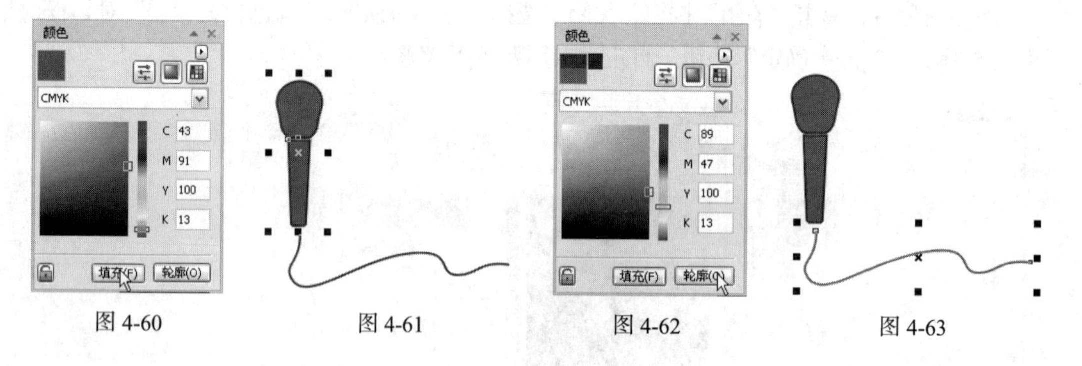

图 4-60　　图 4-61　　图 4-62　　图 4-63

在“颜色”泊坞窗的右上角有 3 个按钮，分别是显示颜色滑块、显示颜色查看器和显示调色板。分别单击 3 个按钮可以选择不同的调配颜色的方式，如图 4-64 所示。

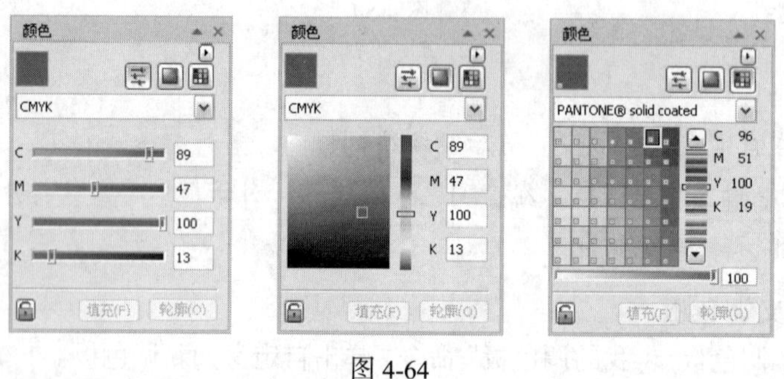

图 4-64

4.2.5　用颜色编辑对象技巧

使用“颜色样式”泊坞窗可以编辑图形对象的颜色，下面将介绍编辑对象颜色的具体方法和技巧。

选取要填充的图形对象，如图 4-65 所示。选择“窗口 > 泊坞窗 > 颜色样式”命令，弹出“颜色样式”泊坞窗，如图 4-66 所示。在“颜色样式”泊坞窗中，单击“自动创建颜色样式”按钮，弹出“自动创建颜色样式”对话框，在对话框中单击“预览”按钮，显示出选定对象的颜色，如图 4-67 所示，设置好后单击“确定”按钮。

在“颜色样式”泊坞窗中双击图形对象的文件夹 04. cdr，展开图形对象的所有颜色样式，如图 4-68 所示。

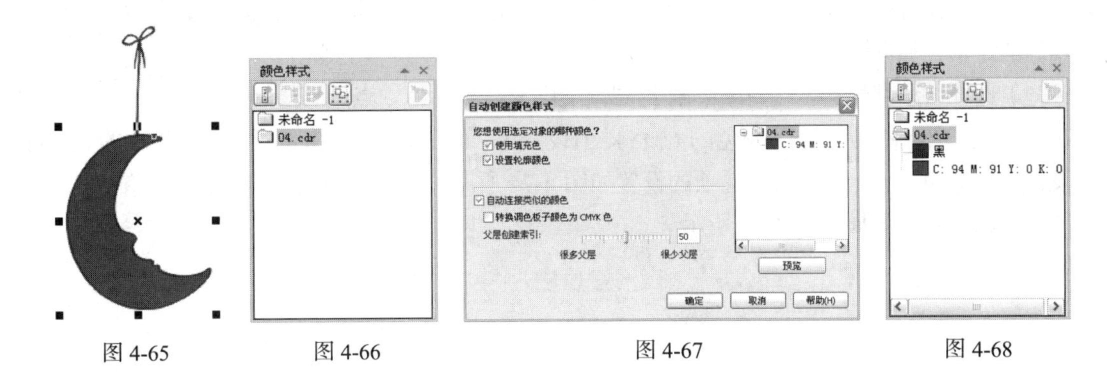

图 4-65　图 4-66　图 4-67　图 4-68

在“颜色样式”泊坞窗中单击要编辑的颜色，如图 4-69 所示。再单击“编辑颜色样式”按钮，弹出“编辑颜色样式”对话框，在对话框中调配好颜色，如图 4-70 所示。

在对话框中调配好颜色后，单击“确定”按钮，图形中的颜色被新调配的颜色替换，效果如图 4-71 所示。

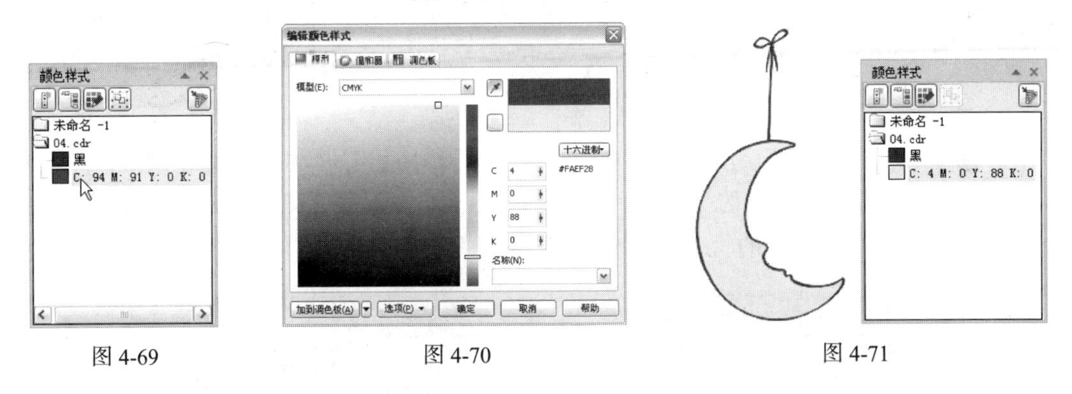

图 4-69　图 4-70　图 4-71

在“颜色样式”泊坞窗中，单击选取要删除的颜色，按 Delete 键，可以删除图形对象中的颜色样式。在选取的颜色样式上单击鼠标右键，可以在弹出的快捷菜单中进行删除、重命名等操作。

提示　经过特殊效果处理后，图形对象产生的颜色不能被纳入颜色样式中，如渐变、立体化、透明和滤镜等效果。位图对象也不能进行编辑颜色样式的操作。

4.2.6　课堂案例——绘制水果图形

【案例学习目标】学习使用绘制曲线工具、渐变填充工具和基本形状工具绘制水果图形。

【案例知识要点】使用矩形工具、渐变填充工具、椭圆形工具、贝塞尔工具、3 点椭圆形工具和基本形状工具绘制水果图形，效果如图 4-72 所示。

图 4-72

【效果所在位置】光盘/Ch04/效果/绘制水果图形.cdr。

（1）按 Ctrl+N 组合键，新建一个页面，在属性栏的“页面度量”选项中分别设置宽度为 150.0mm，高度为 180.0mm，按 Enter 键，页面尺寸显示为设置的大小。双击“矩形”工具，绘制一个与页面大小相等的矩形，如图 4-73 所示。

（2）选择“渐变填充”工具，弹出“渐变填充”对话框。点选“双色”单选框，将“从”选项颜色的 CMYK 值设置为：0、60、100、0，“到”选项颜色的 CMYK 值设置为：0、0、100、0，其他选项的设置如图 4-74 所示，单击“确定”按钮，填充图形，并去除图形的轮廓线，效果如图 4-75 所示。

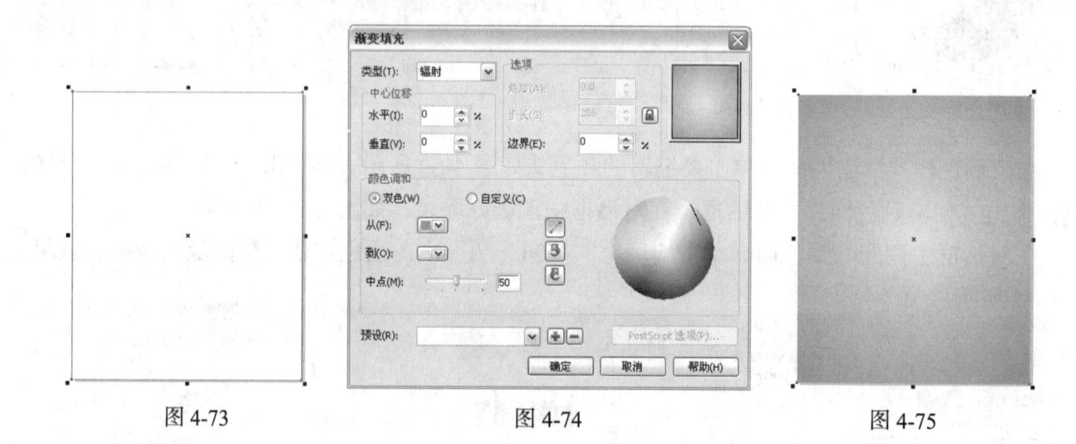

图 4-73　　图 4-74　　图 4-75

（3）选择“椭圆形”工具，按 Ctrl 键的同时，在页面中适当的位置绘制一个圆形，如图 4-76 所示。在“CMYK 调色板”中的“深黄”色块上单击鼠标左键，填充图形，在“无填充”按钮上单击鼠标右键，去除图形的轮廓线，效果如图 4-77 所示。

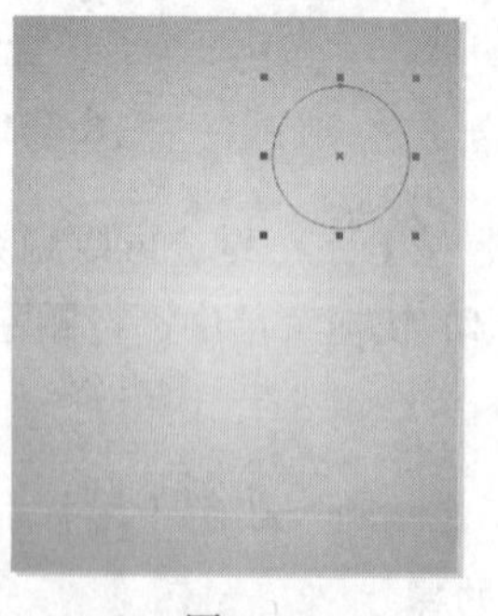

图 4-76

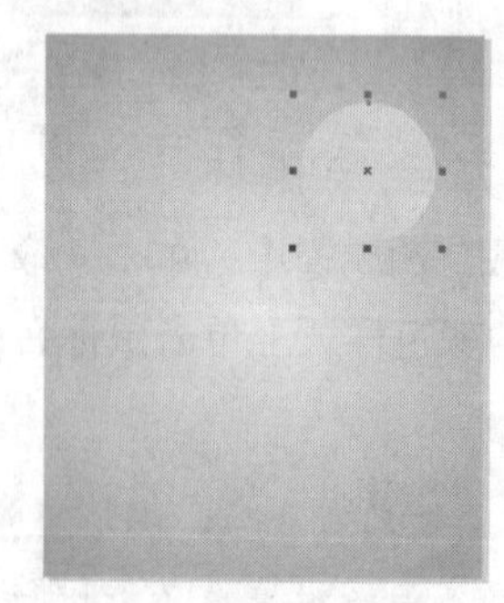

图 4-77

（4）选择“贝塞尔”工具，在页面中绘制一个不规则图形，如图 4-78 所示。选择“渐变填充”工具，弹出“渐变填充”对话框。点选“双色”单选框，将“从”选项颜色的 CMYK 值设置为：0、100、100、40，“到”选项颜色的 CMYK 值设置为：0、100、100、0，其他选项的设置如图 4-79 所示，单击“确定”按钮，填充图形，并去除图形的轮廓线，效果如图 4-80 所示。

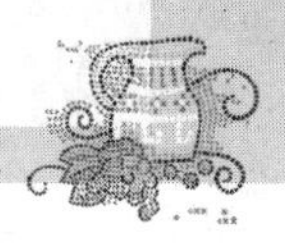

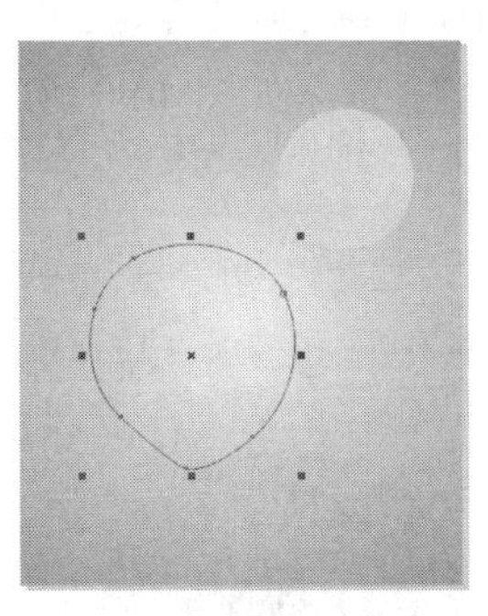

图 4-78

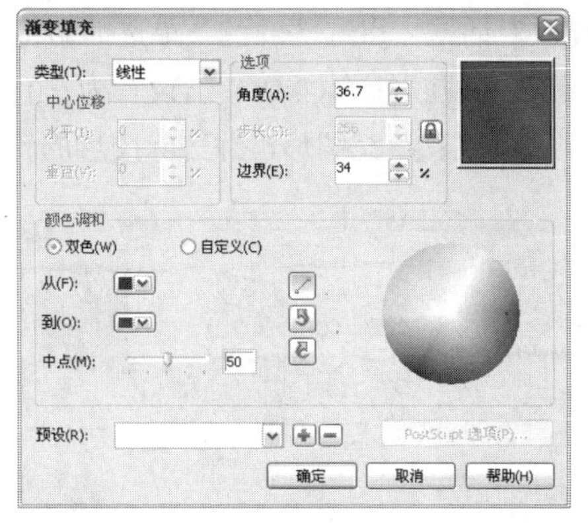

图 4-79

图 4-80

（5）选择“3 点椭圆形”工具，在页面中绘制一个椭圆形，如图 4-81 所示。按 Ctrl+Q 组合键，将图形转换为曲线。选择“形状”工具，在曲线节点上单击选取节点，如图 4-82 所示。按住鼠标左键拖曳控制节点到适当的位置，调整曲线的弯曲程度，如图 4-83 所示。松开鼠标左键，效果如图 4-84 所示。

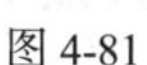

图 4-81

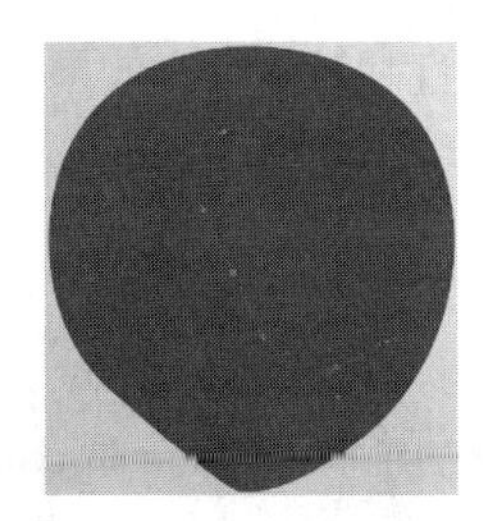

图 4-82

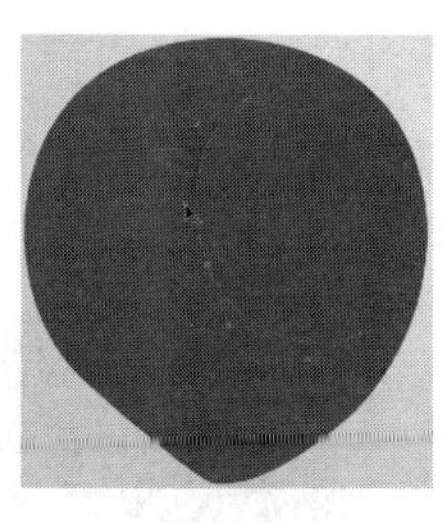

图 4-83

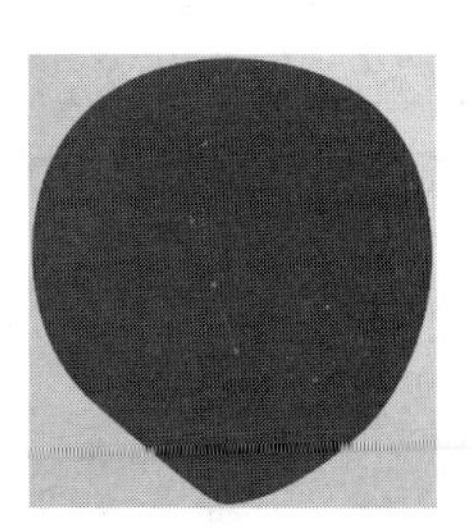

图 4-84

（6）使用相同的方法分别调节其他 3 个节点，效果如图 4-85 所示。选择“渐变填充”工具，弹出“渐变填充”对话框。点选“双色”单选框，将“从”选项颜色的 CMYK 值设置为：0、79、53、0，“到”选项颜色的 CMYK 值设置为：0、100、100、0，其他选项的设置如图 4-86 所示，单击“确定”按钮，填充图形，并去除图形的轮廓线，效果如图 4-87 所示。

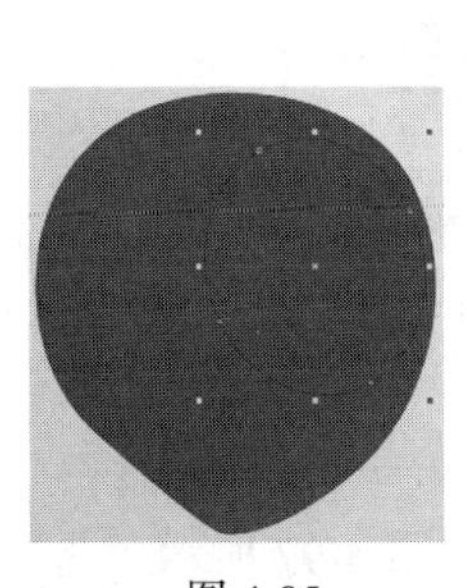

图 4-85

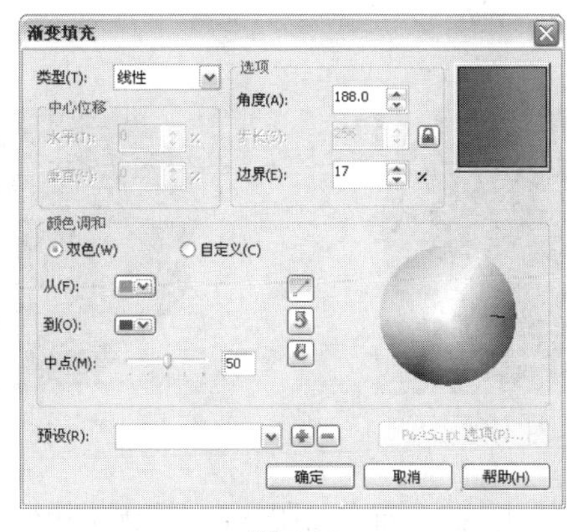

图 4-86

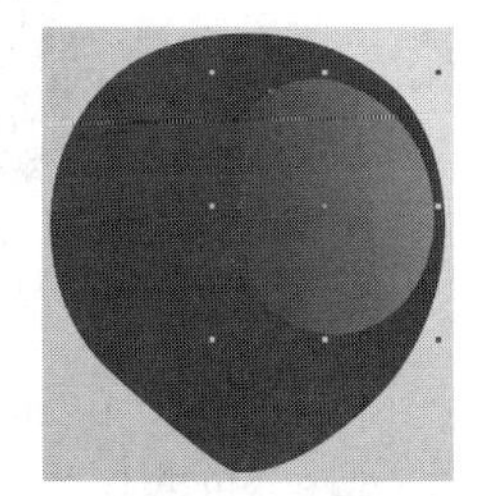

图 4-87

（7）选择“贝塞尔”工具，在页面中绘制一个不规则图形，如图 4-88 所示。选择“渐变填充”工具，弹出“渐变填充”对话框。点选“双色”单选框，将“从”选项颜色的 CMYK 值设置为：0、100、100、40，“到”选项颜色的 CMYK 值设置为：0、100、100、0，其他选项的设置如图 4-89 所示，单击“确定”按钮，填充图形，并去除图形的轮廓线，效果如图 4-90 所示。

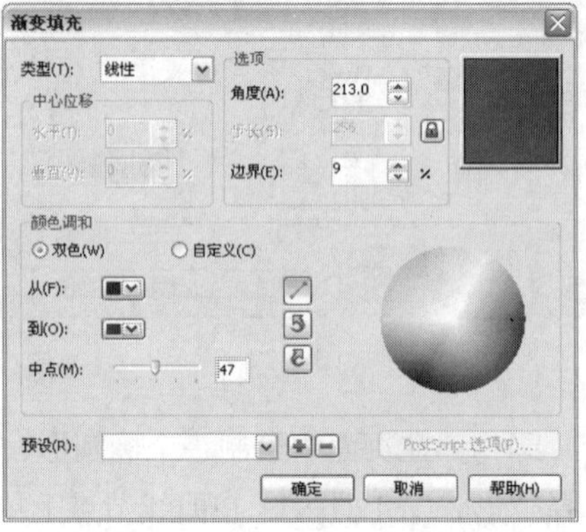

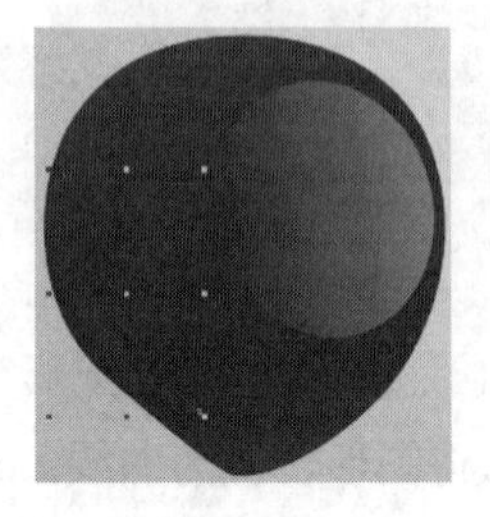

图 4-88　图 4-89　图 4-90

（8）选择“基本形状”工具，在属性栏中单击“完美形状”按钮，在弹出的下拉图形列表中选择需要的图标，如图 4-91 所示，在页面中适当的位置拖曳鼠标绘制一个图形，如图 4-92 所示。在属性栏中单击“垂直镜像”按钮，垂直翻转图形，效果如图 4-93 所示。设置图形颜色的 CMYK 值为：1、50、95、0，填充图形，并去除图形的轮廓线，效果如图 4-94 所示。

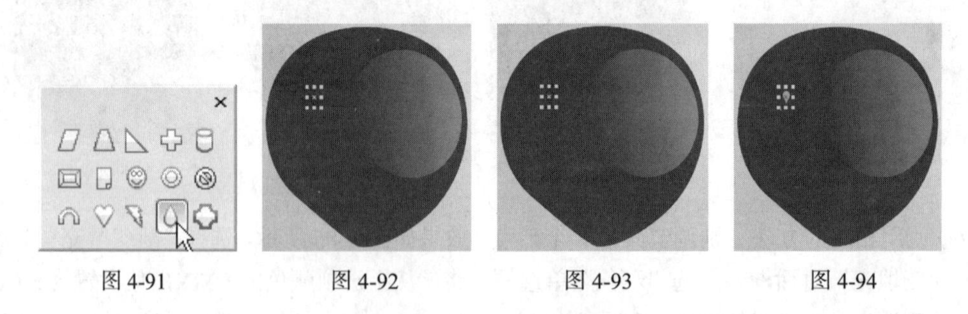

图 4-91　图 4-92　图 4-93　图 4-94

（9）选择“选择”工具，按数字键盘上的+键，复制一个图形，向下拖曳图形到适当的位置，效果如图 4-95 所示。使用相同的方法再复制多个图形，调整其大小并拖曳到适当的位置，效果如图 4-96 所示。

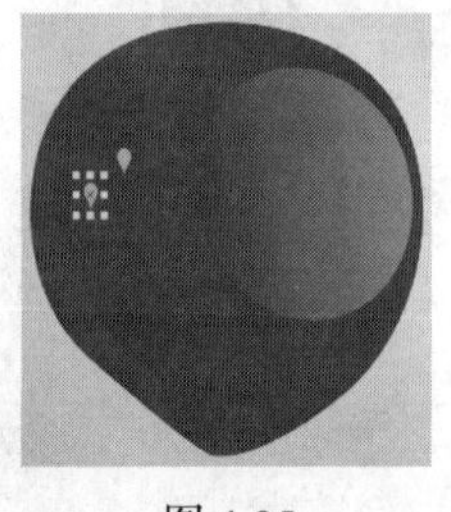
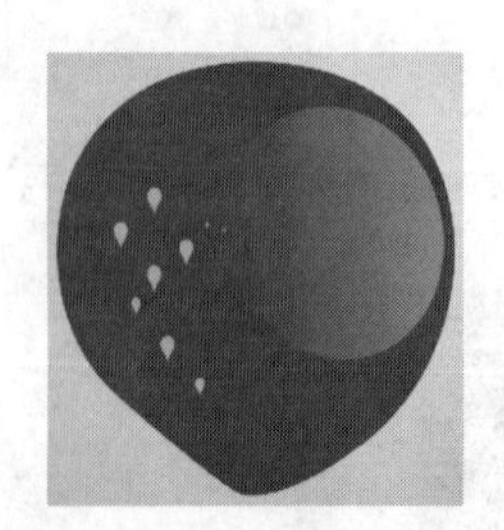

图 4-95　图 4-96

（10）选择“贝塞尔”工具，在页面中绘制一个不规则图形，如图 4-97 所示。选择“渐变填充”工具，弹出“渐变填充”对话框。点选“双色”单选框，将“从”选项颜色的 CMYK 值设置为：97、39、99、7，“到”选项颜色的 CMYK 值设置为：40、0、100、0，其他选项的设

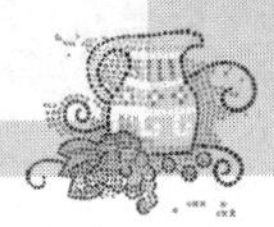

置如图 4-98 所示，单击“确定”按钮，填充图形，并去除图形的轮廓线，效果如图 4-99 所示。

图 4-97

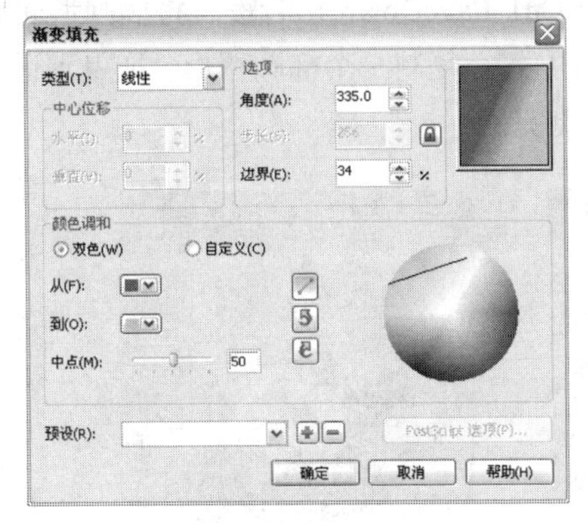

图 4-98

图 4-99

（11）选择“贝塞尔”工具，在页面中绘制一个不规则图形，如图 4-100 所示。选择“渐变填充”工具，弹出“渐变填充”对话框。点选“双色”单选框，将“从”选项颜色的 CMYK 值设置为：40、0、100、0，“到”选项颜色的 CMYK 值设置为：0、0、0、0，其他选项的设置如图 4-101 所示，单击“确定”按钮，填充图形，并去除图形的轮廓线，效果如图 4-102 所示。

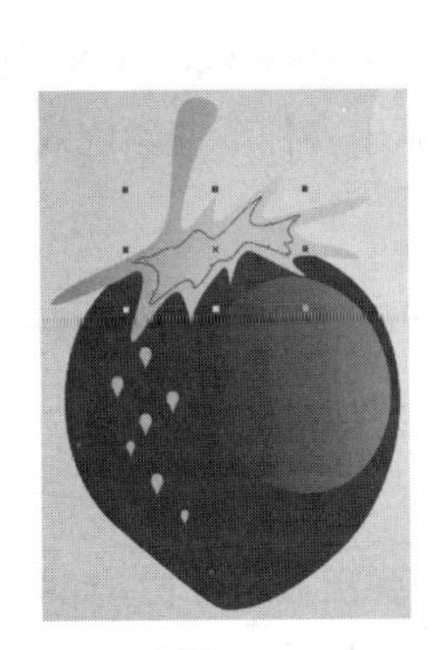

图 4-100

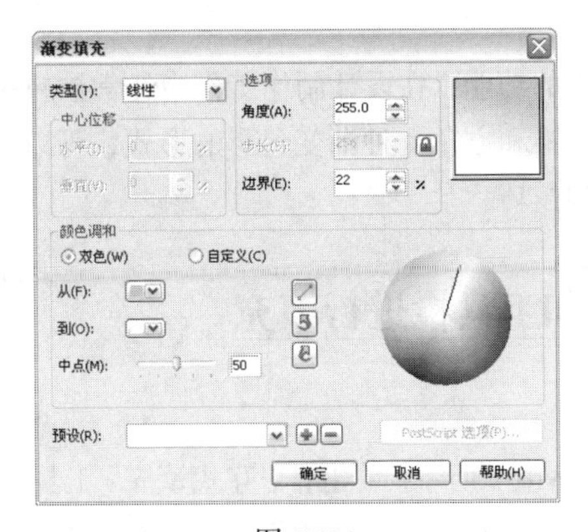

图 4-101

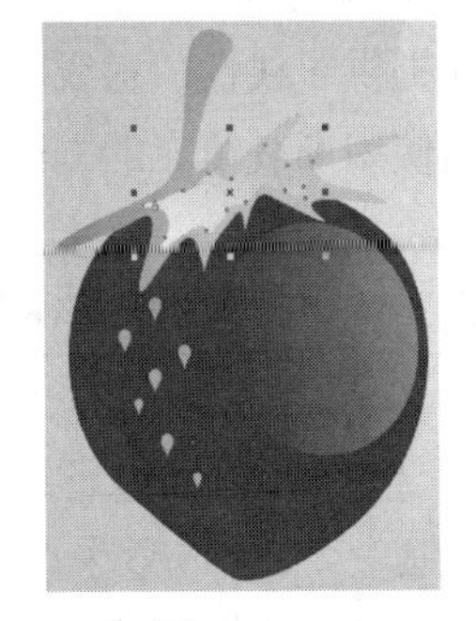

图 4-102

（12）选择“选择”工具，用圈选的方法，将刚绘制的图形全部选取，按 Ctrl+G 组合键，将其群组，如图 4-103 所示。按数字键盘上的+键，复制一个图形，拖曳到适当的位置并调整其大小，如图 4-104 所示。再次单击使图形处于旋转状态，拖曳右上角的控制手柄旋转到适当的角度，取消选取状态，效果如图 4-105 所示。

图 4-103

图 4-104

图 4-105

（13）选择“3 点椭圆形”工具，在页面中适当的位置绘制一个椭圆形，填充图形为黑色，效果如图 4-106 所示。连续按 Ctrl+PageDown 组合键，将椭圆形向后移动到适当的位置，效果如图 4-107 所示。按数字键盘上的+键，复制一个椭圆图形，拖曳到适当的位置并调整其大小，效果如图 4-108 所示。水果图形绘制完成。

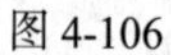

图 4-106

图 4-107

图 4-108

4.3 渐变填充

渐变填充是一种非常实用的功能，在设计制作工作中经常被应用。在 CorelDRAW X5 中，渐变填充提供了线性、射线、圆锥和方角 4 种渐变色彩的形式，可以绘制出多种渐变颜色效果。下面介绍使用渐变填充的方法和技巧。

4.3.1 使用属性栏和工具栏进行填充

1. 使用属性栏进行填充

绘制一个图形，效果如图 4-109 所示。单击“交互式填充”工具，弹出其属性栏，如图 4-110 所示，选择“线性”填充选项，图形以预设的颜色填充，效果如图 4-111 所示。

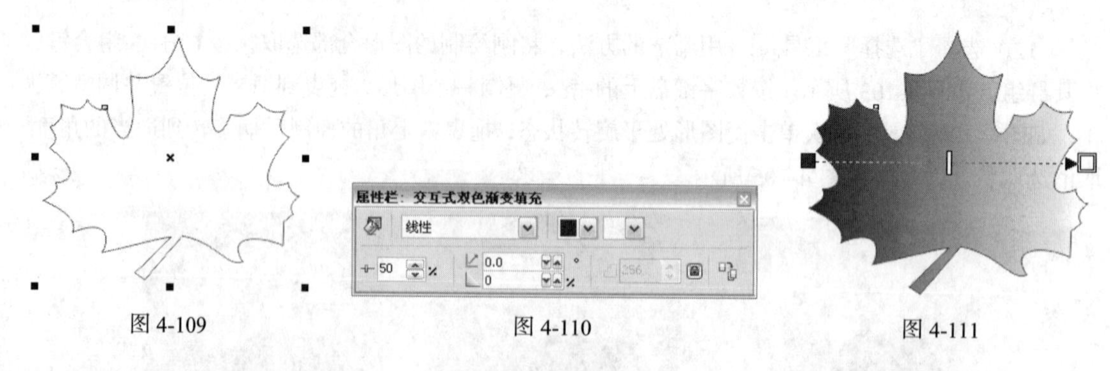

图 4-109　　图 4-110　　图 4-111

单击属性栏 线性 框右侧的按钮，弹出其下拉选项，可以选择渐变的类型，射线、圆锥和方角的效果如图 4-112 所示。

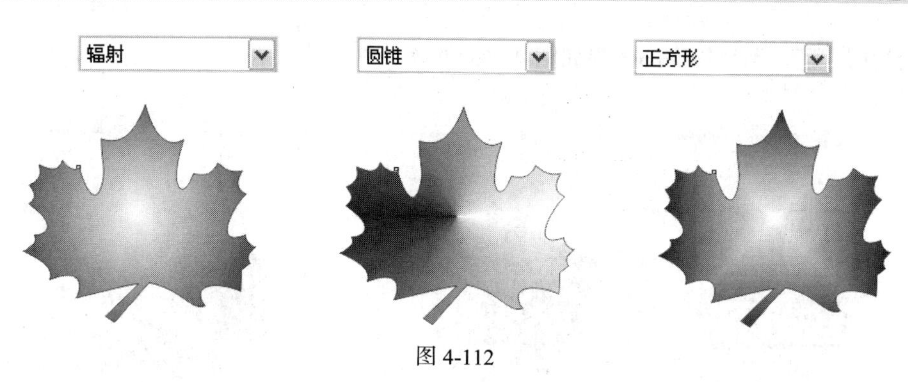

图 4-112

在属性栏中的■框用于选择渐变"起点"颜色，□框用于选择渐变"终点"颜色。单击右侧的按钮，弹出调色板，如图 4-113 所示，可在其中选择渐变颜色。单击"其他"按钮，弹出"选择颜色"对话框，如图 4-114 所示。可在其中调配所需的渐变颜色。

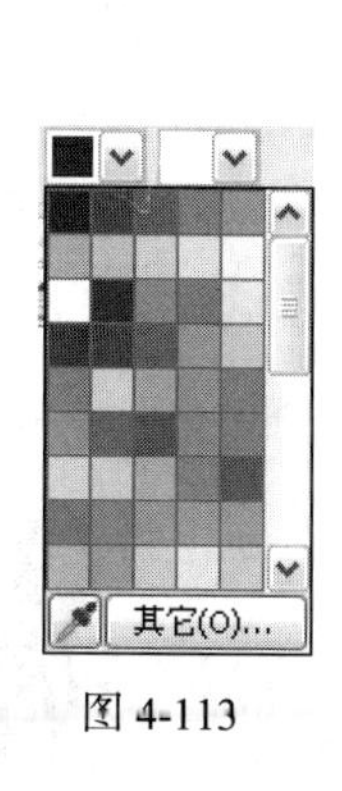

图 4-113

图 4-114

在属性栏中的 50 % 框中输入数值后，按 Enter 键，可以更改渐变的中心点，设置不同的中心点后，渐变效果如图 4-115 所示。

在属性栏中的 0.0 ° 框中输入数值后，按 Enter 键，可以设置渐变填充的角度，设置不同的角度后，渐变效果如图 4-116 所示。

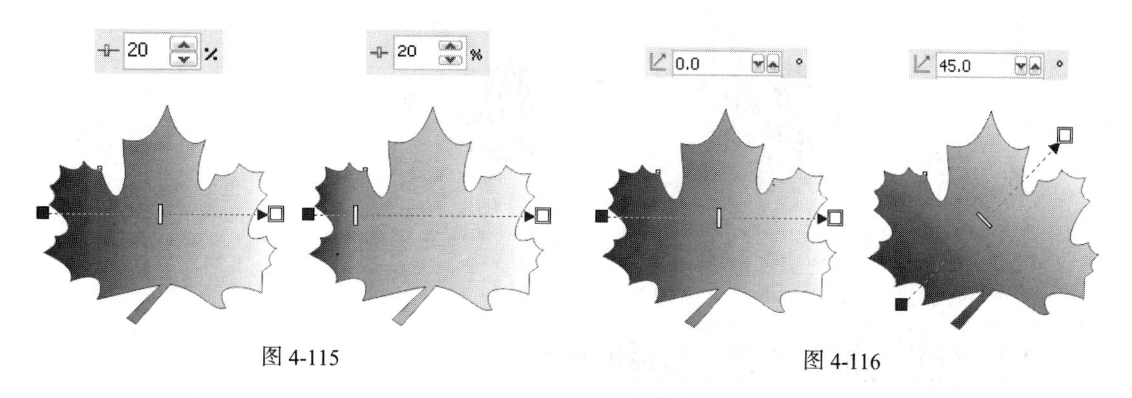

图 4-115

图 4-116

在属性栏中的 0 % 框中输入数值后，按 Enter 键，可以设置渐变填充的边缘宽度，设置不同的边缘宽度后，渐变效果如图 4-117 所示。

在属性栏中的 256 框中输入数值后，按 Enter 键，可以设置渐变的层次，系统根据可用资源的状况来决定渐变的层次数，最高值为 256。单击 256 框中的按钮进行解锁后，就可以设置渐变的层次了，渐变层次的效果如图 4-118 所示。

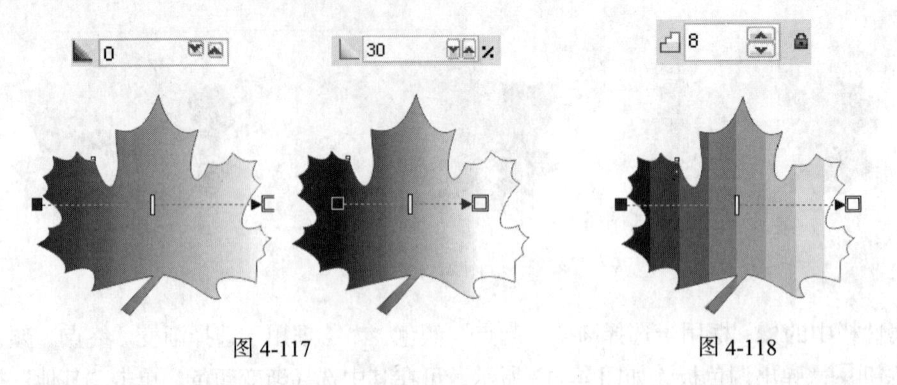

图 4-117　　图 4-118

2．使用工具填充

绘制一个图形，如图 4-119 所示。选择“交互式填充”工具，在起点颜色的位置单击并按住鼠标左键拖曳光标到适当的位置，松开鼠标左键，图形被填充了预设的颜色，效果如图 4-120 所示。在拖曳的过程中可以控制渐变的角度、渐变的边缘宽度等渐变属性。

拖曳起点颜色和终点颜色可以改变渐变的角度和边缘宽度，如图 4-121、图 4-122 所示。拖曳中间点可以调整渐变颜色的分布。

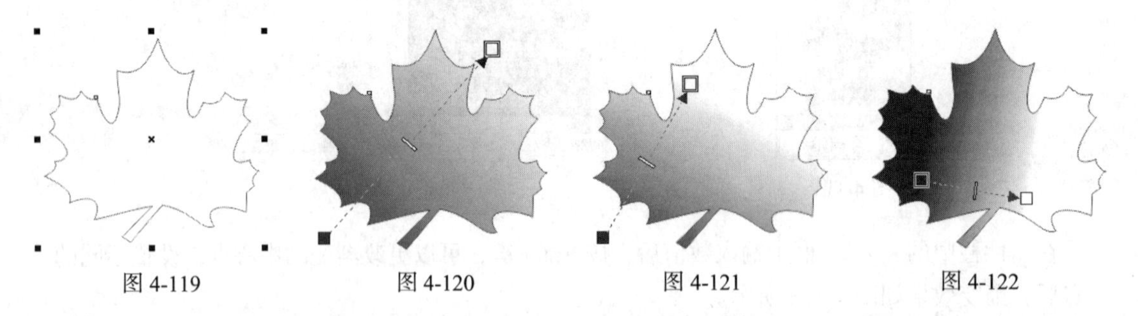

图 4-119　　图 4-120　　图 4-121　　图 4-122

拖曳渐变虚线，可以控制颜色渐变与图形之间的相对位置，不同的效果如图 4-123 所示。

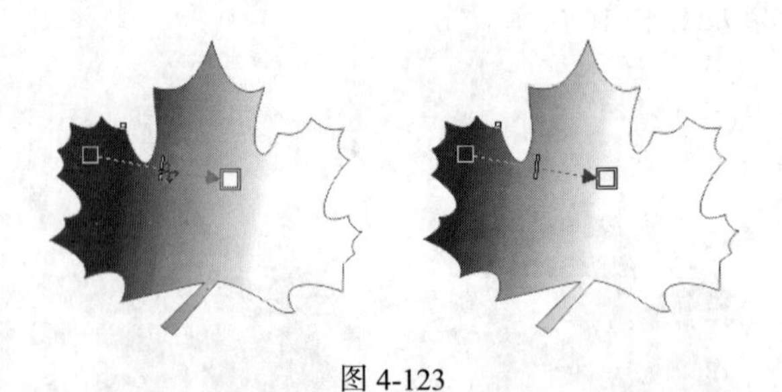

图 4-123

4.3.2　使用“渐变填充”对话框填充

选择“填充”工具展开工具栏中的“渐变填充”工具，弹出“渐变填充”对话框，如图 4-124 所示。在对话框中的“颜色调和”设置区中可选择渐变填充的两种类型，“双色”或“自定义”渐变填充。

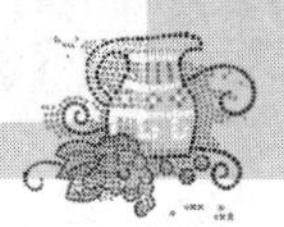

1．双色渐变填充

“双色”渐变填充的对话框如图 4-124 所示，在对话框中的“预设”选项中包含了 CorelDRAW X5 预设的一些渐变效果。如果调配好一个渐变效果，可以单击“预设”选项右侧的按钮，将调配好的渐变效果添加到预设选项中，单击“预设”选项右侧的按钮，可以删除预设选项中的渐变效果。

在“颜色调和”设置区的中部有 3 个按钮，可以用它们来确定颜色在“色轮”中所要遵循的路径。在上方的按钮表示由沿直线变化的色相和饱和度来决定中间的填充颜色。在中间的按钮表示以“色轮”中沿逆时针路径变化的色相和饱和度决定中间的填充颜色。在下面的按钮表示以“色轮”中沿顺时针路径变化的色相和饱和度决定中间的填充颜色。

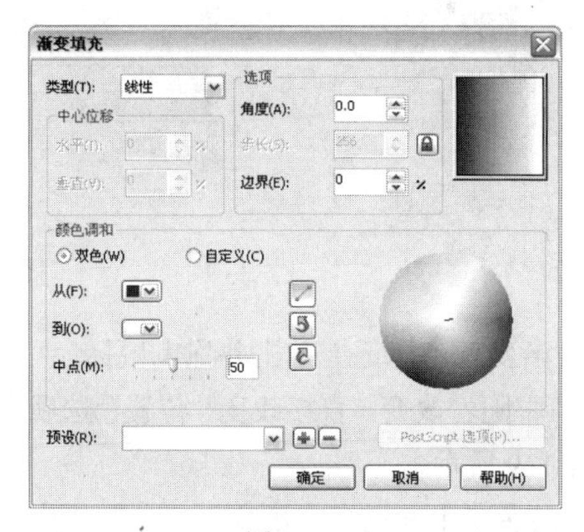

图 4-124

在对话框中设置好渐变颜色后，单击“确定”按钮，完成图形的渐变填充。

2．自定义渐变填充

单击选择“自定义”选项，如图 4-125 所示。在“颜色调和”设置区中，出现了“预览色带”和“调色板”，在“预览色带”上方的左右两侧各有一个小正方形，分别表示自定义渐变填充的起点和终点颜色。单击终点的小正方形将其选取，小正方形由白色变为黑色，如图 4-126 所示。再单击调色板中的颜色，可改变自定义渐变填充终点的颜色。

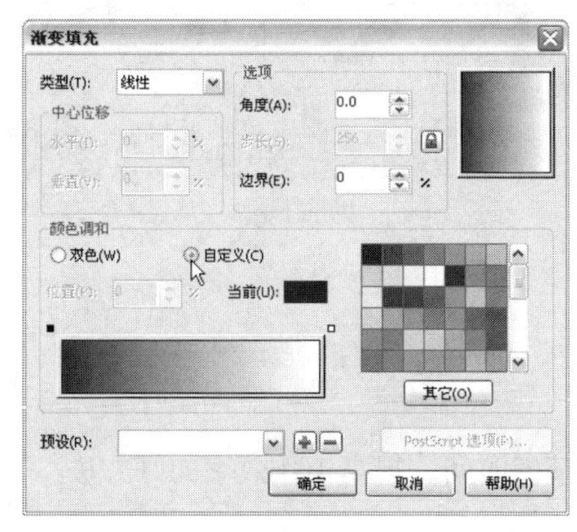

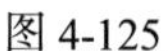

图 4-125

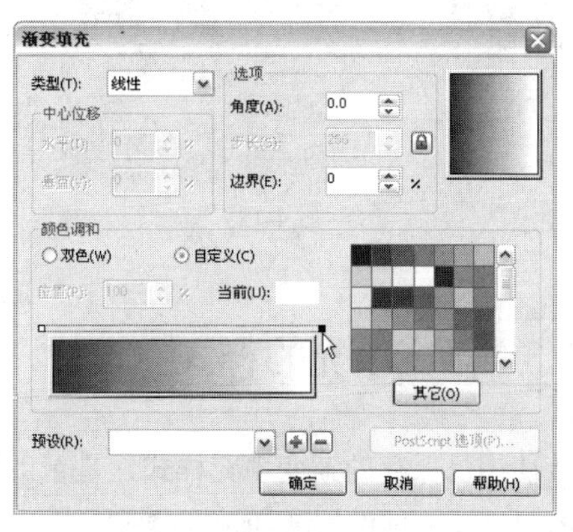

图 4-126

在“预览色带”上的起点和终点颜色之间双击，在预览色带上产生一个黑色倒三角形，也就是新增了一个渐变颜色标记，如图 4-127 所示。“位置”选项中显示的百分数就是当前新增渐变颜色标记的位置。“当前”选项中显示的颜色就是当前新增渐变颜色标记的颜色。

在“调色板”中单击需要的渐变颜色，“预览”色带上新增渐变颜色标记上的颜色将改变为需要的新颜色。“当前”选项中将显示新选择的渐变颜色，如图 4-128 所示。

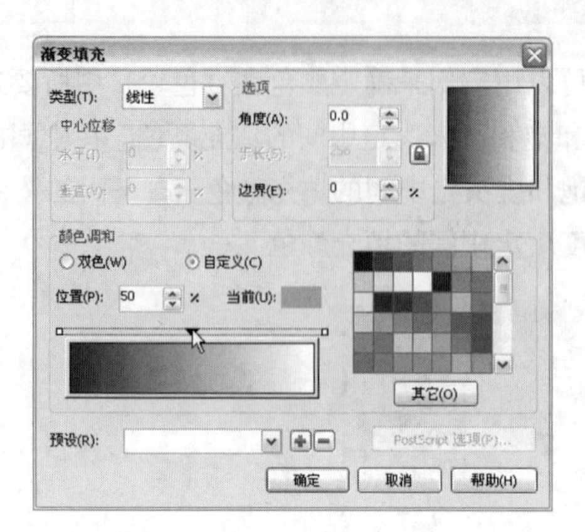

图 4-127

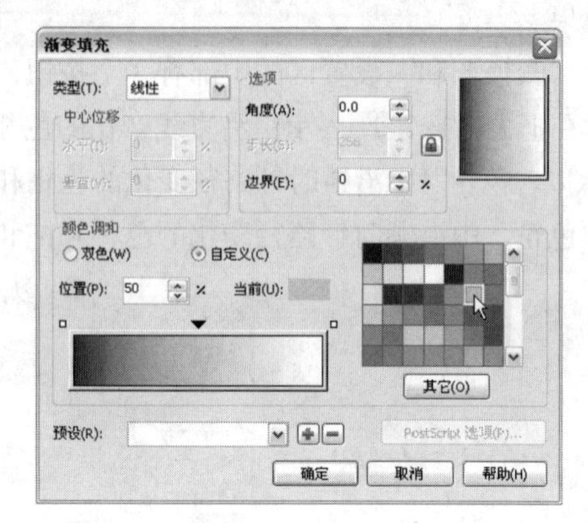

图 4-128

在“预览色带”上的新增渐变颜色标记上单击并拖曳鼠标，可以调整新增渐变颜色的位置，“位置”选项中的百分数的数值将随着改变。直接改变“位置”选项中的百分数的数值也可以调整新增渐变颜色的位置，如图 4-129 所示。

使用相同的方法可以在预览色带上新增多个渐变颜色，制作出更符合设计需要的渐变效果，如图 4-130 所示。

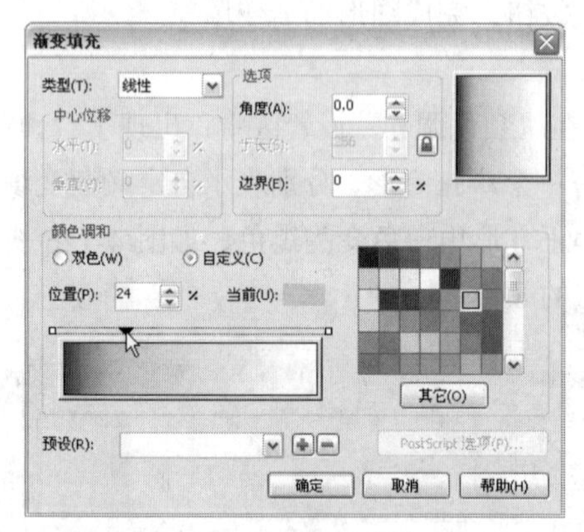

图 4-129

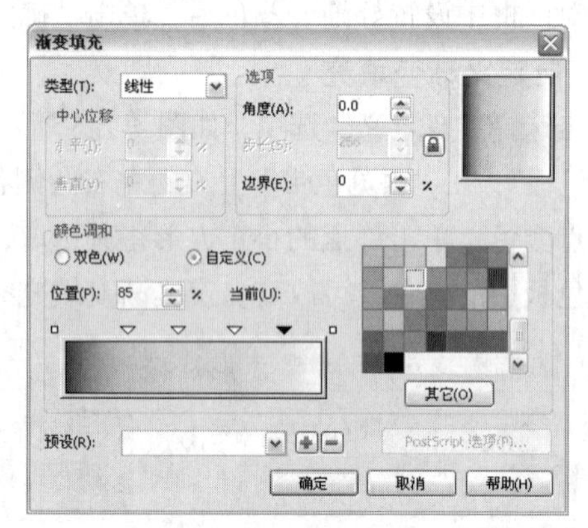

图 4-130

4.3.3 渐变填充的样式

直接使用已保存的渐变填充样式，是帮助用户节省时间、提高工作效率的好方法。下面介绍 CorelDRAW X5 中预设的渐变填充样式。

绘制一个图形，如图 4-131 所示。在“渐变填充方式”对话框中的“预设”选项中包含了 CorelDRAW X5 预设的一些渐变效果，如图 4-132 所示。

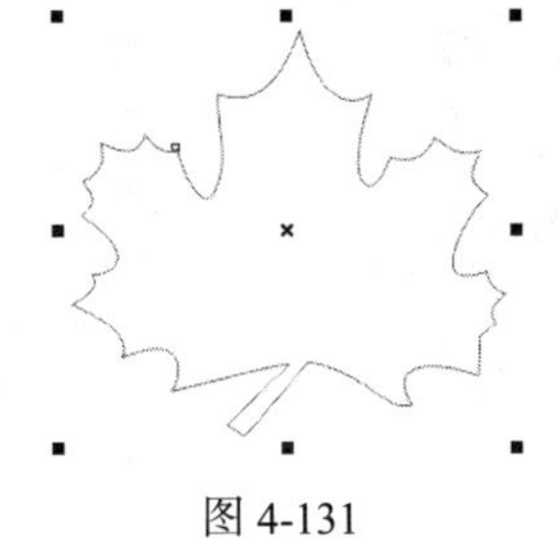

图 4-131

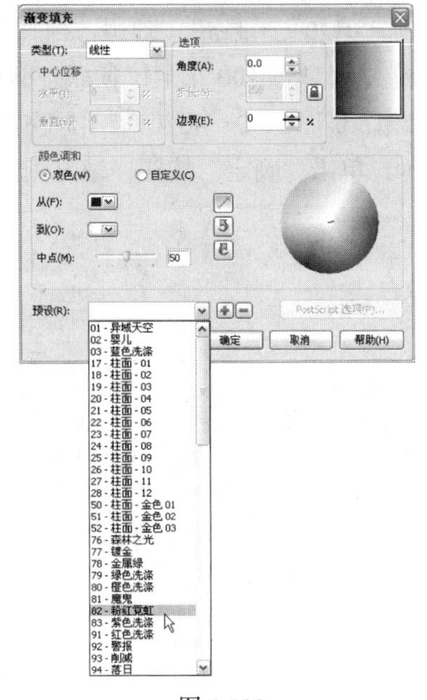

图 4-132

选择好一个预设的渐变效果，单击“确定”按钮，可以完成渐变填充。使用预设的渐变效果填充的各种渐变效果如图 4-133 所示。

图 4-133

4.3.4　课堂案例——绘制风景插画

【案例学习目标】学习使用绘制曲线工具和渐变填充工具绘制风景插画。

【案例知识要点】使用矩形工具、贝塞尔工具、渐变填充工具、三点椭圆形工具、星形工具和椭圆形工具绘制风景插画，效果如图 4-134 所示。

图 4-134

【效果所在位置】光盘/Ch04/效果/绘制风景插画.cdr。

（1）按 Ctrl+N 组合键，新建一个页面，在属性栏的“页面度量”选项中分别设置宽度为 220.0mm，高度为 180.0mm，按 Enter 键，页面尺寸显示为设置的大小。双击“矩形”工具□，绘制一个与页面大小相等的矩形，如图 4-135 所示。

（2）选择“渐变填充”工具，弹出“渐变填充”对话框。点选“自定义”单选框，在“位置”选项中分别输入 0、45、100 三个位置点，单击右下角的“其他”按钮，分别设置三个位置点颜色的 CMYK 值为：0（16、0、46、0）、45（6、0、17、0）、100（0、0、0、0），其他选项的设置如图 4-136 所示，单击“确定”按钮，填充图形，效果如图 4-137 所示。

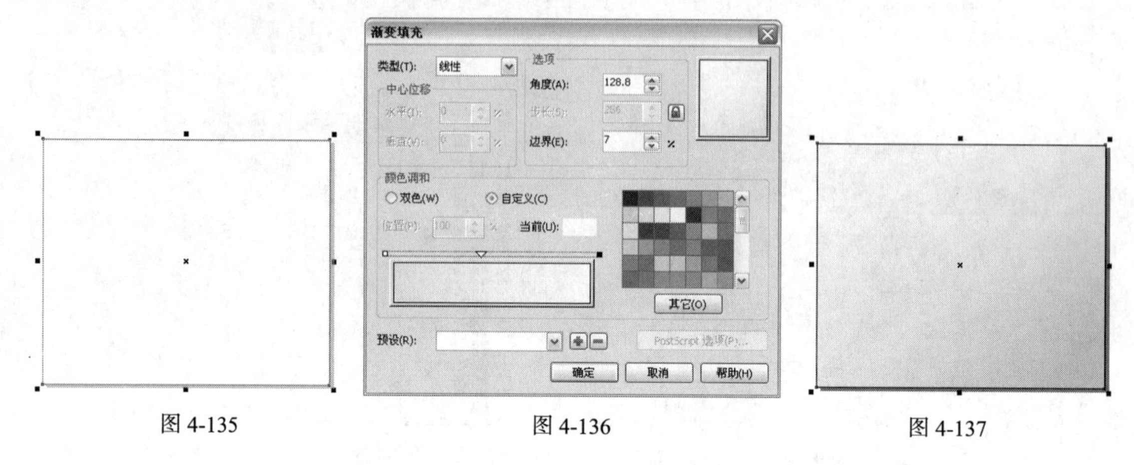

图 4-135　　图 4-136　　图 4-137

（3）选择“贝塞尔”工具，在页面中绘制一个不规则图形，如图 4-138 所示。选择“渐变填充”工具，弹出“渐变填充”对话框。点选“双色”单选框，将“从”选项颜色的 CMYK 值设置为：16、0、46、0，“到”选项颜色的 CMYK 值设置为：0、0、0、0，其他选项的设置如图 4-139 所示，单击“确定”按钮，填充图形，并去除图形的轮廓线，效果如图 4-140 所示。

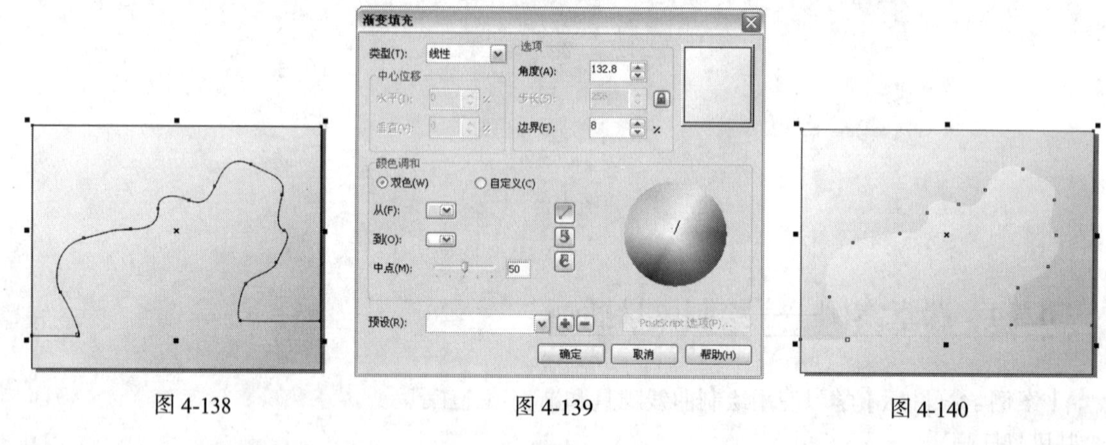

图 4-138　　图 4-139　　图 4-140

（4）选择“贝塞尔”工具，在页面中绘制一个不规则图形，如图 4-141 所示。选择“渐变填充”工具，弹出“渐变填充”对话框。点选“自定义”单选框，在“位置”选项中分别输入 0、32、68、100 四个位置点，单击右下角的“其他”按钮，分别设置四个位置点颜色的 CMYK 值为：0（60、0、100、0）、32（40、0、100、0）、68（10、0、100、0）、100（5、0、25、0），其他选项的设置如图 4-142 所示，单击“确定”按钮，填充图形，并去除图形的轮廓线，效果如图 4-143 所示。使用相同的方法再绘制一个图形，填充相应的渐变色，效果如图 4-144 所示。

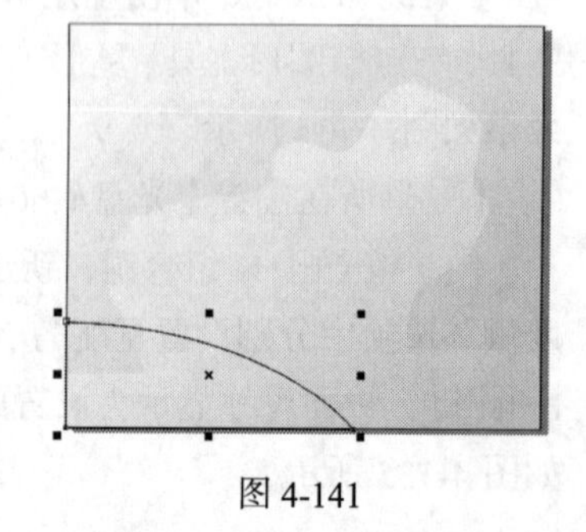

图 4-141

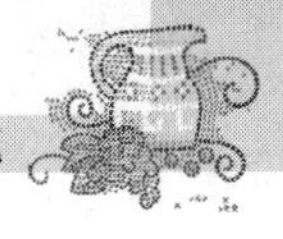

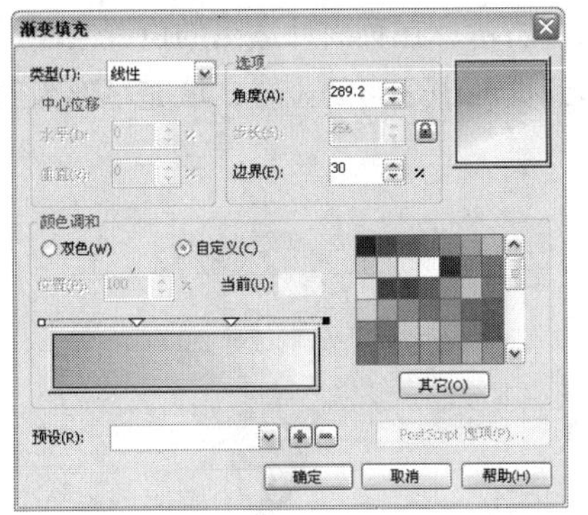

图 4-142

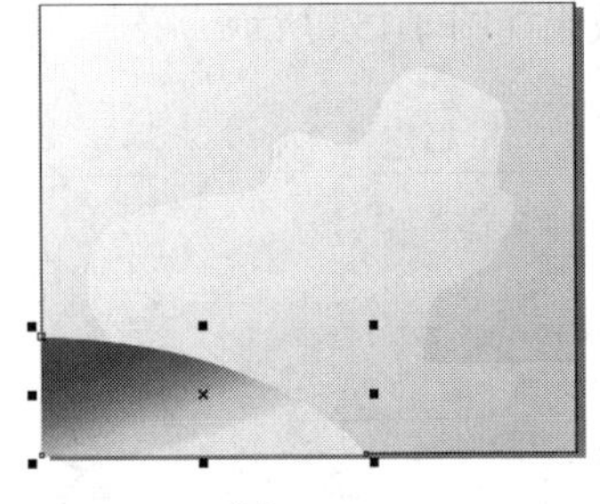

图 4-143

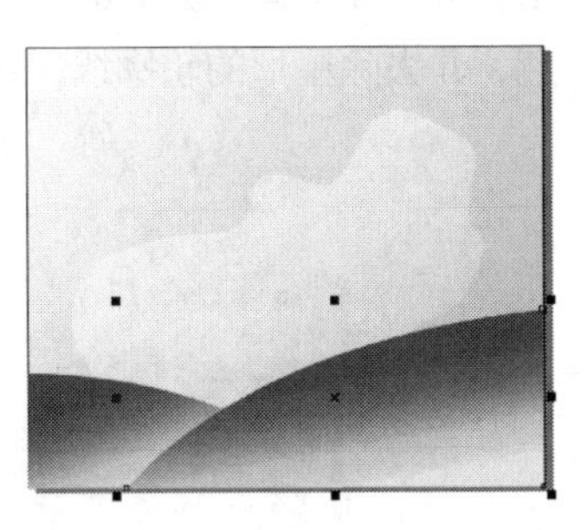

图 4-144

（5）选择“3 点椭圆形”工具，在页面中适当的位置绘制一个椭圆形，如图 4-145 所示。选择“渐变填充”工具，弹出“渐变填充”对话框。点选“自定义”单选框，在“位置”选项中分别输入 0、38、66、100 四个位置点，单击右下角的“其他”按钮，分别设置四个位置点颜色的 CMYK 值为：0（80、20、100、0）、38（50、0、100、0）、66（40、0、100、0）、100（20、0、60、0），其他选项的设置如图 4-146 所示，单击“确定”按钮，填充图形，并去除图形的轮廓线，效果如图 4-147 所示。

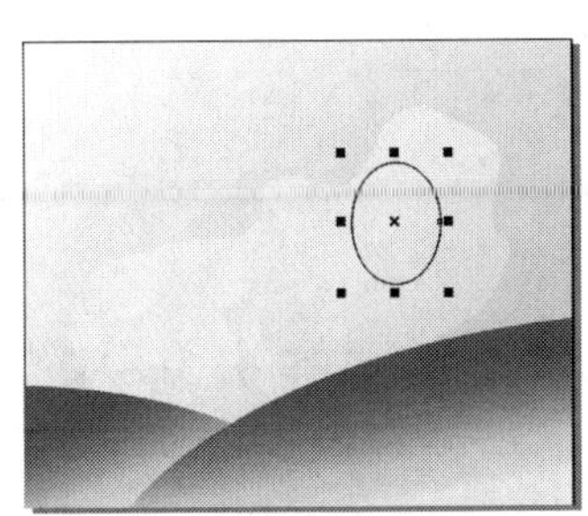

图 4-145

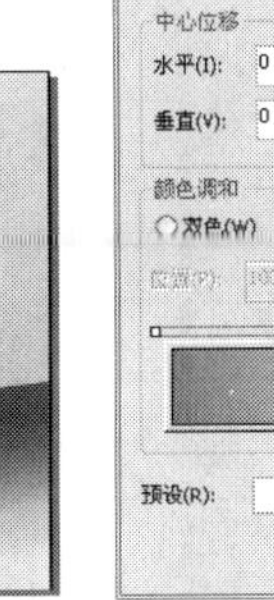

图 4-146

图 4-147

（6）选择“矩形”工具和“贝塞尔”工具，在页面中适当的位置分别绘制需要的图形，如图 4-148 所示。选择“选择”工具，使用圈选的方法将树枝图形全部选取，设置图形颜色的 CMYK 值为：64、76、100、45，填充图形，并去除图形的轮廓线，效果如图 4-149 所示。连续按 Ctrl+PageDown 组合键，将选取的图形向后移动到适当的位置，按 Esc 键，取消图形的选取状态，效果如图 4-150 所示。

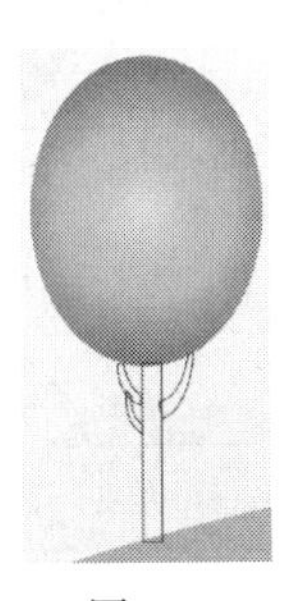

图 4-148

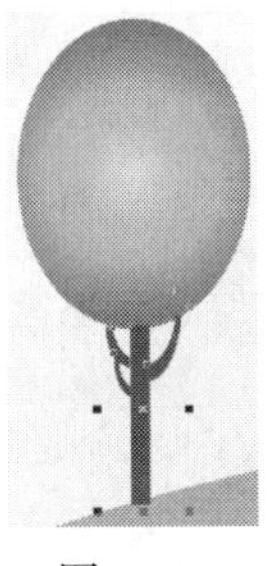

图 4-149

图 4-150

（7）选择“星形”工具，在属性栏中的设置如图 4-151 所示，在页面外适当的位置绘制一个星形，如图 4-152 所示。选择“选择”工具，拖曳星形到页面中适当的位置，填充星形为白色，并去除星形的轮廓线，效果如图 4-153 所示。

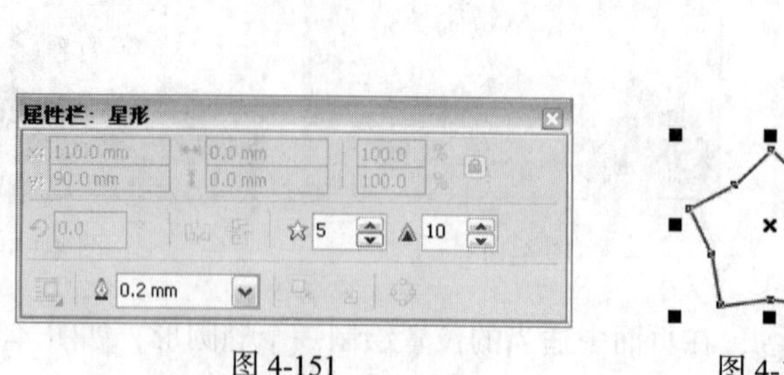

图 4-151

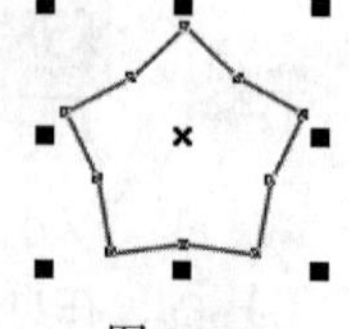
图 4-152

图 4-153

（8）在数字键盘上多次按+键，复制多个星形图形，分别将其拖曳到渐变图形上的适当位置，并调整图形的大小，效果如图 4-154 所示。用圈选的方法选取需要的图形，按 Ctrl+G 组合键，将其群组，按两次 Ctrl+PageDown 组合键，将群组图形后移两层，效果如图 4-155 所示。

（9）选择“选择”工具，选取群组图形，按数字键盘上的+键，复制一个图形，调整其大小和位置，效果如图 4-156 所示。使用相同的方法再复制多个编组图形，并分别调整其位置和大小，效果如图 4-157 所示。

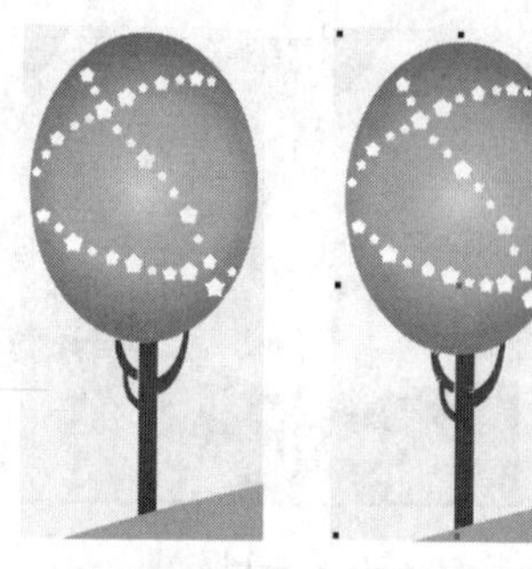
图 4-154

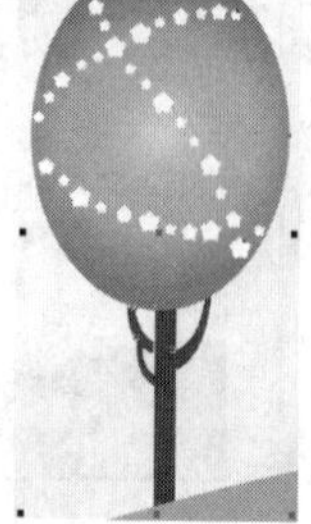
图 4-155

图 4-156

图 4-157

（10）选择“椭圆形”工具，在页面外的适当位置绘制一个椭圆形，如图 4-158 所示。再次单击椭圆形，使其处于旋转状态，将旋转中心拖曳至适当的位置，效果如图 4-159 所示。

（11）选择“选择”工具，按数字键盘上的+键，复制一个图形，在属性栏中的“旋转角度” 0.0 框中设置数值为 45°，按 Enter 键，效果如图 4-160 所示。按住 Ctrl 键的同时，再连续点按 D 键，按需要再制出多个图形，效果如图 4-161 所示。

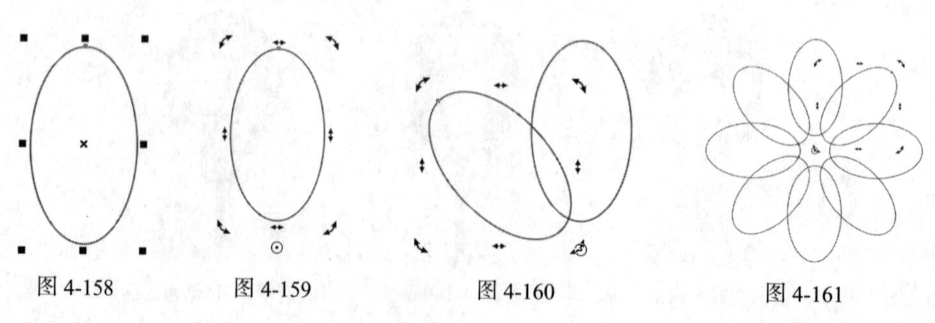
图 4-158　图 4-159　图 4-160　图 4-161

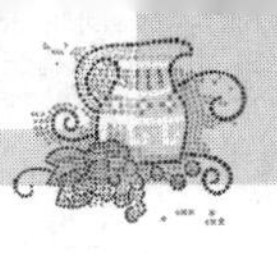

（12）选择“选择”工具，用圈选的方法将所有椭圆形同时选取，单击属性栏中的“合并”按钮，将多个图形合并为一个图形，效果如图 4-162 所示。拖曳图形到页面中适当的位置并调整其大小，填充花形为白色，并去除图形的轮廓线，效果如图 4-163 所示。

（13）在数字键盘上多次按+键，复制多个花形，并分别调整其大小和位置，按 Esc 键，取消图形的选取状态，效果如图 4-164 所示。风景插画绘制完成。

图 4-162

图 4-163

图 4-164

4.4 图样填充

使用图样填充可以设计制作出各种漂亮的填充效果。在 CorelDRAW X5 中，图样填充将预设图案以平铺的方式填充到图形中。下面介绍图案填充的方法和技巧。

选择“填充”工具展开式工具栏中的“图样填充”工具，弹出如图 4-165 所示的“图样填充”对话框，在对话框中有双色、全色和位图 3 种图案填充方式的选项。

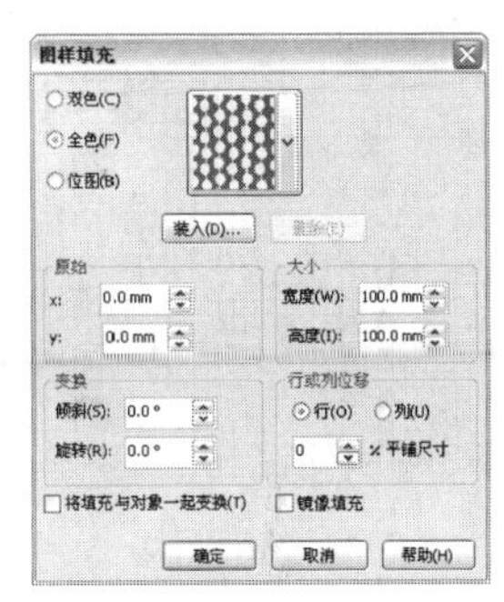

图 4-165

4.4.1 双色填充

“双色”填充就是用两种颜色构成的图案来填充，也就是通过设置前景色和背景色的颜色来填充。

在“图样填充”对话框中，单击选取“双色”单选框，显示“双色”填充对话框。在对话框中，有 CorelDRAW X5 提供的多种双色填充的图案，如图 4-166 所示。

绘制一个图形，在“双色”填充对话框中选择需要的图案后，单击“确定”按钮，完成双色图案的填充。双色图案填充的几种效果如图 4-167 所示。

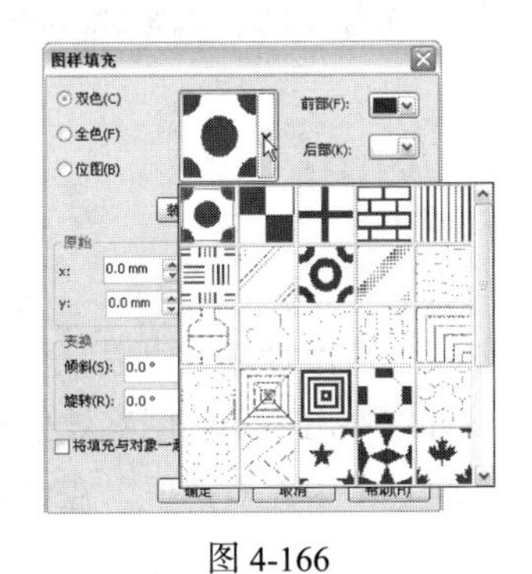

图 4-166

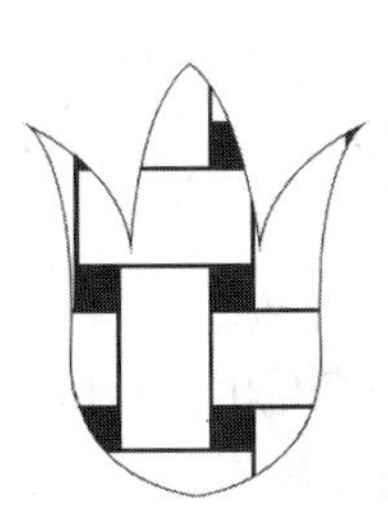

图 4-167

在对话框中单击“装入”按钮，弹出“导入”对话框，如图 4-168 所示，在对话框中选择要添加的图案后，单击“导入”按钮，可以将要添加的图案添加到填充图案下拉列表中。

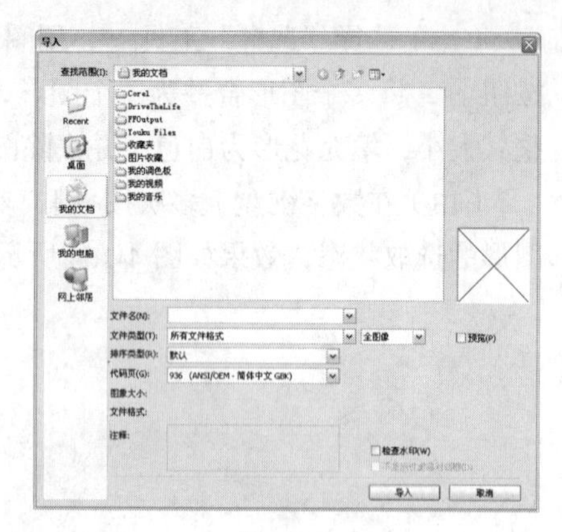
图 4-168

选择填充图案下拉列表中的图案，在对话框中单击“删除”按钮，可将选择的图案删除。

在对话框中单击“创建”按钮，弹出“双色图案编辑器”对话框，如图 4-169 所示。在对话框中可以设定位图的大小和轮廓笔的尺寸，设定好后，用鼠标左键单击网格中的方块，可以给方块上色，绘制需要的图案，如图 4-170 所示。如果绘制过程中有错误，用鼠标的右键单击上色的方块可以取消上色。绘制好后，单击“确定”按钮，可以将绘制的图案添加到填充图案下拉列表中，如图 4-171 所示。

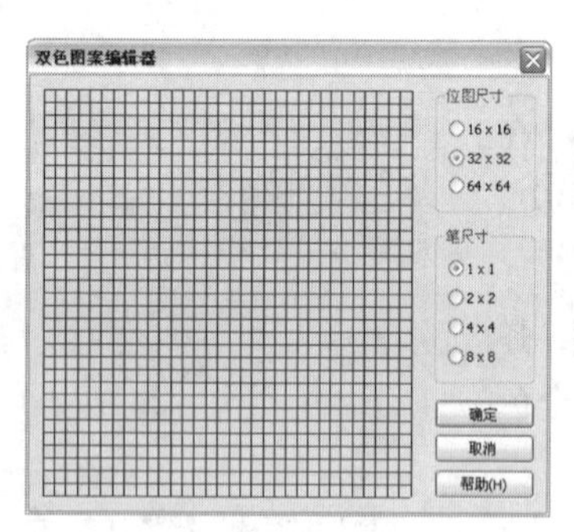

图 4-169

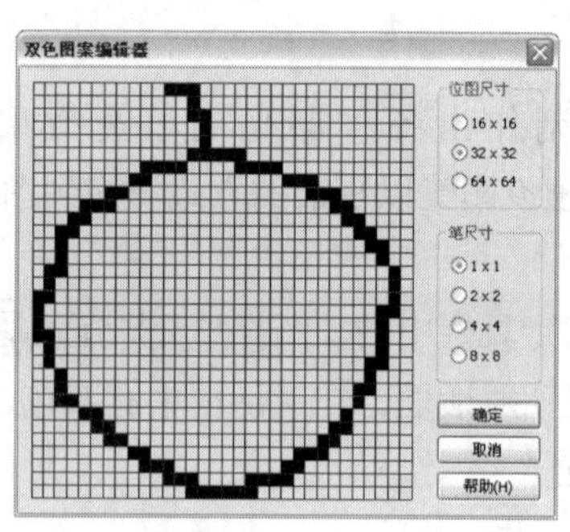

图 4-170

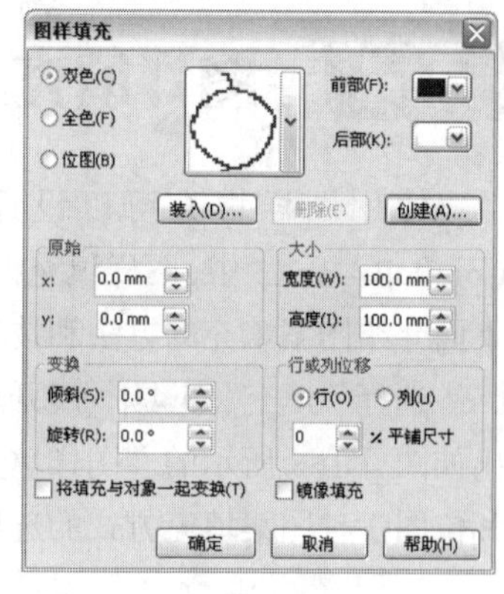

图 4-171

选择填充图案下拉列表中的图案，在对话框中的“原始”设置区中可以设置图案第一个平铺的位置，在“X”、“Y”数值框中设置数值，当数值增加时，图案会向上或右移；当数值减少时，图案会向下或左移。在“大小”设置区中通过设置“宽度”和“高度”可以设置图案的大小。通过设置“变换”设置区中的“倾斜”和“旋转”数值框，可以控制图案的变换。在“行或列位移”设置区中，选择“行”或“列”单选项，再设置数值移动行或列。

选择“将填充与对象一起变换”复选框，在对图形对象进行变形时图案会随着变形，不选择“将填充与对象一起变换”复选框，在对图形对象进行变形时图案不会随着变形。选择“镜像填充”复选框，在对图形对象进行填充时，图案会镜像填充。

4.4.2 全色填充

全色填充与双色填充非常相似，有一点不同的就是全色填充不止使用两种颜色组成，全色填充的图案是由矢量和线描样式图像来生成的，使用全色填充可以设计制作出生动的图案效果。

在“图样填充”对话框中，单击选取“全色”单选框，显示“全色”填充对话框。在对话框中，CorelDRAW X5 提供了多种全色填充的图案，如图 4-172 所示。

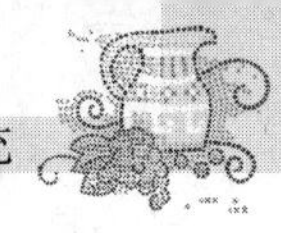

绘制一个图形，在“全色”填充面板中选择需要的图案后，单击“确定”按钮，完成全色图案的填充。全色图案填充的几种效果如图 4-173 所示。

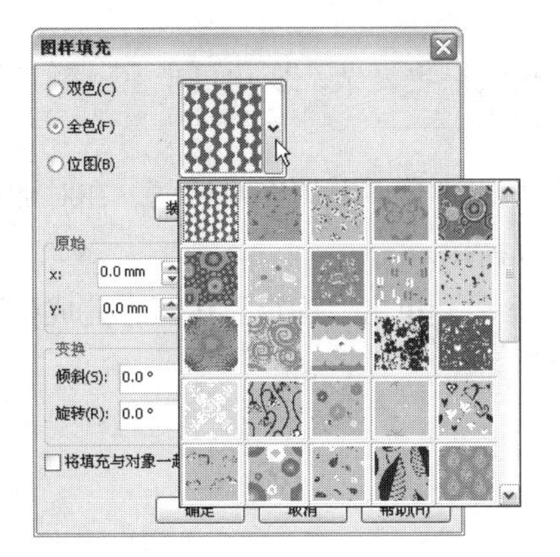

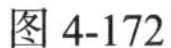
图 4-172

图 4-173

将图形创建为全色填充图案的操作步骤如下。

选择“工具 > 创建 > 图案填充”命令，弹出“创建图样”对话框。单击“全色”选项，如图 4-174 所示，单击“确定”按钮。圈选作为图案的区域，如图 4-175 所示，松开鼠标左键，完成圈选，弹出“创建图样”对话框，如图 4-176 所示。

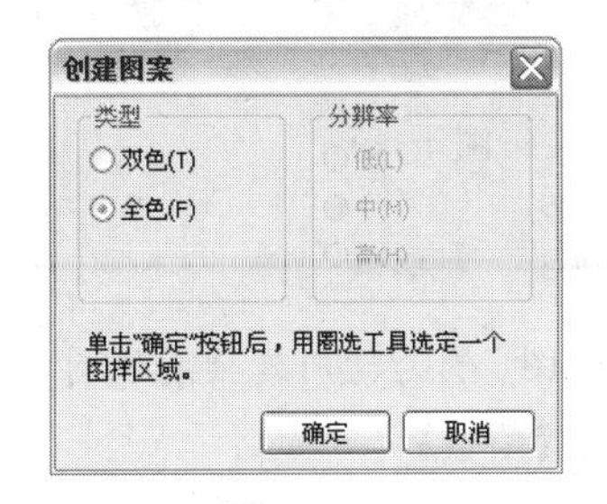

图 4-174

图 4-175

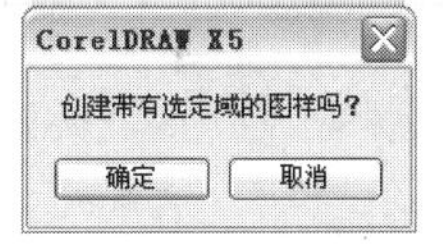

图 4-176

单击“确定”按钮，弹出“保存向量图样”对话框，如图 4-177 所示，输入文件名后单击“保存”按钮。新创建的全色图案被保存。在“填充图案”对话框中可以使用刚创建的图案，如图 4-178 所示。

图 4-177

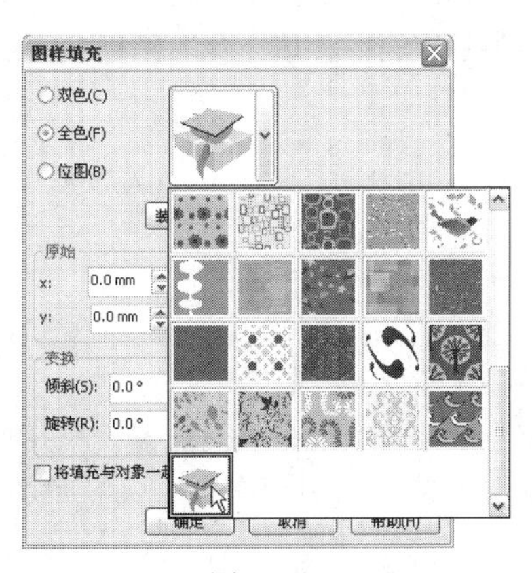

图 4-178

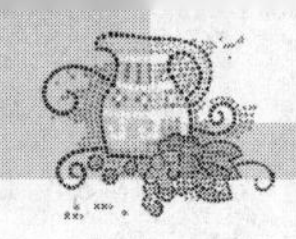

4.4.3 位图填充

位图填充就是使用彩色图片进行填充，位图填充的填充效果更复杂，变化更丰富，颜色更艳丽。

在“图样填充”对话框中，单击选取“位图”单选框，显示“位图”填充对话框。在对话框中，CorelDRAW X5 提供了多种位图填充的图案，如图 4-179 所示。

绘制一个图形，在“位图”填充对话框中选择需要的图案后，单击“确定”按钮，完成位图图案的填充。位图图案填充的几种效果如图 4-180 所示。

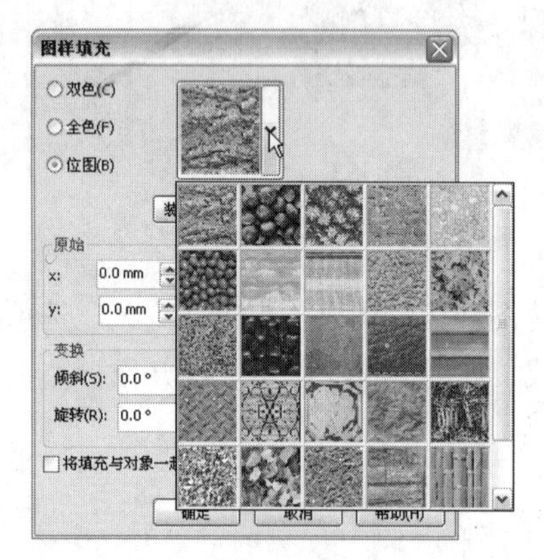

图 4-179

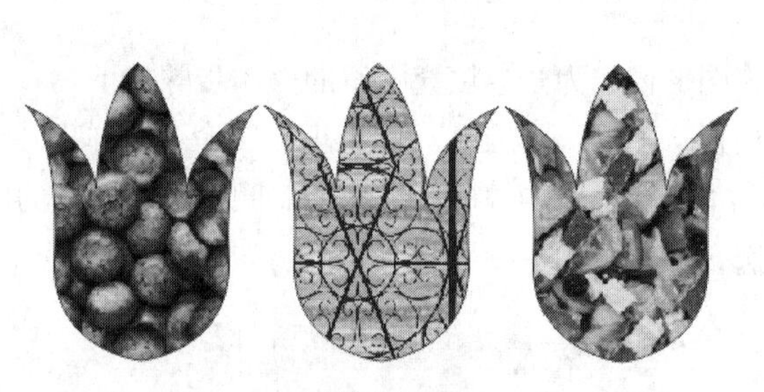

图 4-180

技巧 在使用位图进行填充时，要尽量选择简单一点的位图，因为使用复杂的位图填充时会占用较多的内存空间，使系统的运行速度变慢，屏幕的显示速度减慢。

4.4.4 使用“交互式填充”工具填充

绘制一个要填充图案样式的图形对象，如图 4-181 所示。选择“交互式填充”工具，弹出其属性栏，如图 4-182 所示，选择“双色图样”填充选项，也可以选择其他的图案填充方式。单击属性栏中的“第一种填充色”图标，在弹出的下拉列表中可以选择图样填充的样式，如图 4-183 所示。

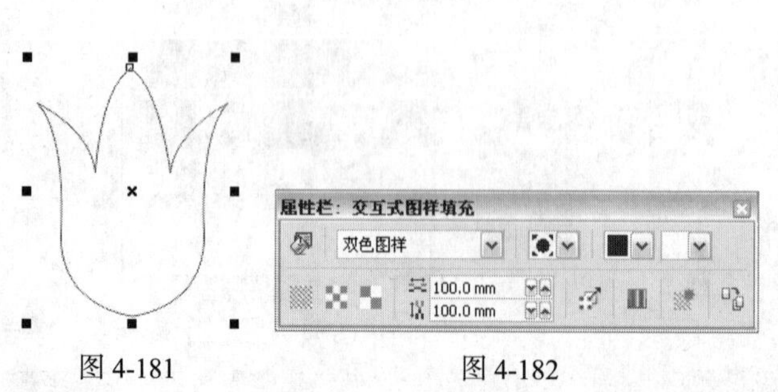

图 4-181　　图 4-182

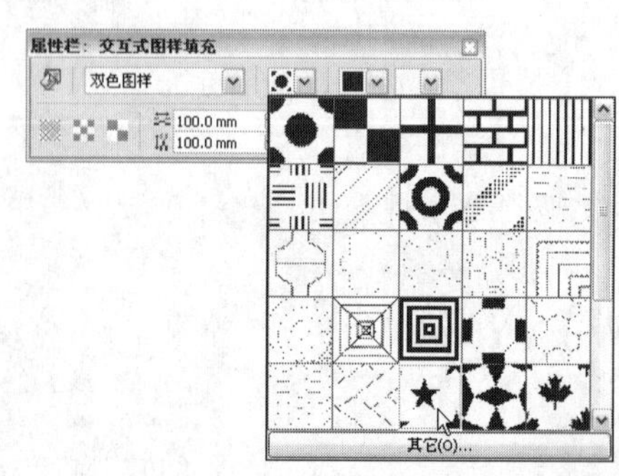

图 4-183

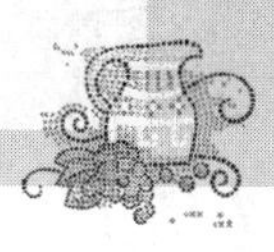

在属性栏中的■▾ ▾框中，可以设置前景色和背景色，图标分别表示小型拼接、中型拼接和大型拼接。单击不同的图标可以产生不同的拼接效果，如图 4-184 所示。

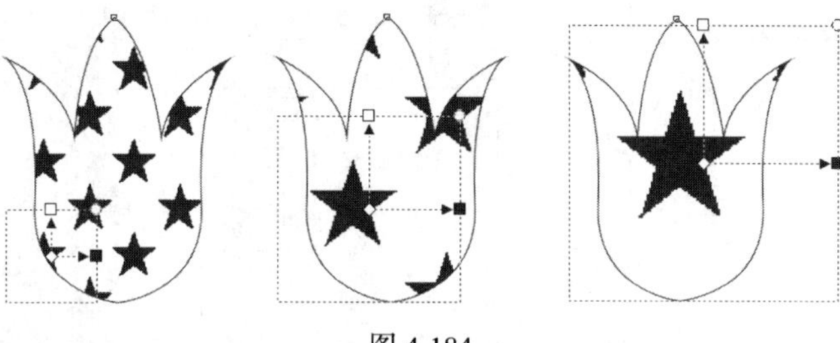

图 4-184

在图 4-184 中可以看到填充控制线的变化，拖动和旋转图标，可以等比例的缩放和旋转图案，效果如图 4-185 所示。拖动■图标和□图标可以不等比例的缩放和倾斜图案，效果如图 4-186 所示。拖动图标可以移动图案填充中心点的位置，如图 4-187 所示。

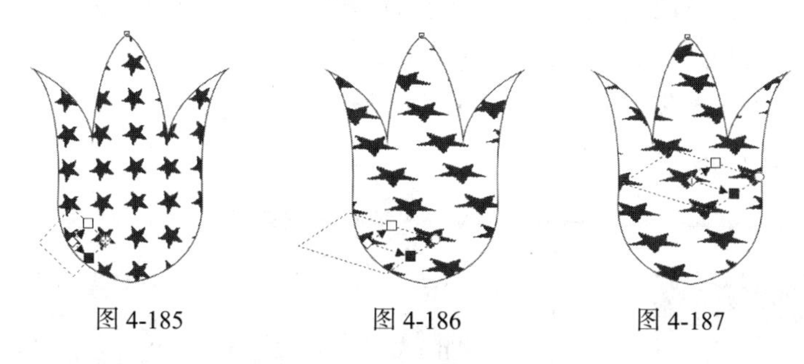

图 4-185　　图 4-186　　图 4-187

在属性栏中的框中，输入需要的数值后，按 Enter 键，可以精确控制图案的大小。

选择按钮，在对图形进行变形时图案会随着变形。不选择按钮，在对图形进行变形时图案不会随着变形。选择按钮，在对图形进行填充时，图案会镜像填充。选择按钮，弹出“创建图案”对话框，可以创建新的图案。

4.4.5　课堂案例——绘制布纹图案

【案例学习目标】学习使用几何图形工具和图样填充工具绘制布纹图案。

【案例知识要点】使用矩形工具、图样填充工具和轮廓图工具绘制布纹图案，如图 4-188 所示。

图 4-188

【效果所在位置】光盘/Ch04/效果/绘制布纹图案.cdr。

（1）按 Ctrl+N 组合键，新建一个 A4 页面。选择“矩形”工具，按住 Ctrl 键的同时，在页面中适当的位置拖曳光标绘制一个矩形，在属性栏中的“轮廓宽度”框中设置数值为 2mm，在“CMYK 调色板”中的“红”色块上单击鼠标右键，填充图形的轮廓线，效果如图 4-189 所示。

（2）选择“图样填充”工具，在弹出“图样填充”对话框中，选中“全色”单选项，单击右侧的按钮，在弹出的面板中选择需要的图标，如图 4-190 所示，单击“确定”按钮，填充图形，

效果如图 4-191 所示。

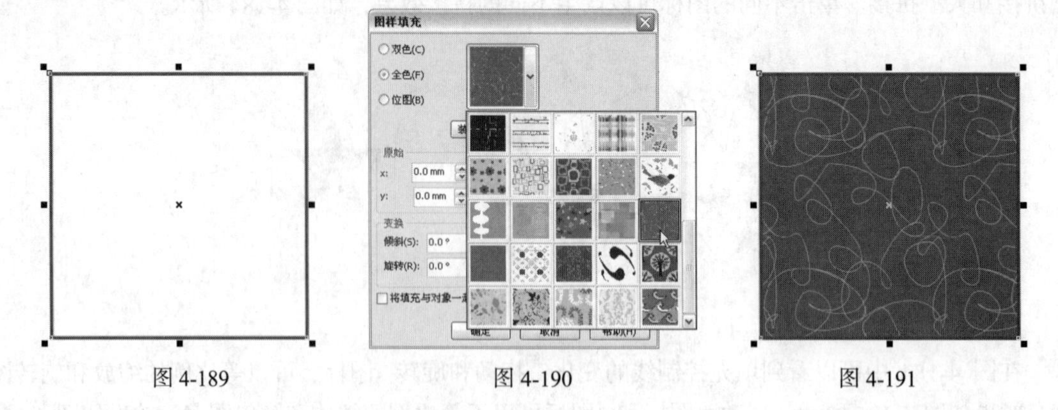

图 4-189　　图 4-190　　图 4-191

（3）选择“选择”工具，按数字键盘上的+键，复制一个图形。按住 Shift 键的同时，向内拖曳图形右上角的控制手柄到适当的位置，在属性栏中的“轮廓宽度” .2 mm 框中设置数值为 1.5mm，如图 4-192 所示。选择“图样填充”工具，在弹出“图样填充”对话框中，选中“全色”单选项，单击右侧的按钮，在弹出的面板中选择需要的图标，如图 4-193 所示，单击“确定”按钮，填充图形，效果如图 4-194 所示。

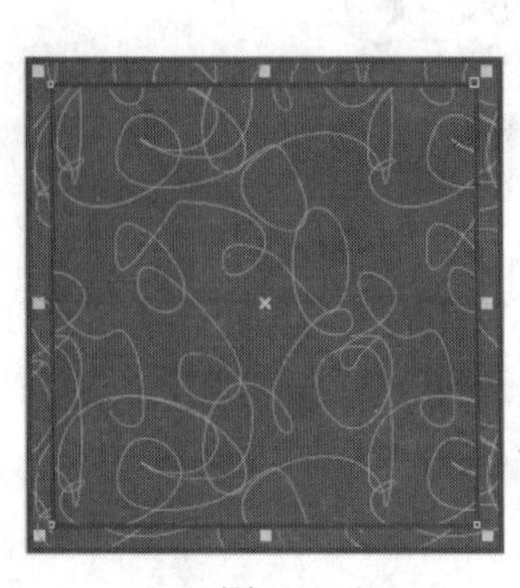

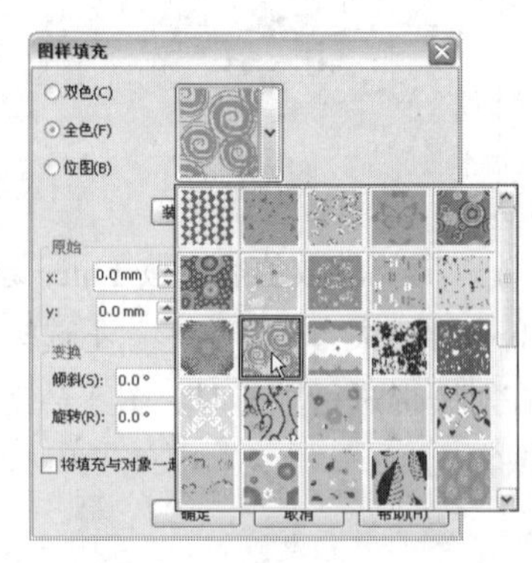

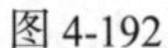

图 4-192　　图 4-193　　图 4-194

（4）选择“选择”工具，按数字键盘上的+键，复制一个图形。按住 Shift 键的同时，向内拖曳图形右上角的控制手柄到适当的位置，如图 4-195 所示。在属性栏中的“轮廓宽度” .2 mm 框中设置数值为 1mm，在“CMYK 调色板”中的“深黄”色块上单击鼠标右键，填充图形的轮廓线，效果如图 4-196 所示。

图 4-195　　图 4-196

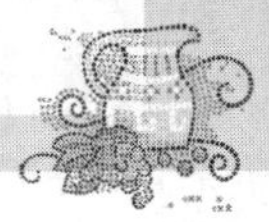

（5）选择“选择”工具，在属性栏中单击“扇形角”按钮，其他选项的设置如图 4-197 所示。按 Enter 键，扇形角效果如图 4-198 所示。

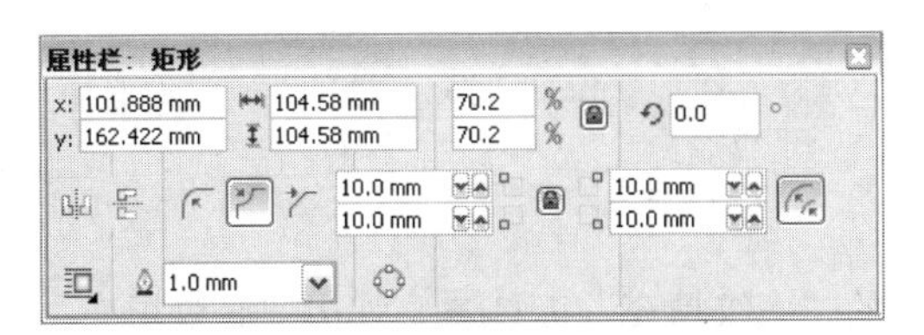

图 4-197

图 4-198

（6）选择“图样填充”工具，弹出“图样填充”对话框，选中“全色”单选项，单击右侧的按钮，在弹出的面板中选择需要的图标，如图 4-199 所示，单击“确定”按钮，填充图形，效果如图 4-200 所示。

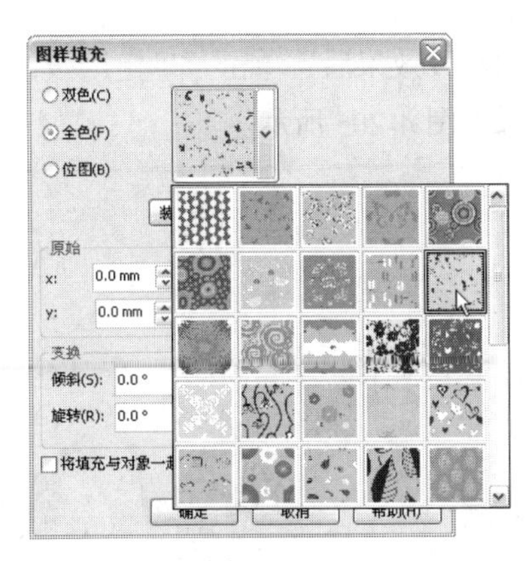

图 4-199

图 4-200

（7）选择“轮廓图”工具，在图形上向外拖曳光标，为图形添加轮廓化效果。在属性栏中将“填充色”选项的颜色设置为绿色，其他选项的设置如图 4-201 所示，按 Enter 键，确认操作，效果如图 4-202 所示。单击页面空白处，取消图形的选取状态。布纹图案绘制完成，效果如图 4-203 所示。

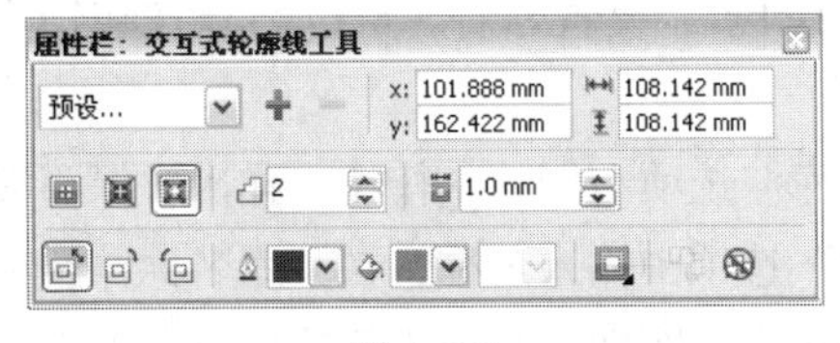

图 4-201

图 4-202

图 4-203

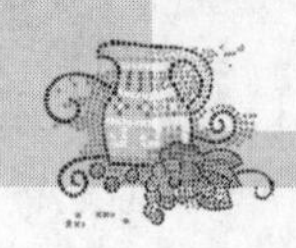

4.5 纹理填充

纹理填充是随机产生的填充，它使用小块的位图填充图形对象，可以给图形对象一个自然的外观。底纹填充只能使用 RGB 颜色，所以在打印输出时可能会与屏幕显示的颜色有差别。下面介绍底纹填充的方法和技巧。

4.5.1 设置底纹填充

选择“填充”工具展开式工具栏中的“底纹填充”工具，弹出“底纹填充”对话框，在对话框中，CorelDRAW X5 的底纹库提供了多个样本组和几百种预设的底纹填充的图案，如图 4-204 所示。

在对话框中的“底纹库”选项的下拉列表中可以选择不同的样本组。CorelDRAW X5 底纹库提供了 7 个样本组。选择样本组后，在下面的“底纹列表”中，显示出样本组中的多个底纹的名称，单击选取一个底纹样式，下面的“预览”框中显示出底纹的效果。

绘制一个图形，在“底纹列表”中选择需要的底纹效果后，单击“确定”按钮，可以将底纹填充到图形对象中，几个填充不同底纹的图形效果如图 4-205 所示。

图 4-204

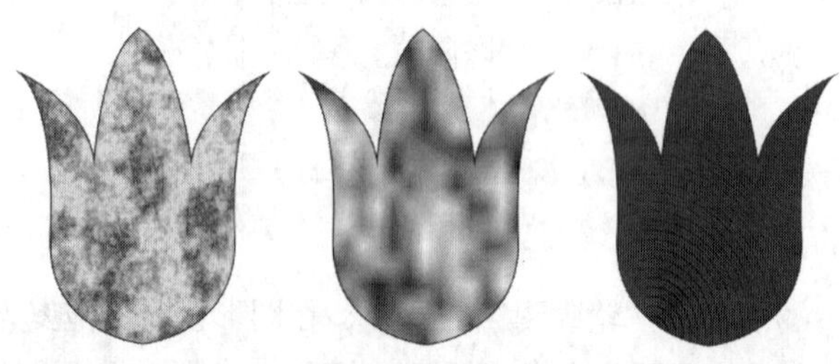

图 4-205

在对话框中更改参数可以制作出新的底纹效果。在选择一个底纹样式名称后，在“样式名称”设置区中就包含了对应于当前底纹样式的所有参数。选择不同的底纹样式将会有不同的参数内容。在每个参数选项的后面都有一个按钮，单击它可以锁定和解锁每个参数选项，当单击“预览”按钮时，解锁的每个参数选项会随机发生变化，同时会使底纹图案发生变化。每单击一次“预览”按钮，就会产生一个新的底纹图案，效果如图 4-206 所示。

在每个参数选项中输入新的数值，可以产生新的底纹图案。设置好后，可以用按钮锁定参数。

制作好一个底纹图案后，可以进行保存。单击“底纹库”选项右侧的按钮，弹出“保存底纹为”对话框，如图 4-207 所示，在对话框的“底纹名称”选项中输入名称，在“库名称”选项中指定样式组，设置好后，单击“确定”按钮，将制作好的底纹图案保存。需要使用时可以直接在“底纹库”中调用。

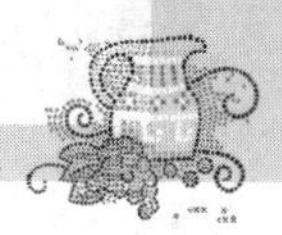

在“底纹库”的样式组中选取要删除的底纹图案，单击“底纹库”选项右侧的⊟按钮，弹出提示对话框，如图 4-208 所示，单击“确定”按钮，将选取的底纹图案删除。

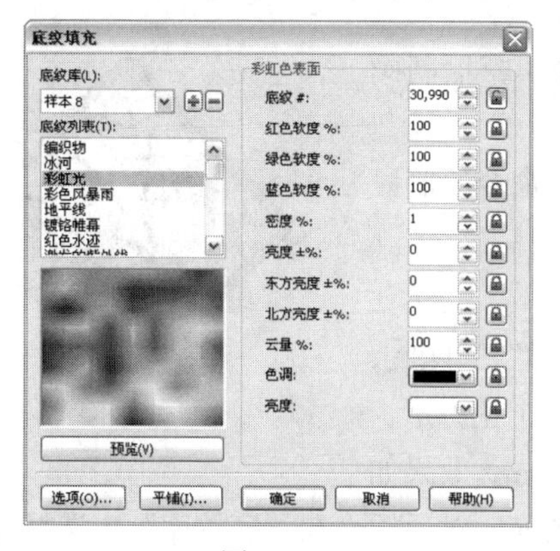

图 4-206

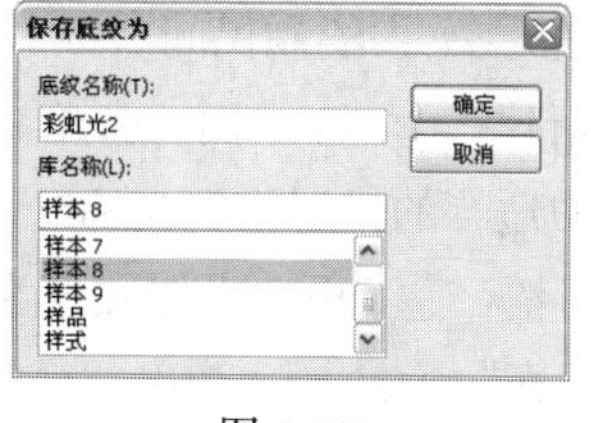

图 4-207

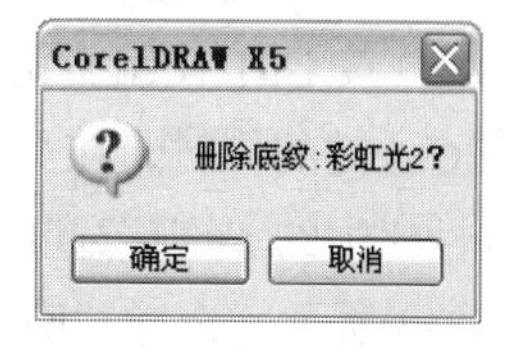

图 4-208

在“底纹填充”对话框中，单击“选项”按钮，弹出“底纹选项”对话框，如图 4-209 所示。

图 4-209

在对话框中的“位图分辨率”选项中可以设置位图分辨率的大小。

在“底纹尺寸限度”选项设置区中可以设置“最大平铺宽度”的大小。“最大位图尺寸”将根据位图分辨率和最大平铺宽度的大小，由系统计算出来。

位图分辨率和最大平铺宽度越大，底纹所占用的系统内存就越多，填充的底纹图案就越精细。最大位图尺寸值越大，底纹填充所占用的系统资源就越多。

在“底纹填充”对话框中，单击“平铺”按钮，弹出“平铺”对话框，如图 4-210 所示。在对话框中可以设置底纹的原始、大小、变换、行或列位移，也可以选择“将填充与对象一起变换”复选框、“镜像填充”复选框。

选择“交互式填充”工具，弹出其属性栏，选择“底纹填充”选项，单击属性栏中的“填充下拉式”图标，在弹出的下拉列表中可以选择底纹填充的样式，如图 4-211 所示。

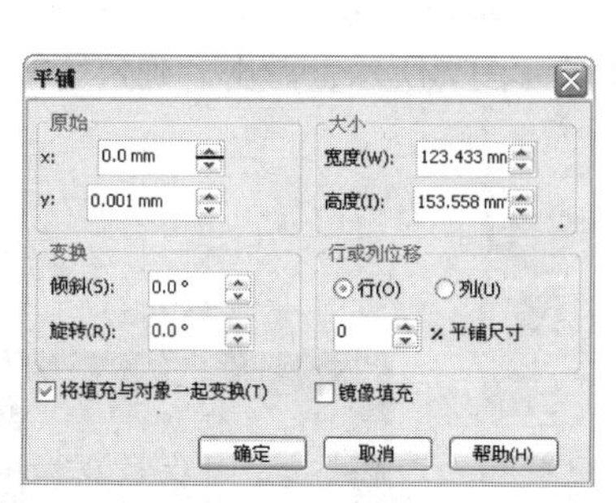

图 4-210

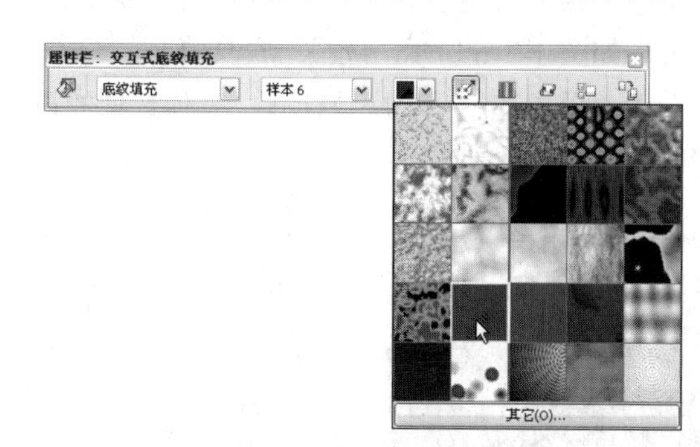

图 4-211

技巧　底纹填充会增加文件的大小，并使操作的时间增长，在对大型的图形对象使用底纹填充时要慎重。

4.5.2 课堂案例——绘制民间剪纸

【案例学习目标】学习使用几何图形工具和底纹填充工具绘制民间剪纸。

【案例知识要点】使用矩形工具、底纹填充工具和导入命令绘制民间剪纸，效果如图 4-212 所示。

【效果所在位置】光盘/Ch06/效果/绘制民间剪纸.cdr。

图 4-212

（1）按 Ctrl+N 组合键，新建一个 A4 页面。选择“矩形”工具，按住 Ctrl 键的同时，在页面中适当的位置拖曳光标绘制一个正方形，在属性栏中的“轮廓宽度” .2 mm 框中设置数值为 1mm，效果如图 4-213 所示。选择“底纹填充”工具，弹出“底纹填充”对话框，在“底纹库”中选择需要的样本组，在下方的“底纹列表”中，单击选中一个底纹样式，其他选项的设置如图 4-214 所示，单击“确定”按钮，填充图形，效果如图 4-215 所示。

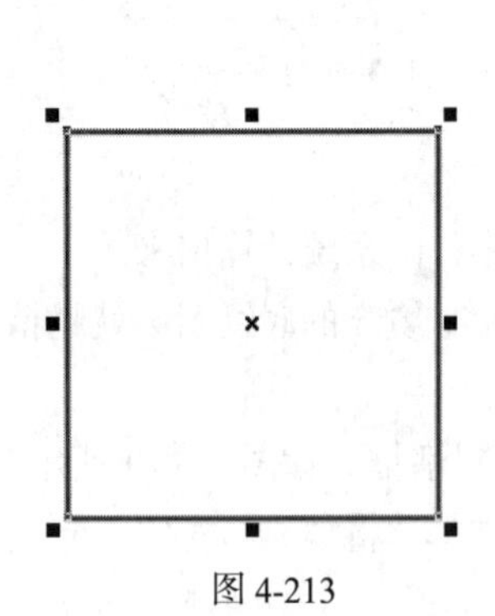

图 4-213

图 4-214

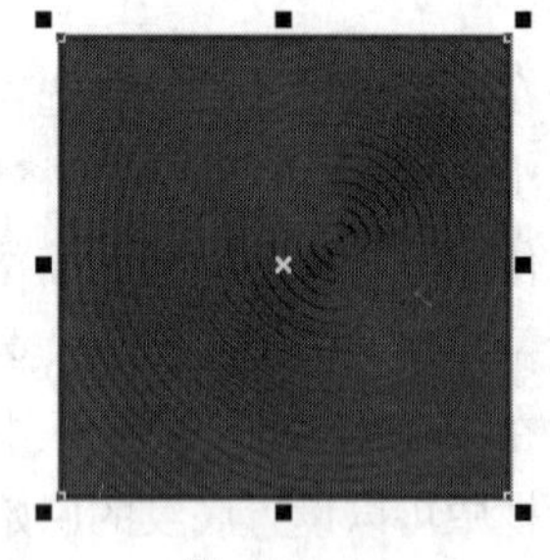

图 4-215

（2）选择“选择”工具，按数字键盘上的+键，复制一个图形。按住 Shift 键的同时，向内拖曳图形右上角的控制手柄到适当的位置，在属性栏中的“轮廓宽度” .2 mm 框中设置数值为 1.5mm，如图 4-216 所示。选择“底纹填充”工具，弹出“底纹填充”对话框，在下方的“底纹列表”中，单击选中一个底纹样式，其他选项的设置如图 4-217 所示，单击“确定”按钮，填充图形，效果如图 4-218 所示。

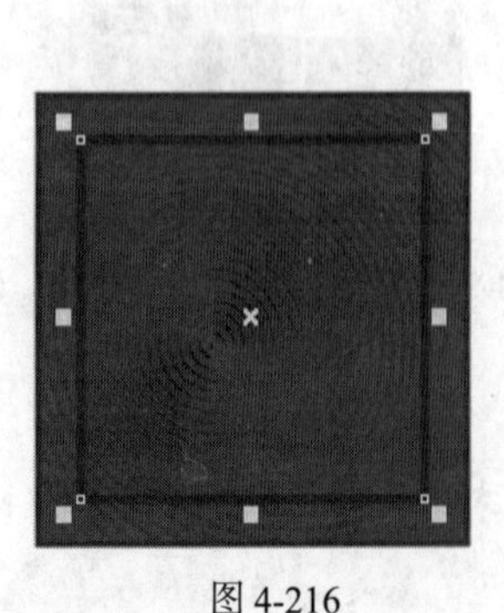

图 4-216

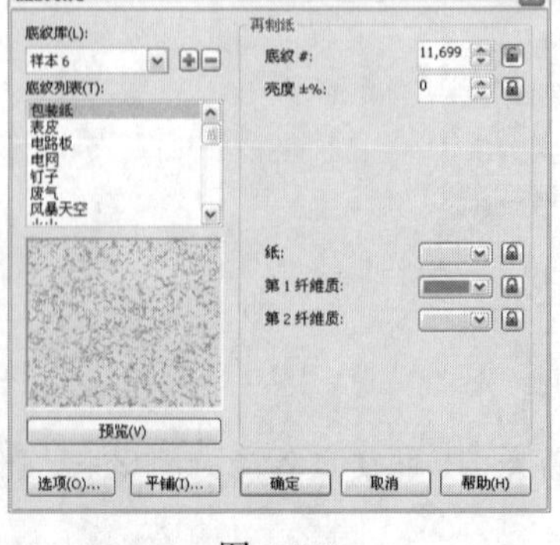

图 4-217

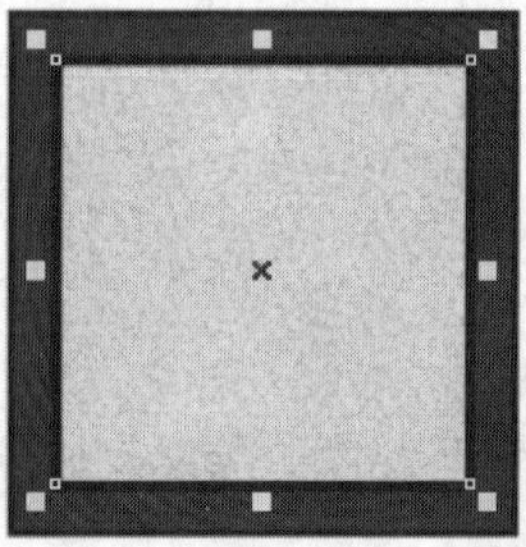

图 4-218

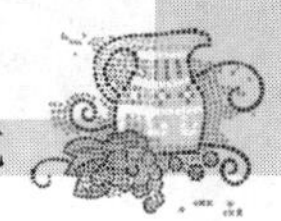

（3）选择“选择”工具，用圈选的方法将两个正方形同时选取，按 Ctrl+G 组合键，将两个图形群组，如图 4-219 所示。在属性栏中的“旋转角度” .0 °框中设置数值为 45.0°，按 Enter 键，效果如图 4-220 所示。再次单击群组图形，使其处于旋转状态，将旋转中心拖曳至适当的位置，效果如图 4-221 所示。

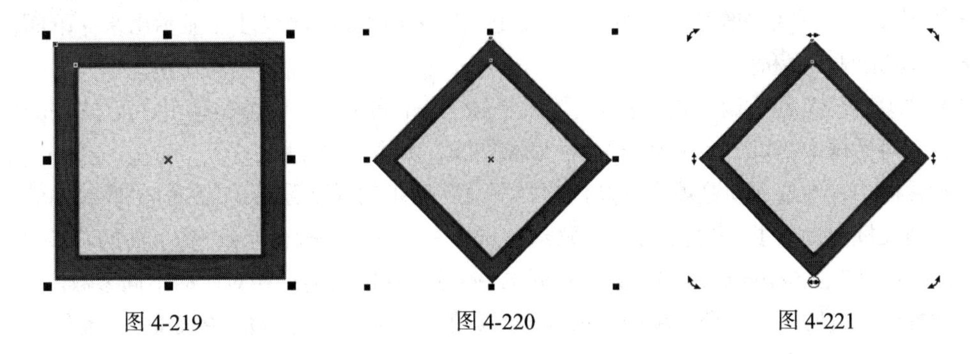

图 4-219　　图 4-220　　图 4-221

（4）按数字键盘上+键，复制一个新图形，在属性栏中的“旋转角度” .0 °框中设置数值为 90.0°，按 Enter 键，效果如图 4-222 所示。按住 Ctrl 键的同时，再连续点按两次 D 键，按需要再制出两个图形，效果如图 4-223 所示。按 Esc 键，取消选取状态，效果如图 4-224 所示。

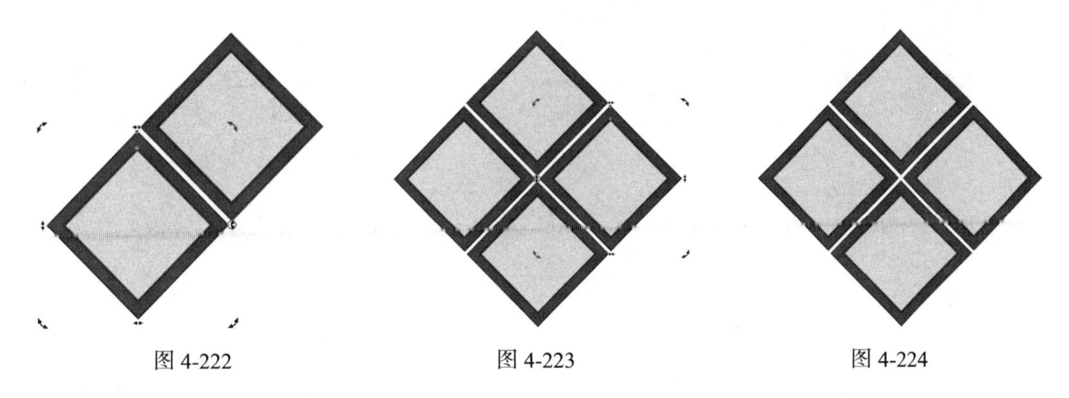

图 4-222　　图 4-223　　图 4-224

（5）按 Ctrl+I 组合键，弹出“导入”对话框，选择光盘中的“Ch04 > 素材 > 绘制民间剪纸 > 01”文件，单击“导入”按钮，在页面中单击导入图片，如图 4-225 所示。

（6）选择“选择”工具，选取龙图形，拖曳到适当的位置并调整其大小，效果如图 4-226 所示。分别将其他 3 个图形拖曳到适当的位置并调整其大小，按 Esc 键，取消选取状态，效果如图 4-227 所示。民间剪纸效果绘制完成。

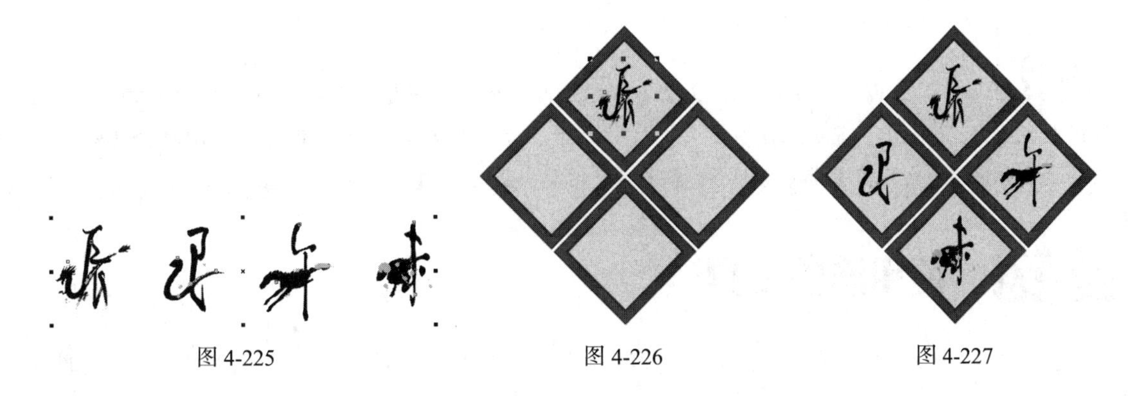

图 4-225　　图 4-226　　图 4-227

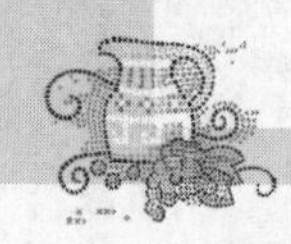

4.6 PostScript 填充

PostScript 填充是利用 PostScript 语言设计出来的一种特殊的图案填充。PostScript 图案是一种特殊的图案。只有在“增强”视图模式下，PostScript 填充的底纹才能显示出来。下面，介绍 PostScript 填充的方法和技巧。

选择“填充”工具展开式工具栏中的“PostScript 填充”工具，弹出“PostScript 底纹”对话框，在对话框中提供了多个 PostScript 底纹图案，如图 4-228 所示。

在对话框中，勾选“预览填充”复选框，不需要打印就可以看到 PostScript 底纹的效果。在左上方的列表框中提供了多个 PostScript 底纹，选择一个 PostScript 底纹，在下面的“参数”设置区中会出现所选 PostScript 底纹的参数。不同的 PostScript 底纹会有相对应的不同参数。

在“参数”设置区的各个选项中输入需要的数值，可以改变选择的 PostScript 底纹，产生新的 PostScript 底纹效果，如图 4-229 所示。

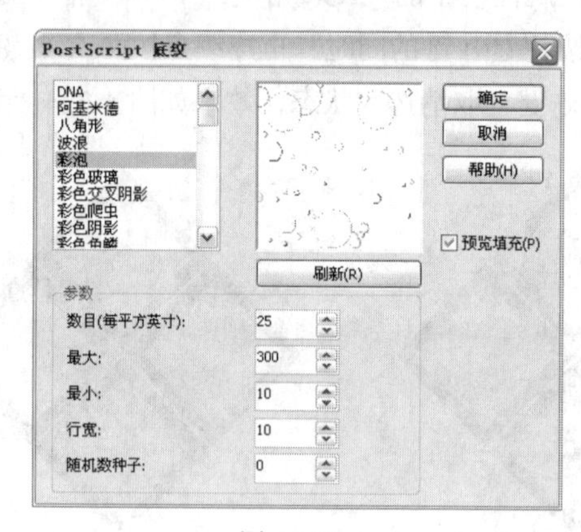

图 4-228

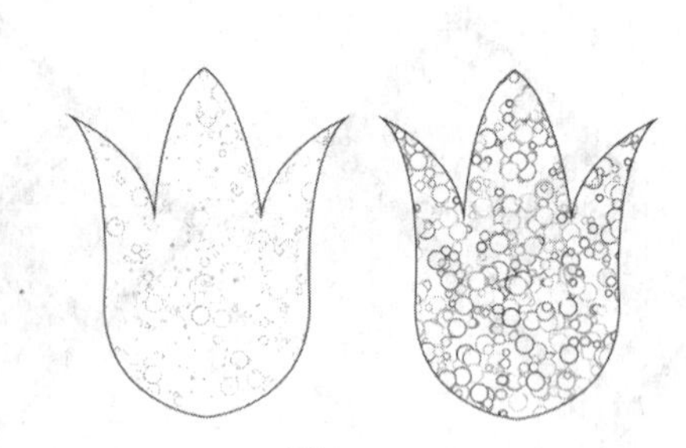

图 4-229

选择“交互式填充”工具，弹出其属性栏，选择“PostScript 填充”选项，在属性栏中可以选择各种 PostScript 底纹填充的样式对图形对象进行填充，如图 4-230 所示。

图 4-230

技巧 CorelDRAW X5 在屏幕上显示 PostScript 填充时用字母“PS”表示。PostScript 填充使用的限制非常多，由于 PostScript 填充图案非常复杂，所以在打印和更新屏幕显示时会使处理时间加大。PostScript 填充非常占用系统资源，使用时一定要慎重。

4.7 使用滴管工具

CorelDRAW X5 的滴管工具分为颜色滴管工具和属性滴管工具两种。“颜色滴管”工具只能将

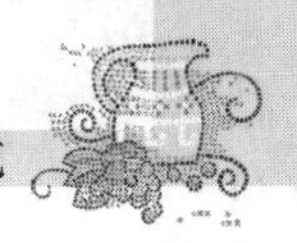

图形对象上提取的颜色复制到其他图形对象中。“属性滴管”工具可以在图形对象上提取并复制对象的属性填充到其他图形对象中。

4.7.1　颜色滴管工具

绘制两个图形，如图 4-231 所示。选择“颜色滴管”工具，属性栏如图 4-232 所示。将滴管光标放置在图形对象上，单击鼠标左键来提取对象的颜色，如图 4-233 所示。光标变为图标，将光标移动到另一图形，如图 4-234 所示，单击鼠标，填充提取的颜色，效果如图 4-235 所示。

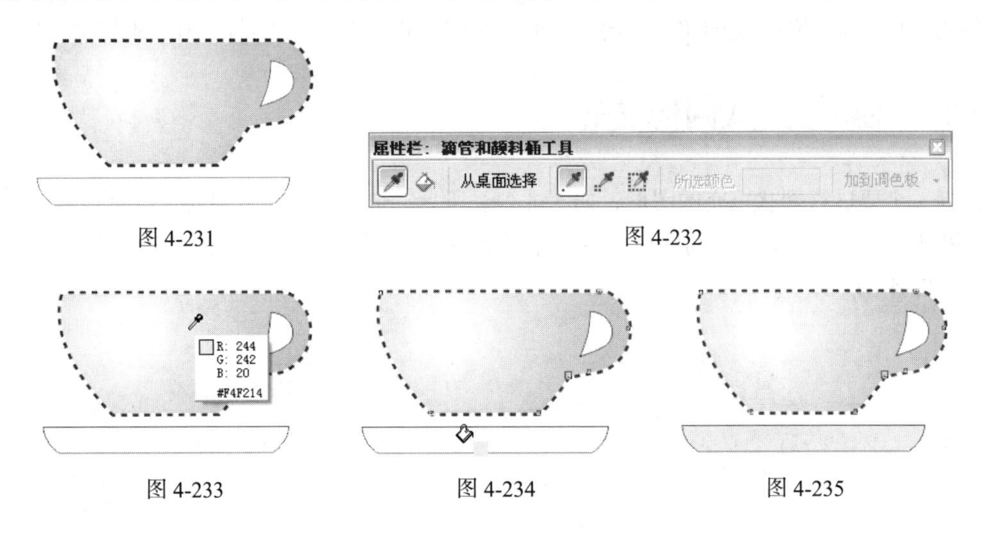

图 4-231　　图 4-232

图 4-233　　图 4-234　　图 4-235

4.7.2　属性滴管工具

绘制两个图形，如图 4-236 所示。选择“属性滴管”工具，属性栏如图 4-237 所示。将滴管光标放置在图形对象上，单击鼠标左键来提取对象的属性，如图 4-238 所示。光标变为图标，将光标移动到另一图形，如图 4-239 所示，单击鼠标，填充提取的所有属性，效果如图 4-240 所示。

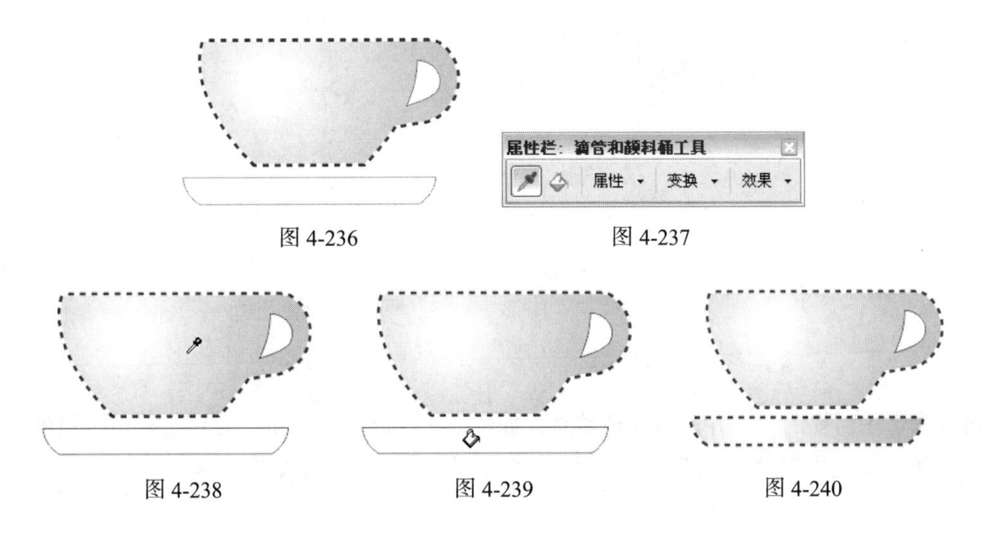

图 4-236　　图 4-237

图 4-238　　图 4-239　　图 4-240

在“属性吸管”工具属性栏中，“属性”选项下拉列表可以设置提取并复制对象的轮廓属性、填充属性和文本属性。“变换”选项下拉列表可以设置提取并复制对象的大小、旋转角度和位置等属性。“效果”选项下拉列表可以设置提取并复制对象的透视、封套、混合、立体化、轮廓图、透镜、图框精确剪裁、阴影和变形等属性。

4.8 交互式网格填充

使用“网状填充”工具可以制作出变化丰富的网状填充效果，还可以将每个网点填充上不同的颜色并且定义颜色填充的扭曲方向。下面介绍交互式网格填充工具的方法和技巧。

4.8.1 使用交互式网格填充

绘制一个要进行网状填充的图形，如图 4-241 所示。选择“交互式填充”工具展开工具栏中的“网状填充”工具，在属性栏中将横竖网格的数值均设置为 3，按 Enter 键，图形的网状填充效果如图 4-242 所示。

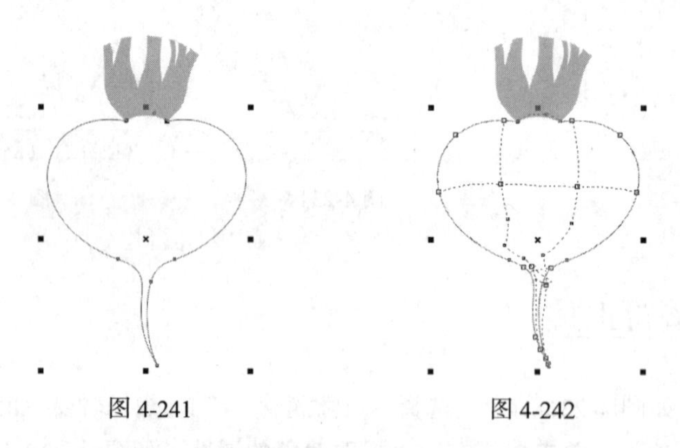

图 4-241　　图 4-242

单击选中网格中需要填充的节点，如图 4-243 所示。在调色板中需要的颜色上单击鼠标左键，可以为选中的节点填充颜色，效果如图 4-244 所示。

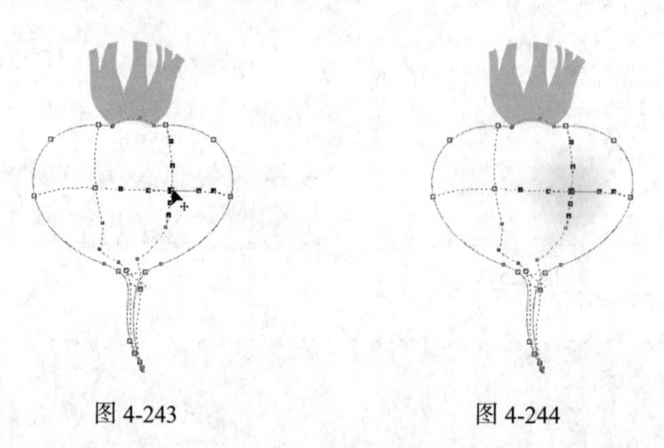

图 4-243　　图 4-244

再依次选中需要的节点并进行颜色填充，如图 4-245 所示。选中节点后，拖曳节点的控制点可以扭曲颜色填充的方向，如图 4-246 所示。交互式网格填充效果如图 4-247 所示。

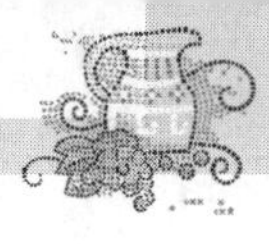

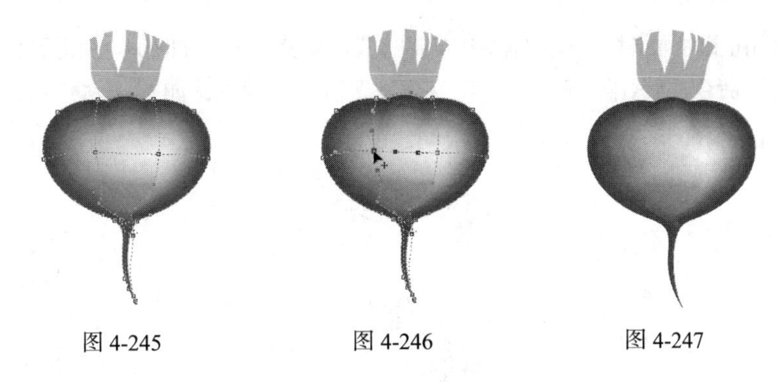

图 4-245　　　图 4-246　　　图 4-247

4.8.2　课堂案例——绘制玫瑰花

【案例学习目标】使用导入命令、曲线工具和填充工具绘制玫瑰花。

【案例知识要点】使用导入命令、网状填充工具、彩色命令、渐变填充工具和手绘工具绘制玫瑰花，效果如图 4-248 所示。

图 4-248

【效果所在位置】光盘/Ch04/效果/绘制玫瑰花.cdr。

（1）按 Ctrl+N 组合键，新建一个 A4 页面。按 Ctrl+I 组合键，弹出“导入”对话框，选择光盘中的“Ch04 > 素材 > 绘制玫瑰花 > 01”文件，单击“导入”按钮，在页面中单击导入图片，将其拖曳到适当的位置，效果如图 4-249 所示。按 Ctrl+U 组合键，取消图形的群组。

（2）选择“选择”工具，选取需要的图形，如图 4-250 所示，选择“网状填充”工具，效果如图 4-251 所示。

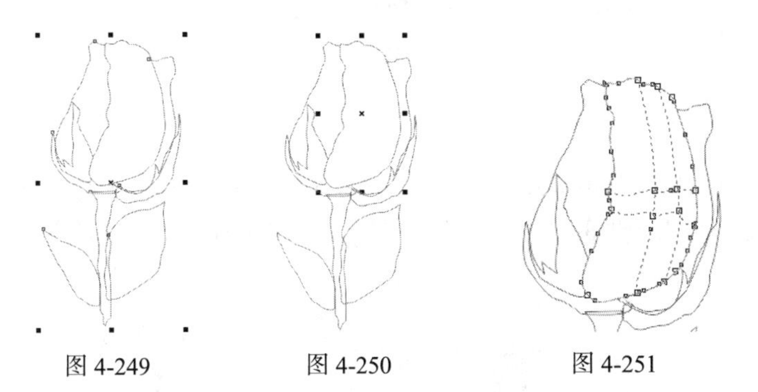

图 4-249　　　图 4-250　　　图 4-251

（3）在网格中适当的位置双击鼠标左键，添加网线，如图 4-252 所示。使用相同的方法在网格中添加其他的网格线，效果如图 4-253 所示。

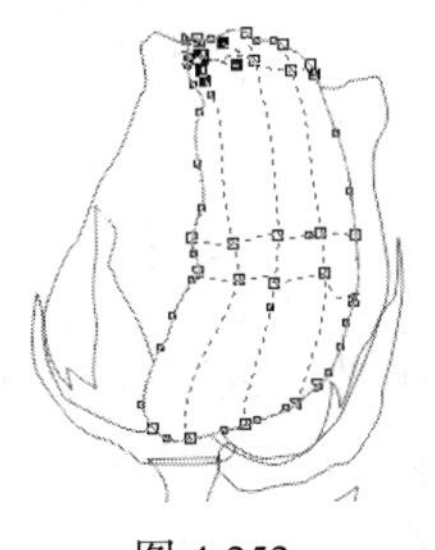

图 4-252

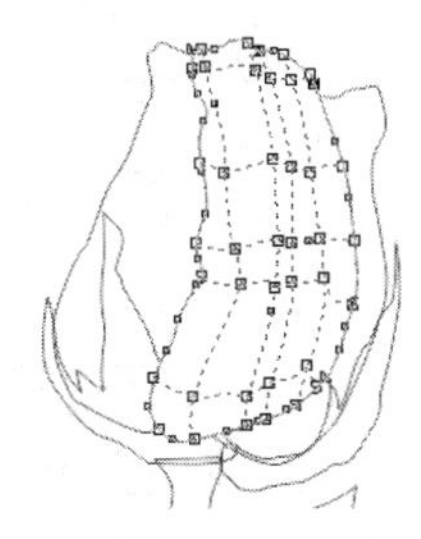

图 4-253

（4）按住 Shift 键的同时，单击网格中需要的节点将其选取，如图 4-254 所示。选择“窗口 > 泊坞窗 > 彩色”命令，弹出“颜色”泊坞窗，设置需要的颜色，如图 4-255 所示，单击“填充”按钮，效果如图 4-256 所示。

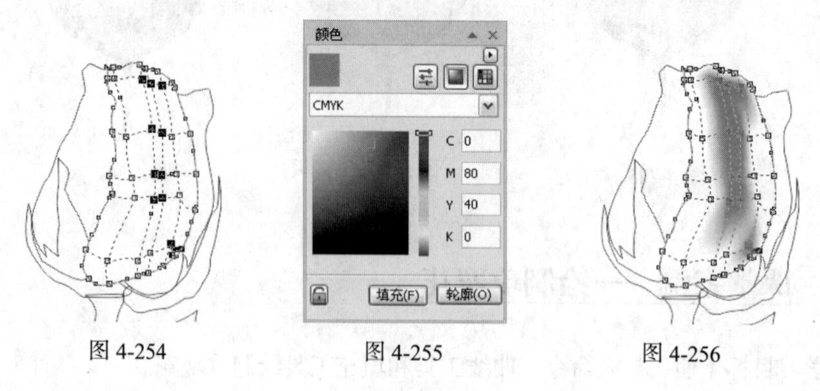

图 4-254　　图 4-255　　图 4-256

（5）在空白处单击取消选取状态。按住 Shift 键的同时，单击网格中需要的节点，将其全部选取，如图 4-257 所示。在“颜色”泊坞窗中设置需要的颜色，如图 4-258 所示，单击“填充”按钮，效果如图 4-259 所示。

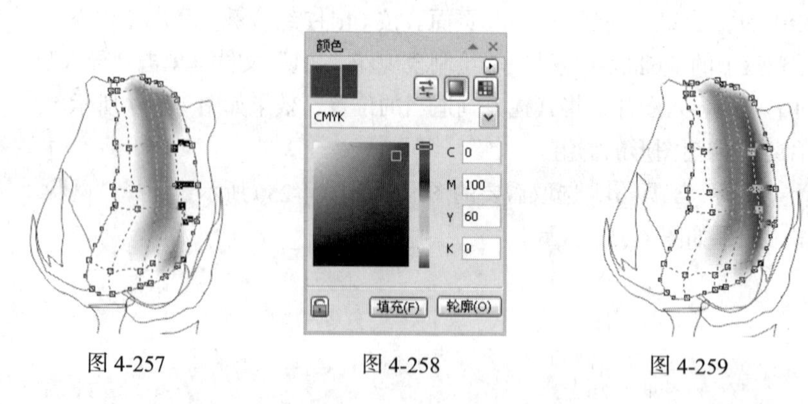

图 4-257　　图 4-258　　图 4-259

（6）使用同样方法填充其他节点的颜色，效果如图 4-260 所示。选择“选择”工具，选取图形，在“CMYK 调色板”中的“无填充”按钮上单击鼠标右键，去除图形的轮廓线，效果如图 4-261 所示。

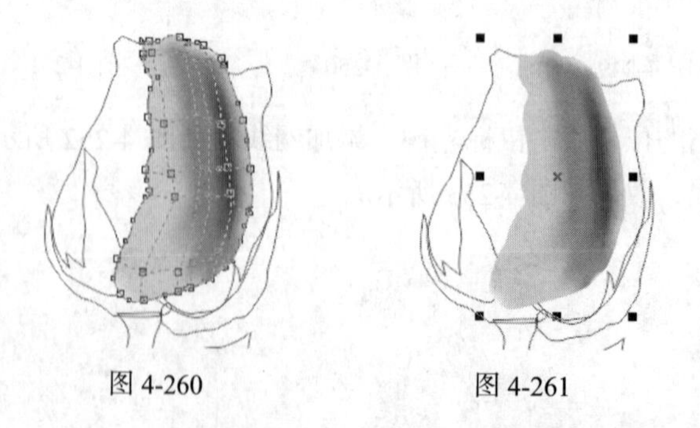

图 4-260　　图 4-261

（7）选择“选择”工具，选取需要的图形，如图 4-262 所示，选择“渐变填充”工具，弹出“渐变填充”对话框。点选“双色”单选框，将“从”选项颜色的 CMYK 值设置为：0、79、39、0，“到”选项颜色的 CMYK 值设置为：0、0、0、0，其他选项的设置如图 4-263 所示，单击

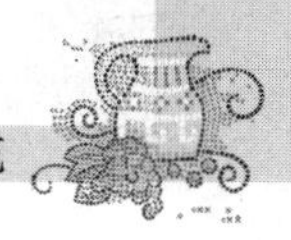

“确定”按钮，填充图形，效果如图 4-264 所示。

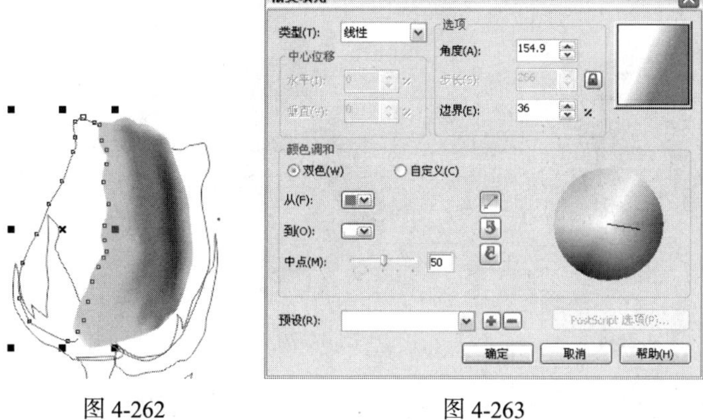

图 4-262　　图 4-263

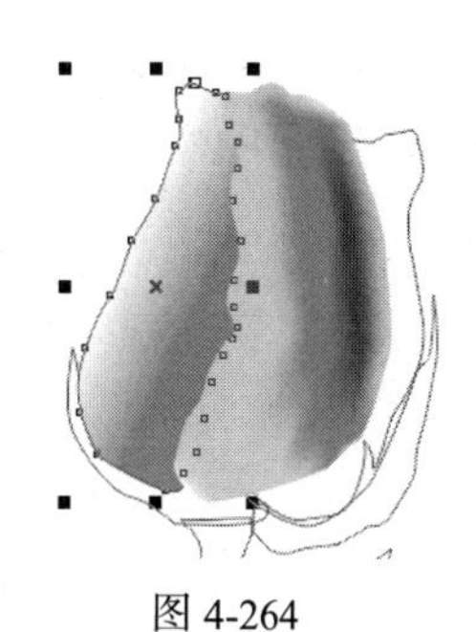

图 4-264

（8）在“CMYK 调色板”中的“50%黑”色块上单击鼠标右键，填充图形的轮廓线，效果如图 4-265 所示。选择“选择”工具，选取需要的图形，如图 4-266 所示。

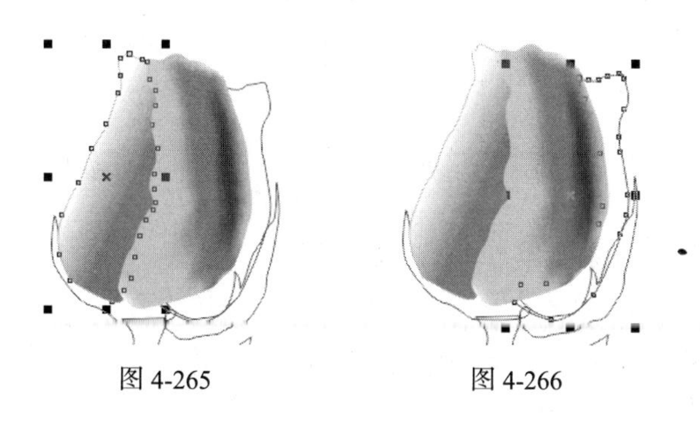

图 4-265　　图 4-266

（9）选择“渐变填充”工具，弹出“渐变填充”对话框。点选“自定义”单选框，在“位置”选项中分别输入 0、68、100 三个位置点，单击右下角的“其他”按钮，分别设置三个位置点颜色的 CMYK 值为：0（0、79、39、0）、68（0、14、7、0）、100（0、0、0、0），其他选项的设置如图 4-267 所示，单击“确定”按钮，填充图形，效果如图 4-268 所示。

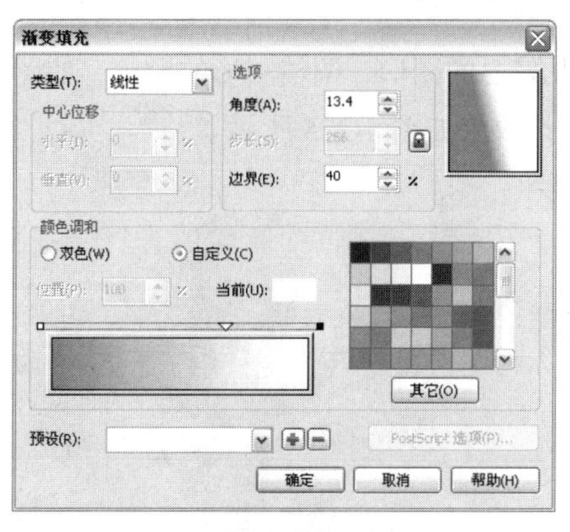

图 4-267

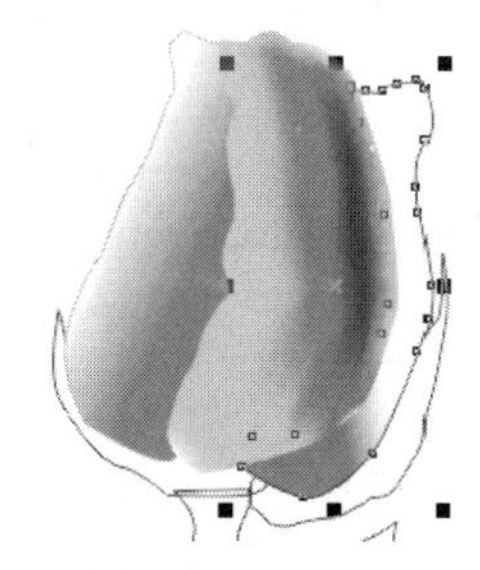

图 4-268

（10）选择“交互式填充”工具，在图形上拖曳光标，调整渐变色的位置，效果如图 4-269

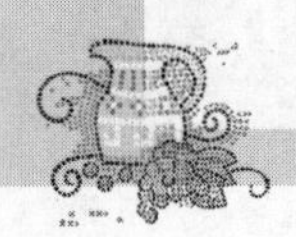

所示。选择“选择”工具，在“CMYK 调色板”中的“50%黑”色块上单击鼠标右键，填充图形轮廓线，效果如图 4-270 所示。

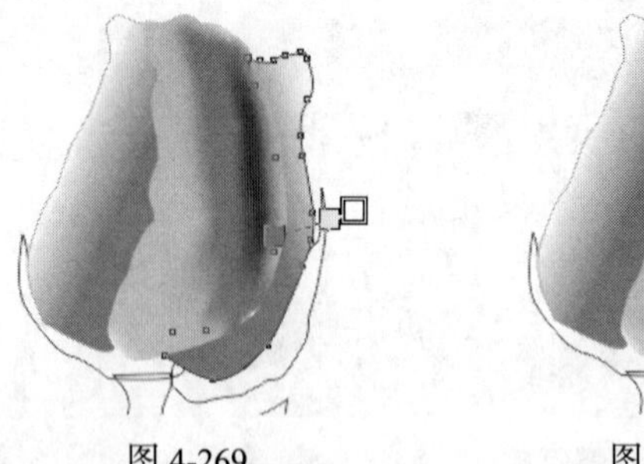

图 4-269

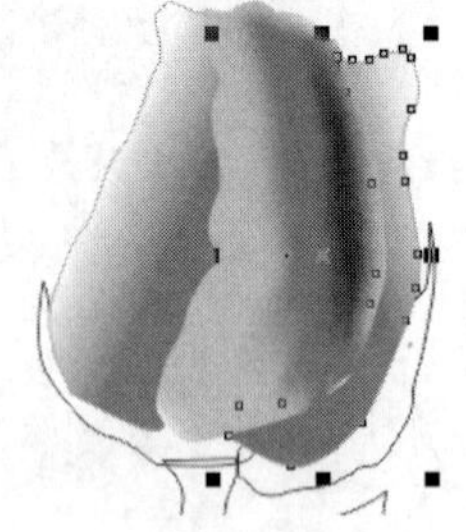

图 4-270

（11）选择“选择”工具，选取需要的图形，如图 4-271 所示，按 Shift+PageUp 组合键，将其置到最前面。选择“渐变填充”工具，弹出“渐变填充”对话框。点选“自定义”单选框，在“位置”选项中分别输入 0、36、100 三个位置点，单击右下角的“其他”按钮，分别设置三个位置点颜色的 CMYK 值为：0（100、0、100、0）、36（71、0、100、30）、100（40、0、100、0），其他选项的设置如图 4-272 所示，单击“确定”按钮，填充图形，并去除图形轮廓线，效果如图 4-273 所示。

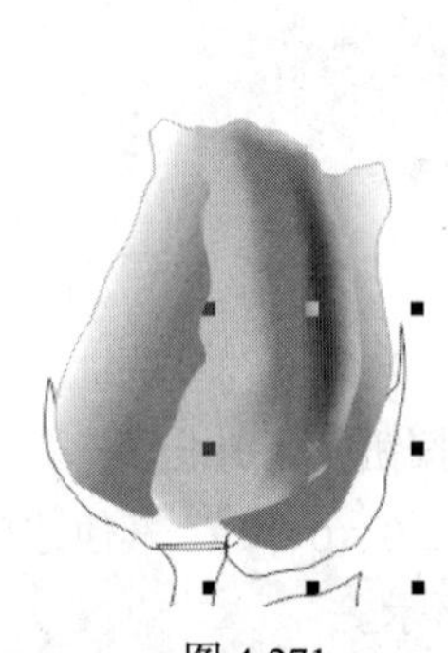

图 4-271

图 4-272

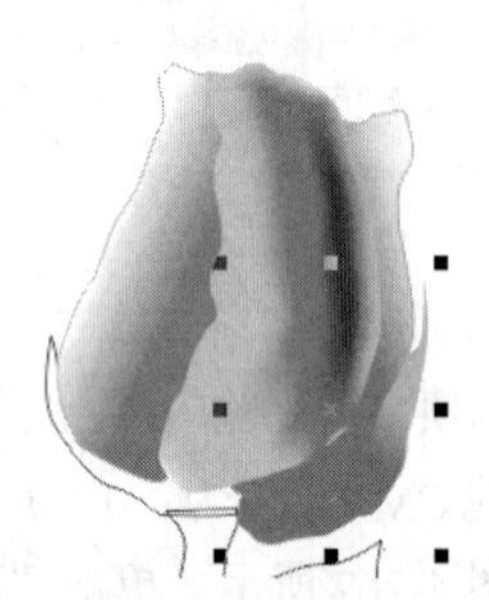

图 4-273

（12）选择“选择”工具，分别选取需要的图形，调整图形的顺序，如图 4-274 所示，使用相同的方法，分别填充图形相应的渐变色，效果如图 4-275 所示。

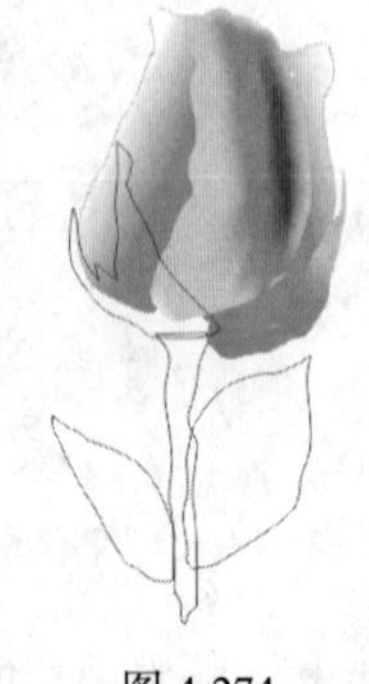

图 4-274

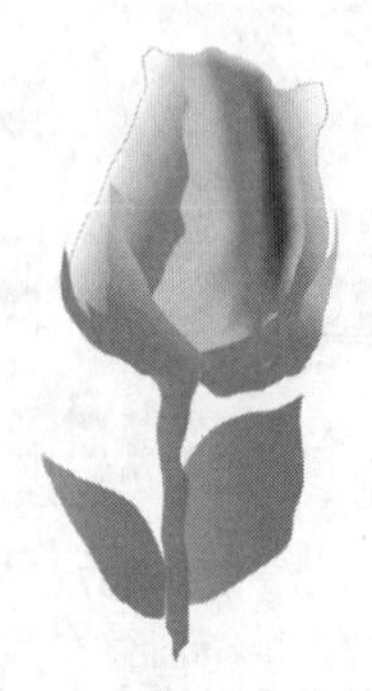

图 4-275

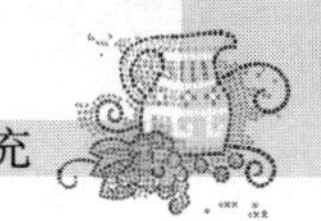

（13）选择“手绘”工具，在页面中适当的位置绘制多条曲线，如图 4-276 所示。选择“选择”工具，用圈选的方法选取刚绘制的曲线，按 F12 键，弹出“轮廓笔”对话框，在“颜色”选项中设置轮廓线颜色的 CMYK 值为 100、0、100、30，其他选项的设置如图 4-277 所示，单击“确定”按钮，效果如图 4-278 所示。按 Esc 键，取消选取状态，效果如图 4-279 所示。玫瑰花绘制完成。

图 4-276

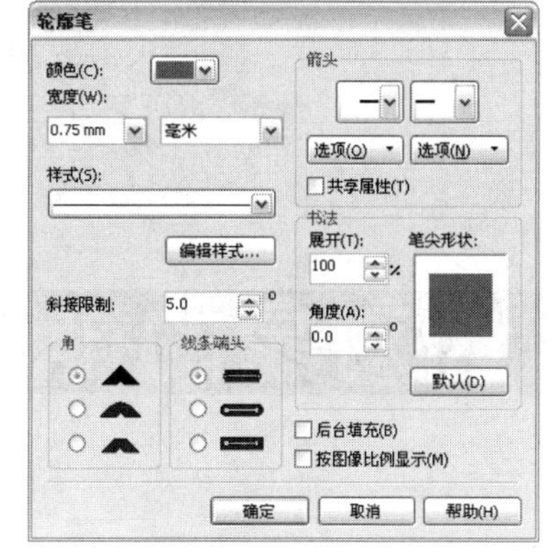

图 4-277

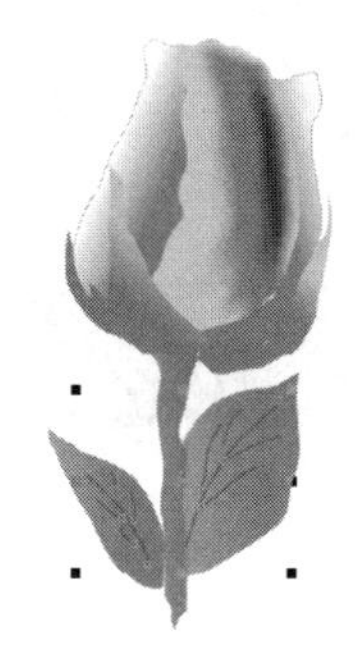

图 4-278

图 4-279

4.9　课后习题——绘制环保电池

【习题知识要点】使用矩形工具和渐变填充工具绘制电池的主体图形；使用合并命令制作“闪电图形”和“加号图形”；使用调和工具为电池添加阴影效果。环保电池效果如图 4-280 所示。

【效果所在位置】光盘/Ch04/效果/绘制环保电池.cdr。

图 4-280

第5章 对象的排序和组合

CorelDRAW X5 提供了多个命令和工具来帮助用户排列和组合图形对象。本章将介绍组织和编辑复杂图形对象的功能以及相关的技巧。通过学习本章的内容，读者可以学会排列和组合绘图中的图形对象的功能以及相关的技巧，完成制作任务。

课堂学习目标

- 对象的对齐和分布
- 对象和图层的顺序
- 控制对象
- 群组和结合

5.1 对象的对齐和分布

在设计作品的过程中，经常要设置对象的对齐和分布方式，在 CorelDRAW X5 中就提供了一些功能来帮助用户设置好对象的对齐和分布。下面介绍对齐和分布功能的使用方法和技巧。

5.1.1 多个对象的对齐和分布

1. 多个对象的对齐

使用“选择”工具选取多个要对齐的对象，选择“排列 > 对齐和分布 > 对齐与分布”命令，或单击属性栏中的“对齐与分布”按钮，弹出如图 5-1 所示的“对齐与分布”对话框。

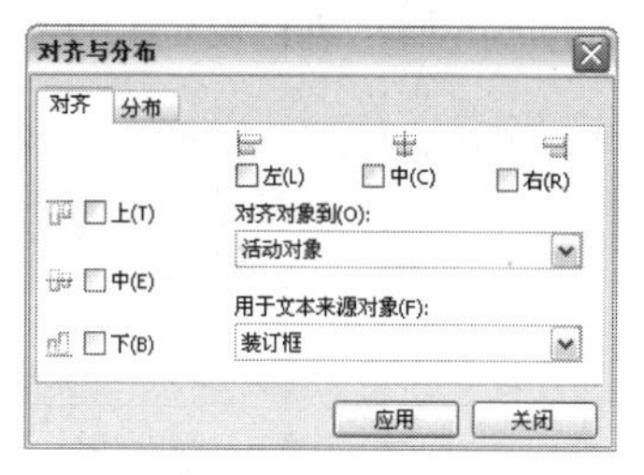

图 5-1

在“对齐与分布”对话框中的“对齐”选项卡下，可以选择两组对齐方式选项，如左、中、右对齐或者上、中、下对齐。两组对齐方式选项可以单独使用，也可以配合使用，如对齐右下部、左上部等设置就需要配合使用。

在“对齐对象到”或“用于文本来源对象”选项的下拉列表中有多个选项可以选择，这些选项用于设置图形对象以页面的什么位置为基准进行对齐。“对齐对象到”或“用于文本来源对象”选项必须与左、中、右对齐或者上、中、下对齐选项同时使用，以指定图形对象的某个部分去和页边或页面中心等位置为基准对齐。

对齐图形对象的操作步骤如下。

（1）打开几个图形对象，并将它们放在一个绘图页面中，如图 5-2 所示。选择“选择”工具，按住 Shift 键的同时，单击几个要对齐的图形对象将它们全选，如图 5-3 所示。

技巧 要将图形目标对象最后选取，因为其他图形对象将以图形目标对象为基准对齐，本例中以右下角的蛋糕图形为图形目标对象，所以最后一个选取它。

图 5-2

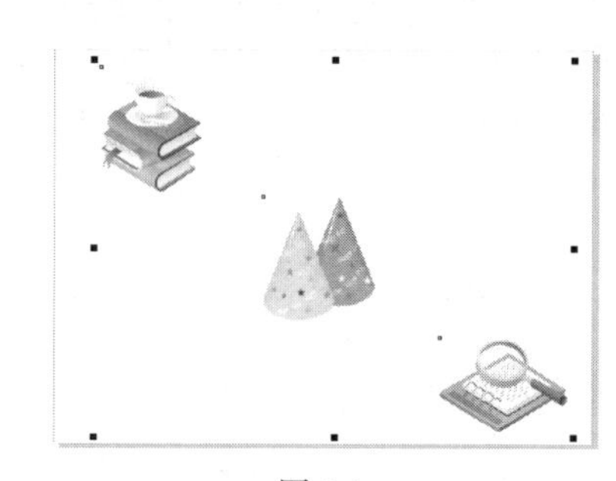

图 5-3

（2）选择“排列 > 对齐和分布 > 对齐与分布”命令，弹出“对齐与分布”对话框，在对话框中，单击选择“右”复选框，如图 5-4 所示进行设定，单击“应用”按钮，几个图形对象的对齐效果如图 5-5 所示。

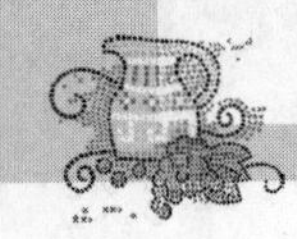

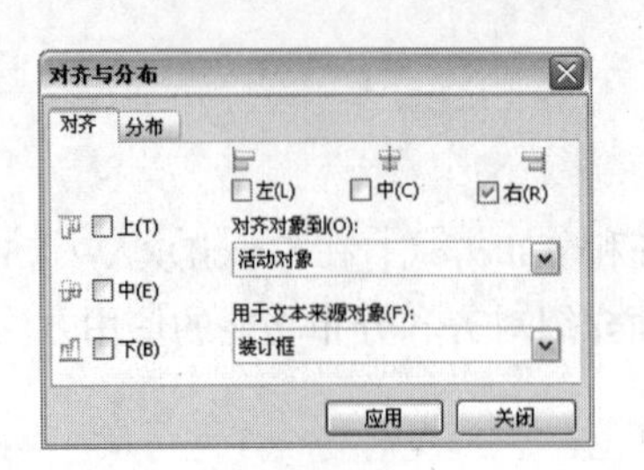

图 5-4

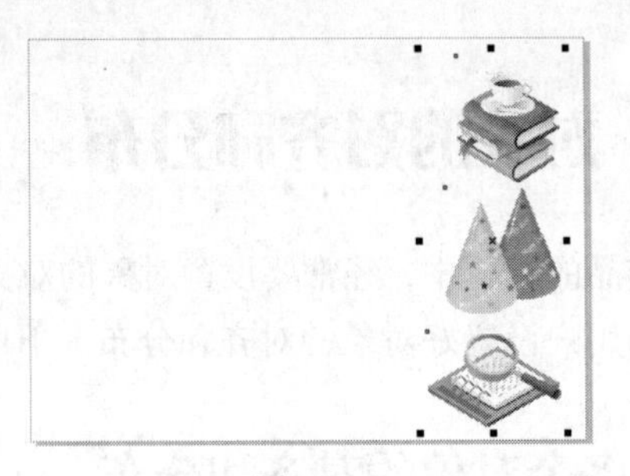

图 5-5

（3）在“对齐与分布”对话框中，选择“对齐对象到”选项下拉列表中的“页面中心”选项，如图 5-6 所示进行设定，再单击“应用”按钮，几个图形对象的对齐效果如图 5-7 所示。

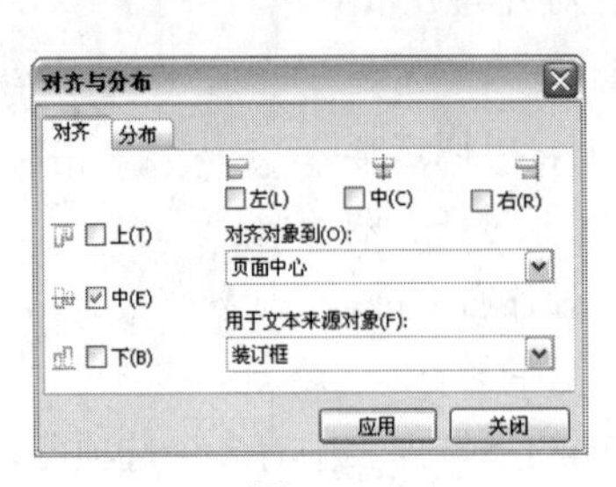

图 5-6

图 5-7

技巧 在“对齐与分布”对话框中，还可以进行多种图形对齐方式的设置，用户只要多加练习就可以很快掌握。

2. 多个对象的分布

分布功能主要是控制多个图形对象之间的距离，图形对象可以分布在绘图页面范围或选定的区域范围内。

分布图形对象的操作步骤如下。

（1）使用“选择”工具选取多个要分布的图形对象，如图 5-8 所示。选择“排列 > 对齐和分布 > 对齐与分布”命令，弹出“对齐与分布”对话框，单击“分布”选项，弹出“分布”对话框，如图 5-9 所示。

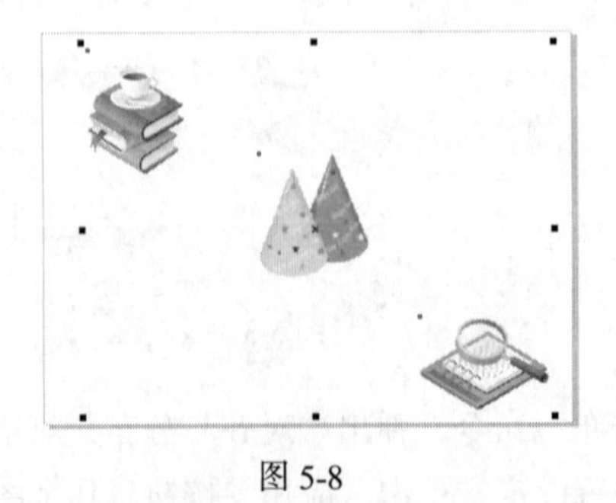

图 5-8

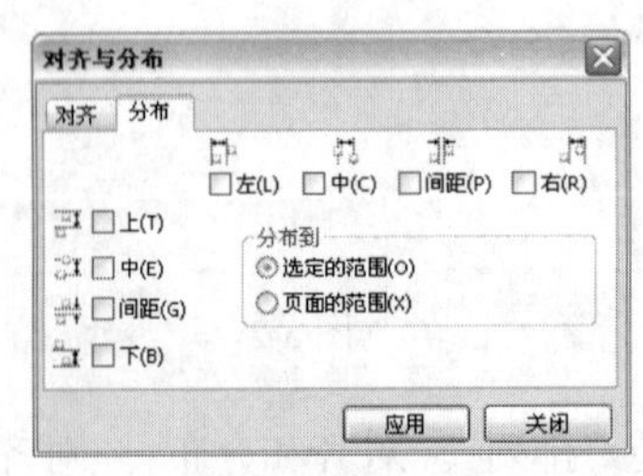

图 5-9

（2）在“分布”对话框中有两种分布形式，分别是沿垂直方向分布和沿水平方向分布。可以

选择不同的基准点来分布对象。

（3）在“分布”对话框中，分别选择“间距”和“页面的范围”选项，按照如图 5-10 所示进行设定，单击“应用”按钮，几个图形对象的分布效果如图 5-11 所示。

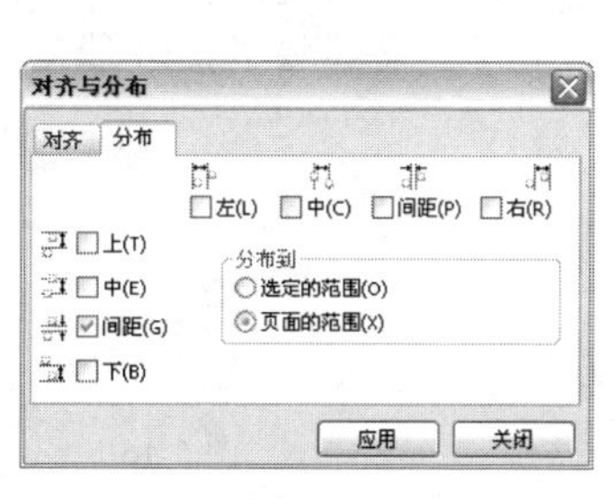

图 5-10

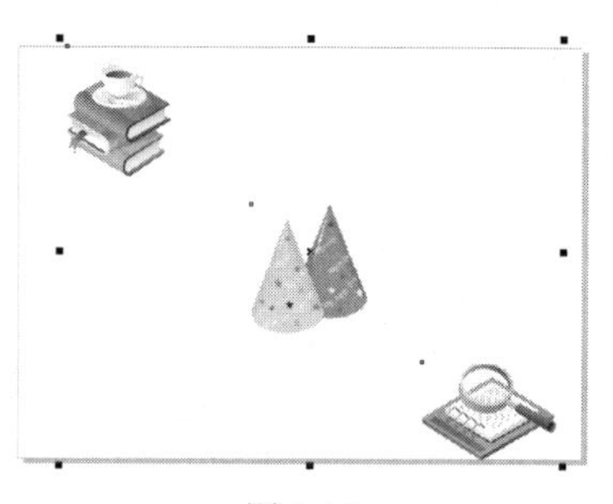

图 5-11

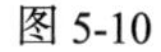

5.1.2　课堂实例——印刷拼版

【案例学习目标】学习使用对齐和分布命令制作印刷拼版。

【案例知识要点】使用导入命令、辅助线命令和对齐与分布命令制作印刷拼版，如图 5-12 所示。

【效果所在位置】光盘/Ch05/效果/印刷拼版.cdr。

图 5-12

1. 打开图片并更改版面大小

（1）按 Ctrl+N 组合键，新建一个 A4 页面。按 Ctrl+I 组合键，弹出“导入”对话框，选择光盘中的“Ch05 > 素材 > 印刷拼版 > 01”文件，单击“导入”按钮，在页面中单击导入图片，按 P 键，居中对齐页面，效果如图 5-13 所示。

（2）选择“视图 > 设置 > 辅助线设置”命令，弹出“选项”对话框，单击“水平”选项，切换到相应的对话框，设置如图 5-14 所示。单击“垂直”选项，切换到相应的对话框，参数设置如图 5-15 所示，单击“确定”按钮，辅助线的效果如图 5-16 所示。在页面中空白处单击鼠标左键，取消辅助线的选取状态。

图 5-13

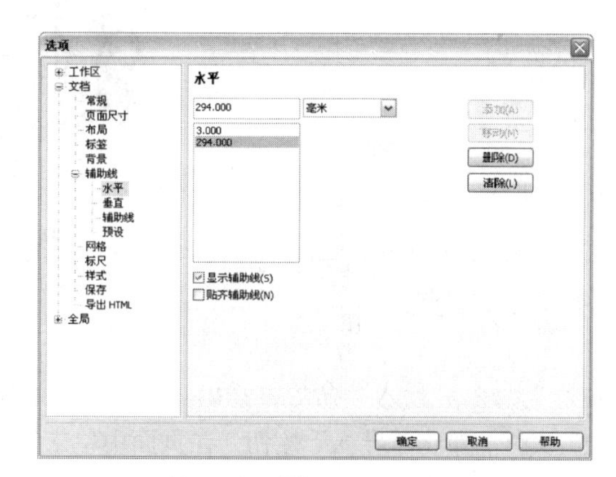

图 5-14

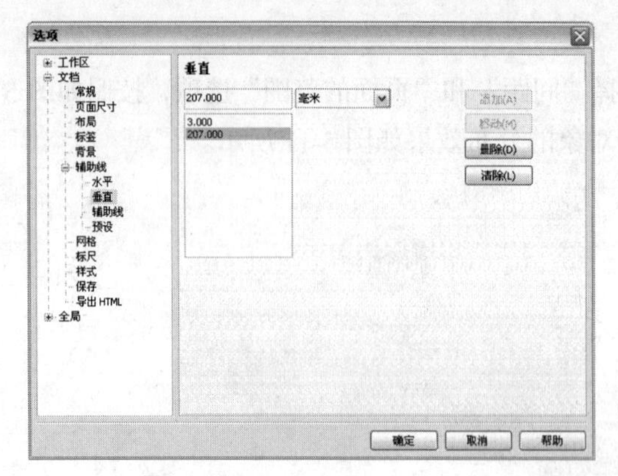

图 5-15

图 5-16

（3）在属性栏的“页面度量”选项中分别设置宽度为 420.0mm，高度为 297.0mm，如图 5-17 所示，按 Enter 键，页面尺寸显示为设置的大小，效果如图 5-18 所示。

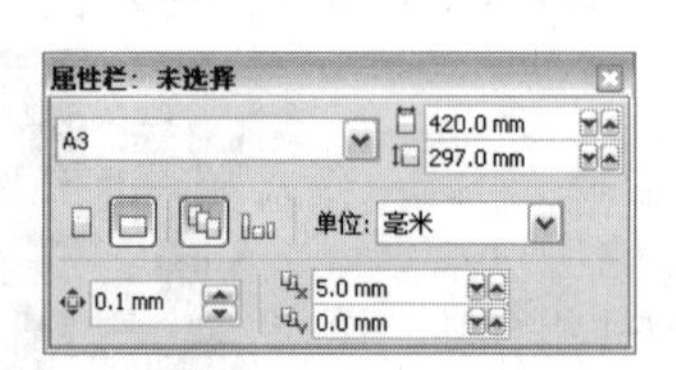

图 5-17

图 5-18

2．对齐图片

（1）选择“视图 > 辅助线”命令，隐藏辅助线。选择“选择”工具，选取图片，选择“排列 > 对齐和分布 > 对齐与分布”命令，弹出对话框，参数设置如图 5-19 所示，单击“应用”按钮，效果如图 5-20 所示。

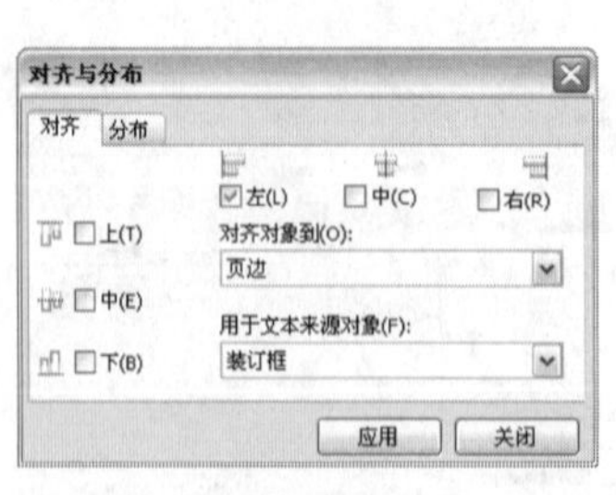

图 5-19

图 5-20

（2）选择“文件 > 导入”命令，弹出“导入”对话框，选择光盘中的“Ch05 > 素材 > 印刷拼版 > 02”文件，单击“导入”按钮，在页面中单击导入图片，如图 5-21 所示。选择“排列 > 对齐和分布 > 对齐与分布”命令，弹出对话框，参数设置如图 5-22 所示，单击“应用”按钮，效果如图 5-23 所示。

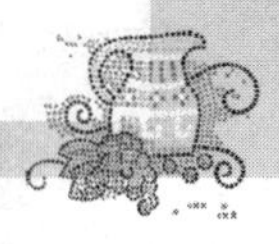

图 5-21

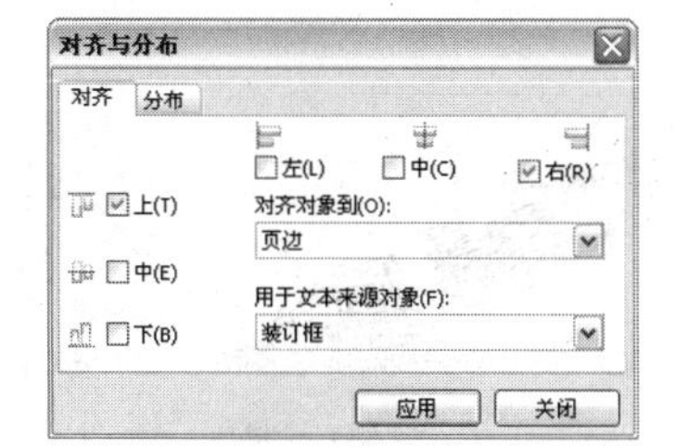

图 5-22

图 5-23

（3）在页面空白处单击鼠标左键，取消图形的选取状态。在属性栏的“页面度量”选项中分别设置宽度为 420.0mm，高度为 594.0mm，如图 5-24 所示，按 Enter 键，页面尺寸显示为设置的大小，效果如图 5-25 所示。

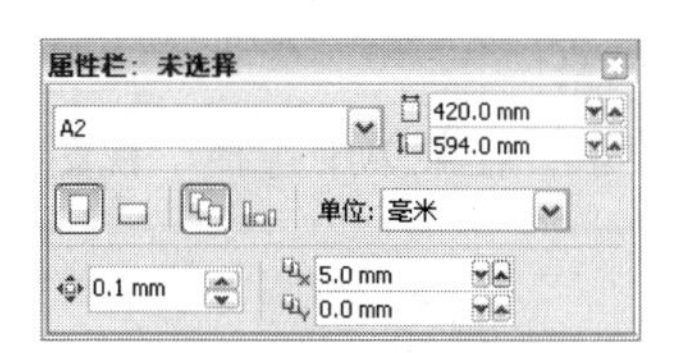

图 5-24

图 5-25

（4）在工具箱中双击“选择”工具，将页面中的图形全部选取，按 Ctrl+G 组合键，将其群组。选择“排列 > 对齐和分布 > 对齐与分布”命令，弹出对话框，参数设置如图 5-26 所示，单击“应用”按钮，效果如图 5-27 所示。

图 5-26

图 5-27

（5）保持图形的选取状态，按数字键盘上的+键，复制图形。在属性栏中的“旋转角度”框中设置数值为 180°，如图 5-28 所示，按 Enter 键，将复制的图形旋转，效果如图 5-29 所示。选择“排列 > 对齐和分布 > 对齐与分布”命令，弹出对话框，参数设置如图 5-30 所示，单击“应用”按钮，按 Esc 键，取消图形的选取状态，效果如图 5-31 所示。印刷拼版效果制作完成。

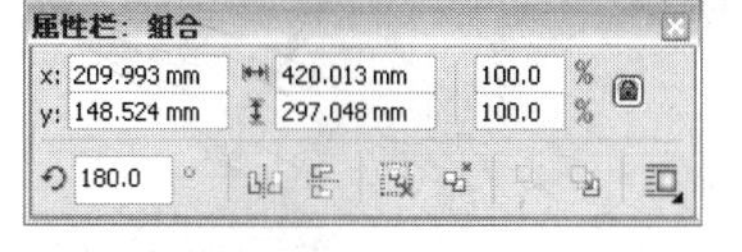

图 5-28

图 5-29

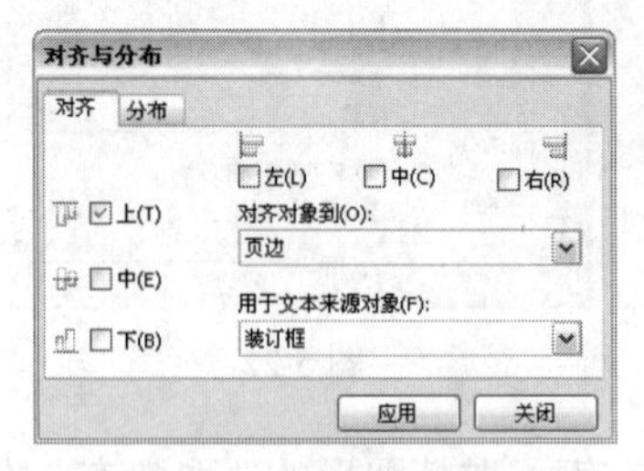

图 5-30

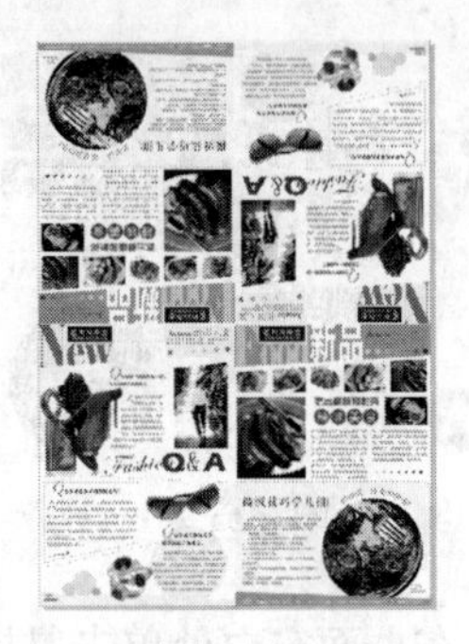
图 5-31

5.1.3　网格和辅助线的设置

1．设置网格

网格的设置可以辅助用户设计和绘制图形，下面介绍绘制网格的具体方法和技巧。

选择“视图 > 网格”命令，在页面中生成网格，效果如图 5-32 所示。如果想去除网格，只要再次选择“视图 > 网格”命令，就可以去除网格。

在绘图页面中单击鼠标右键，弹出其快捷菜单，在菜单中选择“视图 > 网格”命令，如图 5-33 所示，可以在页面中生成网格。

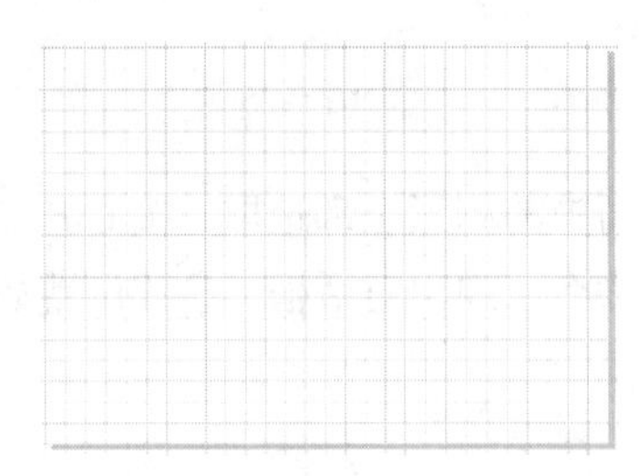

图 5-32

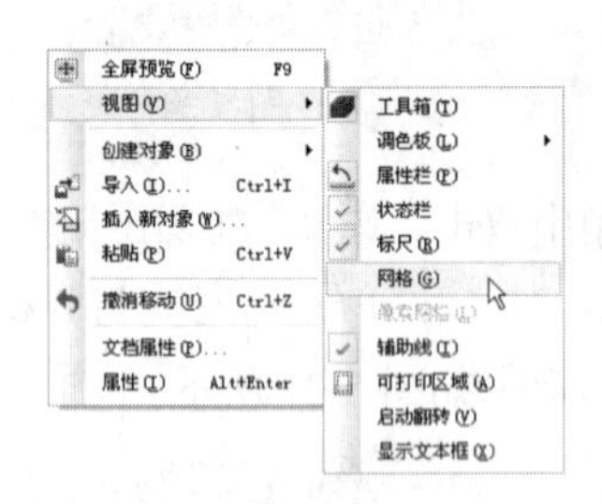

图 5-33

在绘图页面的标尺上单击鼠标右键，弹出快捷菜单，在菜单中选择“栅格设置”命令，如图 5-34 所示，弹出“选项”对话框，如图 5-35 所示。在“自定义网格”选项组中可以设置网格的密度和网格点的间距。网格点的设置要合理，如果密度设置太大，会影响图形对象移动或变形的操作。只有当设置的文件测量单位为像素时，“像素网格”选项组中的选项才可用。

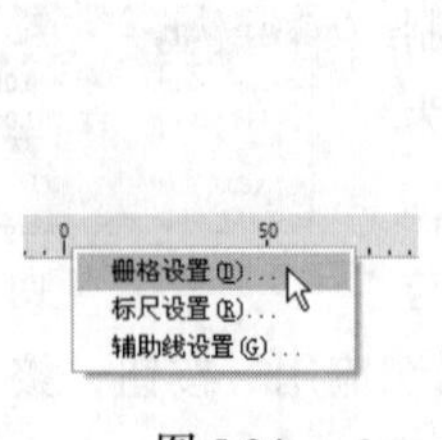

图 5-34

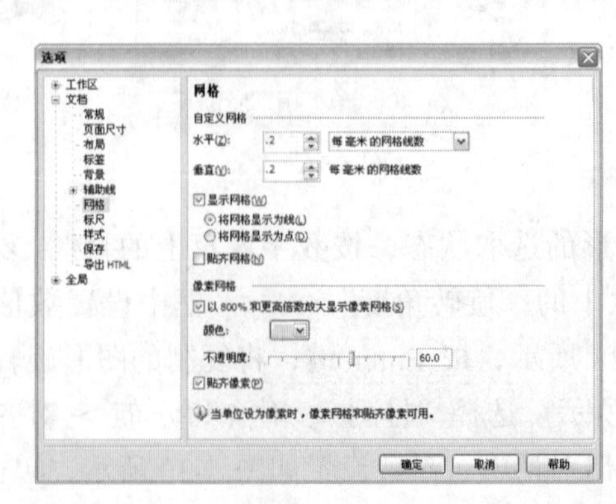

图 5-35

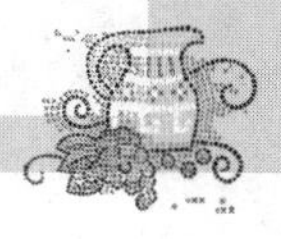

2．设置辅助线

辅助线可以用来辅助设计和绘制图形。下面介绍设置辅助线的具体方法和技巧。

⊙ 使用鼠标拖曳来设置辅助线。将鼠标的光标移动到水平或垂直标尺上，按住鼠标左键向下或向右拖曳鼠标，可以拖曳出辅助线，在适当的位置松开鼠标左键，辅助线效果如图 5-36 所示。

要想移动辅助线必须先选取辅助线，将鼠标的光标放在辅助线上并单击鼠标左键，辅助线被选取并呈红色，用光标拖曳辅助线到适当的位置即可，如图 5-37 所示。在拖曳的过程中单击鼠标右键可以在当前位置复制一条辅助线。选取辅助线后，按 Delete 键，可以将辅助线删除。

辅助线被选取并变成红色后，再次单击辅助线，将出现辅助线的旋转模式，如图 5-38 所示。通过拖曳两端的旋转控制点来旋转辅助线。

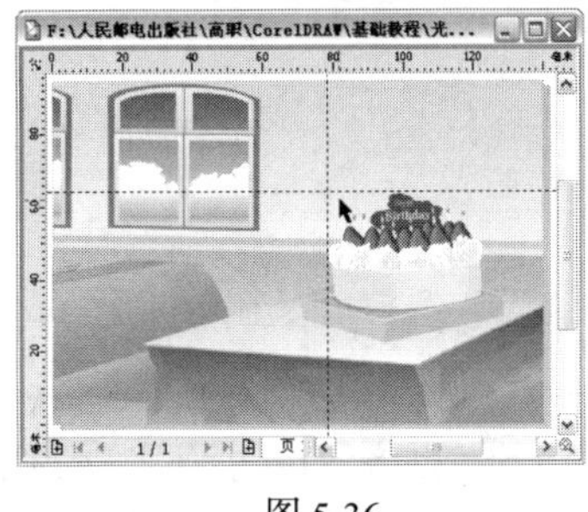

图 5-36

图 5-37

图 5-38

⊙ 使用菜单命令来设置辅助线。选择“视图 > 设置 > 辅助线设置”命令，或使用鼠标右键单击标尺，弹出快捷菜单，在其中选择“辅助线设置”命令，如图 5-39 所示，弹出“选项”对话框，如图 5-40 所示。双击页面中的辅助线可以直接弹出“选项”对话框。

在“选项”对话框中，可以分别选择水平、垂直、辅助线及预置选项，将弹出各自的对话框，在其中可以设置辅助线的位置、角度和效果。在“选项”对话框中的 毫米 框中可以设置标尺的单位。

在“选项”对话框的“辅助线”选项下选择“水平”选项，水平辅助线被选取，出现“水平”对话框，在其中输入水平辅助线的新坐标数值，如图 5-41 所示。单击“移动”按钮，可以将选取的辅助线移动到新坐标的位置。单击“删除”和“清除”按钮可以将选取的辅助线删除。单击“添加”按钮可以在新坐标的位置直接添加一条新辅助线。

图 5-39　　图 5-40

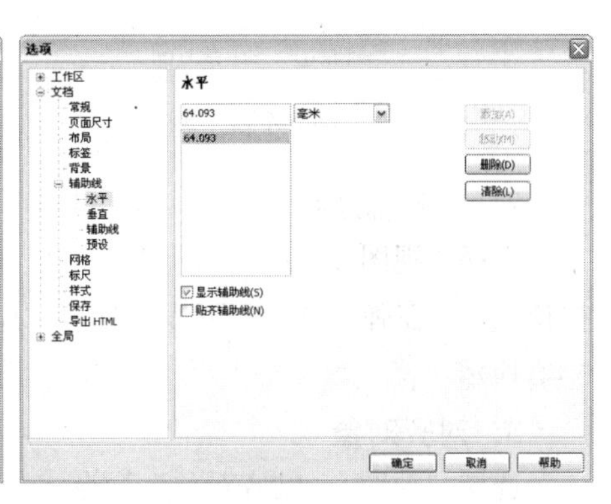

图 5-41

在辅助线上单击鼠标右键，在弹出的快捷菜单中选择“锁定对象”命令，可以将辅助线锁定，

如图 5-42 所示。这时的辅助线不能被移动，会给用户编辑对象带来方便。使用相同的方法在弹出的快捷菜单中选择“解除对象锁定”命令，可以将辅助线解锁，如图 5-43 所示。

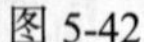
图 5-42

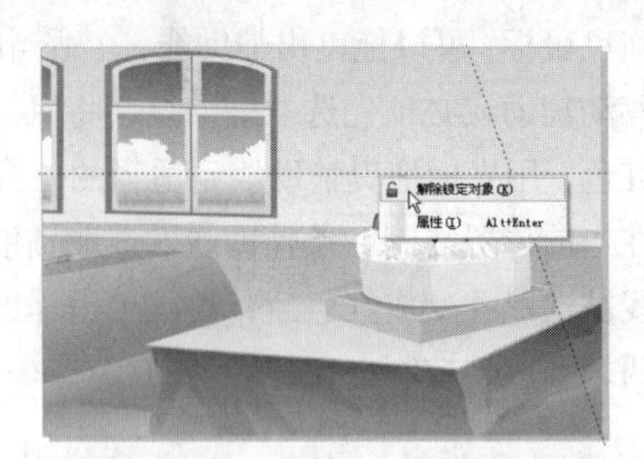

图 5-43

5.1.4 对齐网格、辅助线与对象

1．对齐网格

选择“视图 > 贴齐网格”命令，或单击“选择”工具属性栏中的“贴齐”按钮，在弹出的下拉列表中选择“贴齐网格”命令，如图 5-44 所示，或按 Ctrl+Y 组合键，再选择“视图 > 网格”命令，在绘图页面中设置好网格，在移动图形对象的过程中，图形对象会自动对齐到网格上，如图 5-45 所示。

在“对齐与分布”对话框中，选择对齐对象到“网格”选项，如图 5-46 所示。图形对象的中心点会对齐到最近的网格点，在移动图形对象时，图形对象会对齐到最近的网格点。

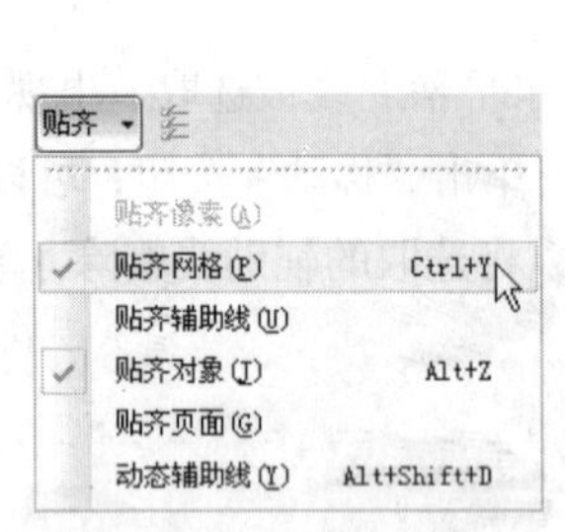

图 5-44

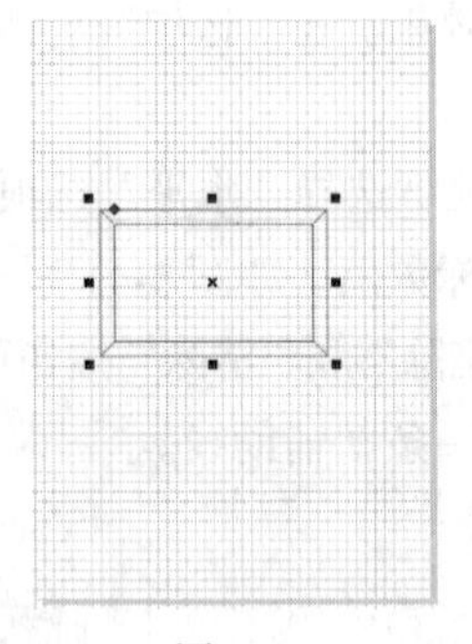

图 5-45

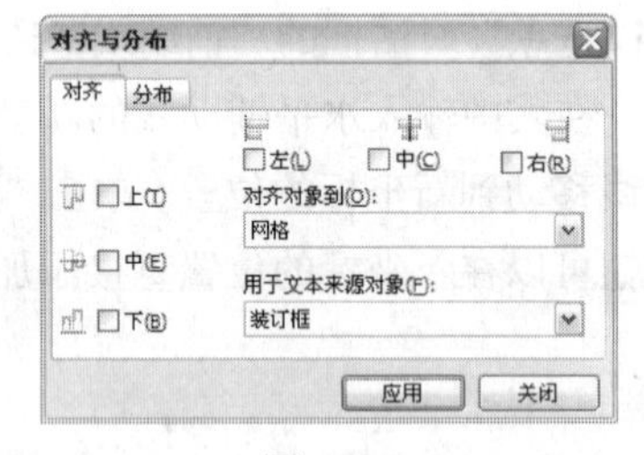

图 5-46

2．对齐辅助线

选择“视图 > 贴齐辅助线”命令，如图 5-47 所示。或单击“选择”工具属性栏中的“贴齐”按钮，在弹出的下拉列表中选择“贴齐辅助线”命令，可使图形对象自动对齐辅助线，如图 5-48 所示。

3．对齐对象

选择“视图 > 贴齐对象”命令，如图 5-49 所示。或单击“选择”工具属性栏中的“贴齐”按钮，在弹出的下拉列表中选择“贴齐对象”命令，使两个对象的中心对齐重合，如图 5-50 所示。

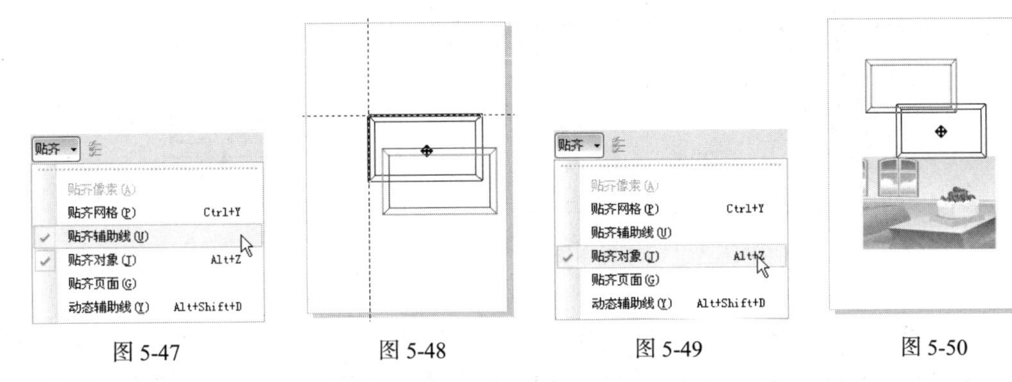

图 5-47　　图 5-48　　图 5-49　　图 5-50

4. 动态捕捉

选择“工具 > 选项”命令，弹出“选项”对话框，选择“贴齐对象”选项，勾选“贴齐对象”复选框，或按 Alt+Z 组合键，打开贴齐对象，如图 5-51 所示。

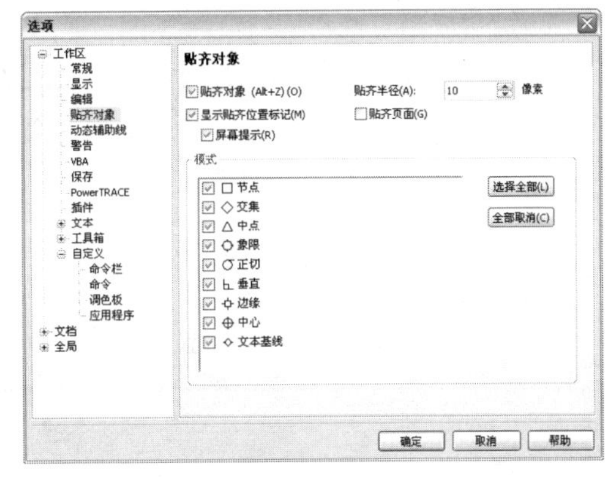

图 5-51

在“贴齐半径”选项中，可以通过设置贴齐半径值来设置贴齐的精确度。勾选“显示贴齐位置标记”复选框，可以在贴齐对象时显示贴齐的位置标记。勾选“屏幕提示”复选框可以在页面中显示贴齐标记的提示信息。在“模式”选项组中，有 9 种可以捕捉到的特殊点。可以根据捕捉需要，选择要捕捉点的类型。

动态贴齐功能打开后，可以在编辑对象的过程中，自动贴齐对象上的特殊点，方便相关的编辑操作，可以更有效地提高绘图效率。

利用动态贴齐功能将小矩形的中点捕捉对齐到大矩形左上角的节点，效果如图 5-52 所示。

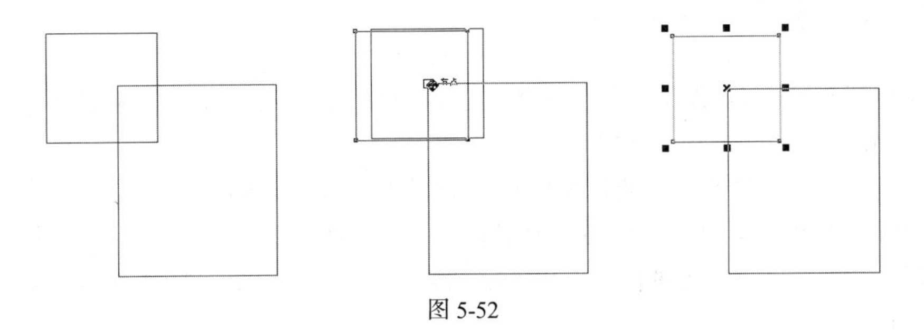

图 5-52

5. 动态辅助线

选择“视图 > 动态辅助线”命令，或单击“选择”工具属性栏中的“贴齐”按钮贴齐，在弹出的下拉列表中选择“动态辅助线”命令，如图 5-53 所示。

动态辅助线打开后，在绘制和编辑对象的过程中，动态辅助线会及时提示有用的信息，如当前的光标位置，当前点相对于周围点和线的相对角度和距离等。动态辅助线可以让用户更加精确地创建图形的尺寸和位置，更有效地提高绘图效率。

根据需要移动小矩形的位置，动态辅助线提示出移动过程中的相关信息，效果如图 5-54 所示。

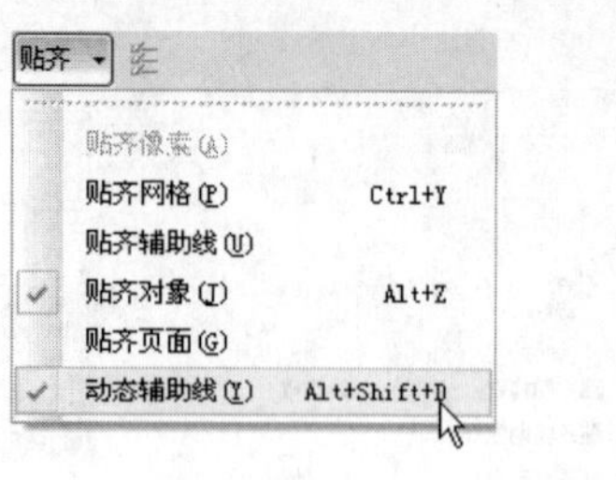

图 5-53

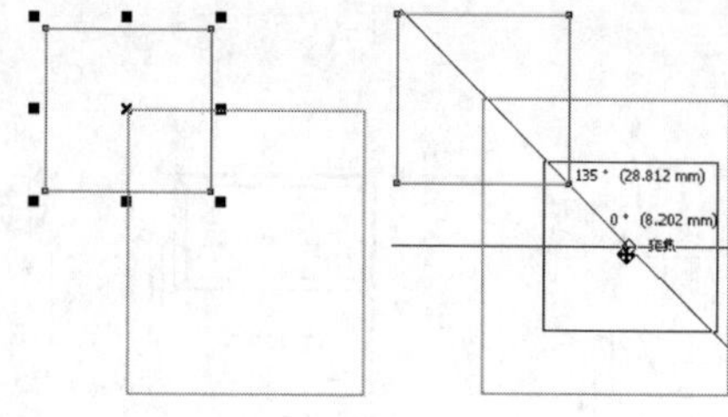

图 5-54

选择“工具 > 选项”命令，弹出“选项”对话框，选择“动态辅助线”选项，勾选“动态辅助线”复选框，或按 Alt+Shift+D 组合键，打开动态辅助线，如图 5-55 所示。在对话框中，可以对动态辅助线进行设置。

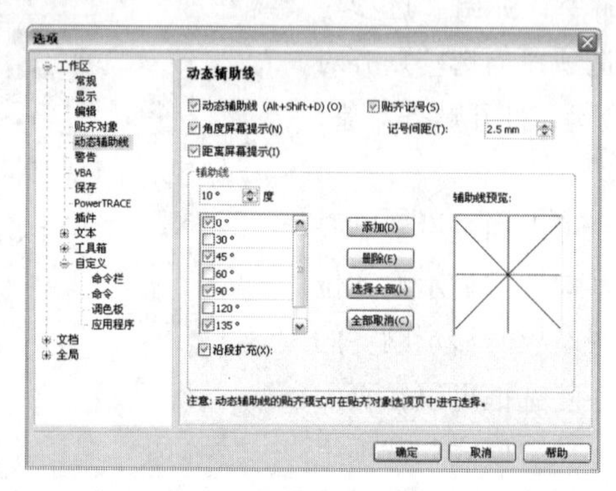

图 5-55

动态辅助线和贴齐对象配合使用，可以高效地完成对象的绘制和编辑。

5.1.5 标尺的设置和使用

标尺可以帮助用户了解图形对象的当前位置，在需要精确设计作品时来确定作品的尺寸。下面介绍标尺的设置和使用方法。

选择“视图 > 标尺”命令，可以显示或隐藏标尺。显示标尺的效果如图 5-56 所示。将鼠标的光标放在标尺左上角的图标上，单击按住鼠标左键不放并拖曳光标，出现十字虚线的标尺定位线，如图 5-57 所示。在需要的位置松开鼠标左键，可以设定新的标尺坐标原点。双击图标，可以将标尺还原到原始的位置。

图 5-56

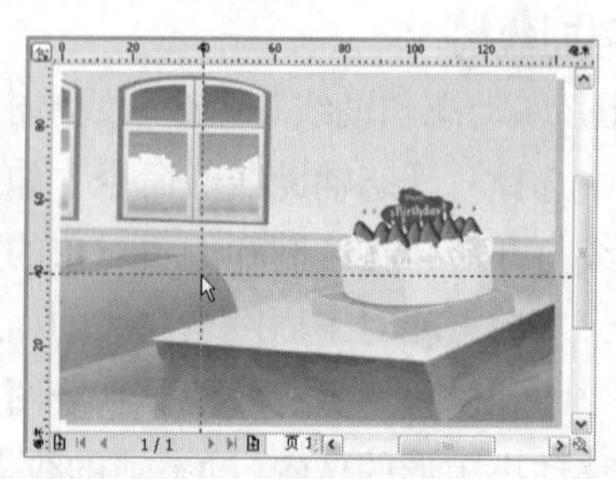

图 5-57

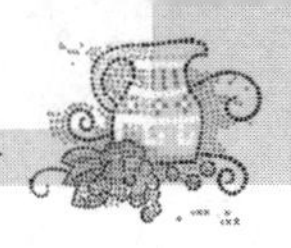

按住 Shift 键，将鼠标的光标放在标尺左上角的图标上，单击按住鼠标左键不放并拖曳光标，可以将标尺移动到新位置，如图 5-58 所示。使用相同的方法将标尺拖放回左上角可以还原标尺的位置。

选择“视图 > 设置 > 网格和标尺设置”命令，或在绘图页面的标尺上双击，弹出“选项”对话框，选择“标尺”选项，如图 5-59 所示。

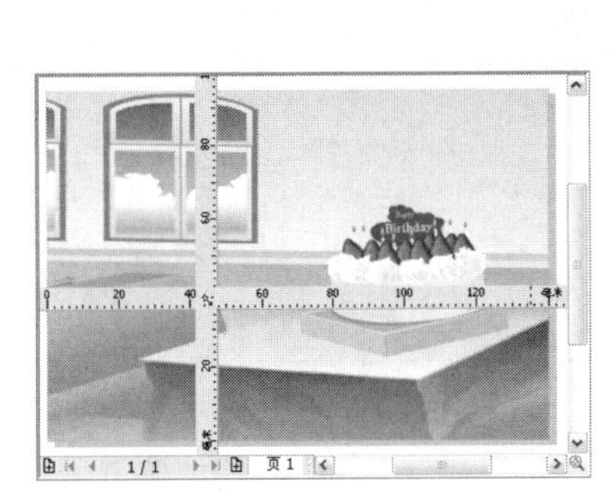

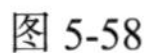

图 5-58

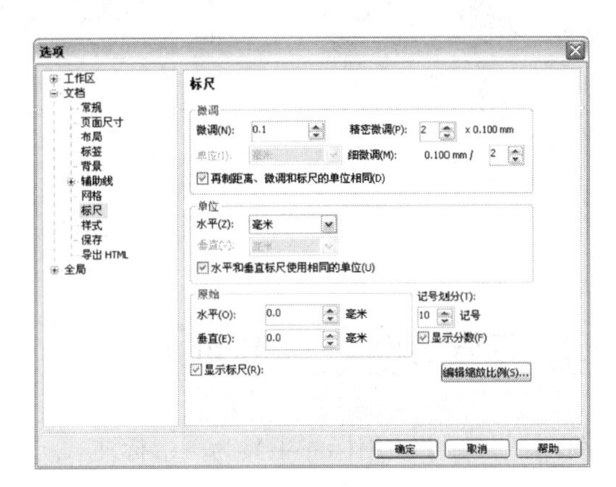

图 5-59

在“标尺”对话框中，可以设置标尺的“微调”数值，还可以设置标尺的单位。在“记号划分”数值框中可以设置刻度记号的间隔距离，还可以改变原点的位置。

5.1.6　标注线的设置

给图形对象绘制标注线是 CorelDRAW X5 的一个特色功能。下面介绍绘制标注线的方法和技巧。

选择“平行度量”工具，弹出“尺度工具”的属性栏，如图 5-60 所示。

图 5-60

在工具栏中还包括其他 4 种标注工具，它们从上到下依次是“水平或垂直度量”工具、“角度量”工具、“线段度量”工具、“3 点标注”工具。

打开一个图形。选择“平行度量”工具，将鼠标的光标移动到图形对象的左下方单击，如图 5-61 所示，向右拖曳鼠标，将光标移动到图形对象的需要的位置，如图 5-62 所示，再次单击鼠标左键，再将鼠标光标移动到线段的中间，如图 5-63 所示。

图 5-61

图 5-62

图 5-63

再次单击完成标注，效果如图 5-64 所示。使用“选择”工具选取标注文字，在属性栏中设置其大小，效果如图 5-65 所示。使用相同的方法，可以用其他尺度工具为图形对象进行标注，标注完成的图形效果如图 5-66 所示。

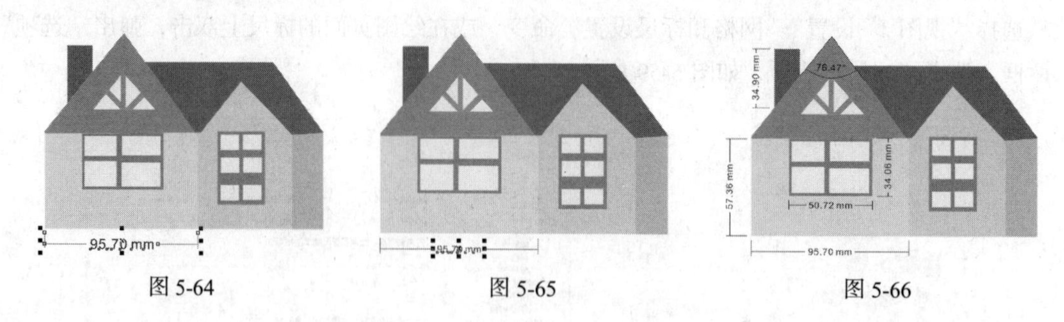

图 5-64　　图 5-65　　图 5-66

5.1.7　课堂实例——图形的标注

【案例学习目标】使用标注工具为图形标注。

【案例知识要点】使用标注工具为图形添加标注，效果如图 5-67 所示。

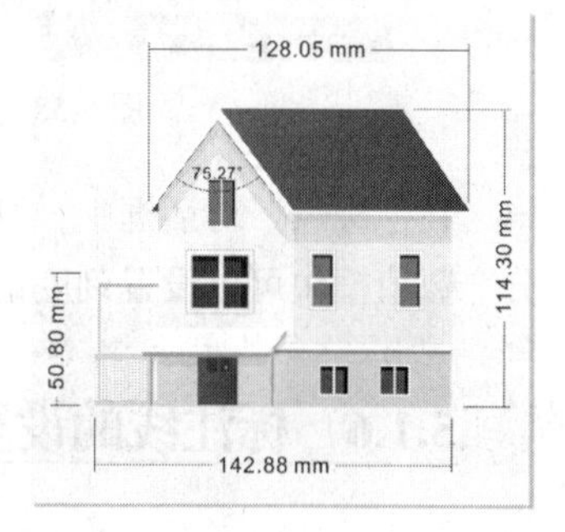

图 5-67

【效果所在位置】光盘/Ch05/效果/图形的标注.cdr。

（1）按 Ctrl+N 组合键，新建一个页面，在属性栏的“页面度量”选项中分别设置宽度为 200.0mm，高度为 190.0mm，按 Enter 键，页面尺寸显示为设置的大小。双击“矩形”工具，绘制一个与页面大小相等的矩形，如图 5-68 所示。在“CMYK 调色板”中的“白黄”色块上单击鼠标左键，填充图形，在“无填充”按钮上单击鼠标右键，去除图形的轮廓线，效果如图 5-69 所示。

（2）按 Ctrl+I 组合键，弹出“导入”对话框，选择光盘中的“Ch05 > 素材 > 图形的标注 > 01”文件，单击“导入”按钮，在页面中单击导入图片，按 P 键，居中对齐页面，效果如图 5-70 所示。

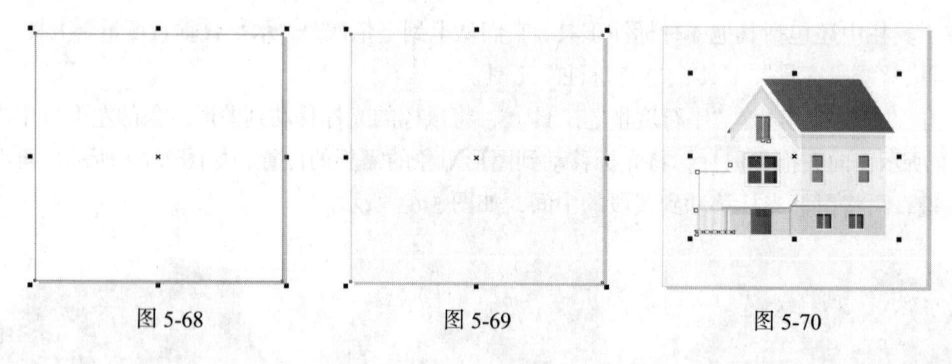

图 5-68　　图 5-69　　图 5-70

（3）选择“平行度量”工具，在属性栏中进行设置，如图 5-71 所示。将鼠标的光标移动到图形对象的左侧底部单击并向上拖曳鼠标，将光标移动到图形对象需要的位置松开鼠标左键，再将鼠标光标移动到线段的中间，效果如图 5-72 所示。再次单击鼠标左键完成标注，效果如图 5-73 所示。

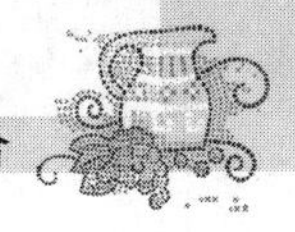

图 5-71

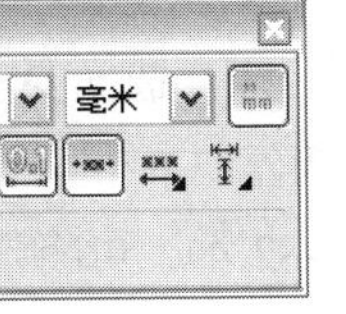

图 5-72

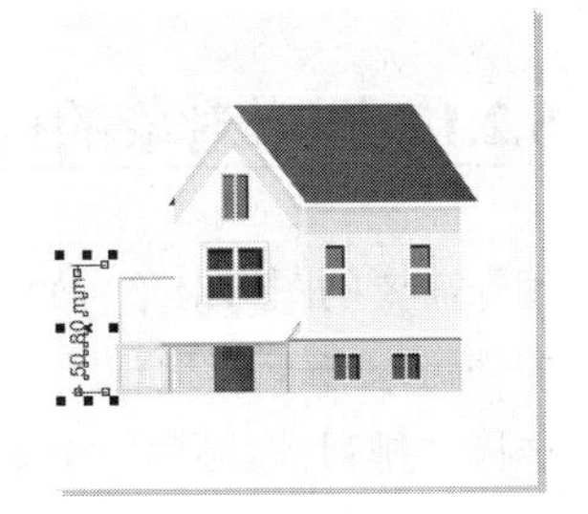

图 5-73

（4）选择“水平和垂直度量”工具，将鼠标的光标移动到图形对象的左侧底部单击并向右拖曳鼠标，将光标移动到图形对象需要的位置松开鼠标左键，再将鼠标光标移动到线段的中间，如图 5-74 所示。再次单击鼠标左键完成标注，效果如图 5-75 所示。使用上述所讲的方法，可以对其他边进行标注，效果如图 5-76 所示。

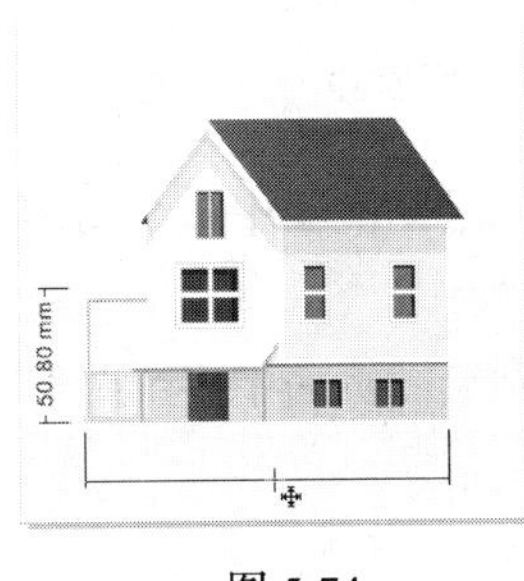

图 5-74

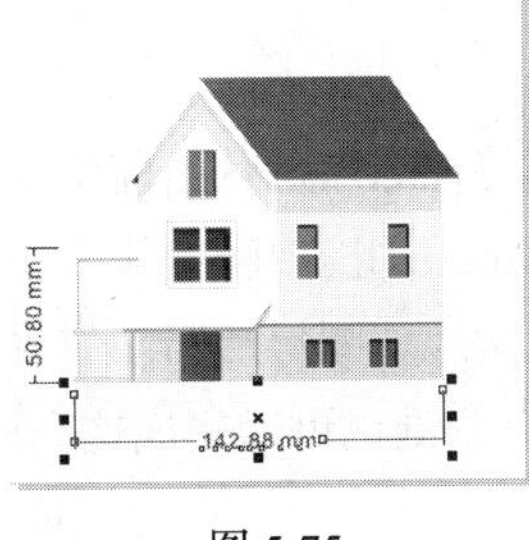

图 5-75

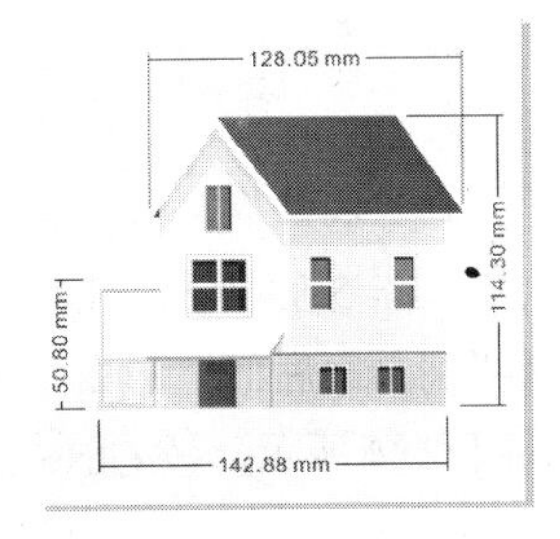

图 5-76

（5）选择“角度量”工具，将鼠标的光标移动到图形对象的上方单击并向左下侧拖曳鼠标到适当的位置，松开鼠标左键，再将光标移动到图形对象需要的位置，如图 5-77 所示。双击鼠标左键完成标注，效果如图 5-78 所示。选择“选择”工具，选取标注文字，在属性栏中设置文字的大小，效果如图 5-79 所示。图形标注效果制作完成。

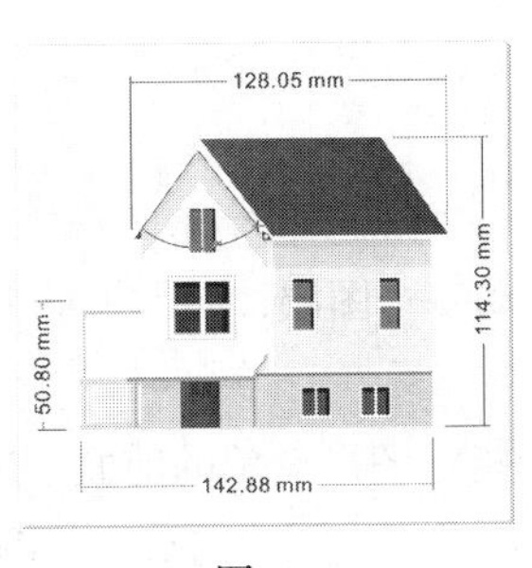

图 5-77

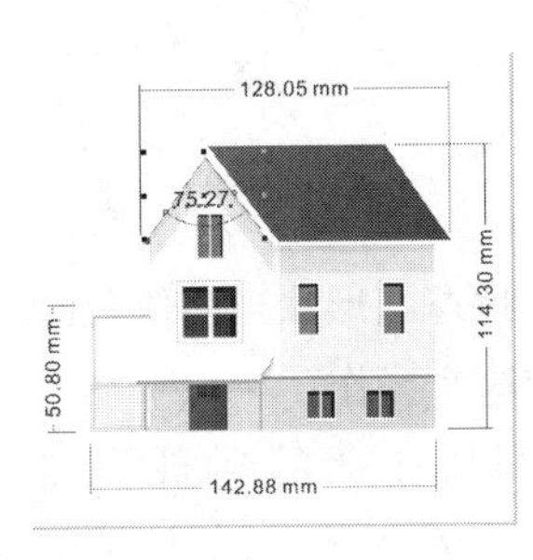

图 5-78

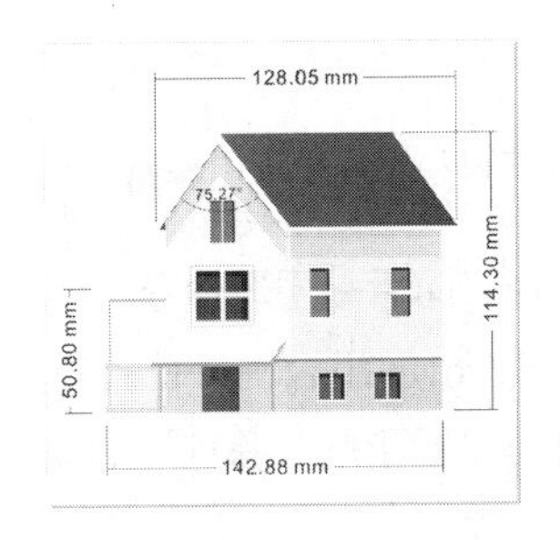

图 5-79

5.2 对象和图层的顺序

在 CorelDRAW X5 中，绘制的图形对象都存在着重叠的关系，如果在绘图页面中的同一位置先后绘制两个不同的图形对象，后绘制的图形对象将位于先绘制的图形对象的上方。

使用 CorelDRAW X5 的排序功能可以安排多个图形对象的前后排序，也可以使用图层来管理图形对象。

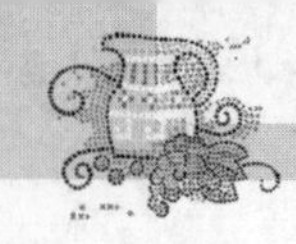

5.2.1 图形对象的排序

打开需要的图形对象，如图 5-80 所示。使用“选择”工具选择要进行排序的图形对象，如图 5-81 所示。下面以地球图形为例进行图形对象排序的讲解。

选择“排列 > 顺序”子菜单下的各个子命令，如图 5-82 示，可将选择的图形对象排序。

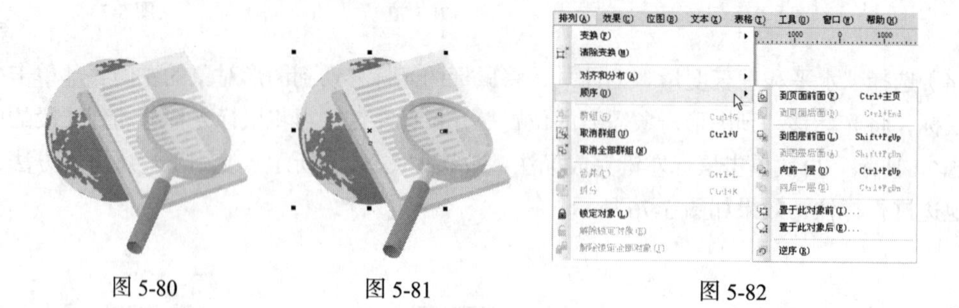

图 5-80　　图 5-81　　图 5-82

选择“到页面前面”命令，可以将地球图形从当前位置移动到绘图页面中多个图形对象的最前面，效果如图 5-83 所示。按 Ctrl+Home 组合键也可以完成这个操作。

选择“到页面后面”命令，可以将地球图形从当前位置移动到绘图页面中多个图形对象的最后面，如图 5-84 所示。按 Ctrl+End 组合键也可以完成这个操作。

选择“向前一层”命令，可以将地球图形从当前位置向前移动一个图层，如图 5-85 所示。按 Ctrl+PageUp 组合键，也可以完成这个操作。

图 5-83　　图 5-84　　图 5-85

选择“向后一层”命令，可以将地球图形从当前位置向后移动一个图层，如图 5-86 所示。按 Ctrl+PageDown 组合键，也可以完成这个操作。

选择“置于此对象前”命令，可以将选择的地球图形放置到指定图形对象的前面。选择“置于此对象前”命令后，鼠标的光标变为黑色箭头，使用黑色箭头单击指定图形对象，如图 5-87 所示，地球图形被放置到指定图形对象的前面，效果如图 5-88 所示。

图 5-86　　图 5-87　　图 5-88

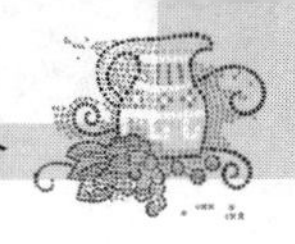

选择“置于此对象后”命令，可以将选择的地球图形放置到指定图形对象的后面。选择“置于此对象后”命令后，鼠标的光标变为黑色箭头，使用黑色箭头单击指定的图形对象，如图 5-89 所示，地球图形被放置到指定图形对象的后面，效果如图 5-90 所示。

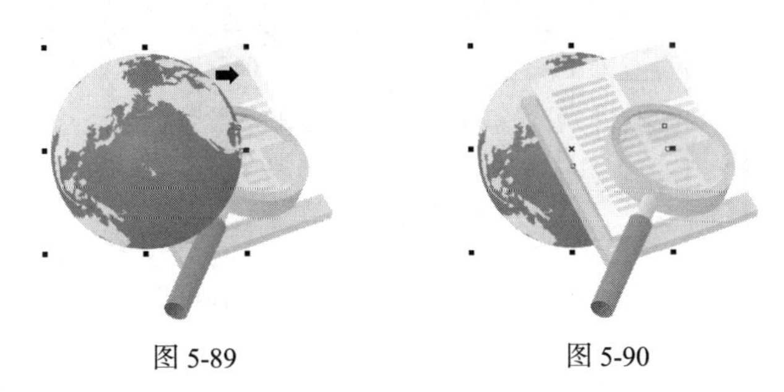

图 5-89　　图 5-90

5.2.2 使用图层控制对象

在绘图页面中先后绘制几个不同的图形对象，如图 5-91 所示。选择“工具 > 对象管理器”命令，弹出“对象管理器”泊坞窗，如图 5-92 所示。在“对象管理器”泊坞窗中，可以看到默认的状态下，新绘制的图形对象都出现在一个图层中，也就是图层 1 中。在图层 1 中包含了 6 个新绘制的图形对象，并详细列出了图形对象的状态和属性。在“主页面”中的绘图元素将会出现在绘图作品的所有页面中。

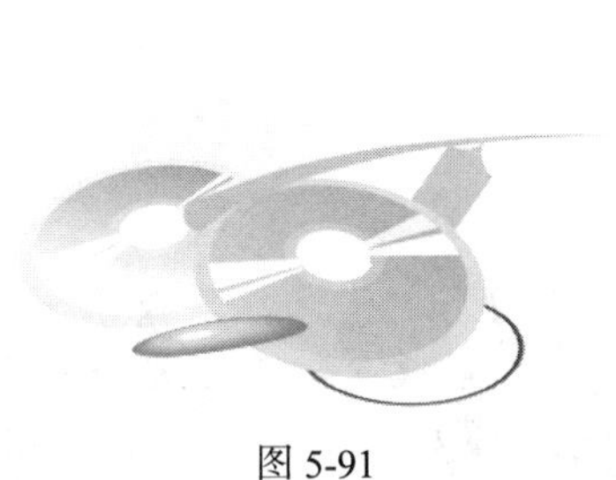

图 5-91

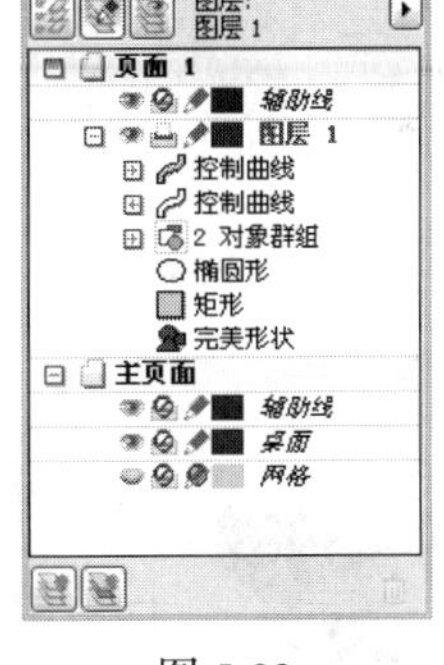

图 5-92

在“对象管理器”泊坞窗中，图标是管理图层的功能控制开关，单击图标就可以使用或禁用该功能。图标用于显示或隐藏图层，图标用于打印或禁止打印图层内容，图标用于编辑或禁止编辑图层，图标用于定义图层的标示色，双击图标可以设定新的标示色。

在“对象管理器”泊坞窗中，单击左下角的“新建图层”按钮，可以新建一个图层“图层 2”，如图 5-93 所示。用鼠标的右键单击要删除的图层，弹出快捷菜单，在其中选择“删除”命令，如图 5-94 所示，可以将图层和图层中的内容删除。选取要删除的图层，再单击右下角的“删除”按钮，也可以将图层和图层中的内容删除。

在“对象管理器”泊坞窗中，单击想要进入的图层就可以进入该图层。拖曳“图层 1”中的椭圆形对象到“图层 2”上，如图 5-95 所示，松开鼠标左键，椭圆形对象被移动到“图层 2”中，效果如图 5-96 所示。

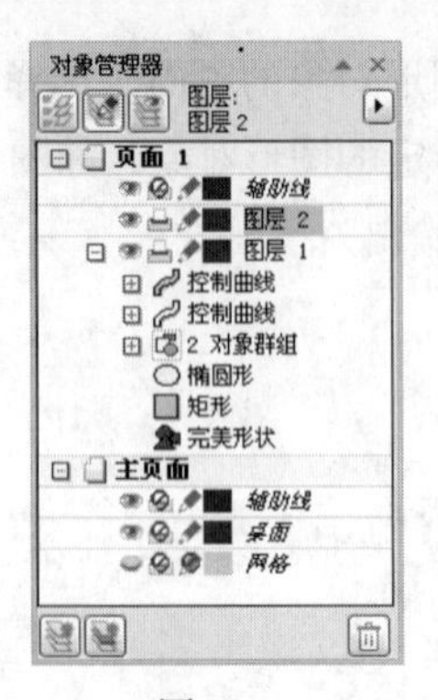

图 5-93

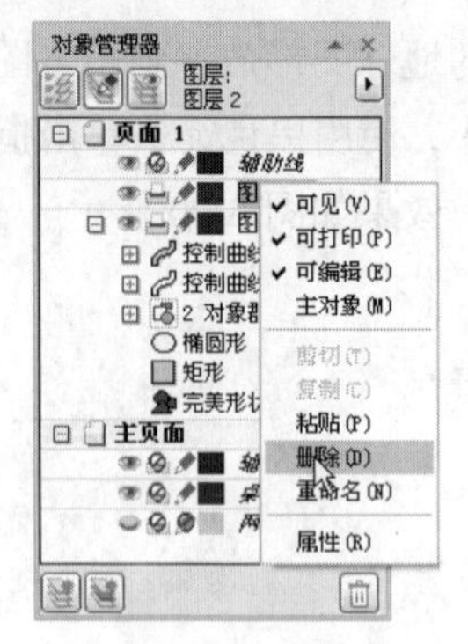

图 5-94

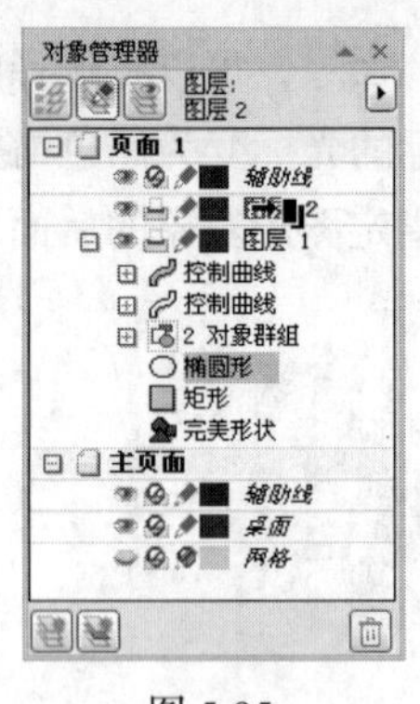

图 5-95

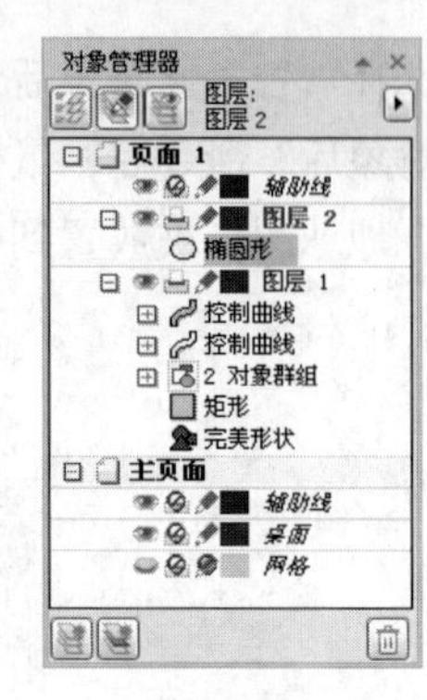

图 5-96

5.3 控制对象

在实际的设计制作过程中，需要对绘图对象进行控制。控制好绘图对象可以提高制作效率。下面将介绍锁定对象和将轮廓线转换成独立的图形对象的方法。

5.3.1 锁定对象

在绘图页面中打开图形对象，如图 5-97 所示。使用“选择”工具选取需要锁定的图形对象，可以选取一个或几个要锁定的图形对象，如图 5-98 所示。

选择“排列 > 锁定对象”命令，可以将选取的图形对象锁定，如图 5-99 所示。被锁定后的图形对象周围控制点变为小锁头图标，锁定的图形对象不能移动和变形。

图 5-97　　图 5-98　　图 5-99

如果要快速地锁定图形对象，用鼠标右键在需要锁定的图形对象上单击，弹出快捷菜单，选择“锁定对象”命令，可以将图形对象锁定，如图 5-100 所示。

选取被锁定的图形对象，选择“排列 > 解除对象锁定”命令，可以将图形对象解锁，解锁后的图形对象可以移动和变形。

用鼠标右键在需要解锁的图形对象上单击，弹出快捷菜单，在其中选择“解除对象锁定”命令，如图 5-101 所示，可以将图形对象解锁。

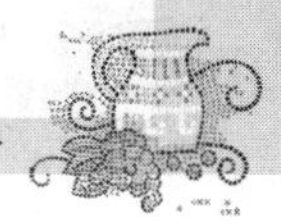

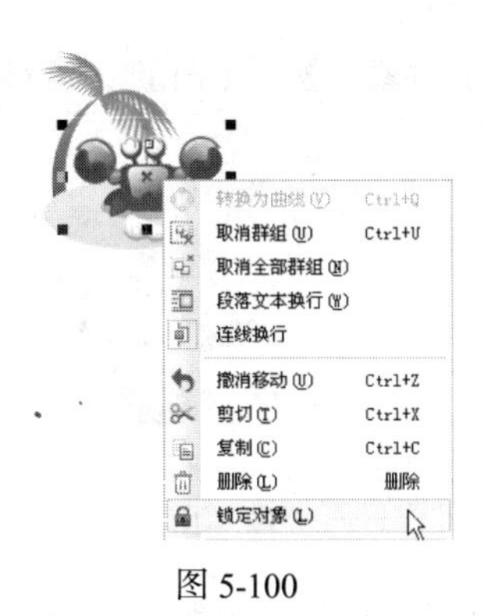

图 5-100

图 5-101

选择“排列 > 解除锁定全部对象”命令，可以解除所有被锁定对象的锁定状态。

5.3.2　转换轮廓线成对象

将使用绘图工具绘制的封闭图形对象的轮廓线转换成独立的对象，可以分开对象的轮廓线和封闭的填充区域。

打开并选取需要的图形，如图 5-102 所示。选择“排列 > 将轮廓转换为对象”命令，就可以将轮廓线转换成独立的对象。将轮廓线移动一下，可以看到轮廓线已变成独立的对象，如图 5-103 所示。用鼠标在调色板的蓝色上单击，将其填充为蓝色，如图 5-104 所示。

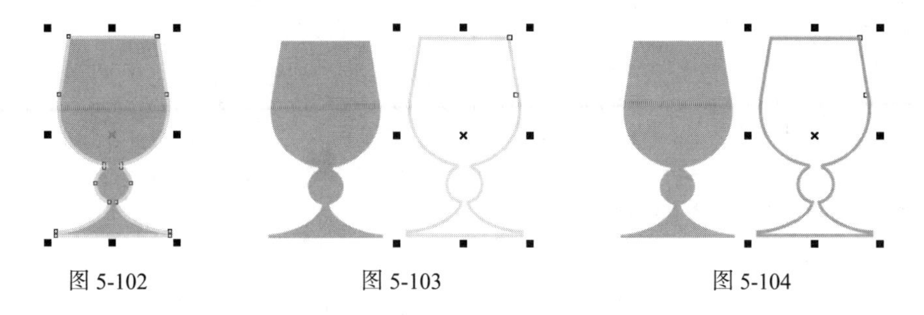

图 5-102　　图 5-103　　图 5-104

5.4　群组和结合

在 CorelDRAW X5 中，提供了群组和结合功能。群组功能可以将多个不同的图形对象组合在一起，方便整体操作。结合功能可以将多个图形对象合并在一起，创建一个新的对象。下面介绍群组和结合功能的使用方法和技巧。

5.4.1　群组

使用“选择”工具选取要进行群组的图形对象，如图 5-105 所示。选择“排列 > 群组”命令，或按 Ctrl+G 组合键，或单击属性栏中的“群组”按钮，都可以将多个图形对象群组，效果如图 5-106 所示。群组后的图形对象变成一个整体，移动一个对象，其他的对象将会随着移动，填充一个对象，其他的对象也将随着被填充。

按住 Ctrl 键，选择“选择”工具，单击需要选取的子对象，松开 Ctrl 键，子对象被选取，效果如图 5-107 所示。

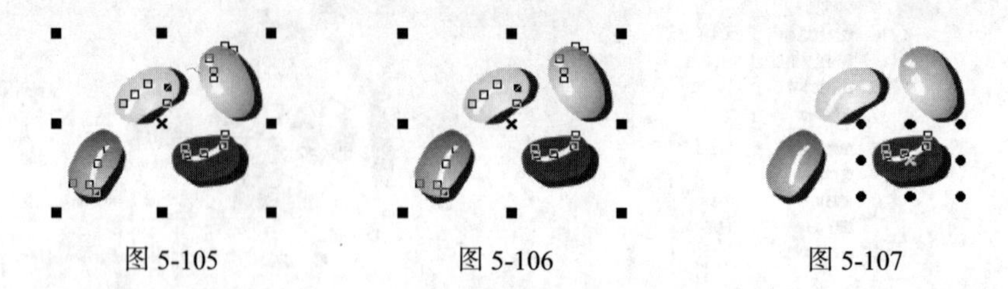

图 5-105　　图 5-106　　图 5-107

选择“排列 > 取消群组”命令，或按 Ctrl+U 组合键，或单击属性栏中的“取消群组”按钮，可以取消对象的群组状态。选择“排列 > 取消全部群组”命令，或单击属性栏中的“取消全部群组”按钮，可以取消所有对象的群组状态。

技巧　在群组中，子对象可以是单个的对象，也可以是多个对象组成的群组，称之为群组的嵌套。使用群组的嵌套可以管理多个对象之间的关系。

5.4.2　合并

打开需要的图形对象，如图 5-108 所示。使用“选择”工具选取要进行结合的图形对象，如图 5-109 所示。

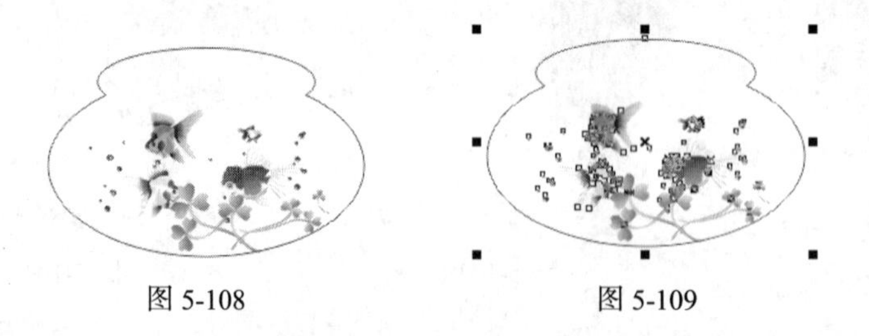

图 5-108　　图 5-109

选择“排列 > 合并”命令，或按 Ctrl+L 组合键，或单击属性栏中的“合并”按钮，可以将多个图形对象结合，效果如图 5-110 所示。

使用“形状”工具选取合并后的图形对象，可以对图形对象的节点进行调整，改变图形对象的形状，效果如图 5-111 所示。

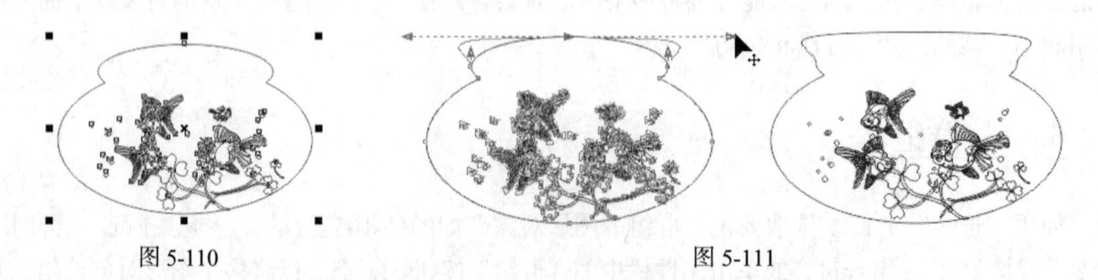

图 5-110　　图 5-111

选择“排列 > 拆分曲线”命令，或单击属性栏中的“拆分”按钮，可以取消图形对象的结合状态，原来结合的图形对象将变为多个单独的图形对象。

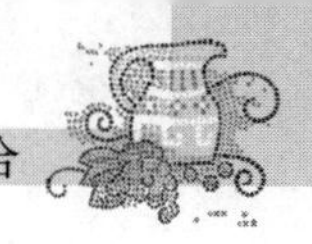

技巧　如果对象结合前有颜色填充，那么结合后的对象将显示最后选取对象的颜色。如果使用圈选的方法选取对象，将显示圈选框最下方对象的颜色。

5.4.3　课堂案例——绘制警示标志

【案例学习目标】学习使用几何图形工具、群组和结合命令绘制警示标志。

【案例知识要点】使用椭圆工具、箭头形状工具、群组和结合命令绘制警示标志，效果如图 5-112 所示。

【效果所在位置】光盘/Ch05/效果/绘制警示标志.cdr。

图 5-112

（1）按 Ctrl+N 组合键，新建一个 A4 页面。选择“多边形”工具，在属性栏中的“点数或边数”框中设置数值为 6，绘制一个六边形，如图 5-113 所示。在属性栏中的“旋转角度”框中设置数值为 90°，按 Enter 键，效果如图 5-114 所示。选择“选择”工具，按数字键盘上的+键，复制一个图形。按住 Shift 键的同时，向内拖曳图形右上角的控制手柄到适当的位置，等比例缩小图形，效果如图 5-115 所示。

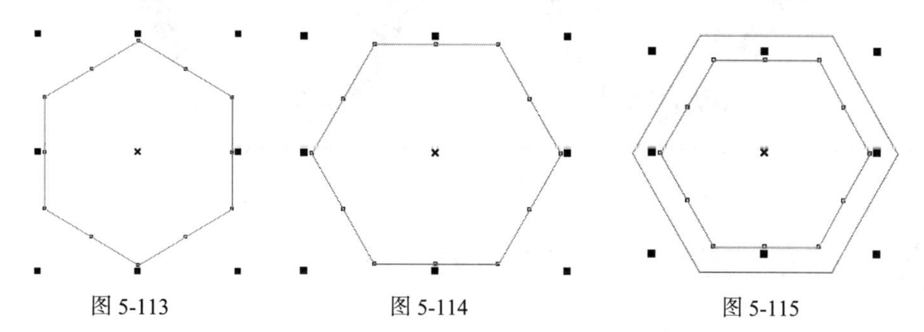

图 5-113　　图 5-114　　图 5-115

（2）选择“选择”工具，用圈选的方法将两个图形同时选取，单击属性栏中的“合并”按钮，将两个图形合并成一个图形，如图 5-116 所示。在“CMYK 调色板”中的“红”色块上单击鼠标左键，填充图形，在“无填充”按钮上单击鼠标右键，去除图形的轮廓线，效果如图 5-117 所示。

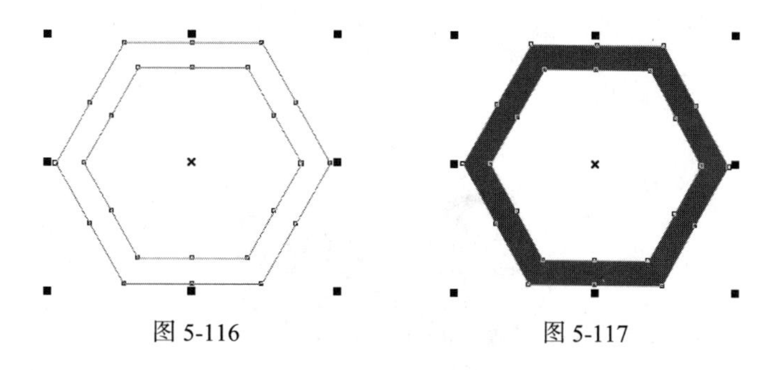

图 5-116　　图 5-117

（3）选择“标题形状”工具，在属性栏中单击“完美形状”按钮，在弹出的下拉图形列

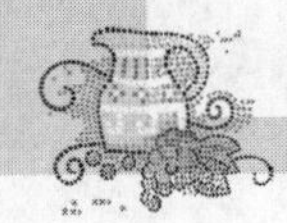

表中选择需要的图标，如图 5-118 所示，按住 Ctrl 键的同时，在页面中的适当位置拖曳鼠标绘制一个图形，如图 5-119 所示，在“CMYK 调色板”中的“深黄”色块上单击鼠标左键，填充图形，并去除图形的轮廓线，效果如图 5-120 所示。

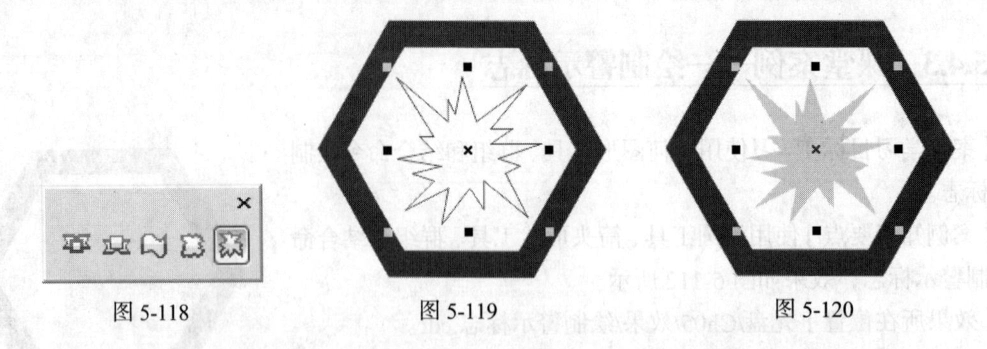

图 5-118　　图 5-119　　图 5-120

（4）双击“选择”工具，将两个图形同时选取，按 Ctrl+G 组合键，将其群组，效果如图 5-121 所示。按 Esc 键，取消选取状态。警示标志绘制完成，效果如图 5-122 所示。

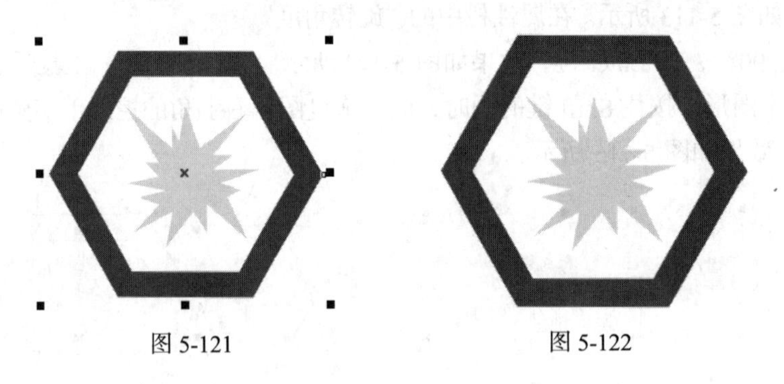

图 5-121　　图 5-122

5.5 课后习题——绘制游戏手柄

【习题知识要点】使用矩形工具制作手柄形状；使用图案填充工具和透明度工具为手柄添加图案效果；使用合并命令制作手柄方向键；使用渐变填充工具、透明度工具和对齐与分布命令制作手柄按钮效果。游戏手柄效果如图5-123所示。

【效果所在位置】光盘/Ch05/绘制游戏手柄.cdr

图 5-123

第6章 文本和表格

CorelDRAW X5 具有强大的文本输入、编辑和处理以及表格的应用功能。在CorelDRAW X5 中，除了可以进行常规的文本输入和编辑外，还可以对复杂的特效文本进行处理，对添加的表格进行编辑。通过对本章的学习，读者可以了解并掌握应用CorelDRAW X5 处理文本和应用表格的方法和技巧。

课堂学习目标

- 文本的基本操作
- 设置文本格式
- 制作文本效果
- 使用字符
- 创建文字
- 应用表格

6.1 文本的基本操作

在 CorelDRAW X5 中，文本是具有特殊属性的图形对象。下面介绍在 CorelDRAW X5 中处理文本的一些基本操作。

6.1.1 创建文本

CorelDRAW X5 中的文本具有两种类型，分别是美术字文本和段落文本。它们在使用方法、应用编辑格式和应用特殊效果等方面有很大的区别。

1．输入美术字文本

选择“文本”工具字，在绘图页面中单击鼠标左键，出现“I”形插入文本光标，这时属性栏显示为“文本”属性栏，在“文本”属性栏中选择字体、设置字号和字符属性，如图 6-1 所示。设置好后，直接输入美术字文本，效果如图 6-2 所示。

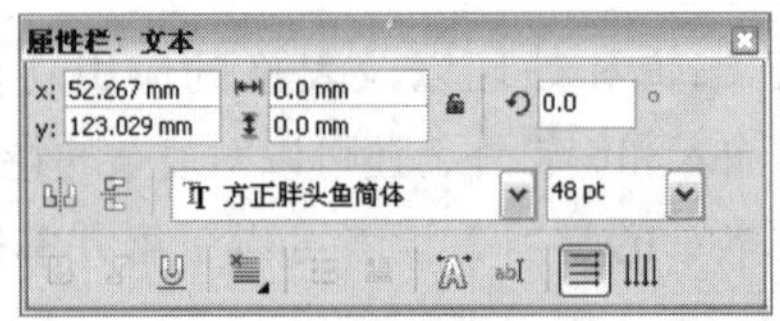

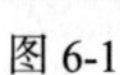
图 6-1

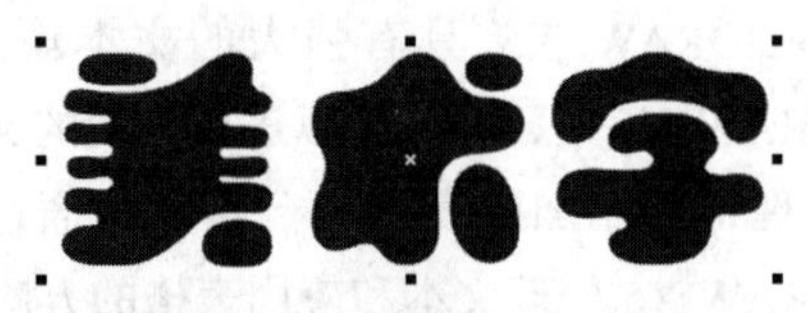

图 6-2

2．输入段落文本

选择“文本”工具字，在绘图页面中按住鼠标左键不放，沿对角线拖曳鼠标，出现一个矩形的文本框，松开鼠标左键，文本框如图 6-3 所示。

在“文本”属性栏中选择字体，设置字号和字符属性，如图 6-4 所示。设置好后，直接在虚线框中输入段落文本，效果如图 6-5 所示。

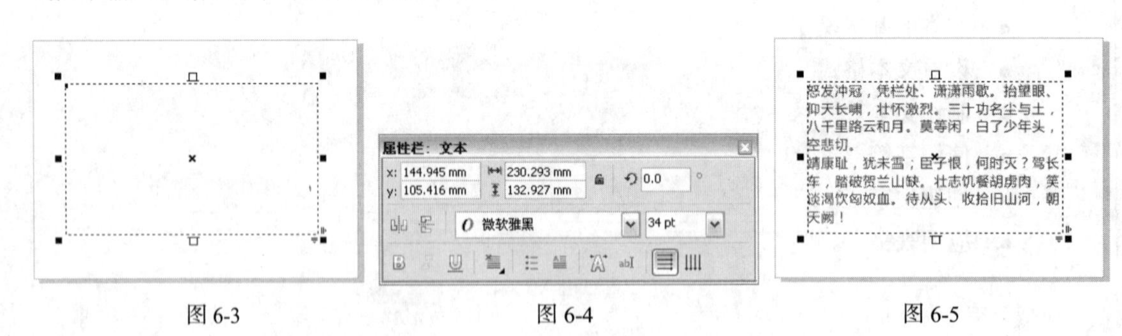

图 6-3　　图 6-4　　图 6-5

3．粘贴文本到新绘图页面

使用“选择”工具单击选取已经编辑好的文本，按 Ctrl+C 组合键，将选取的文本复制到 Windows 的剪贴板中。

按 Ctrl+N 组合键，新建一个绘图页面，再按 Ctrl+V 组合键，可以将选取的文本粘贴到新的绘图页面中。

4．转换文本模式

使用“选择”工具选取美术字文本，如图 6-6 所示。选择“文本 > 转换为段落文本”命令，或按 Ctrl+F8 组合键，可以将其转换为段落文本，如图 6-7 所示。再次按 Ctrl+F8 组合键，可以将其转换回美术字文本，如图 6-8 所示。

图 6-6　　图 6-7　　图 6-8

提示 当美术字文本转换成段落文本后，它就不是图形对象了，也就不能进行特殊效果的操作。当段落文本转换成美术字文本后，它会失去段落文本的格式。

6.1.2　修改文字属性

1．在属性栏中改变文本的属性

选择“文本”工具，属性栏如图 6-9 所示。各选项的含义如下。

“字体列表”选项：单击 Arial 右侧的三角按钮，可以选取需要的字体。

“字体大小列表”选项：单击 24 pt 右侧的三角按钮，可以选取需要的字号。

B I U：设定字体为粗体、斜体或添加下划线的属性。

“文本对齐”按钮：在其下拉列表中选择文本的对齐方式。

“字符格式化”按钮：打开“字符格式化”控制面板。

“编辑文本”按钮：打开“编辑文本”对话框，上面的选项 方正少儿简体 48 pt 可以设置文本的属性，中间的文本栏可以输入需要的文本。单击“选项”按钮，弹出快捷菜单，选择需要的命令来完成编辑文本的操作。单击下面的“导入”按钮，弹出“导入”对话框，可以将需要的文本导入到“编辑文本”对话框的文本框中。单击“确定”按钮，完成文本内容的编辑。

：设置文本的排列方式为水平或垂直。

2．利用“字符格式化”控制面板改变文本的属性

选择“文本 > 字符格式化”命令，或单击属性栏中的“字符格式化”按钮，打开“字符格式化”控制面板，如图 6-10 所示，可以设置文字的字体及大小等属性。

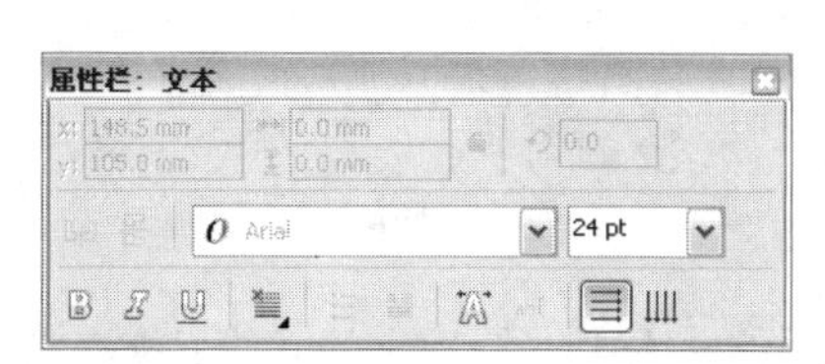

图 6-9

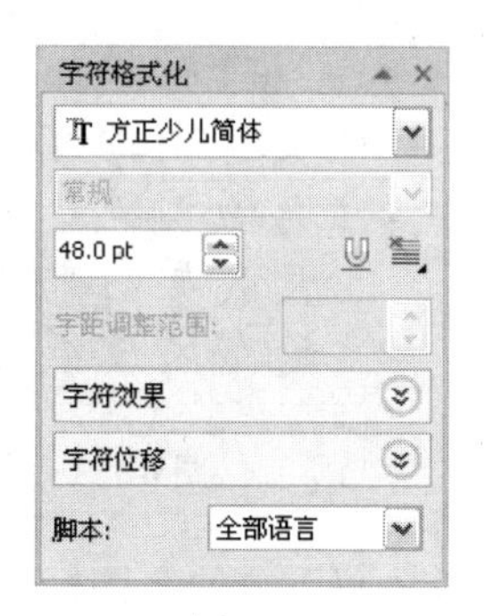

图 6-10

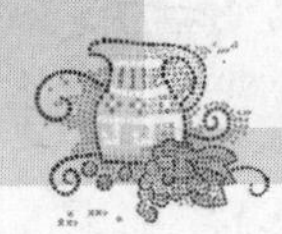

6.2 设置文本格式

在 CorelDRAW X5 中，可以更精确地设置文本的格式。通过设置文本的格式，可以对文本进行更精细的编辑和调整。

6.2.1 设置间距

1．使用“段落格式化”控制面板设置间距

输入段落文本，如图 6-11 所示。选择“文本 > 段落格式化”命令，弹出“段落格式化”控制面板，如图 6-12 所示。

在“间距”设置区的“字符”选项中可以设置字符的间距，将“字符”的间距设置为 120%，段落中字符间距的效果如图 6-13 所示。字符间距的设置范围是-100%～2000%。

在“间距”设置区的“字”选项中可以设置字的间距，它可以控制单词和汉字之间的距离，可以输入数值来设置字间距，字间距的设置范围是 0%～2000%。

在“间距”设置区的“行距”选项中可以设置行的间距，它可以控制段落中行与行间的距离，将行的间距设置为 300%，段落中行间距的效果如图 6-14 所示。行间距的设置范围是 0%～2000%。

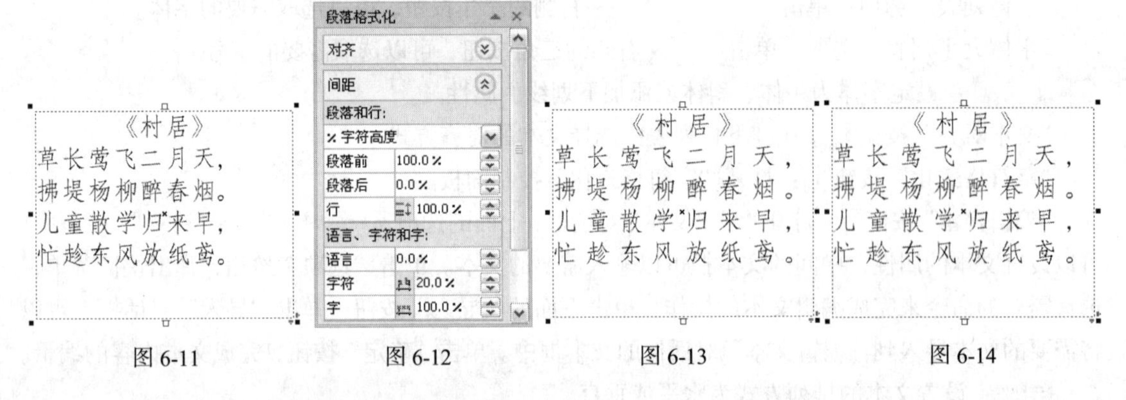

图 6-11　　图 6-12　　图 6-13　　图 6-14

2．使用“形状”工具调整文本间距

输入美术字文本或段落文本，效果如图 6-15 所示。使用“形状”工具选取文本，文本的节点将处于编辑状态，如图 6-16 所示。

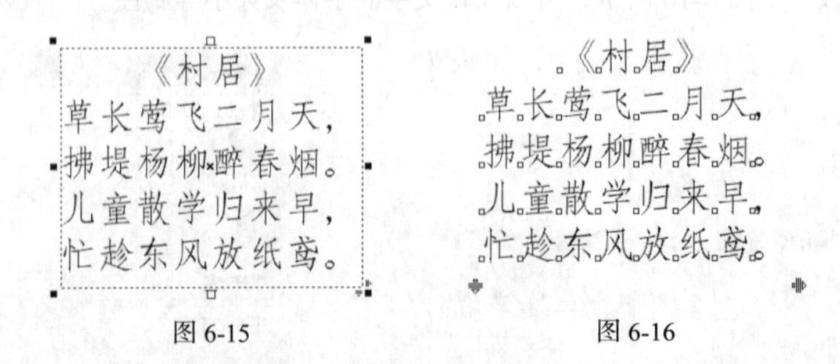

图 6-15　　图 6-16

用鼠标拖曳文本框下方的图标，可以调整文本中字符和字的间距；拖曳图标，可以调整

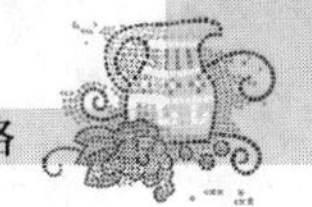

文本中行的间距，如图 6-17 所示。使用键盘上的方向键，可以对文本进行微调。按住 Shift 键，将段落中第三行文字左下角的节点全部选取，如图 6-18 所示。

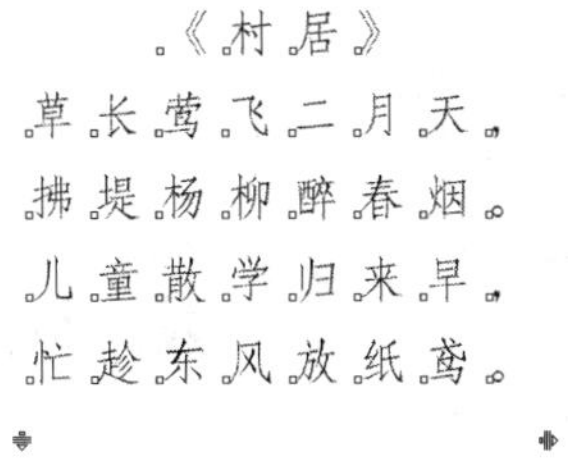

《村居》
草长莺飞二月天
拂堤杨柳醉春烟
儿童散学归来早
忙趁东风放纸鸢

图 6-17

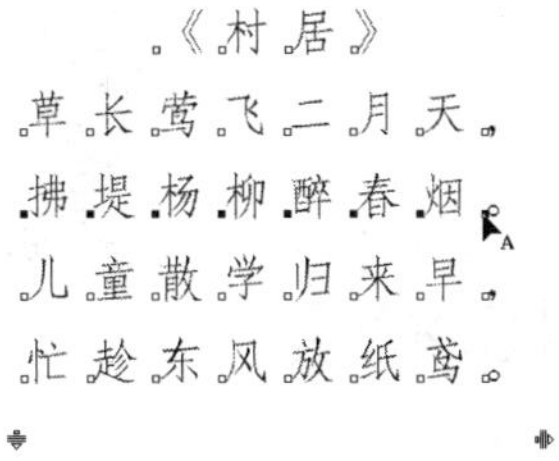

《村居》
草长莺飞二月天
拂堤杨柳醉春烟
儿童散学归来早
忙趁东风放纸鸢

图 6-18

将光标放在黑色的节点上并拖曳鼠标，如图 6-19 所示。可以将第三行文字移动到需要的位置，效果如图 6-20 所示。使用相同的方法可以对单个字进行移动调整。

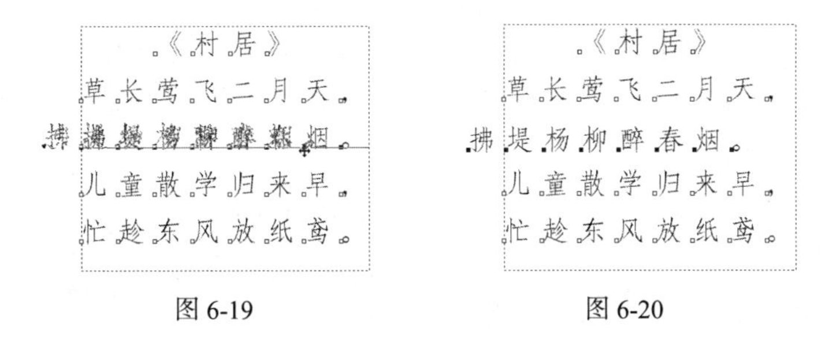

《村居》
草长莺飞二月天
儿童散学归来早
忙趁东风放纸鸢

图 6-19

《村居》
草长莺飞二月天
拂堤杨柳醉春烟
儿童散学归来早
忙趁东风放纸鸢

图 6-20

6.2.2　设置上下标

选取需要制作上标的文本，如图 6-21 所示。单击属性栏中的“字符格式化”按钮，弹出“字符格式化”控制面板，如图 6-22 所示。

在“字符格式化”控制面板中的“位置”选项的下拉列表中选择“上标”选项，如图 6-63 所示，设置上标的效果如图 6-24 所示。

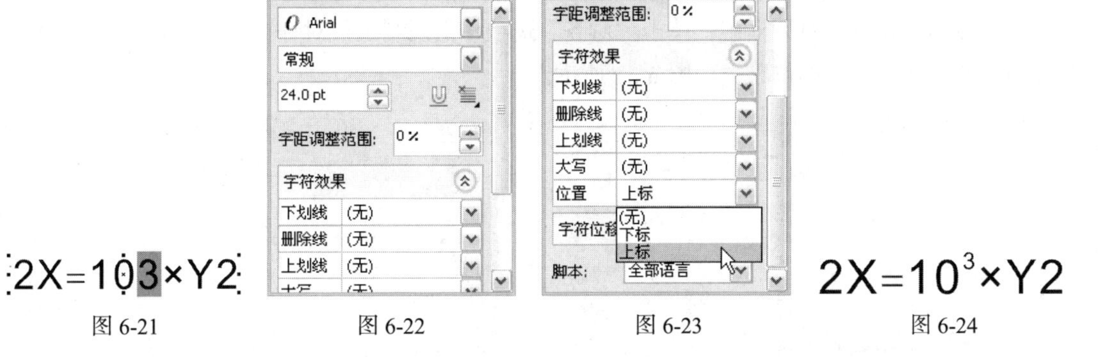

2X=103×Y2

图 6-21

字符格式化
Arial
常规
24.0 pt
字距调整范围:
0 %
字符效果
下划线
(无)
删除线
(无)
上划线
(无)

图 6-22

字符格式化
字距调整范围:
0 %
字符效果
下划线
(无)
删除线
(无)
上划线
(无)
大写
(无)
位置
上标
(无)
下标
上标
脚本:
全部语言

图 6-23

2X=10³×Y2

图 6-24

选取需要制作下标的文本，如图 6-25 所示。在“字符格式化”控制面板中的“位置”选项的下拉列表中选择“下标”选项，如图 6-26 所示，设置下标的效果如图 6-27 所示。

$2X=10^3×Y2$

图 6-25

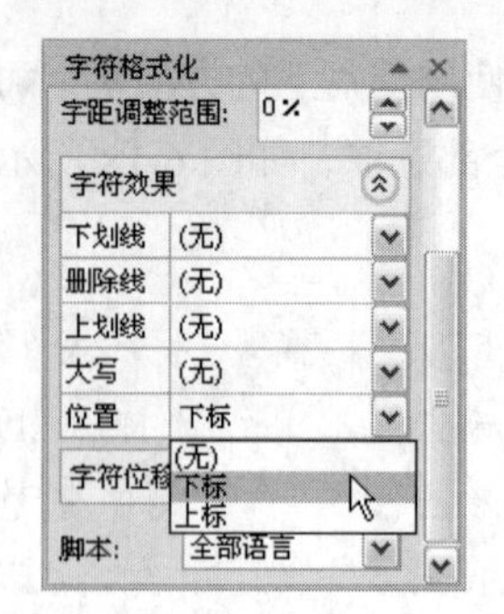

图 6-26

$2X=10^3×Y_2$

图 6-27

6.2.3 设置制表位和制表符

1. 设置制表位

选择“文本”工具[字]，在绘图页面中绘制一个段落文本框，在上方的标尺上出现多个制表位，如图 6-28 所示。选择“文本 > 制表位”命令，弹出“制表位设置”对话框，如图 6-29 所示，在对话框中可以进行制表位的设置。

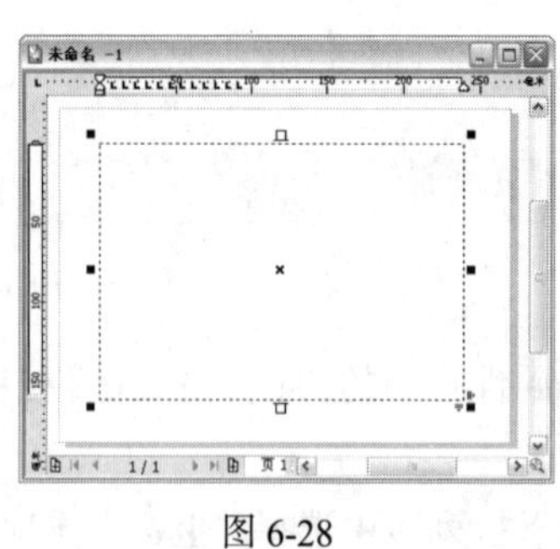

图 6-28

图 6-29

在“制表位设置”对话框中，单击“制表位”列表中的数值项，出现其数值框，在数值框中输入数值或调整数值，可以设置制表位的距离，如图 6-30 所示。

在“制表位设置”对话框中，单击“对齐”选项，出现制表位对齐方式下拉列表，在其中可以设置字符在制表位上的位置，如图 6-31 所示。

图 6-30

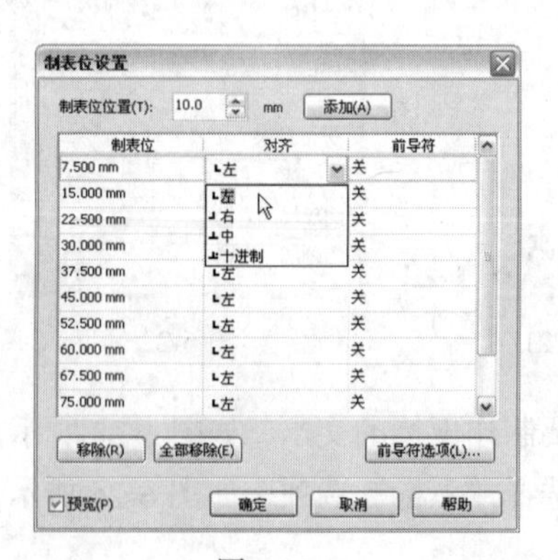

图 6-31

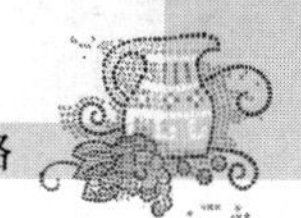

在“制表位设置”对话框中，选取一个制表位，单击“移除”按钮，可以删除制表位，单击“添加”按钮，可以增加制表位。设置好制表位后，单击“确定”按钮，可以完成制表位的设置。

在段落文本框中插入光标，按 Tab 键，每按一次 Tab 键，插入的光标就会按新设置的制表位移动。

2．设置制表符

选择“文本”工具字，在绘图页面中绘制一个段落文本框，效果如图 6-32 所示。

在上方的标尺上出现多个“L”形滑块，就是制表位，效果如图 6-33 所示。在任意一个制表位上单击鼠标右键，弹出快捷菜单，在快捷菜单中可以选择该制表位的对齐方式，如图 6-34 所示，也可以对网格、标尺和辅助线进行设置。

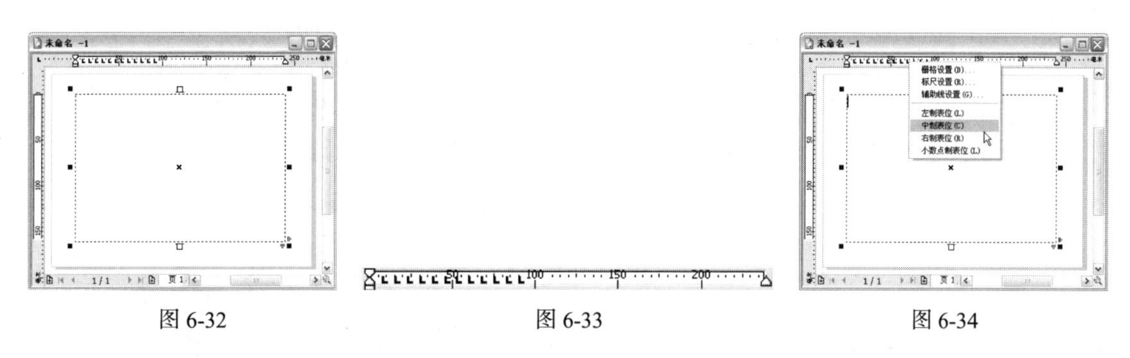

图 6-32　　　图 6-33　　　图 6-34

在上方的标尺上拖曳“L”形滑块，可以将制表位移动到需要的位置，效果如图 6-35 所示。在标尺上的任意位置单击，可以添加一个制表位，效果如图 6-36 所示。将制表位拖放到标尺外，就可以删除该制表位。

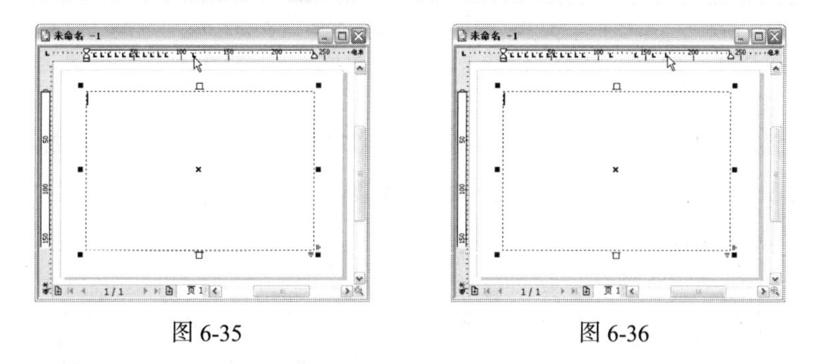

图 6-35　　　图 6-36

6.2.4　课堂案例——制作台历

【案例学习目标】学习使用文本工具和制表位命令制作台历。

【案例知识要点】使用文本工具和制表位命令制作台历日期。使用形状工具调整文本的行距。使用钢笔工具、轮廓色工具填充直线。使用矩形工具、椭圆形工具和渐变工具绘制台历装饰图形。台历效果如图 6-37 所示。

图 6-37

【效果所在位置】光盘/Ch06/效果/制作台历.cdr。

1. 制作台历日期

（1）选择“矩形”工具，在页面中绘制一个矩形，填充矩形为白色，如图 6-38 所示。在属性栏中的“轮廓宽度”框中设置数值为 0.5mm，按 Enter 键，效果如图 6-39 所示。

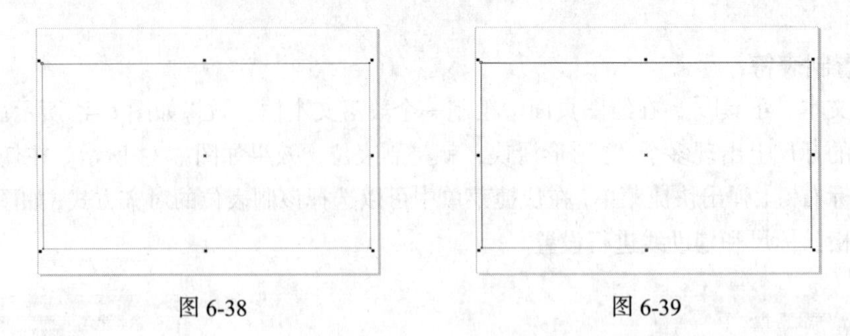

图 6-38　　　　图 6-39

（2）选择“文本”工具，在矩形中适当的位置按住鼠标左键不放，拖曳出一个文本框，如图 6-40 所示。选择“文本 > 制表位”命令，弹出“制表位设置”对话框，如图 6-41 所示。

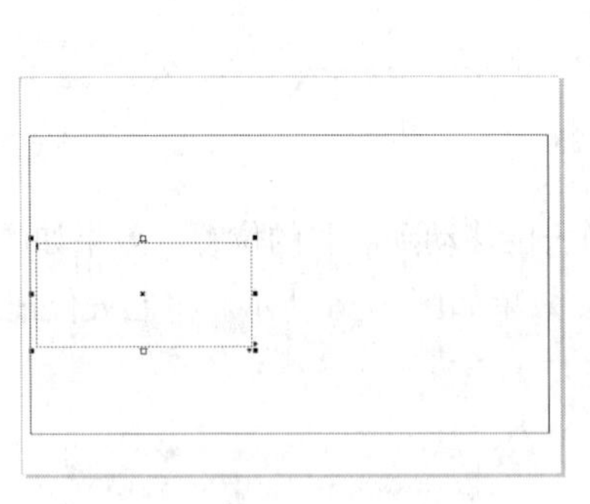

图 6-40

图 6-41

（3）单击对话框左下角的“全部移除”按钮，清空所有的制表位位置点，如图 6-42 所示。在对话框中的“制表位位置”选项中输入数值 15，连续按 8 次对话框上面的“添加”按钮，添加 8 个位置点，如图 6-43 所示。

图 6-42

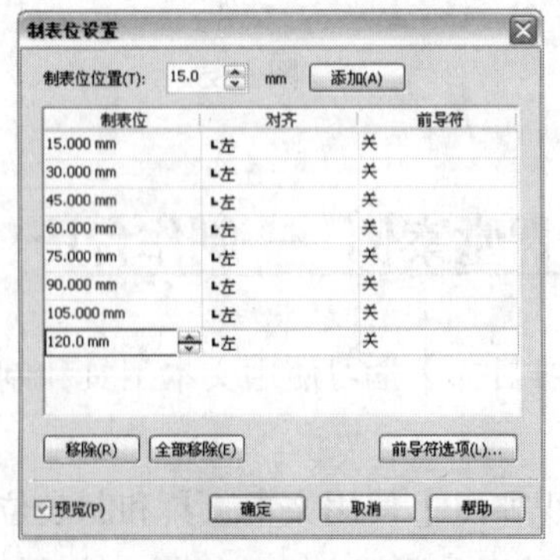

图 6-43

（4）单击“对齐”下的按钮，选择“中”对齐，如图 6-44 所示。将 8 个位置点全部选择“中”对齐，如图 6-45 所示，单击“确定”按钮。

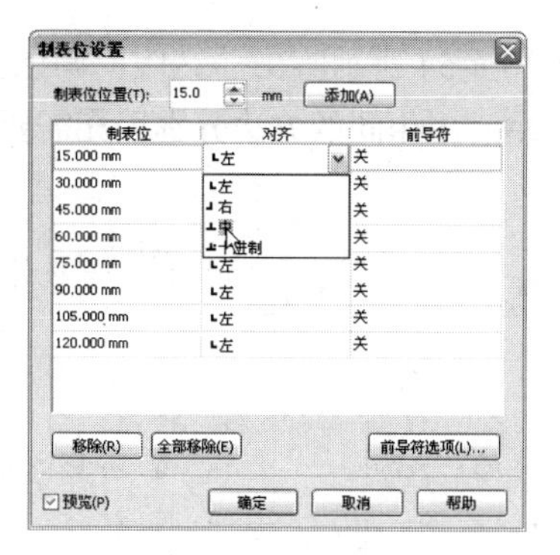

图 6-44

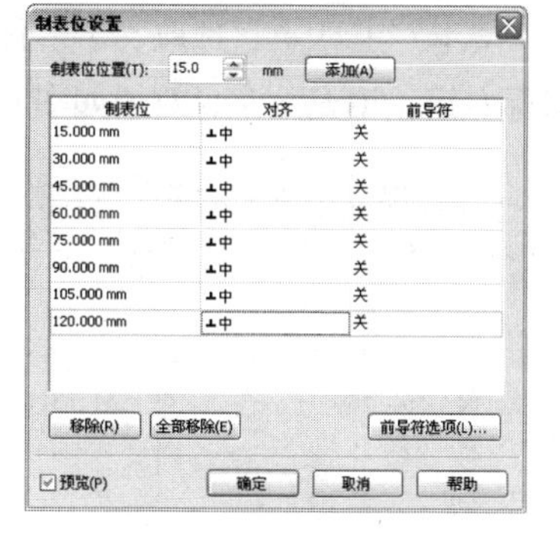

图 6-45

（5）将光标置于段落文本框中，按一下 Tab 键，输入文字“日”，在属性栏中选择合适的字体并设置文字大小，效果如图 6-46 所示。按一下 Tab 键，光标跳到下一个制表位处，输入文字“一”，如图 6-47 所示。依次输入其他需要的文字，如图 6-48 所示。

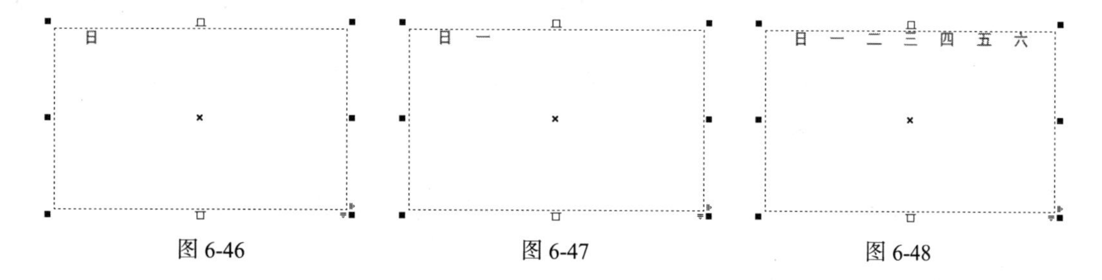

图 6-46　　图 6-47　　图 6-48

（6）按 Enter 键，将光标换到下一行，按 5 下 Tab 键，输入需要的文字，在属性栏中选择合适的字体并设置文字大小，如图 6-49 所示。用相同的方法依次输入需要的文字，效果如图 6-50 所示。

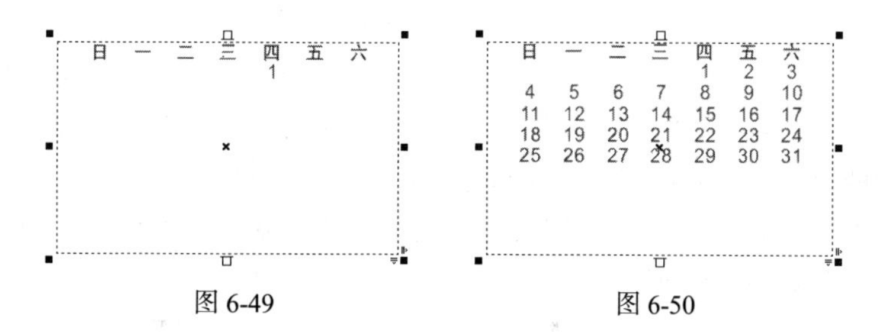

图 6-49　　图 6-50

（7）选择“选择”工具，向上拖曳文本框下方中间的控制手柄到适当的位置，效果如图 6-51 所示。选择“形状”工具，向下拖曳文字下方的图标，调整文字的行距，如图 6-52 所示，松开鼠标，效果如图 6-53 所示。

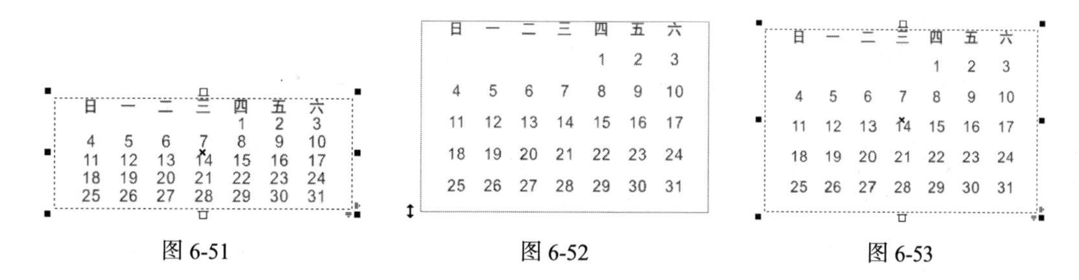

图 6-51　　图 6-52　　图 6-53

（8）选择“文本”工具字，选取文字“日”，如图 6-54 所示。在“CMYK 调色板”中的“红”色块上单击鼠标左键，填充文字，效果如图 6-55 所示。用相同的方法分别填充需要的文字，效果如图 6-56 所示。

图 6-54　　图 6-55　　图 6-56

2. 添加图片和其他文字

（1）选择“文件 > 导入”命令，弹出“导入”对话框，选择“Ch06 > 素材 > 制作台历 > 01”文件，单击“导入”按钮，在页面中单击导入图片，将其拖曳到合适的位置并调整其大小，效果如图 6-57 所示。

（2）选择“文本”工具字，在页面中输入文字“9 月”，分别选取文字，在属性栏中选择合适的字体并设置文字大小，效果如图 6-58 所示。

图 6-57

图 6-58

（3）选择“文本”工具字，选取文字“月”，单击属性栏中的“字符格式化”按钮，弹出“字符格式化”面板，单击“位置”选项右侧的按钮，选中“下标”，将“垂直位移”选项设为 25%，其他选项的设置如图 6-59 所示，按 Enter 键，取消文字的选取状态，效果如图 6-60 所示。选择“选择”工具，选取文字“9 月”，在“CMYK 调色板”中的“橘红”色块上单击鼠标左键，填充文字，效果如图 6-61 所示。

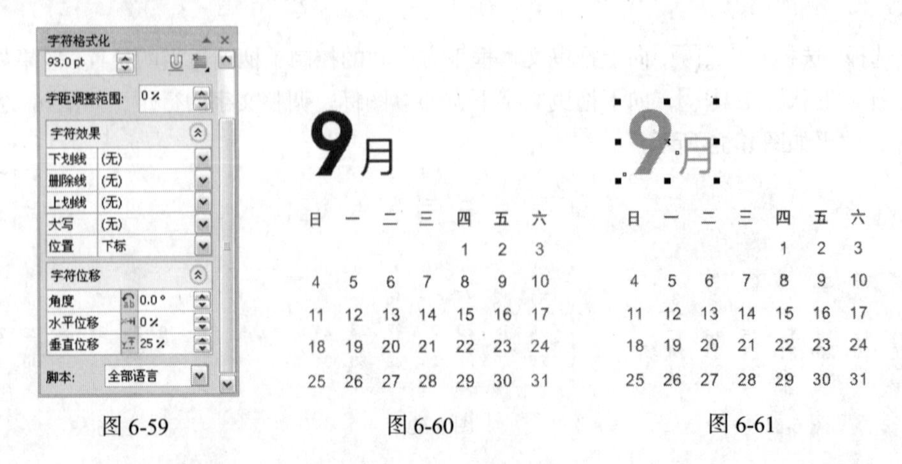

图 6-59　　图 6-60　　图 6-61

（4）选择“矩形”工具，在页面中适当的位置拖曳光标绘制一个矩形，设置矩形颜色的 CMYK 值为：60、0、100、0，填充图形，并去除图形的轮廓线，效果如图 6-62 所示。选择“文本”工具，在矩形上输入需要的文字，选择“选择”工具，在属性栏中选择合适的字体并设置文字大小，填充文字为白色，效果如图 6-63 所示。

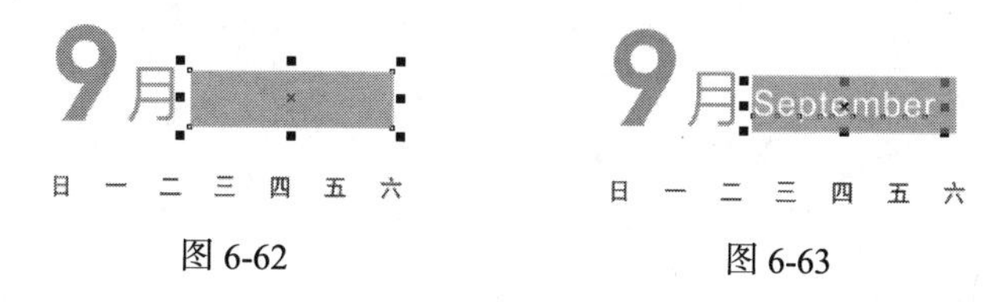

图 6-62　　图 6-63

（5）选择“选择”工具，向右拖曳文字右侧中间的控制手柄到适当的位置，如图 6-64 所示。选择“形状”工具，向左拖曳文字下方的图标，调整文字的间距，效果如图 6-65 所示。

图 6-64　　图 6-65

（6）选择“钢笔”工具，绘制一条直线，如图 6-66 所示。在属性栏中的“轮廓宽度” .2 mm 框中设置数值为 0.75mm，在“起始箭头”和“终止箭头”选项的下拉列表中选择需要的箭头形状，如图 6-67、图 6-68 所示，直线效果如图 6-69 所示。

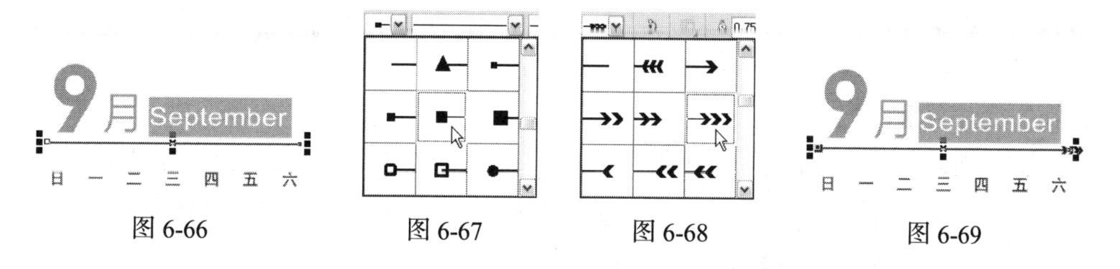

图 6-66　　图 6-67　　图 6-68　　图 6-69

（7）选择“轮廓色”工具，弹出“轮廓颜色”对话框，选项的设置如图 6-70 所示，单击“确定”按钮，填充直线，效果如图 6-71 所示，按 Esc 键取消选取状态。

图 6-70

图 6-71

（8）按 Ctrl+I 组合键，弹出“导入”对话框，选择“Ch06 > 素材 > 制作台历 > 02”文件，单击“导入”按钮，在页面中单击导入图片，选择“选择”工具，拖曳图形到合适的位置并调整其大小，效果如图 6-72 所示。在“CMYK 调色板”中的“橘红”色块上单击鼠标左键，填充图形，效果如图 6-73 所示。

图 6-72

图 6-73

（9）选择“文本”工具，在页面中输入需要的文字，选择“选择”工具，在属性栏中选择合适的字体并设置文字大小，效果如图 6-74 示。选择“矩形”工具，在页面中适当的位置拖曳光标绘制一个矩形，设置矩形颜色的 CMYK 值为：60、0、100、0，填充图形，并去除图形的轮廓线，效果如图 6-75 所示。

图 6-74

图 6-75

3. 制作装饰图形

（1）选择“椭圆形”工具和“矩形”工具，在需要的位置分别绘制一个椭圆形和一个矩形，如图 6-76 所示。选择“选择”工具，选取椭圆形，在属性栏中的“轮廓宽度” .2 mm 框中设置数值为 0.7mm，按 Enter 键，效果如图 6-77 所示。

图 6-76

图 6-77

（2）选择“选择”工具，选取矩形。选择“渐变填充”工具，弹出“渐变填充”对话框。点选“自定义”单选框，在“位置”选项中分别输入 0、14、42、73、100 五个位置点，单击右下角的“其他”按钮，分别设置五个位置点颜色的 CMYK 值为：0（100、0、100、0）、14（40、0、100、0）、42（0、0、0、0）、73（100、0、100、0）、100（40、0、100、0），其他选项的设置如图 6-78 所示，单击“确定”按钮，填充图形，效果如图 6-79 所示。用圈选的方法将矩形和椭圆

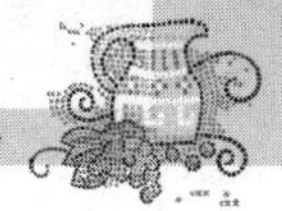

形同时选取，按 Ctrl+G 组合键，将两个图形群组，效果如图 6-80 所示。

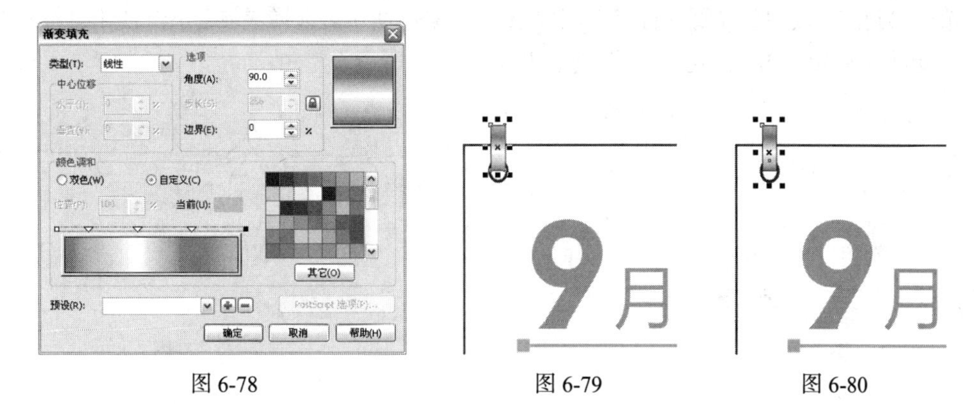

图 6-78　　　　图 6-79　　　　图 6-80

（3）保持图形的选取状态，按住 Ctrl 键的同时，水平向右拖曳群组图形，并在适当的位置上单击鼠标右键，复制一个新图形，如图 6-81 所示。按住 Ctrl 键的同时，再连续点按 D 键，按需要再制出多个图形，按 Esc 键，取消选取状态，效果如图 6-82 所示。台历制作完成。

图 6-81

图 6-82

6.3 制作文本效果

在 CorelDRAW X5 中，可以根据设计制作任务的需要，制作多种文本效果。下面将具体讲解文本效果的制作过程。

6.3.1 设置首字下沉和项目符号

1．设置首字下沉

在绘图页面中打开一个段落文本，如图 6-83 所示。选择“文本 > 首字下沉”命令，弹出“首字下沉”对话框，如图 6-84 所示。

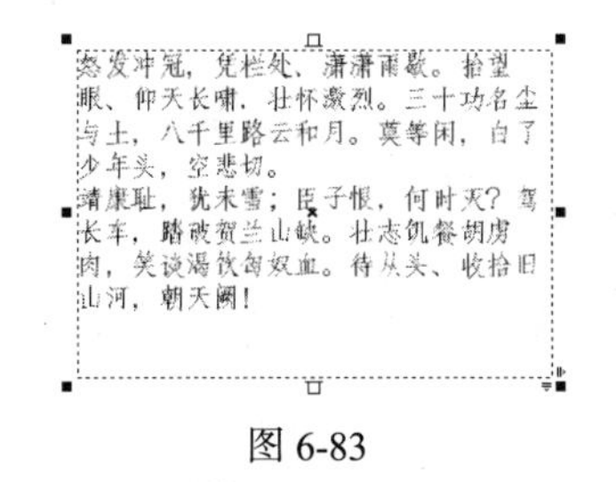

图 6-83

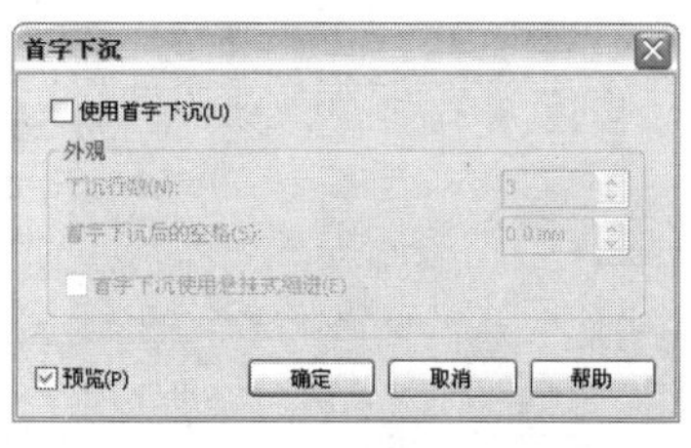

图 6-84

勾选“使用首字下沉”复选框，其他选项处于可编辑状态。在“下沉字数”选项的数值框中可以设置首字下沉量，“首字下沉后的空格”选项的数值框中可以设置距文本的距离，如图 6-85 所示，单击“确定”按钮，各段落首字下沉效果如图 6-86 所示。选择“首字下沉使用悬挂式缩进”复选框，单击“确定”按钮，悬挂式缩进效果如图 6-87 所示。

图 6-85　　图 6-86　　图 6-87

2．设置项目符号

在绘图页面中打开一个段落文本，效果如图 6-88 所示。选择“文本 > 项目符号”命令，弹出“项目符号”对话框，设置如图 6-89 所示。

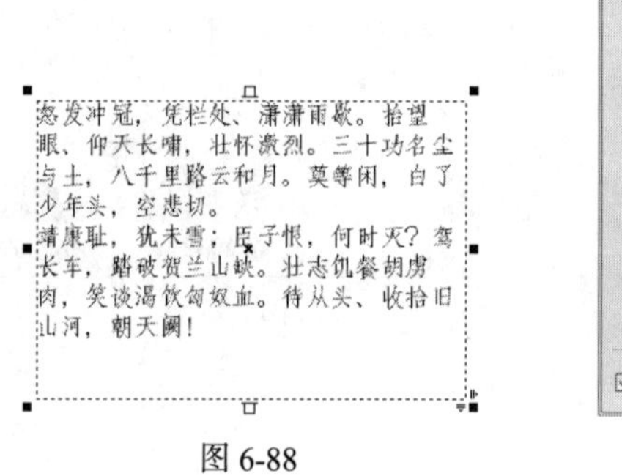

图 6-88

图 6-89

勾选“使用项目符号”复选框，其他选项处于可编辑状态。在“外观”设置区中可以设置字体的类型、选择符号、设置字体符号的大小和基线位移的距离。勾选“项目符号的列表使用悬挂式缩进”复选框，项目符号在段落中悬挂缩进。在“间距”设置区中可以调节缩进距离。

在对话框中的“符号”选项的下拉列表中选择需要的项目符号，其他选项的设置如图 6-90 所示，单击“确定”按钮，效果如图 6-91 所示。在段落文本中需要另起一段的位置插入光标，按 Enter 键，项目符号会自动添加在新段落的前面，效果如图 6-92 所示。

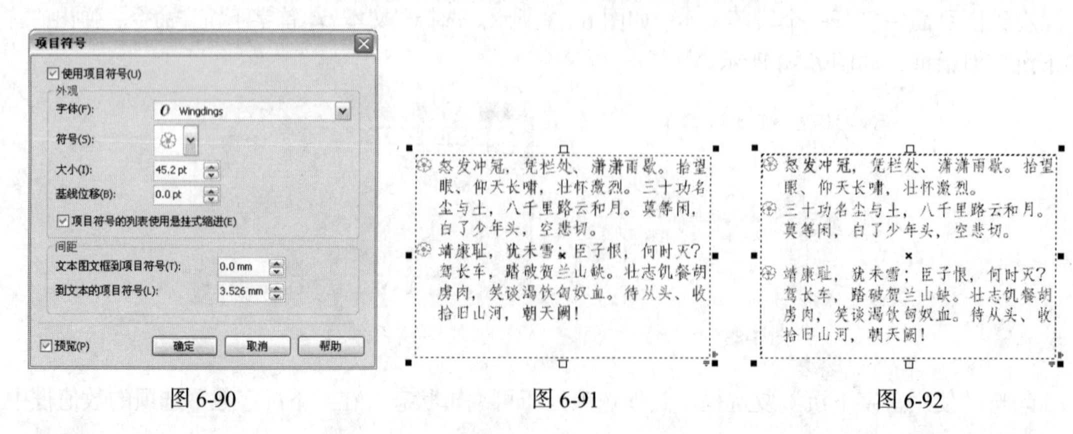

图 6-90　　图 6-91　　图 6-92

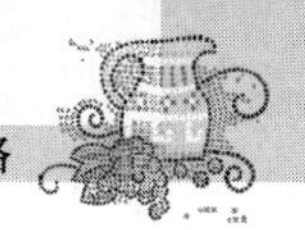

用鼠标的光标将段落前面的项目符号选取，效果如图 6-93 所示。在对话框中的“符号”选项的下拉列表中选择需要的项目符号，如图 6-94 所示，设置好后，单击“确定”按钮，段落文本中选取的项目符号被更改，应用相同的方法可以更改其他的项目符号，效果如图 6-95 所示。

图 6-93　　图 6-94　　图 6-95

单击属性栏中的“项目符号列表”按钮或按 Ctrl+M 组合键，也可为文本添加项目符号。

6.3.2　文本绕路径

选择“文本”工具，在绘图页面中输入美术字文本，使用“基本形状”工具绘制一条图形，选取美术字文本，效果如图 6-96 所示。

选择“文本 > 使文本适合路径”命令，文本自动绕路径排列，效果如图 6-97 示。

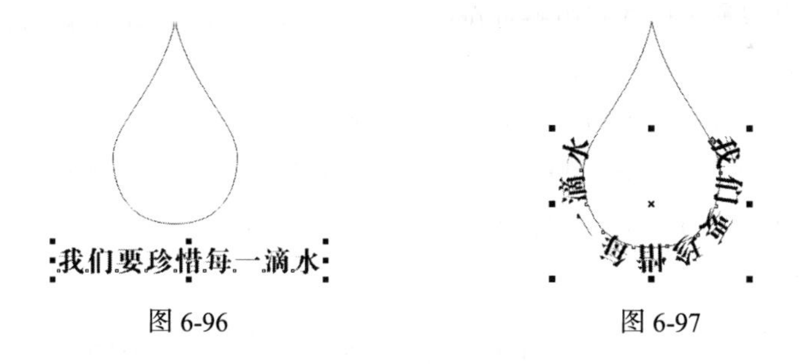

图 6-96　　图 6-97

选取绕路径排列的文本，属性栏如图 6-98 所示，在属性栏中可以设置文字方向、与路径的距离、水平偏移和镜像文本按钮等，通过设置可以产生多种文本绕路径的效果。

选择“形状”工具，选取图形，如图 6-99 所示。选择“选择”工具，按 Delete 键，可以将曲线路径删除，效果如图 6-100 所示。

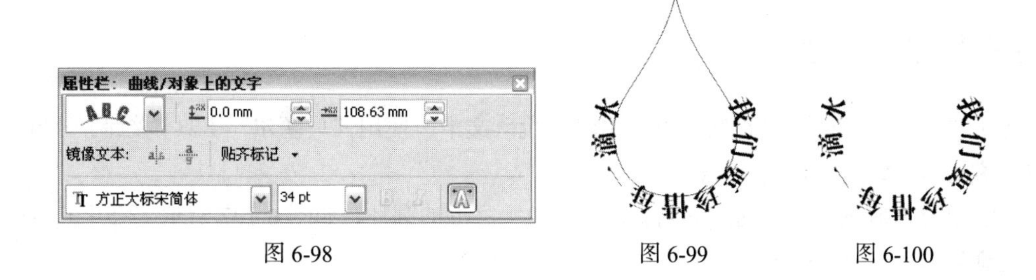

图 6-98　　图 6-99　　图 6-100

6.3.3 对齐文本

选择“文本”工具字，在绘图页面中输入段落文本，单击“文本”属性栏中的“文本对齐”按钮，弹出其下拉列表，共有 6 种对齐方式，如图 6-101 所示。

选择“文本 > 段落格式化”命令，弹出“段落格式化”控制面板，在“对齐”选项的下拉列表中可以选择文本的对齐方式，如图 6-102 所示。

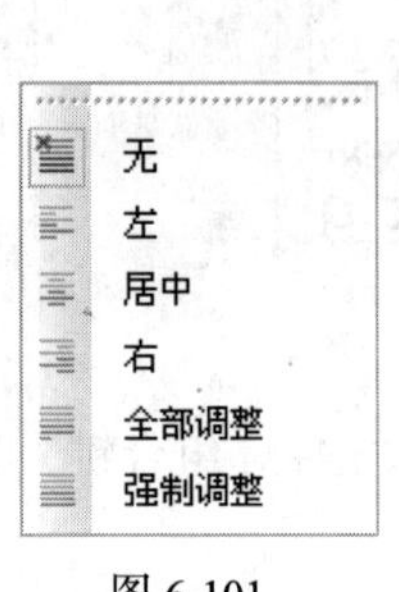

图 6-101

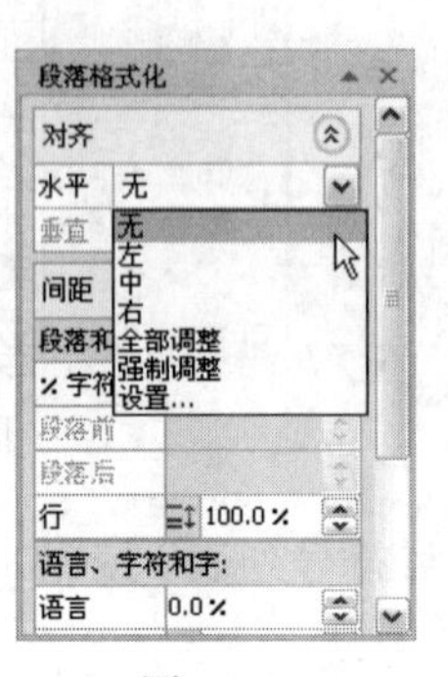

图 6-102

无：是 CorelDRAW X5 默认的对齐方式。选择它将对文本不产生影响，文本可以自由地变换，但单纯的无对齐方式文本的边界会参差不齐。

左：段落文本会以文本框的左边界对齐。

居中：段落文本的每一行都会在文本框中居中。

右：段落文本会以文本框的右边界对齐。

全部调整：段落文本的每一行都会同时对齐文本框的左右两端。

强制调整：可以对段落文本的所有格式进行调整。

选取进行过移动调整的文本，如图 6-103 所示，选择“文本 > 对齐基准”命令，可以将文本重新对齐，效果如图 6-104 所示。选择“文本 > 矫正文本”命令，可以旋转调整的文本重新对齐，效果如图 6-105 所示。

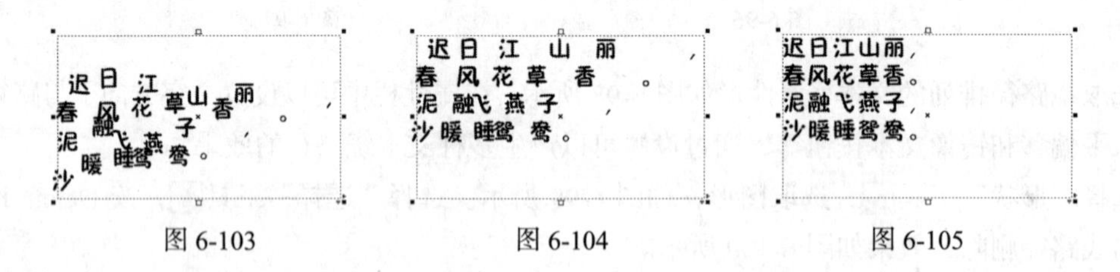

图 6-103　图 6-104　图 6-105

6.3.4 内置文本

选择“文本”工具字，在绘图页面中输入段落文本，使用“贝塞尔”工具绘制一个图形，选取段落文本，如图 6-106 所示。

用鼠标的右键拖曳文本到图形内，光标变为十字形的圆环，如图 6-107 所示。松开鼠标右键，弹出快捷菜单，选择“内置文本”命令，如图 6-108 所示。

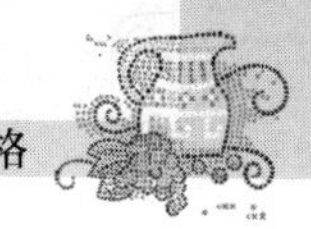

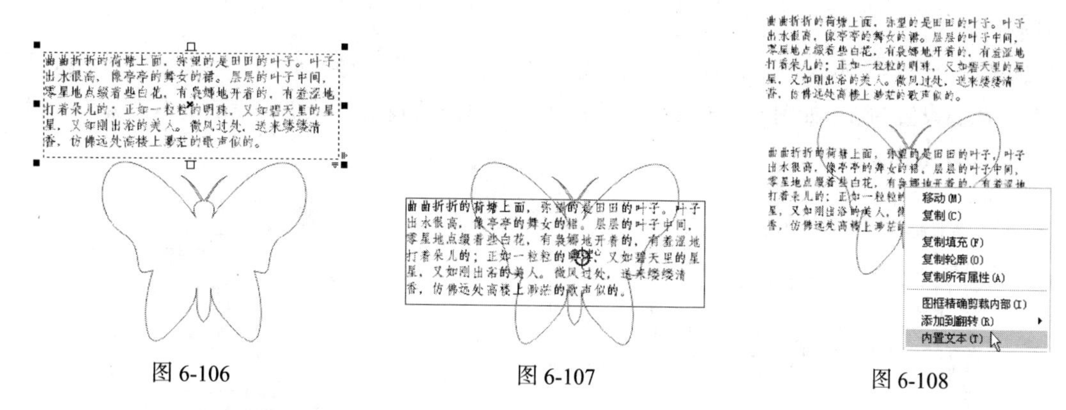

图 6-106　　图 6-107　　图 6-108

文本被置入到图形内，效果如图 6-109 所示。选择“文本 > 段落文本框 > 使文本适合框架”命令，文本和图形对象基本适配，效果如图 6-110 所示。

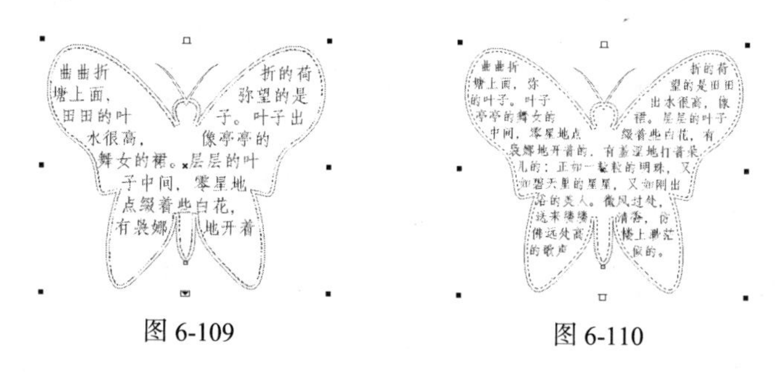

图 6-109　　图 6-110

6.3.5　段落文字的连接

在文本框中经常出现文本被遮住而不能完全显示的问题，如图 6-111 所示。可以通过调整文本框的大小来使文本显示完全。还可以通过多个文本框的连接来使文本显示完全。

选择“文本”工具，单击文本框下部的图标，鼠标光标变为形状，在绘图页面中按住鼠标左键不放，沿对角线拖曳鼠标，绘制一个新的文本框，如图 6-112 所示。松开鼠标左键，在新绘制的文本框中显示出被遮住的文字，效果如图 6-113 所示。

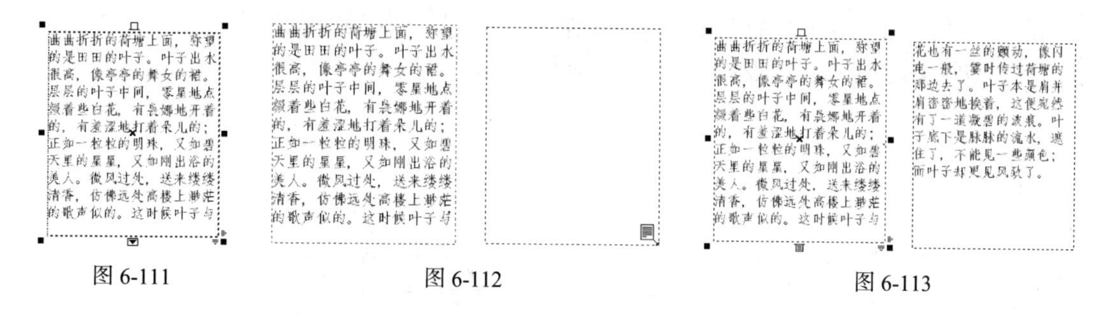

图 6-111　　图 6-112　　图 6-113

6.3.6　段落分栏

在 CorelDRAW X5 中可以设置多种段落分栏效果，应用好这些效果可以设计制作出漂亮的杂

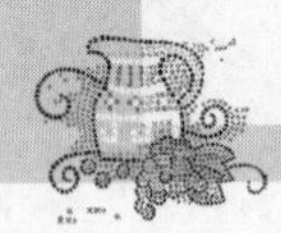

志或报刊版式。

选择一个段落文本，如图 6-114 所示。选择“文本 > 栏”命令，弹出“栏设置”对话框，将“栏数”选项设置为 3，如图 6-115 所示，设置好后，单击“确定”按钮，段落文本被分为 3 栏，效果如图 6-116 所示。

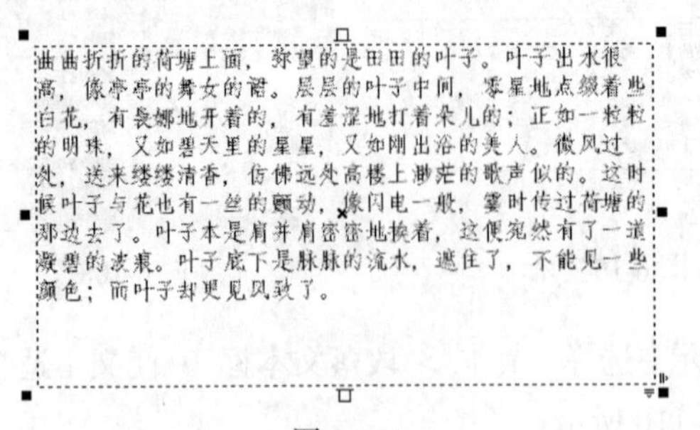

图 6-114

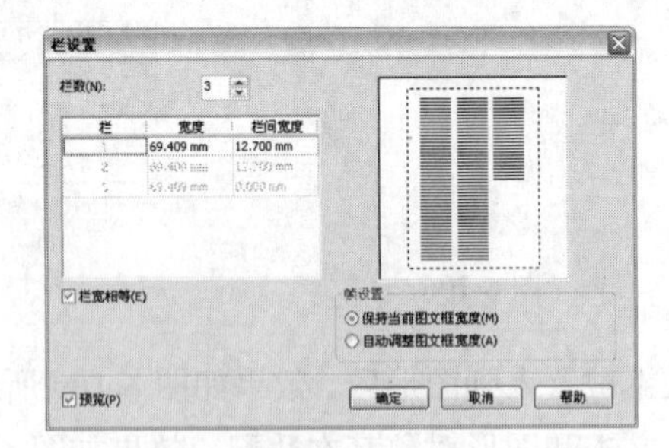

图 6-115

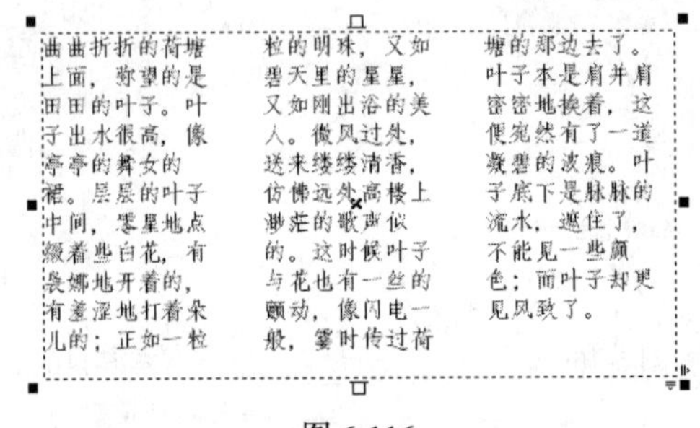

图 6-116

6.3.7 文本绕图

在 CorelDRAW X5 中提供了多种文本绕图的形式，应用好文本绕图功能可以使设计制作的杂志或报刊更加生动美观。

选择段落文本中的位图，如图 6-117 所示。在位图上单击鼠标右键，在弹出的快捷菜单中选择“段落文本换行”命令，如图 6-118 所示，文本绕图效果如图 6-119 所示。

在属性栏中单击“文本换行”按钮，在弹出的下拉菜单中可以设置换行样式，在“文本换行偏移”选项的数值框中可以设置偏移距离，如图 6-120 所示。

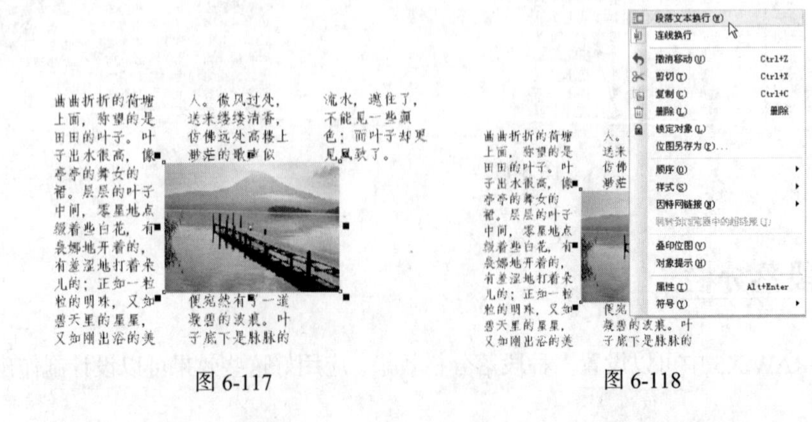

图 6-117　　图 6-118

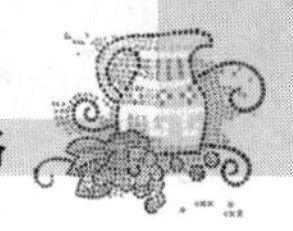

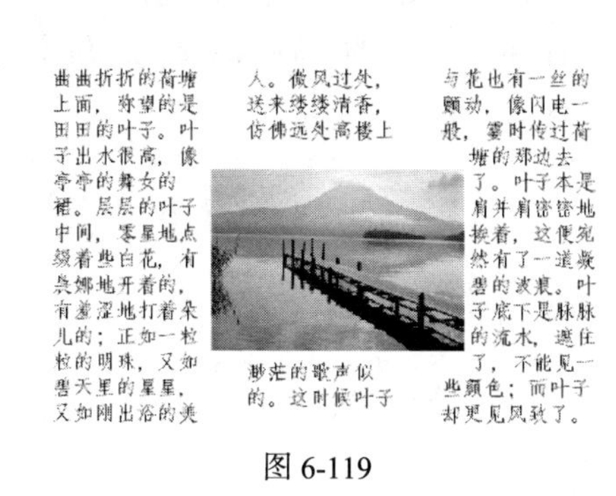

图 6-119

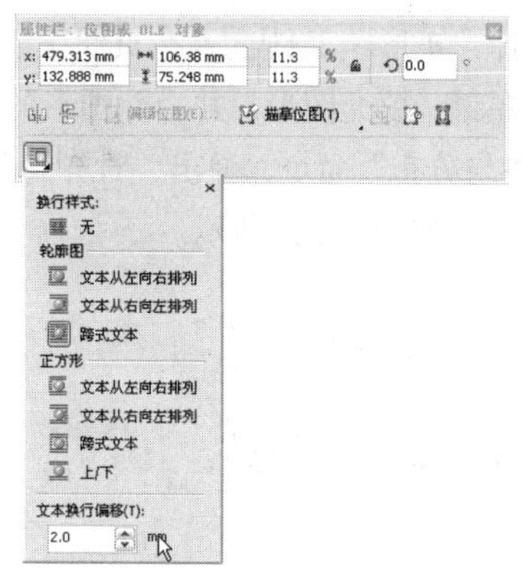

图 6-120

6.3.8 课堂案例——制作杂志内文

【案例学习目标】学习使用文本绕排、首字下沉和文本绕路径排列命令制作杂志内文。

【案例知识要点】使用文本工具、插入符号字符命令、导入命令、矩形工具制作栏目标题。使用首字下沉命令制作文字的首字下沉效果。使用段落文本换行命令制作文本绕排。使用文本工具、椭圆工具和使文本适合路径命令制作文字绕路径排列。杂志内文效果如图 6-121 所示。

【效果所在位置】光盘/Ch06/效果/制作杂志内文.cdr。

图 6-121

1．制作背景及杂志标题

（1）按 Ctrl+N 组合键，新建一个 A4 页面，在属性栏的“页面度量”选项中分别设置宽度为 210.0mm，高度为 285.0mm，按 Enter 键，页面尺寸显示为设置的大小。双击“矩形”工具，绘制一个与页面大小相等的矩形，效果如图 6-122 所示。

（2）选择“渐变填充”工具，弹出“渐变填充”对话框。点选“双色”单选框，将“从”选项颜色的 CMYK 值设置为：0、0、0、0，“到”选项颜色的 CMYK 值设置为：0、0、40、0，其他选项的设置如图 6-123 所示，单击“确定”按钮，填充图形，效果如图 6-124 所示。

图 6-122

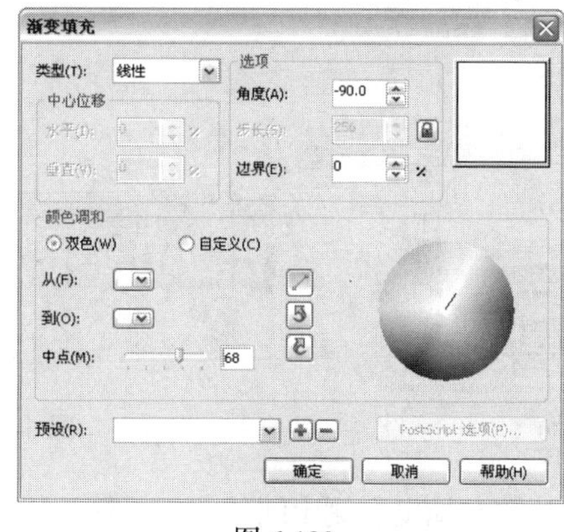

图 6-123

图 6-124

（3）选择“矩形”工具，在页面中绘制一个矩形。在“CMYK 调色板”中的“橘红”色块上单击鼠标左键，填充图形，并去除图形的轮廓线，效果如图 6-125 所示。选择“排列 > 对齐和分布 > 对齐与分布”命令，弹出“对齐与分布”对话框，选项的设置如图 6-126 所示，单击“应用”按钮，效果如图 6-127 所示。

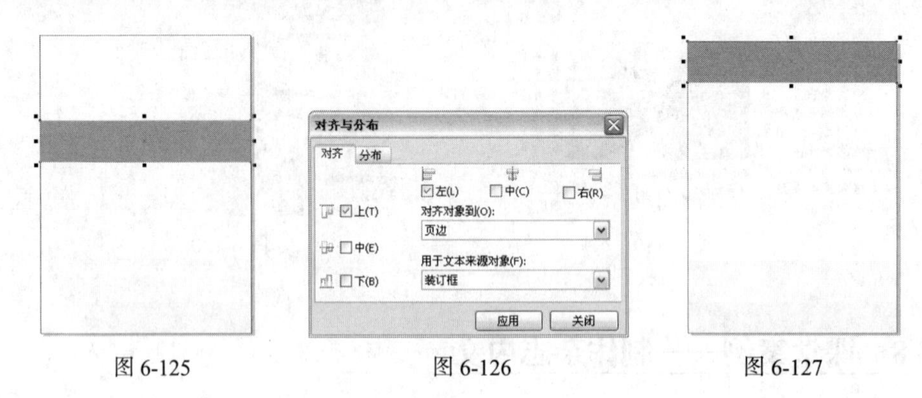

图 6-125　　图 6-126　　图 6-127

（4）选择“文本”工具，在页面中适当的位置输入需要的文字，选择“选择”工具，在属性栏中选择合适的字体并设置文字大小，如图 6-128 所示。设置文字颜色的 CMYK 值为：0、70、60、70，填充文字，效果如图 6-129 所示。

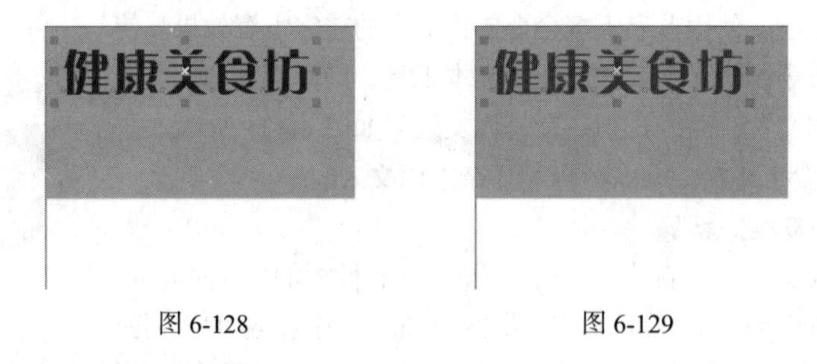

图 6-128　　图 6-129

（5）打开光盘中的“Ch06 > 素材 > 制作杂志内文 > 记事本”文件，选取并复制文档中需要的文字，如图 6-130 所示。返回到 CorelDRAW X5 绘图页面中，选择“文本”工具，在页面中单击插入光标，按 Ctrl+V 组合键，将复制的文字粘贴到页面中。选择“选择”工具，在属性栏中选择合适的字体并设置文字大小，填充文字为白色，效果如图 6-131 所示。

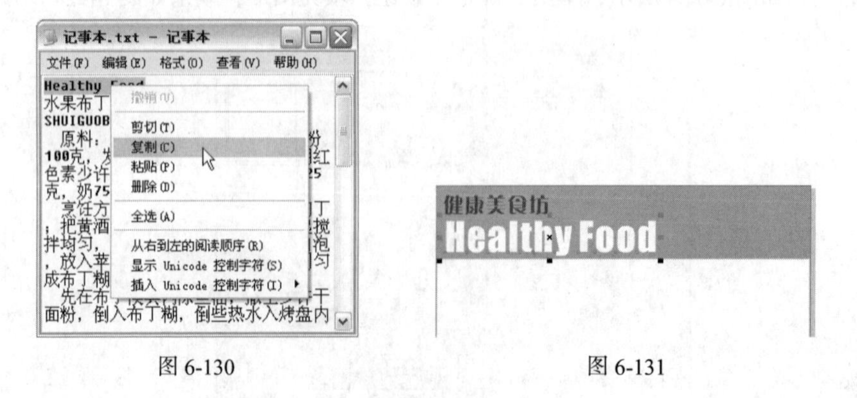

图 6-130　　图 6-131

（6）保持文字的选取状态，向右拖曳右侧中间的控制手柄到适当的位置，松开鼠标左键，效

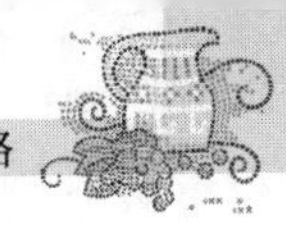

果如图 6-132 所示。选择“形状”工具，向右拖曳文字下方的图标，调整文字的间距，效果如图 6-133 所示。

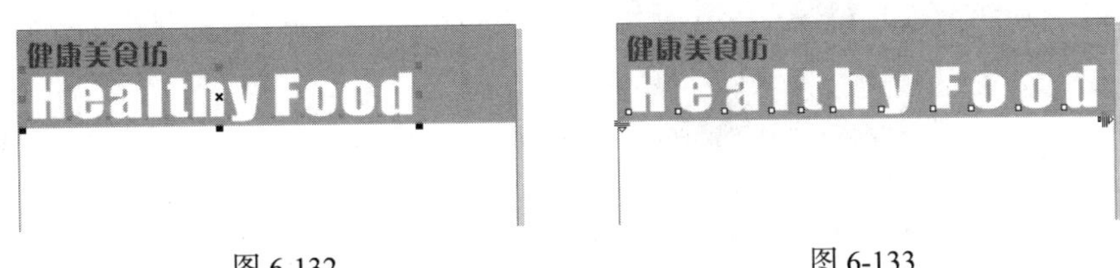

图 6-132　　图 6-133

（7）选择“文本”工具，在页面中需要的位置单击鼠标左键插入光标，选择“文本 > 插入符号字符”命令，弹出“插入字符”泊坞窗，选择需要的字符，其他选项的设置如图 6-134 所示，单击“插入”按钮，字符插入到文本中，填充为白色，调整其大小并去除图形的轮廓线，效果如图 6-135 所示。

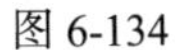

图 6-134　　图 6-135

（8）按 Ctrl+I 组合键，弹出“导入”对话框，选择光盘中的“Ch06 > 素材 > 制作杂志内文 > 01”文件，单击“导入”按钮，在页面中单击导入图片，将其拖曳到适当的位置并调整其大小，效果如图 6-136 所示。选择“矩形”工具，在页面中适当的位置绘制一个矩形，效果如图 6-137 所示。

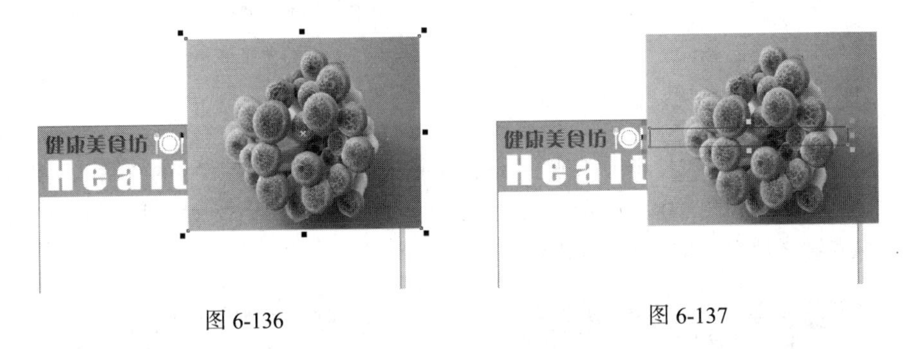

图 6-136　　图 6-137

（9）选择“选择”工具，选取图片，选择“效果 > 图框精确剪裁 > 放置在容器中”命令，鼠标的光标变为黑色箭头形状，在矩形上单击鼠标左键，如图 6-138 所示，将图形置入到矩形中，并去除矩形的轮廓线，效果如图 6-139 所示。

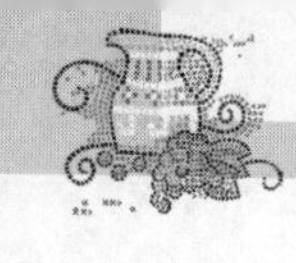

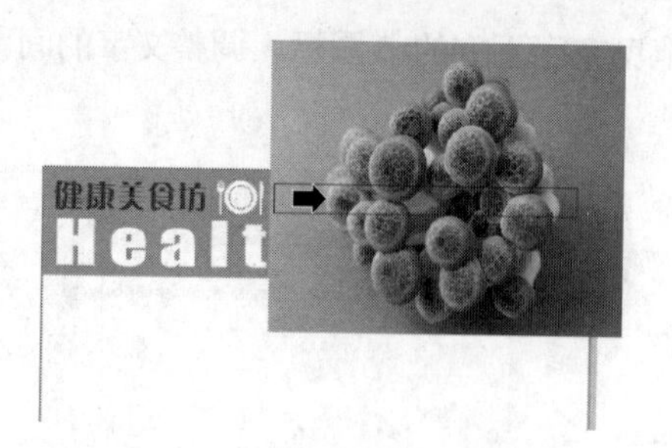

图 6-138

图 6-139

（10）选择“矩形”工具，在页面中适当的位置绘制一个矩形，如图 6-140 所示。在“CMYK 调色板”中的“橘红”色块上单击鼠标左键，填充图形，并去除图形的轮廓线，效果如图 6-141 所示。多次按数字键盘上的+键，复制多个图形，分别拖曳复制的图形到适当的位置，效果如图 6-142 所示。

图 6-140

图 6-141

图 6-142

2. 添加并编辑内容文字和图片

（1）选择“矩形”工具，在页面中绘制一个矩形，在“CMYK 调色板”中的“红”色块上单击鼠标左键，填充图形，并去除图形的轮廓线，效果如图 6-143 所示。在打开的记事本文档中分别选取并复制需要的文字，选择“文本”工具，在页面中分别单击鼠标插入光标，按 Ctrl+V 组合键，分别将复制的文字粘贴到页面中。选择“选择”工具，在属性栏中分别选择合适的字体并设置文字大小，效果如图 6-144 所示。

图 6-143

图 6-144

（2）选择“选择”工具，选取左侧的文字，在“CMYK 调色板”中的“橘红”色块上单击鼠标左键，填充文字，如图 6-145 所示。选取右侧的文字，在“CMYK 调色板”中的“深黄”色块上单击鼠标左键，填充文字，如图 6-146 所示。

图 6-145

图 6-146

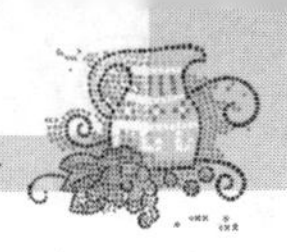

（3）在打开的记事本文档中选取并复制文档中的部分内容。选择“文本”工具，在页面中拖曳一个文本框，按 Ctrl+V 组合键，将复制的文字粘贴到文本框中。选择“选择”工具，在属性栏中选择合适的字体并设置文字大小，效果如图 6-147 所示。选择“形状”工具，向下拖曳文字下方的图标，调整文字的行距，如图 6-148 所示。

图 6-147

图 6-148

（4）选择“选择”工具，选择“文本 > 栏”命令，弹出“栏设置”对话框，选项的设置如图 6-149 所示，单击“确定”按钮，效果如图 6-150 所示。

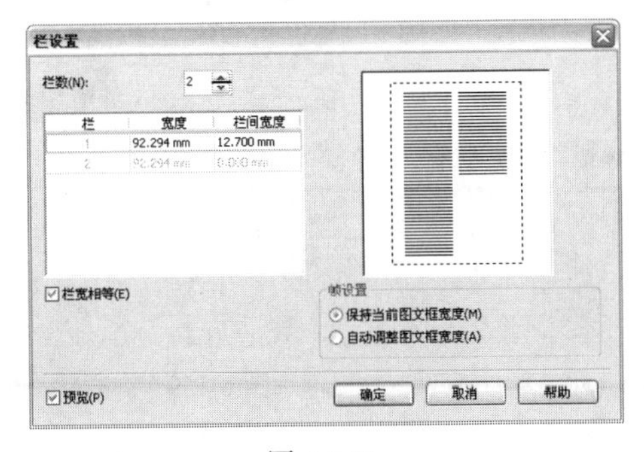

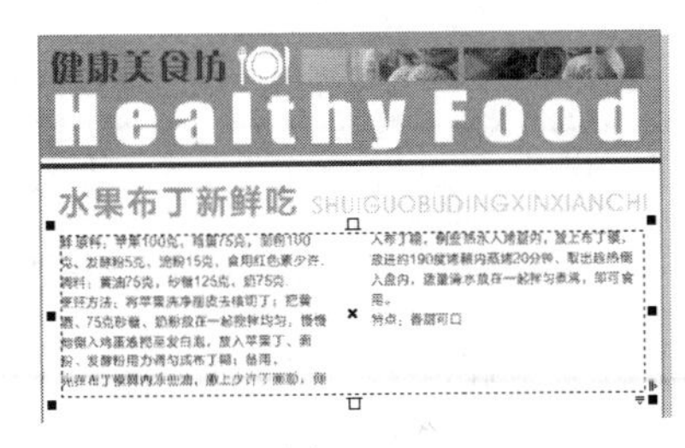

图 6-149

图 6-150

（5）选择“文本”工具，选取文字“鲜”，如图 6-151 所示。在属性栏中选择合适的字体，在“CMYK 调色板”中的“红”色块上单击鼠标左键，填充文字，效果如图 6-152 所示。

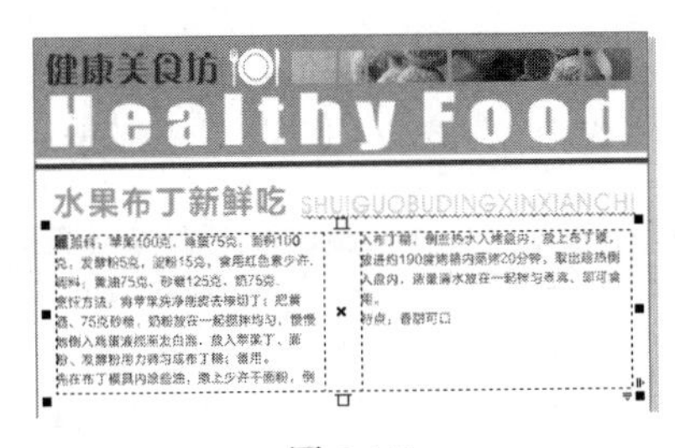

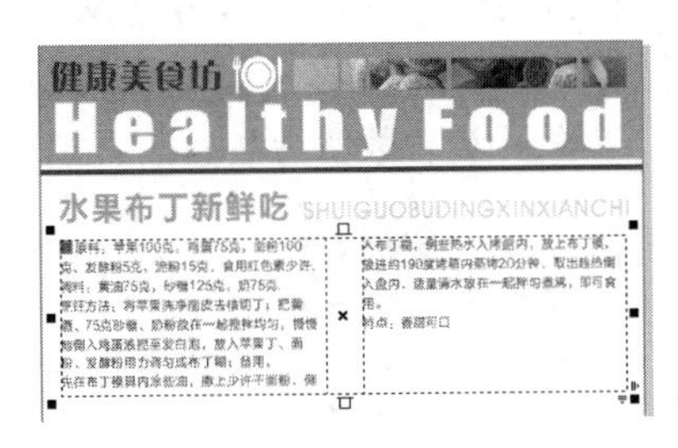

图 6-151

图 6-152

（6）保持文字选取状态，选择“文本 > 首字下沉”命令，弹出“首字下沉”对话框，勾选“使用首字下沉”复选框，如图 6-153 所示，单击“确定”按钮，取消文字选取状态，效果如图 6-154 所示。

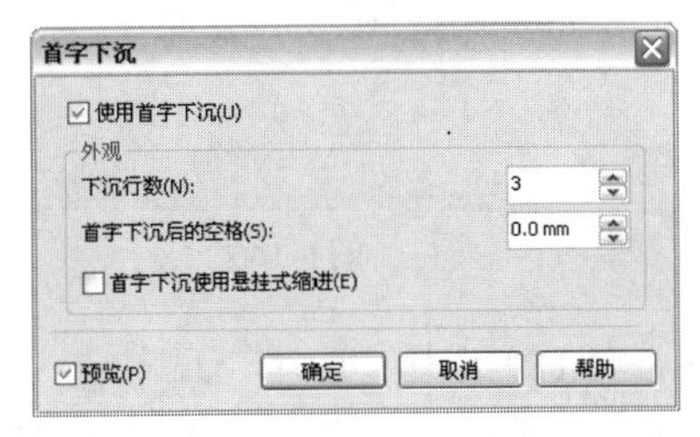

图 6-153

（7）按 Ctrl+I 组合键，弹出“导入”对话框，选择光盘中的“Ch06 > 素材 > 制作杂志内文 > 02”文件，单击

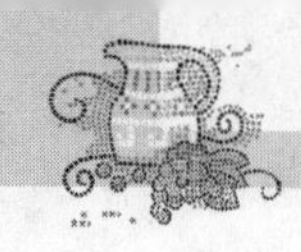

“导入”按钮，在页面中单击导入图片，将其拖曳到适当的位置并调整其大小，效果如图 6-155 所示。在图片上单击鼠标右键，在弹出的菜单中选择“段落文本换行”命令，效果如图 6-156 所示。

图 6-154　　图 6-155　　图 6-156

（8）选择“椭圆形”工具，按住 Ctrl 键的同时，绘制一个圆形，在“CMYK 调色板”中的“深黄”色块上单击鼠标左键，填充图形，并去除图形的轮廓线，效果如图 6-157 所示。选择“透明度”工具，在属性栏中的设置如图 6-158 所示，按 Enter 键，效果如图 6-159 所示。

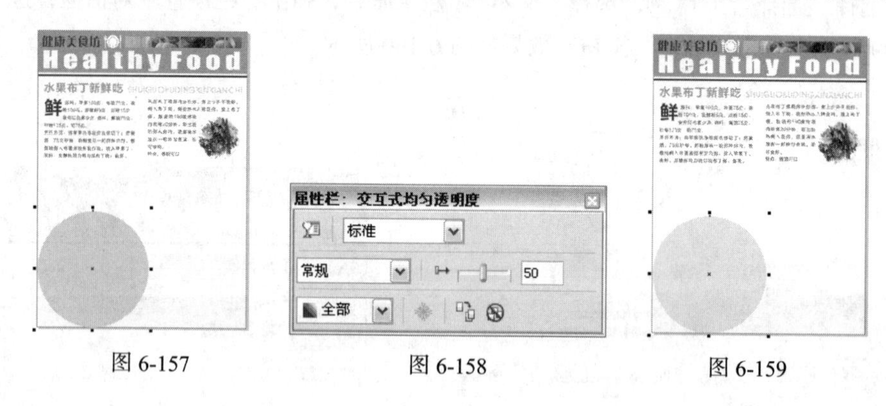

图 6-157　　图 6-158　　图 6-159

（9）选择“选择”工具，按数字键盘上的+键，复制一个图形，将其拖曳到适当的位置并调整其大小，如图 6-160 所示。按 Ctrl+I 组合键，弹出“导入”对话框，选择光盘中的“Ch06 > 素材 > 制作杂志内文 > 03”文件，单击“导入”按钮，在页面中单击导入图片，将其拖曳到适当的位置并调整其大小，效果如图 6-161 所示。

（10）选择“椭圆形”工具，按住 Ctrl 键的同时，绘制一个圆形，在属性栏中的“轮廓宽度” .2 mm 框中设置数值为 2mm，并填充轮廓线为白色，效果如图 6-162 所示。

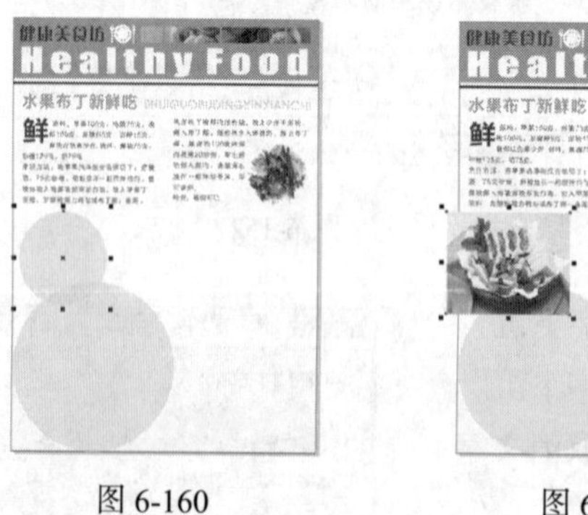

图 6-160　　图 6-161

图 6-162

（11）选择“选择”工具，选取图片，选择“效果 > 图框精确剪裁 > 放置在容器中”命令，鼠标的光标变为黑色箭头形状，在白色圆形上单击鼠标左键，如图 6-163 所示，将图片置入

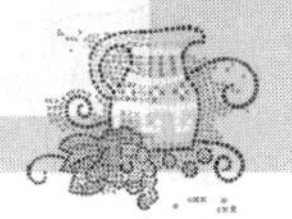

到白色圆形中，效果如图 6-164 所示。使用相同的方法导入 04 素材文件，制作出如图 6-165 所示的图框精确剪裁效果。

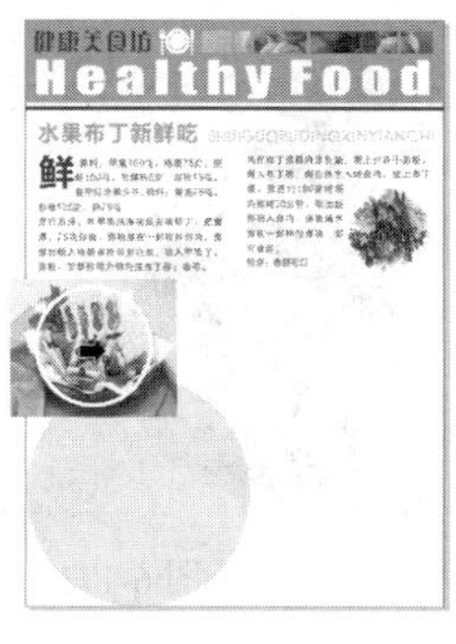

图 6-163

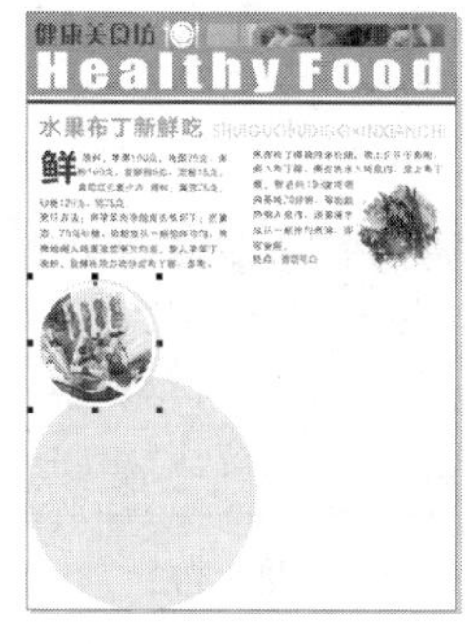

图 6-164

图 6-165

3．制作路径文字并添加相关文字

（1）选择“椭圆形”工具，按住 Ctrl 键的同时，绘制一个圆形，如图 6-166 所示。在记事本文档中选取并复制文档中的内容。选择“文本”工具，在页面中单击插入光标，按 Ctrl+V 组合键，粘贴文字。选择“选择”工具，在属性栏中选择合适的字体并设置文字大小，在“CMYK 调色板”中的“红”色块上单击鼠标左键，填充文字，效果如图 6-167 所示。

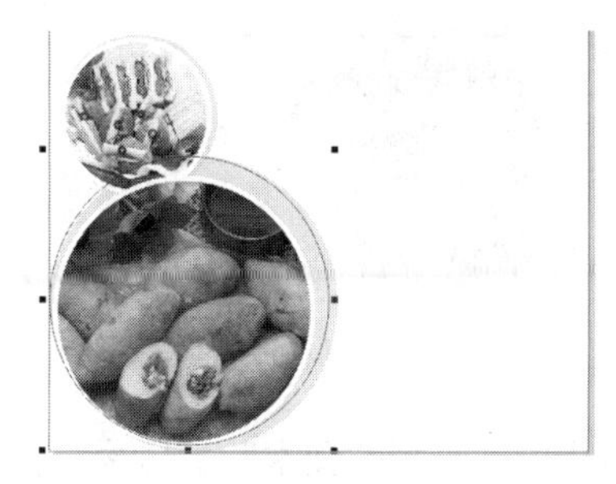

图 6-166

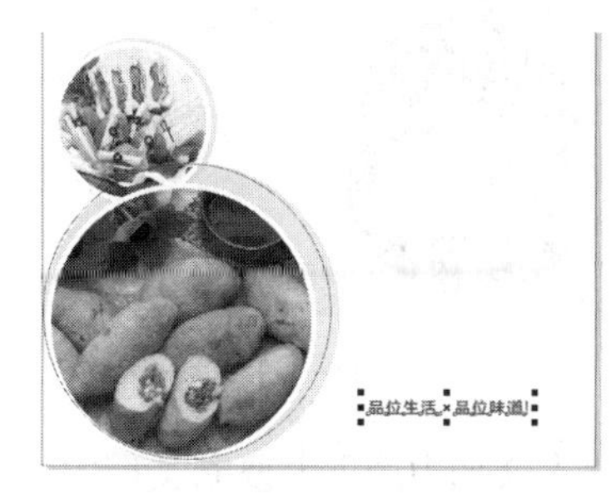

图 6-167

（2）选择“文本 > 使文本适合路径”命令，将光标移动到圆形上，如图 6-168 所示，单击鼠标左键，文本自动绕路径排列，效果如图 6-169 所示。选择“选择”工具，选取圆形，在“无填充”按钮上单击鼠标右键，去除图形的轮廓线，效果如图 6-170 所示。

图 6-168

图 6-169

图 6-170

（3）选择“矩形”工具，在页面中绘制一个矩形，在“CMYK 调色板”中的“深黄”色块

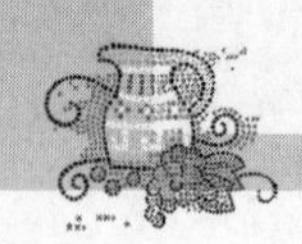

上单击鼠标左键，填充矩形，并去除图形的轮廓线，效果如图 6-171 所示。选择“透明度”工具，在属性栏中的设置如图 6-172 所示，按 Enter 键，效果如图 6-173 所示。

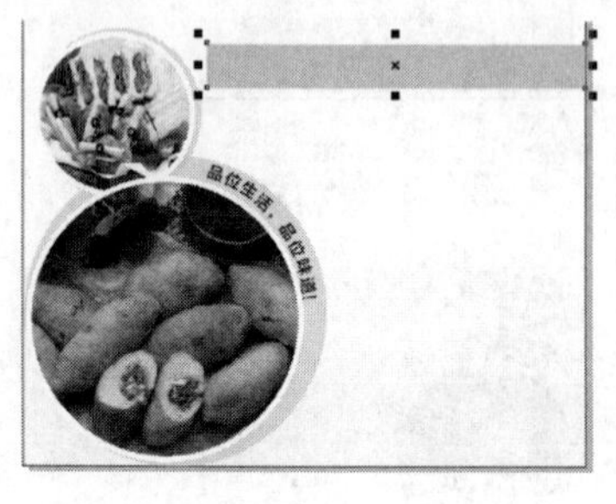

图 6-171

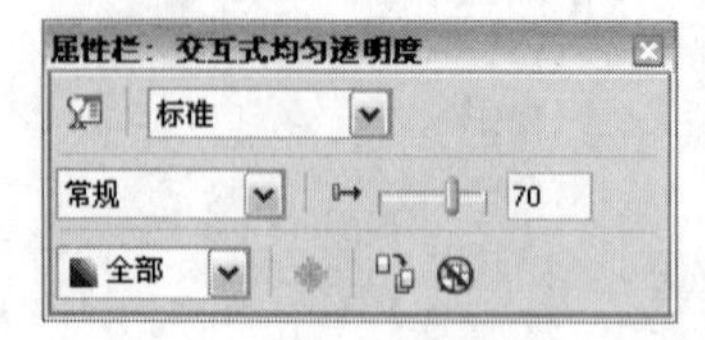

图 6-172

图 6-173

（4）在打开的记事本文档中选取并复制文档中的部分内容。选择“文本”工具，在页面中单击插入光标，按 Ctrl+V 组合键，粘贴文字。选择“选择”工具，在属性栏中选择合适的字体并设置文字大小，效果如图 6-174 所示。在“CMYK 调色板”中的“橘红”色块上单击鼠标左键，填充文字，效果如图 6-175 所示。

图 6-174

图 6-175

（5）在记事本文档中选取并复制文档中的部分内容。选择“文本”工具，在页面中拖曳一个文本框，按 Ctrl+V 组合键，将复制的文字粘贴到文本框中。选择“选择”工具，在属性栏中选择合适的字体并设置文字大小，效果如图 6-176 所示。选择“形状”工具，向下拖曳文字下方的图标，调整文字的行距，如图 6-177 所示。

图 6-176

的营养，确保春季健康

一个人的健康取决于多种因素，其中最重要的是其摄入食物的营养情况。本栏目将为您介绍食物中所包含的对人体最重要的营养素，告诉您每一种营养素的有关知识，它们在人的生命活动、健康、健美中所扮演的不同角色，告诉您如何合理的摄取它们，将有助于您征服疾病，增进健康，提高工作学习效率，提高生活质量，延年益寿。

图 6-177

（6）按 Ctrl+I 组合键，弹出“导入”对话框，选择光盘中的“Ch06 > 素材 > 制作杂志内文 > 05”文件，单击“导入”按钮，在页面中单击导入图片，将其拖曳到适当的位置，如图 6-178 所示。按 Esc 键，取消选取状态，杂志内文制作完成，效果如图 6-179 所示。

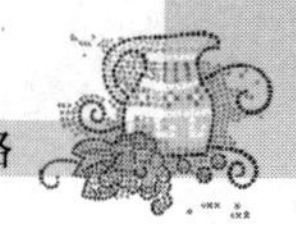

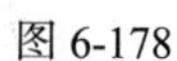

图 6-178

图 6-179

6.4 使用字符

在 CorelDRAW X3 中，提供了多种特殊的字符，并可以根据需要将字符作为图形添加到设计作品中。下面介绍字符的使用方法。

选择“文本”工具[字]，在文本中需要的位置单击鼠标左键插入光标，如图 6-180 所示。选择“文本 > 插入符号字符”命令，或按 Ctrl+F11 组合键，弹出“插入字符”泊坞窗。设置需要的字体后，在选取的字符上双击鼠标左键，或选取字符后单击“插入”按钮，如图 6-181 所示，字符插入到文本中，效果如图 6-182 所示。

质量保证

图 6-180

图 6-181

质量保证☑

图 6-182

在“插入字符”泊坞窗中，“字体”选项的下拉列表中可以设置需要的字体。“代码页”选项的下拉列表中可以设置不同国家的代码页。“键击”选项用于设置插入字符的快捷键，“字符大小”选项用于设置字符的宽度和高度，设置好后，单击“插入”按钮。

6.5 创建文字

应用 CorelDRAW X3 的独特功能，可以轻松地创建出计算机字库中没有的汉字，方法其实很简单，下面介绍具体的创建方法。

使用“文本”工具[字]输入两个具有创建文字所需偏旁的汉字，如图 6-183 所示。用“选择”工具[↖]选取文字，效果如图 6-184 所示。按 Ctrl+Q 组合键，将文字转换为曲线，效果如图 6-185 所示。

图 6-183　　图 6-184　　图 6-185

再按 Ctrl+K 组合键，将转换为曲线的文字打散，选择“选择”工具选取所需偏旁，将其移动到创建文字的位置，进行组合，效果如图 6-186 所示。

组合好新文字后，用“选择”工具圈选选取新文字，效果如图 6-187 所示，再按 Ctrl+G 组合键，将新文字组合，效果如图 6-188 所示，新文字就制作完成了，效果如图 6-189 所示。

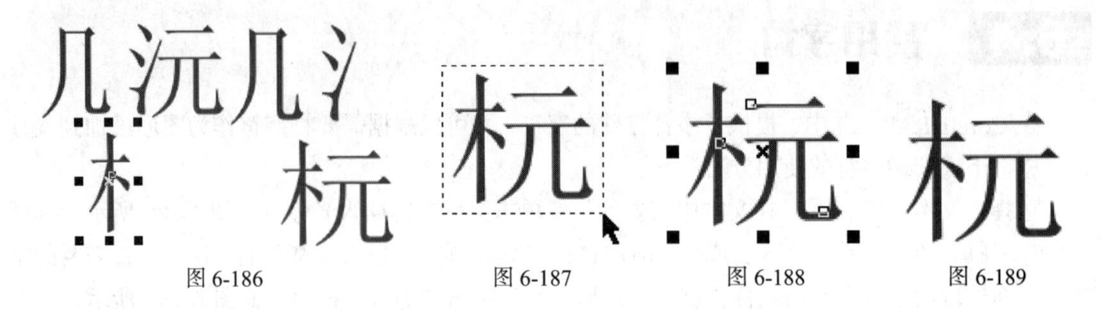

图 6-186　　图 6-187　　图 6-188　　图 6-189

6.6 应用表格

6.6.1 表格工具

选择“表格”工具，在绘图页面中按住鼠标左键不放，从左上角向右下角拖曳光标到需要的位置，松开鼠标左键，表格状的图形绘制完成，如图 6-190 所示，绘制的表格属性栏如图 6-191 所示。

图 6-190　　图 6-191

属性栏中各选项的功能如下。

框：可以重新设定表格的列和行，绘制出需要的表格。

背景：选择和设置表格的背景色。单击“编辑填充”按钮，可弹出“均匀填充”对话框，更改背景的填充色。

边框：细线：用于选择并设置表格边框线的粗细、颜色。单击“轮廓笔”按钮，弹出“轮廓笔”对话框，用于设置轮廓线的属性，如线条宽度、角形状和箭头类型等。

“选项”按钮：选择是否在键入数据时自动调整单元格的大小以及在单元格间添加空格。

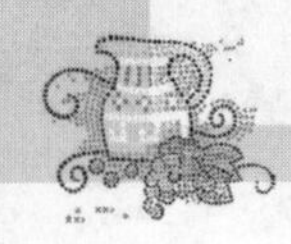

“文本换行”按钮▣：选择段落文本环绕对象的样式并设置偏移的距离。

“到图层前面”按钮▣和“到图层后面”按钮▣：将表格移动到图层的最前面或最后面。

6.6.2　课堂案例——制作手机广告

【案例学习目标】学习使用文本工具和表格工具制作手机广告。

【案例知识要点】使用导入命令导入背景图片。使用文本工具和阴影工具为文字添加阴影效果。使用表格工具创建表格。手机广告效果如图 6-192 所示。

图 6-192

【效果所在位置】光盘/Ch06/效果/制作手机广告.cdr。

（1）按 Ctrl+N 组合键，新建一个 A4 页面。单击属性栏中的“横向”按钮▭，页面显示为横向页面。按 Ctrl+I 组合键，弹出“导入”对话框，选择光盘中的“Ch06 > 素材 > 制作手机广告 > 01”文件，单击“导入”按钮，在页面中单击导入图片，按 P 键，图片在页面居中对齐，效果如图 6-193 所示。

（2）选择“文本”工具字，在页面中适当的位置输入需要的文字，选择“选择”工具▣，在属性栏中选择合适的字体并设置文字大小，效果如图 6-194 所示。在“CMYK 调色板”中的“白”色块上单击鼠标左键，填充文字。

图 6-193

图 6-194

（3）选择“阴影”工具▣，在文字对象上由上至下拖曳光标，为图形添加阴影效果，在属性栏中的设置如图 6-195 所示，按 Enter 键，效果如图 6-196 所示。

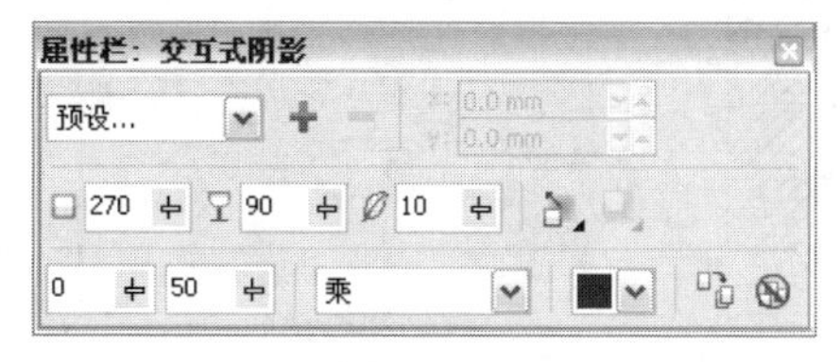

图 6-195

图 6-196

（4）选择“文本”工具字，在页面中适当的位置输入需要的文字，选择“选择”工具▣，在属性栏中选择合适的字体并设置文字大小，在“CMYK 调色板”中的“霓虹粉”色块上单击鼠标左键，填充文字，效果如图 6-197 所示。选择“形状”工具▣，向左拖曳文字下方的‖▸图标，调整文字的间距，效果如图 6-198 所示。

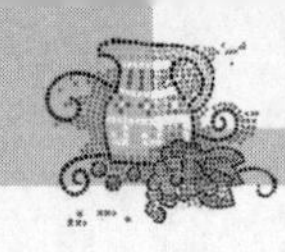

图 6-197

图 6-198

（5）选择“阴影”工具，在文字对象上由上至下拖曳光标，为图形添加阴影效果，在属性栏中的设置如图 6-199 所示，按 Enter 键，效果如图 6-200 所示。使用上述所讲的方法输入需要的文字并添加阴影效果，如图 6-201 所示。

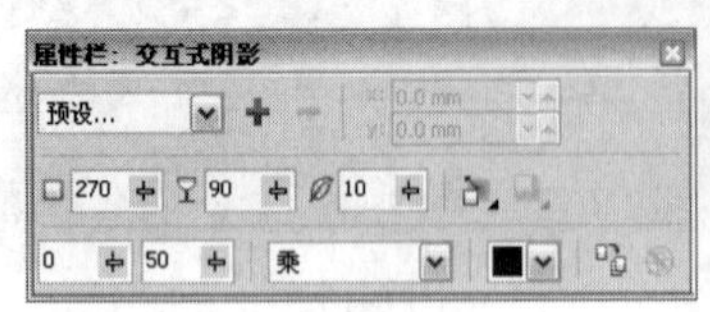

图 6-199

图 6-200

图 6-201

（6）选择“表格”工具，在属性栏中进行设置，如图 6-202 所示，在页面中拖曳光标绘制表格，如图 6-203 所示。

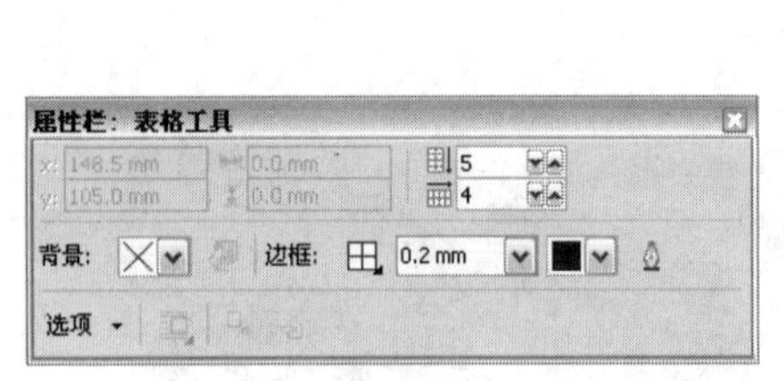

图 6-202

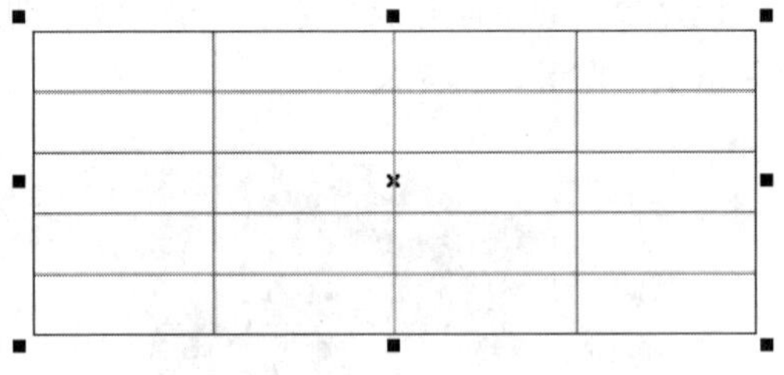

图 6-203

（7）将光标放置在表格的左上角，当光标变为图标时，单击鼠标选取整个表格，如图 6-204 所示。在属性栏中单击“页边距”按钮，在弹出的面板中将“单元格边距宽度”设为 0，如图 6-205 所示，按 Enter 键，完成操作。

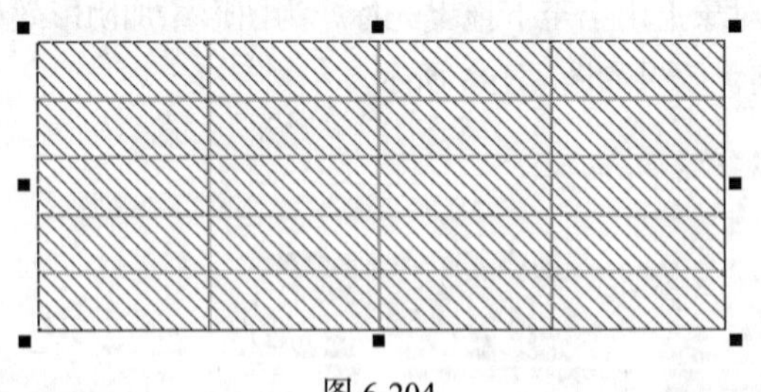

图 6-204

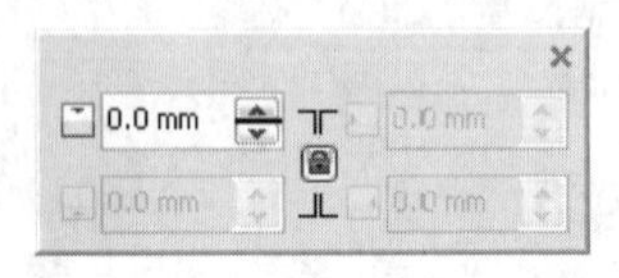

图 6-205

（8）选择“文本”工具，在属性栏中设置适当的字体和文字大小。选择“文本 > 段落格式化”命令，弹出“段落格式化”面板，设置如图 6-206 所示。将文字工具置于表格第一行第一列，出现蓝色线时，如图 6-207 所示，单击插入光标，如图 6-208 所示，输入需要的文字，如图 6-209 所示。

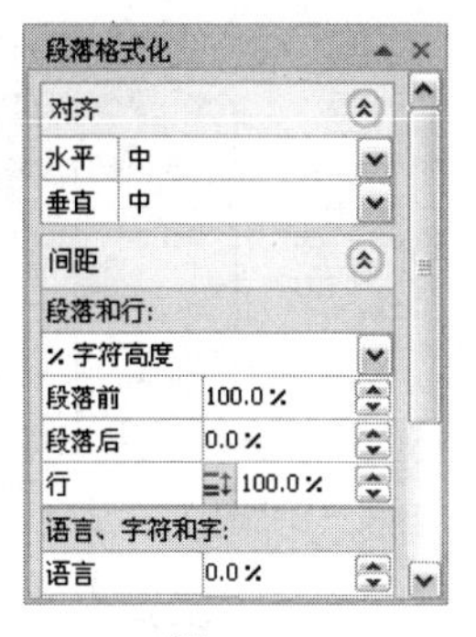

图 6-206

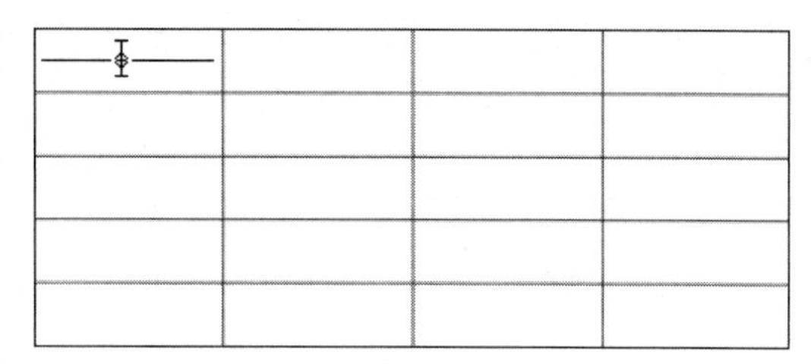

图 6-207

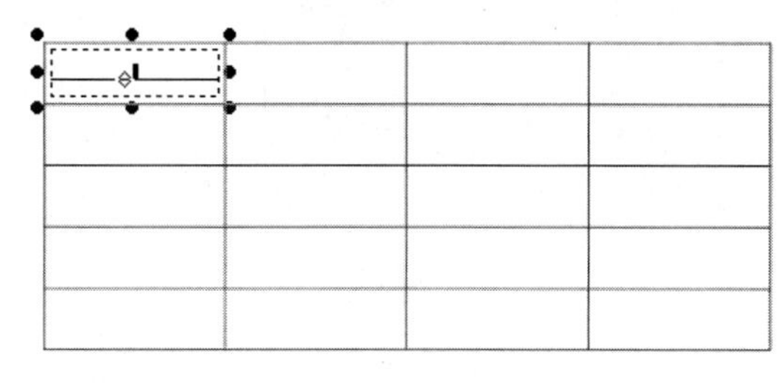

图 6-208

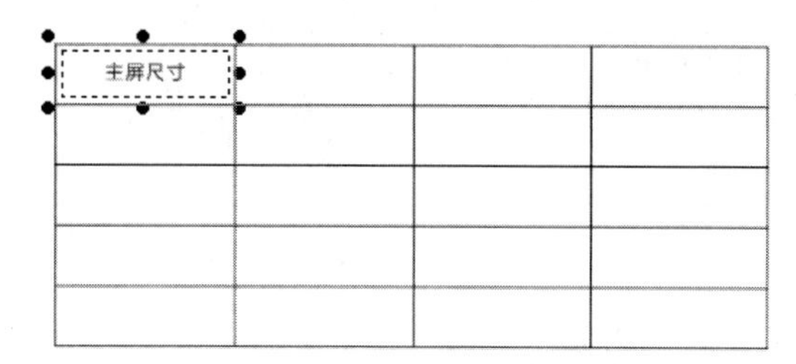

图 6-209

（9）将光标置于第一行第二列单击，插入光标，输入需要的文字，如图 6-210 所示，用相同的方法在其他单元格单击，输入需要的文字，效果如图 6-211 所示。

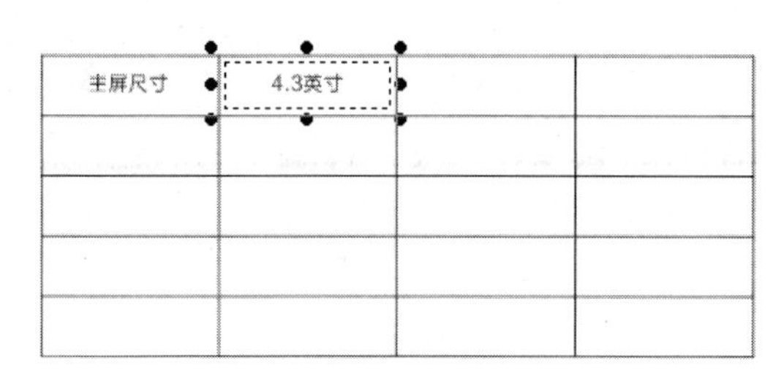

图 6-210

主屏尺寸	4.3英寸	操作系统	Android OS2.3
触摸屏	电容屏，多点触控	GPU型号	高通Android220
主屏分辨率	960x540像素	机身内存	768MB RAW
网络类型	单卡双模	电池容量	1730mAh
网络模式	GSM，WCDMA	机身颜色	黑色，白色

图 6-211

（10）选择“表格”工具，在第一行第一列单击插入光标，将光标置于第一列右侧的边框线上，光标变为↔图标，如图 6-212 所示，向左拖曳边框线到适当的位置，如图 6-213 所示，松开鼠标，效果如图 6-214 所示。使用相同的方法适当的调整其他边框线，效果如图 6-215 所示。

（11）在第一行第一列单击插入光标，按住 Ctrl 键的同时，拖曳鼠标选取需要的单元格，如图 6-216 所示，在“CMYK 调色板”中的“50%黑”色块上单击鼠标左键，填充单元格，效果如图 6-217 所示。

主屏尺寸	4.3英寸	操作系统	Android OS2.3
触摸屏	电容屏，多点触控	GPU型号	高通Android220
主屏分辨率	960x540像素	机身内存	768MB RAW
网络类型	单卡双模	电池容量	1730mAh
网络模式	GSM，WCDMA	机身颜色	黑色，白色

图 6-212

主屏尺寸	4.3英寸	操作系统	Android OS2.3
触摸屏	电容屏，多点触控	GPU型号	高通Android220
主屏分辨率	960x540像素	机身内存	768MB RAW
网络类型	单卡双模	电池容量	1730mAh
网络模式	GSM，WCDMA	机身颜色	黑色，白色

图 6-213

主屏尺寸	4.3英寸	操作系统	Android OS2.3
触摸屏	电容屏，多点触控	GPU型号	高通Android220
主屏分辨率	960x540像素	机身内存	768MB RAW
网络类型	单卡双模	电池容量	1730mAh
网络模式	GSM，WCDMA	机身颜色	黑色，白色

图 6-214

主屏尺寸	4.3英寸	操作系统	Android OS2.3
触摸屏	电容屏，多点触控	GPU型号	高通Android220
主屏分辨率	960x540像素	机身内存	768MB RAW
网络类型	单卡双模	电池容量	1730mAh
网络模式	GSM，WCDMA	机身颜色	黑色，白色

图 6-215

主屏尺寸	4.3英寸	操作系统	Android OS2.3
触摸屏	电容屏，多点触控	GPU型号	高通Android220
主屏分辨率	960x540像素	机身内存	768MB RAW
网络类型	单卡双模	电池容量	1730mAh
网络模式	GSM，WCDMA	机身颜色	黑色，白色

图 6-216

主屏尺寸	4.3英寸	操作系统	Android OS2.3
触摸屏	电容屏，多点触控	GPU型号	高通Android220
主屏分辨率	960x540像素	机身内存	768MB RAW
网络类型	单卡双模	电池容量	1730mAh
网络模式	GSM，WCDMA	机身颜色	黑色，白色

图 6-217

（12）在第一行第二列单击插入光标，按住 Ctrl 键的同时，拖曳鼠标选取需要的单元格，如图 6-218 所示，在“CMYK 调色板”中的“10%黑”色块上单击鼠标左键，填充单元格，效果如图 6-219 所示。

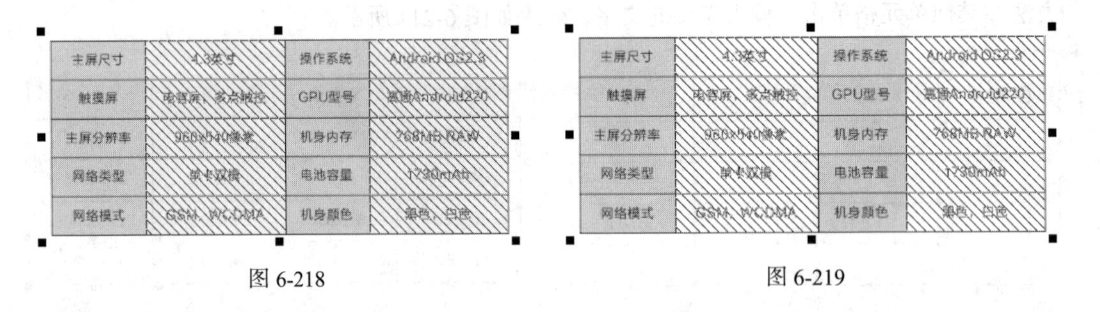

主屏尺寸	4.3英寸	操作系统	Android OS2.3
触摸屏	电容屏，多点触控	GPU型号	高通Android220
主屏分辨率	960x540像素	机身内存	768MB RAW
网络类型	单卡双模	电池容量	1730mAh
网络模式	GSM，WCDMA	机身颜色	黑色，白色

图 6-218

主屏尺寸	4.3英寸	操作系统	Android OS2.3
触摸屏	电容屏，多点触控	GPU型号	高通Android220
主屏分辨率	960x540像素	机身内存	768MB RAW
网络类型	单卡双模	电池容量	1730mAh
网络模式	GSM，WCDMA	机身颜色	黑色，白色

图 6-219

（13）选择“文本”工具字，在第一行第二列单击插入光标，拖曳光标选取需要文字，在“CMYK 调色板”中的“霓虹粉”色块上单击鼠标左键，填充文字，效果如图 6-220 所示。使用相同的方法分别选取需要的文字，并填充相同的颜色，效果如图 6-221 所示。

主屏尺寸	4.3英寸	操作系统	Android OS2.3
触摸屏	电容屏，多点触控	GPU型号	高通Android220
主屏分辨率	960x540像素	机身内存	768MB RAW
网络类型	单卡双模	电池容量	1730mAh
网络模式	GSM，WCDMA	机身颜色	黑色，白色

图 6-220

主屏尺寸	4.3英寸	操作系统	Android OS2.3
触摸屏	电容屏，多点触控	GPU型号	高通Android220
主屏分辨率	960x540像素	机身内存	768MB RAW
网络类型	单卡双模	电池容量	1730mAh
网络模式	GSM，WCDMA	机身颜色	黑色，白色

图 6-221

（14）选择“表格”工具，在第一行第一列单击插入光标，将光标放置在表格的左上角，当光标变为图标时，单击鼠标选取整个表格，如图 6-222 所示。在属性栏中的“轮廓宽度”0.2 mm框中设置数值为 1mm，效果如图 6-223 所示。

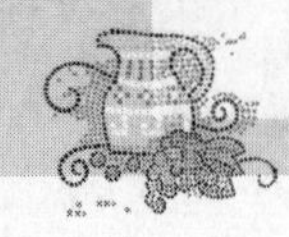

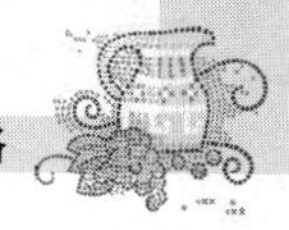

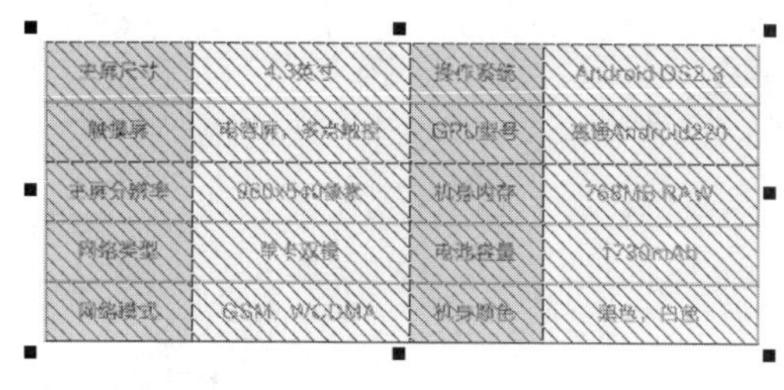

主屏尺寸	4.3英寸	操作系统	Android OS2.3
触摸屏	电容屏，多点触控	GPU型号	高通Android220
主屏分辨率	960×540像素	机身内存	768MB RAM
网络类型	单卡双模	电池容量	1730mAh
网络模式	GSM，WCDMA	机身颜色	黑色，白色

图 6-222

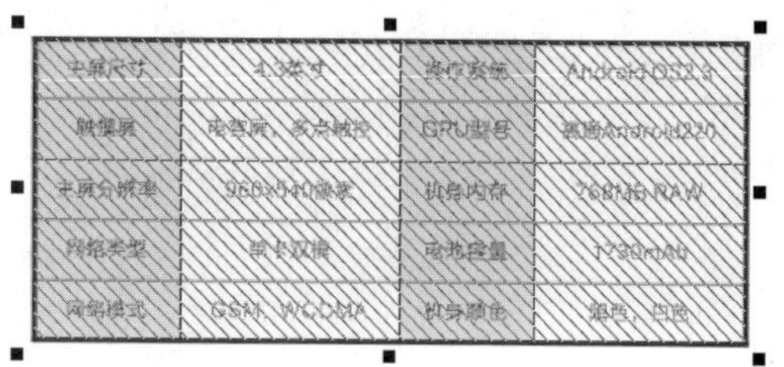

主屏尺寸	4.3英寸	操作系统	Android OS2.3
触摸屏	电容屏，多点触控	GPU型号	高通Android220
主屏分辨率	960×540像素	机身内存	768MB RAM
网络类型	单卡双模	电池容量	1730mAh
网络模式	GSM，WCDMA	机身颜色	黑色，白色

图 6-223

（15）选择“选择”工具，选取表格，将其拖曳到适当的位置，效果如图 6-224 所示。按 Esc 键，取消选取状态，手机广告制作完成，效果如图 6-225 所示。

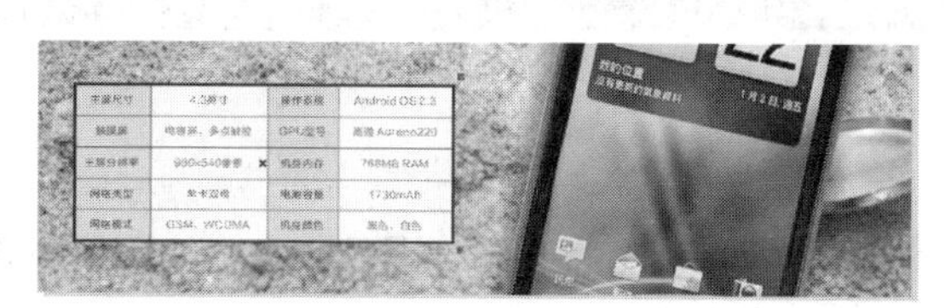

图 6-224

图 6-225

6.7 课后习题——电脑销售宣传单

【习题知识要点】使用图框精确剪裁命令将不规则图形置入到矩形中；使用轮廓笔工具和创建轮廓线命令制作文字的多重描边；使用封套工具为文字添加封套效果；使用文本插入字符命令插入特殊字符；使用艺术笔工具添加装饰图形。电脑销售宣传单效果如图 6-226 所示。

【效果所在位置】光盘/Ch06/效果/电脑销售宣传单.cdr。

图 6-226

第7章 位图的编辑

CorelDRAW X5 提供了强大的位图编辑功能。本章将介绍位图的导入、编辑和调整位图的颜色、位图的特殊滤镜等知识。通过对本章的学习，读者可以了解并掌握如何应用 CorelDRAW X5 的强大功能来处理和编辑位图。

课堂学习目标

- 位图的导入
- 调整位图的颜色
- 使用位图的特效滤镜

7.1 位图的导入

在 CorelDRAW X5 中，在编辑一张位图之前，必须先导入这张位图。使用 CorelDRAW X5 提供的导入命令可以轻松地完成位图的导入。

选择“文件 > 导入”命令，或按 Ctrl+I 组合键，弹出“导入”对话框，在对话框中的“查找范围”列表框中选择需要的文件夹，在文件夹中选取需要的位图文件，如图 7-1 所示。

选取需要的位图文件后，单击“导入”按钮，鼠标的光标变为，如图 7-2 所示。在绘图页面中单击，位图被导入到绘图页面中，如图 7-3 所示。

图 7-1

图 7-2

图 7-3

7.2 调整位图的颜色

CorelDRAW X5 提供了将矢量图形转换为位图的功能，还可以对位图的颜色进行调整。下面介绍将矢量图形转换为位图和调整位图颜色的方法。

7.2.1 转换为位图

打开一个矢量图形并保持其选取状态，如图 7-4 所示。选择“位图 > 转换为位图”命令，弹出“转换为位图”对话框，如图 7-5 所示。

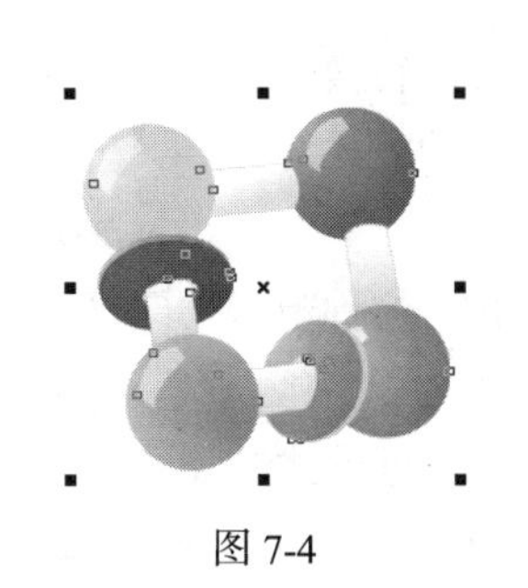

图 7-4

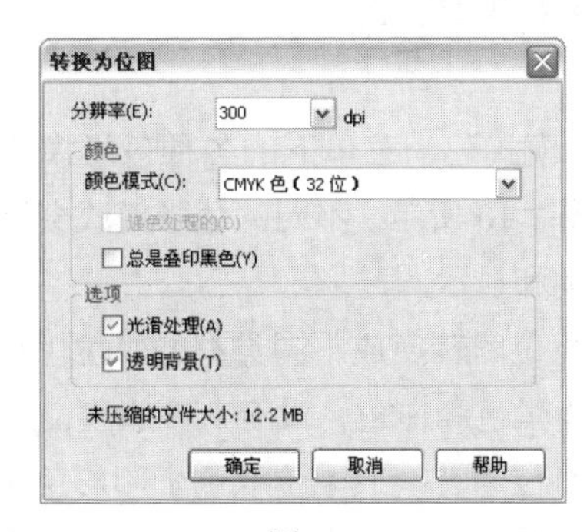

图 7-5

在“转换为位图”对话框中，单击“颜色模式”选项的列表框，弹出下拉列表，如图 7-6 所示，可以在下拉列表中选择要转换的色彩模式。单击“分辨率”选项的列表框，弹出下拉列表，如图 7-7 所示，可以在下拉列表中选择要转换为位图的分辨率。

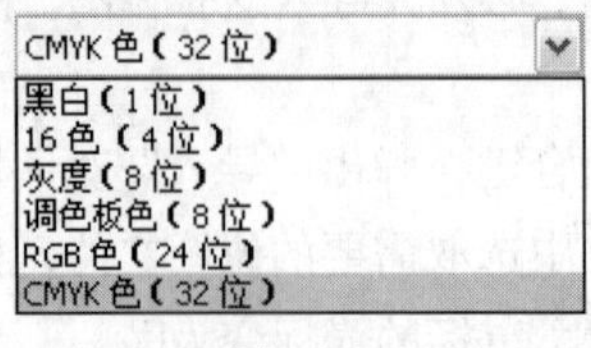

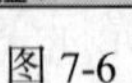
图 7-6

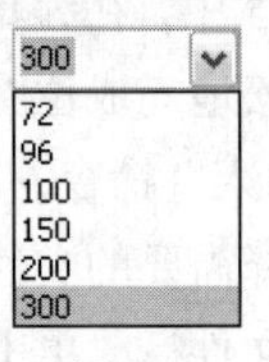

图 7-7

勾选“光滑处理”复选框，可以在转换成位图后消除位图的锯齿，使其光滑。勾选“透明背景”复选框，可以在转换成位图后保留原对象的通透性。

7.2.2 调整位图的颜色

选取导入的位图，选择“效果 > 调整”子菜单下的命令，如图 7-8 所示，选择其中的命令，在弹出的对话框中可以对位图的颜色进行各种方式的调整。

选择“效果 > 变换”子菜单下的命令，如图 7-9 所示，在弹出的对话框中也可以对位图的颜色进行调整。

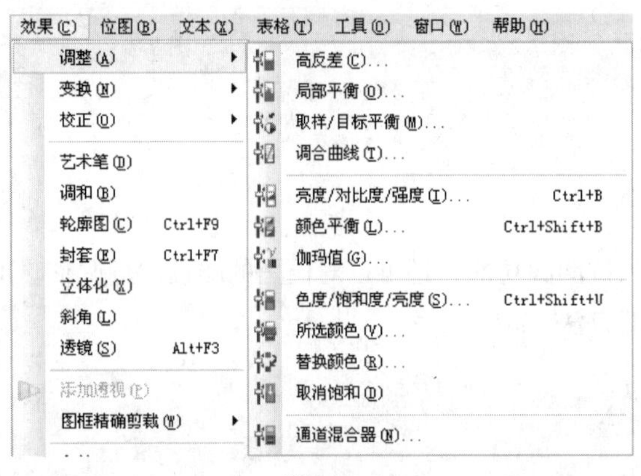

图 7-8

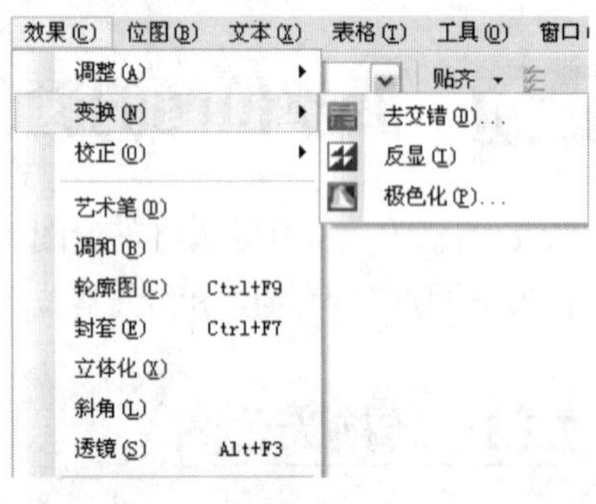

图 7-9

7.2.3 位图色彩模式

选择“位图 > 模式”子菜单下的各种色彩模式，可以转换位图的色彩模式，如图 7-10 所示。不同的色彩模式会以不同的方式对位图的颜色进行分类和显示。

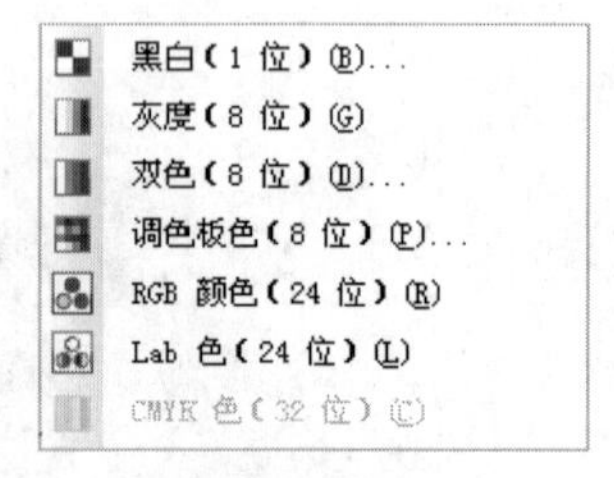

图 7-10

黑白（1 位）：将位图转换成不同类型的 1 位黑白图像，这种模式可以将图像保存为黑色和白色，没有灰度级别。

灰度（8 位）：将位图转换成 8 位双色套印彩色图像，灰度模式由具有 256 级灰度的黑白颜色构成，灰度图像中的每个像素都有一

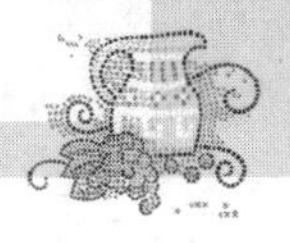

个 0（黑色）~ 255（白色）之间的亮度值。

双色（8 位）：将多彩图像转换为 8 位双色套印彩色图像，这种模式可以在灰度图像中添加色彩，通过色调曲线的设置，能创建出特殊的图像效果。

调色板色（8 位）：将全彩图像转换为指定的调色板模式图像，调色板颜色模式又叫索引模式，它的图像文件应用较小。

RGB 颜色（24 位）：将非 RGB 色的位图转换成 24 位的 RGB 色彩模式，该模式由红、绿、蓝这 3 种颜色按不同的比例混合而成。

Lab 颜色（24 位）：将全彩影像转换成 24 位 Lab 色彩模式，Lab 模式是用一个亮度分量和 a、b 两个颜色分量来表示颜色的模式。

CMYK 色（32 位）：将全彩影像转换成 32 位 CMYK 色彩模式，该模式由青（C）、洋红（M）、黄（Y）、黑（K）4 种颜色构成。

7.2.4　课堂案例——制作门票

【案例学习目标】学习使用位图调整命令和文本工具制作门票。

【案例知识要点】使用位图命令调整图片的颜色。使用文本工具添加门票的相关信息。门票的效果如图 7-11 所示。

【效果所在位置】光盘/Ch07/效果/制作门票.cdr。

图 7-11

1　制作背景效果

（1）按 Ctrl+N 组合键，新建一个页面。在属性栏中的“页面度量”选项中分别设置“宽度”为 155mm、“高度”为 65mm，按 Enter 键，页面尺寸显示为设置的大小。按 Ctrl+I 组合键，弹出“导入”对话框，选择光盘中的“Ch07 > 素材 > 制作门票 > 01”文件，单击“导入”按钮，在页面中单击导入图片，并适当调整其大小，效果如图 7-12 所示。单击属性栏中的“水平镜像”按钮，将图像进行水平镜像，效果如图 7-13 所示。

图 7-12

图 7-13

（2）选择“形状”工具，位图的周围出现 4 个节点，用光标拖曳节点，如图 7-14 所示。用相同方法拖曳其他节点裁切位图，效果如图 7-15 所示。

图 7-14

图 7-15

（3）选择“选择”工具，选择“位图 > 图像调整实验室”命令，在弹出的对话框中进行设置，如图 7-16 所示，单击“确定”按钮，效果如图 7-17 所示。

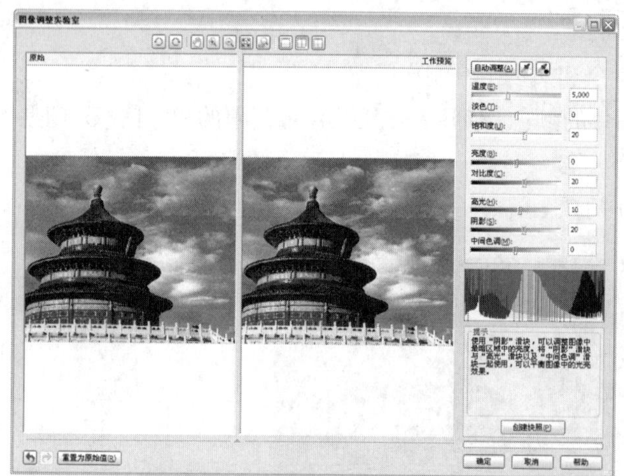

图 7-16

图 7-17

（4）选择“位图 > 创造性 > 茶色玻璃”命令，弹出“茶色玻璃”对话框，在“颜色”选项中设置颜色的 CMYK 值为：75、20、0、0，其他选项的设置如图 7-18 所示，单击“确定”按钮，效果如图 7-19 所示。

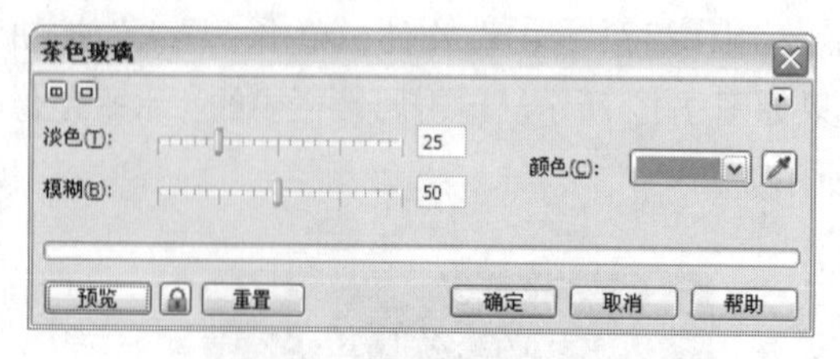

图 7-18

图 7-19

2 添加门票相关信息

（1）选择“文本”工具，在页面中输入需要的文字。选择“选择”工具，在属性栏中选择合适的字体并设置文字大小，在“CMYK 调色板”中的“20%黑”色块上单击鼠标，填充文字，效果如图 7-20 所示。

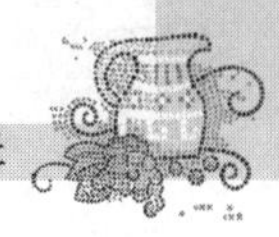

（2）选择“文本”工具，在页面中输入需要的文字。选择“选择”工具，在属性栏中选择合适的字体并设置文字大小，在“CMYK 调色板”中的“20%黑”色块上单击鼠标，填充文字，效果如图 7-21 所示。

图 7-20

图 7-21

（3）选择“文本”工具，在页面中输入需要的文字。选择“选择”工具，在属性栏中选择合适的字体并设置文字大小，单击“粗体”按钮，为文字加粗，如图 7-22 所示。在“CMYK 调色板”中的“冰蓝”色块上单击鼠标，填充文字，效果如图 7-23 所示。选择“选择”工具，向左拖曳右侧中间的控制手柄调整文字，效果如图 7-24 所示。

图 7-22

图 7-23

图 7-24

（4）选择“文本”工具，在页面中输入需要的文字。选择“选择”工具，在属性栏中选择合适的字体并设置文字大小，单击“粗体”按钮，为文字加粗。在“CMYK 调色板”中的“冰蓝”色块上单击鼠标，填充文字，效果如图 7-25 所示。

（5）选择“文本”工具，在页面中输入需要的文字。选择“选择”工具，在属性栏中选择合适的字体并设置文字大小，单击“粗体”按钮，为文字加粗。在“CMYK 调色板”中的“20%黑”色块上单击鼠标，填充文字，效果如图 7-26 所示。选择“选择”工具，向左拖曳右侧中间的控制手柄调整文字，效果如图 7-27 所示。

图 7-25

图 7-26

图 7-27

（6）选择“选择”工具，按住 Shift 键的同时，选取需要的文字，如图 7-28 所示，按 Ctrl+G 组合键，将其群组。按数字键盘上的+键，复制选取的文字，在“CMYK 调色板”中的“黑”色块上单击鼠标，填充文字，效果如图 7-29 所示。

（7）选择“位图 > 转换为位图”命令，在弹出的对话框中进行设置，如图 7-30 所示，单击“确定”按钮，文字被转换为位图。选择“位图 > 模糊 > 高斯式模糊”命令，在弹出的对话框中进行设置，如图 7-31 所示，单击“确定”按钮，效果如图 7-32 所示。

图 7-28

图 7-29

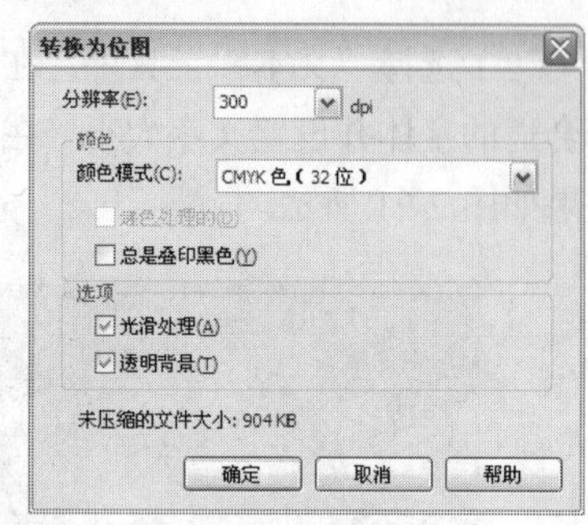

图 7-30

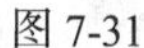
图 7-31

图 7-32

（8）按 Ctrl+PageDown 组合键，将其后移一层，效果如图 7-33 所示。使用方向键微移图形，效果如图 7-34 所示。

（9）选择“文本”工具，在页面中分别输入需要的文字。选择“选择”工具，在属性栏中分别选择合适的字体并设置文字大小，效果如图 7-35 所示。

图 7-33

图 7-34

图 7-35

（10）选择“矩形”工具，在绘图页面中适当的位置绘制一个矩形，填充矩形为黑色，并去除图形的轮廓线，效果如图 7-36 所示。选择“透明度”工具，在属性栏中的设置如图 7-37 所示，按 Enter 键，效果如图 7-38 所示。

图 7-36

（11）选择“贝塞尔”工具，在绘图页面中适当的位置绘制一条直线，如图 7-39 所示。按 F12 键，弹出“轮廓笔”对话框，选项的设置如图 7-40 所示，单击“确定”按钮，效果如图 7-41 所示。

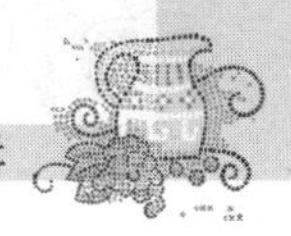

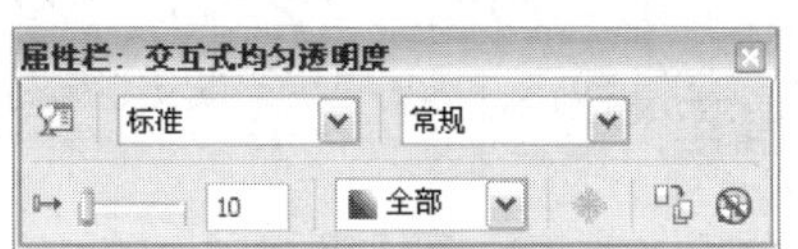

图 7-37

图 7-38

图 7-39

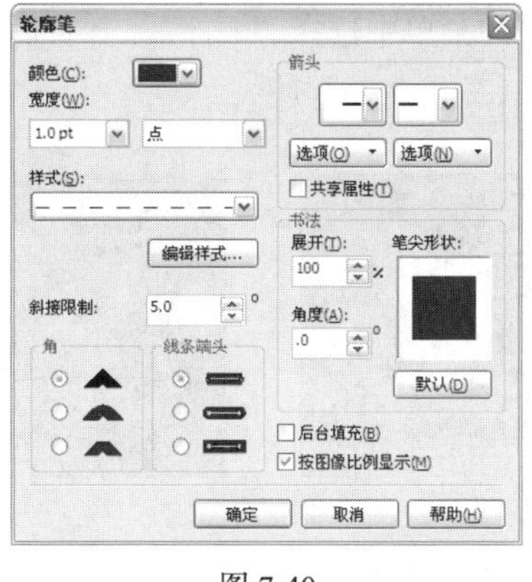

图 7-40

图 7-41

（12）选择"文本"工具，在页面中输入需要的文字。选择"选择"工具，在属性栏中选择合适的字体并设置文字大小，单击属性栏中的"将文本更改为垂直方向"按钮。在"CMYK 调色板"中的"栗"色块上单击鼠标，填充文字，效果如图 7-42 所示。选择"选择"工具，向上拖曳下方中间的控制手柄调整文字，效果如图 7-43 所示。

（13）选择"文本"工具，在页面中分别输入需要的文字。选择"选择"工具，在属性栏中分别选择合适的字体并分别设置文字大小，在"CMYK 调色板"中的"栗"色块上单击鼠标，填充文字，效果如图 7-44 所示。

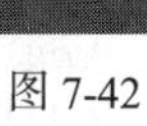

图 7-42

图 7-43

图 7-44

（14）选择"选择"工具，分别向左拖曳右侧中间的控制手柄调整文字，效果如图 7-45 所示。选择"选择"工具，使用圈选的方法选取所有的图形与文字，如图 7-46 所示，按 Ctrl+G 组合键，将其群组。

图 7-45

图 7-46

（15）双击“矩形”工具，绘制一个与页面大小相等的矩形，如图 7-47 所示。选择“选择”工具，单击鼠标右键，在弹出的菜单中选择“顺序 > 到页面前面”命令，将矩形置于顶层，如图 7-48 所示。

图 7-47

图 7-48

（16）选择“选择”工具，选取需要的图形，选择“效果 > 图框精确剪裁 > 放置在容器中”命令，鼠标光标变成黑色箭头，在矩形上单击，如图 7-49 所示，置入图形，去除图形的轮廓线，效果如图 7-50 所示。门票制作完成。

图 7-49

图 7-50

7.3 使用位图的特效滤镜

CorelDRAW X5 提供了多种滤镜，可以对位图进行各种效果的处理。灵活使用位图的滤镜，可以为设计的作品增色不少。下面具体介绍滤镜的使用方法。

7.3.1 三维效果

选择“位图 > 三维效果”子菜单下的命令，如图 7-51 所示。CorelDRAW X5 提供了 7 种不同的三维效果，下面介绍几种常用的三维效果。

三维旋转(3)...
柱面(L)...
浮雕(E)...
卷页(A)...
透视(R)...
挤远/挤近(P)...
球面(S)...

图 7-51

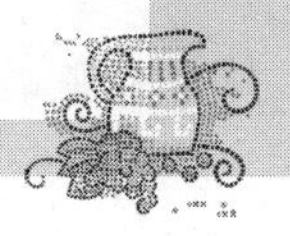

1．三维旋转

选择"位图 > 三维效果 > 三维旋转"命令，弹出"三维旋转"对话框，单击对话框中的按钮，显示对照预览窗口，如图 7-52 所示，左窗口显示的是位图原始效果，右窗口显示的是完成各项设置后的位图效果。

在"三维旋转"对话框中，"垂直"选项可以设置绕垂直轴旋转的角度。"水平"选项可以设置绕水平轴旋转的角度。勾选"最适合"复选框，经过三维旋转后的位图尺寸将接近原来的位图尺寸。

在设置过程中，可以单击"重置"按钮对所有参数重新设置。单击按钮可以在改变设置时自动更新预览效果。设置完成后，单击"确定"按钮。

2．浮雕

选择"位图 > 三维效果 > 浮雕"命令，弹出"浮雕"对话框，单击对话框中的按钮，显示对照预览窗口，如图 7-53 所示。

在"浮雕"对话框中，"深度"选项可以控制浮雕效果的深度。"层次"选项可以控制浮雕的效果。数值越大，浮雕效果越明显。"方向"选项用来设置浮雕效果的方向。

在"浮雕色"设置区中可以选择转换成浮雕效果后的颜色样式。选取"原始颜色"选项，将不改变原来的颜色效果；选取"灰色"选项，位图转换后将变成灰度效果。选取"黑"选项，位图转换后将变成黑白效果。选取"其他"选项，在后面的颜色框中单击鼠标左键，可以在弹出的调色板中选择需要的浮雕颜色。

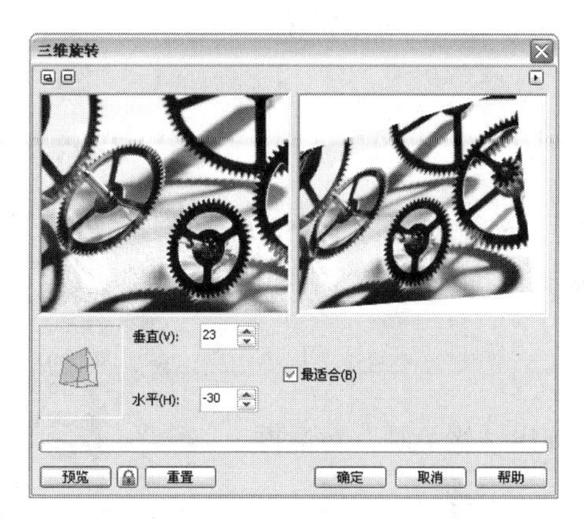

图 7-52

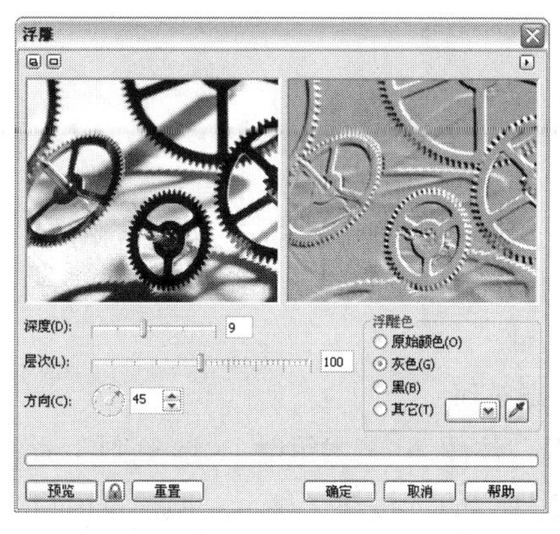

图 7-53

技巧　在对话框中的左预览窗口中用鼠标左键单击可以放大位图，用右键单击可以缩小位图，按住 Ctrl 键，同时在左预览窗口中单击鼠标左键，可以显示整张位图。

3．卷页

选择"位图 > 三维效果 > 卷页"命令，弹出"卷页"对话框，单击对话框中的按钮，显示对照预览窗口，如图 7-54 所示。

"卷页"对话框的左下角有 4 个卷页类型按钮，可以设置位图卷起页角的位置。在"定向"设置区中选择"垂直的"和"水平"两个单选项，可以设置卷页效果从哪一边缘卷起。在"纸张"设置区中，"不透明"和"透明的"两个单选项可以设置卷页部分是否透明。在"颜色"设置区中，

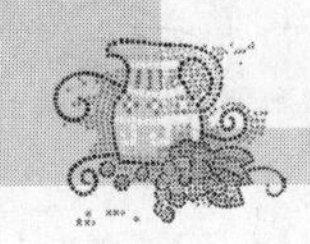

“卷曲”选项可以设置卷页颜色，“背景”选项可以设置卷页后面的背景颜色。“宽度”和“高度”选项可以设置卷页的宽度和高度。

4．透视

选择“位图 > 三维效果 > 透视”命令，弹出“透视”对话框，单击对话框中的▣按钮，显示对照预览窗口，如图 7-55 所示。

在“透视”对话框中的“类型”设置区中，可以选择“透视”或“切变”选项，在左下角的显示框中用鼠标拖动控制点，可以设置透视效果的方向和深度。勾选“最适合”复选框，经过透视处理后的位图尺寸将接近原来的位图尺寸。

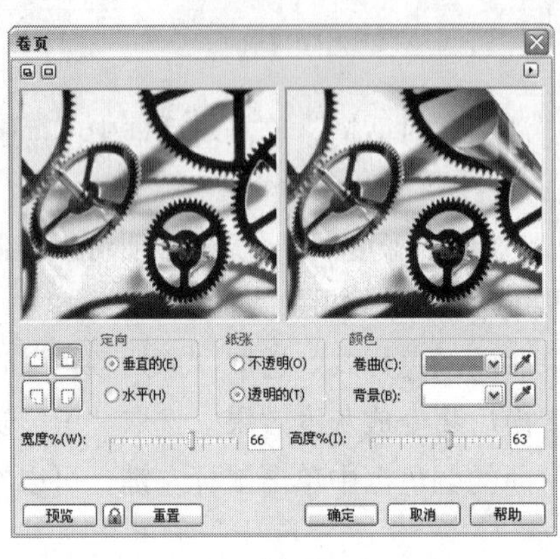

图 7-54

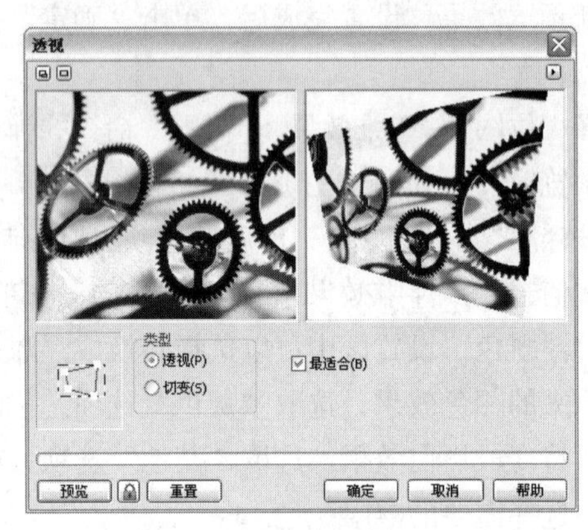

图 7-55

7.3.2 艺术笔触

选中位图，选择“位图 > 艺术笔触”子菜单下的命令，如图 7-56 所示。CorelDRAW X5 提供了 14 种不同的艺术笔触效果，下面介绍常用的几种艺术笔触。

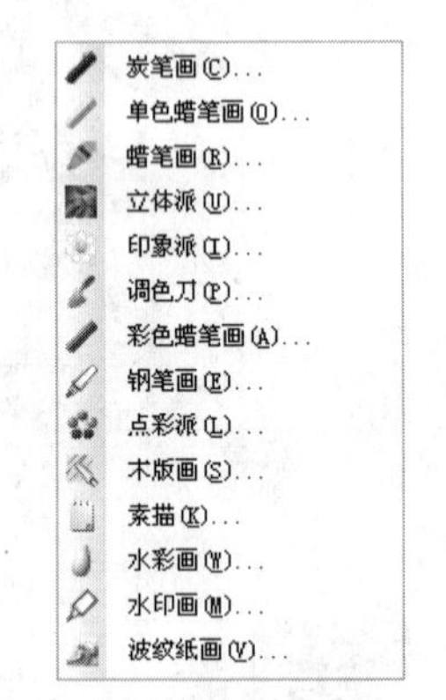

图 7-56

1．炭笔画

选择“位图 > 艺术笔触 > 炭笔画”命令，弹出“炭笔画”对话框，单击对话框中的▣按钮，显示对照预览窗口，如图 7-57 所示。

在“炭笔画”对话框中，“大小”和“边缘”选项可以设置位图炭笔画的像素大小和黑白度。

2．蜡笔画

选择“位图 > 艺术笔触 > 蜡笔画”命令，弹出“蜡笔画”对话框，单击对话框中的▣按钮，显示对照预览窗口，如图 7-58 所示。

在“蜡笔画”对话框中，“大小”选项可以设置位图的粗糙程度。“轮廓”选项可以设置位图的轮廓显示的轻重程度。

3．木版画

选择“位图 > 艺术笔触 > 木版画”命令，弹出“木版画”对话框，单击对话框中的▣按钮，显示对照预览窗口，如图 7-59 所示。

在“木版画”对话框中的“刮痕至”设置区中，可以选择“颜色”或“白色”选项，会得到

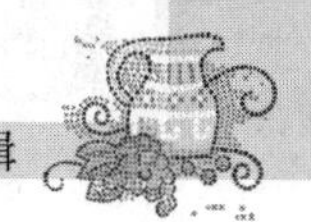

不同的位图木版画效果。“密度”选项可以设置位图木版画效果中线条的密度。“大小”选项可以设置位图木版画效果中线条的尺寸。

4．素描

选择“位图 > 艺术笔触 > 素描”命令，弹出“素描”对话框，单击对话框中的回按钮，显示对照预览窗口，如图 7-60 所示。

在“素描”对话框中的“铅笔类型”设置区中，可以选择“碳色”或“颜色”类型，不同的类型可以产生不同的位图素描效果。“样式”选项可以设置碳色或彩色素描效果的平滑度。“笔芯”选项可以设置素描效果的精细和粗糙程度。“轮廓”选项可以设置素描效果的轮廓线宽度。

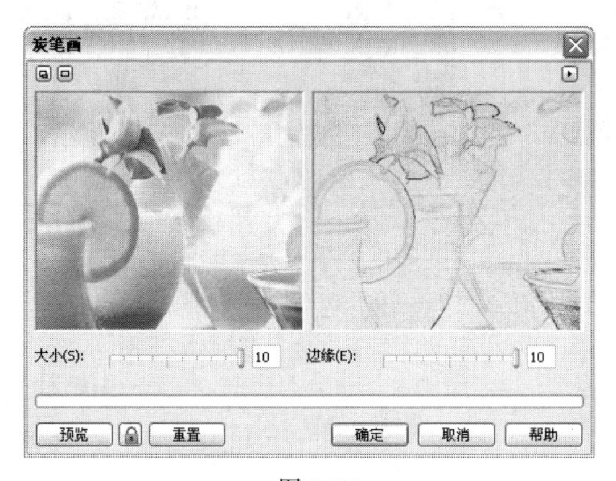

图 7-57

图 7-58

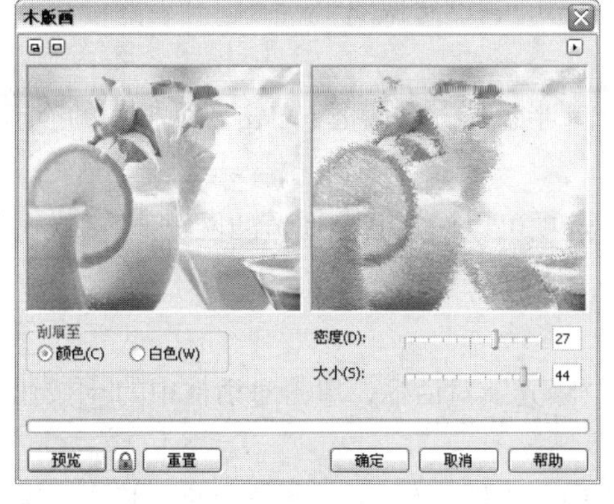

图 7-59

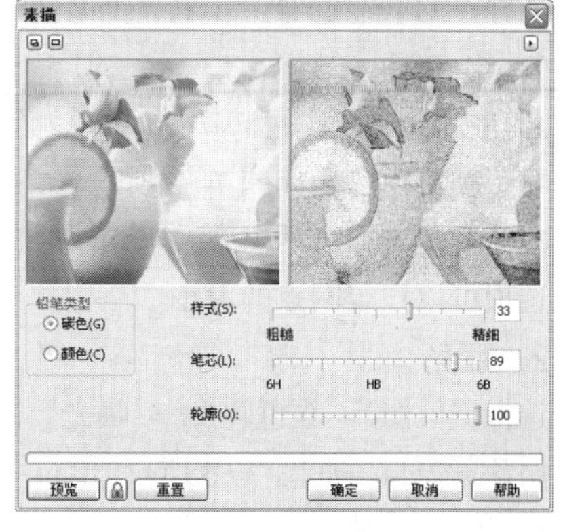

图 7-60

7.3.3　模糊

选中位图，选择“位图 > 模糊”子菜单下的命令，如图 7-61 所示。CorelDRAW X5 提供了 9 种不同的模糊效果，下面介绍几种常用的模糊效果。

1．高斯式模糊

选择“位图 > 模糊 > 高斯式模糊”命令，弹出“高斯式模糊”对话框，单击对话框中的回按钮，显示对照预览窗口，如图 7-62 所示。

在“高斯式模糊”对话框中，“半径”选项可以设置高斯模糊的程度。

2．放射式模糊

选择“位图 > 模糊 > 放射式模糊”命令，弹出“放射状模糊”对话框，单击对话框中的回按钮，显示对照预览窗口，如图 7-63 所示。

在“放射状模糊”对话框中，单击按钮，然后在左边的位图预览窗口中单击鼠标左键，可以设置放射状模糊效果变化的中心。

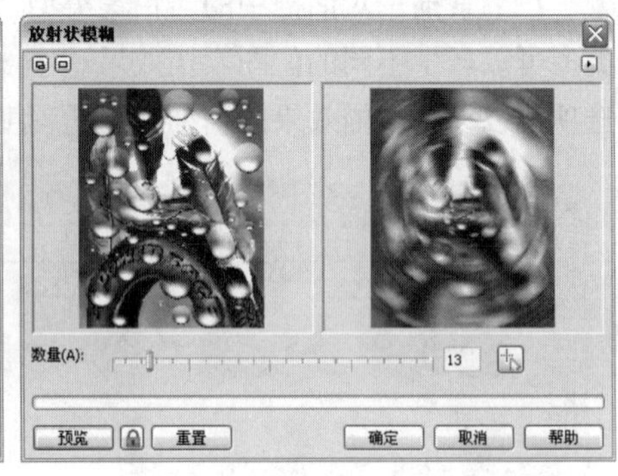

图 7-61　　图 7-62　　图 7-63

7.3.4　颜色转换

选中位图，选择“位图 > 颜色转换”子菜单下的命令，如图 7-64 所示。CorelDRAW X5 提供了 4 种不同的颜色变换效果，下面介绍其中两种常用的颜色变换效果。

1．半色调

选择“位图 > 颜色转换 > 半色调”命令，弹出“半色调”对话框，单击对话框中的回按钮，显示对照预览窗口，如图 7-65 所示。

在“半色调”对话框中，“青、品红、黄、黑”选项可以设定颜色通道的网角值。“最大点半径”选项可以设定网点的大小。

2．曝光

选择“位图 > 颜色转换 > 曝光”命令，弹出“曝光”对话框，单击对话框中的回按钮，显示对照预览窗口，如图 7-66 所示。

在“曝光”对话框中，“层次”选项可以设定曝光的强度，数量大，曝光过度；反之，则曝光不足。

位平面(B)...
半色调(H)...
梦幻色调(P)...
曝光(S)...

图 7-64

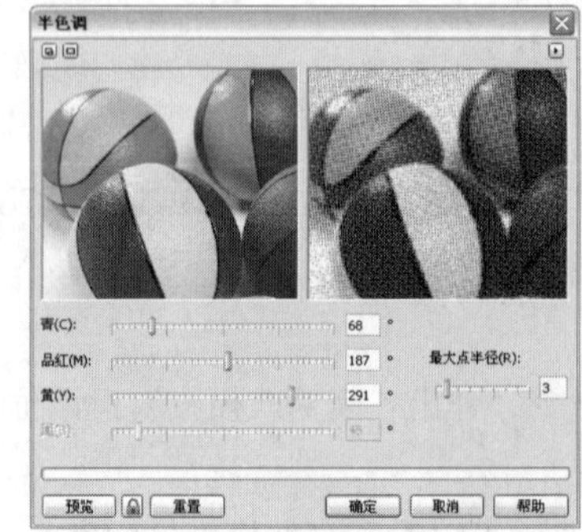

图 7-65

图 7-66

7.3.5　轮廓图

选中位图，选择“位图 > 轮廓图”子菜单下的命令，如图 7-67 所示。CorelDRAW X5 提供了 3 种不同的轮廓图效果，下面介绍其中两种常用的轮廓图效果。

1．边缘检测

选择“位图 > 轮廓图 > 边缘检测”命令，弹出“边缘检测”对话框，单击对话框中的按钮，显示对照预览窗口，如图 7-68 所示。

在“边缘检测”对话框中，“背景色”选项用来设定图像的背景颜色为白色、黑色或其他颜色。单击按钮，可以在左侧的位图预览窗口中吸取背景色。“灵敏度”选项可以设定探测边缘的灵敏度。

2．查找边缘

选择“位图 > 轮廓图 > 查找边缘”命令，弹出“查找边缘”对话框，单击对话框中的按钮，显示对照预览窗口，如图 7-69 所示。

在“查找边缘”对话框中，“边缘类型”选项有“软”和“纯色”两种类型，选择不同的类型，会得到不同的效果。“层次”选项可以设定效果的纯度。

边缘检测(E)...
查找边缘(F)...
描摹轮廓(T)...

图 7-67　　图 7-68　　图 7-69

7.3.6　创造性

选中位图，选择“位图 > 创造性”子菜单下的命令，如图 7-70 所示。CorelDRAW X5 提供了 14 种不同的创造性效果，下面介绍几种常用的创造性效果。

1．框架

选择“位图 > 创造性 > 框架”命令，弹出“框架”对话框，单击对话框中的按钮，显示对照预览窗口，如图 7-71 所示。

在“框架”对话框中，“选择”选项卡用来选择框架，并为选取的列表添加新框架。“修改”选项卡用来对框架进行修改。“颜色、不透明度”选项用来设定框架的颜色和透明度。“模糊/羽化”选项用来设定框架边缘的模糊及羽化程度。“调和”选项用来选择框架与图像之间的混合方式。“水平、垂直”选项用来设定框架的大小比例。“旋转”选项用来设定框架的旋转角度。“翻转”按钮用来将框架垂直或水平翻转。“对齐”按钮用来在图像窗口中设定框架效果的中心点。“回到中心位置”按钮用来在图像窗口中重新设定中心点。

2．马赛克

选择“位图 > 创造性 > 马赛克”命令，弹出“马赛克”对话框，单击对话框中的按钮，显示对照预览窗口，如图 7-72 所示。

在“马赛克”对话框中，“大小”选项可以设置马赛克显示的大小。“背景色”可以设置马赛克的背景颜色。“虚光”复选框为马赛克图像添加模糊的羽化框架。

图 7-70　　图 7-71　　图 7-72

3．彩色玻璃

选择“位图 > 创造性 > 彩色玻璃”命令，弹出“彩色玻璃”对话框，单击对话框中的按钮，显示对照预览窗口，如图 7-73 所示。

在“彩色玻璃”对话框中，“大小”选项设定彩色玻璃块的大小。“光源强度”选项设定彩色玻璃的光源强度。强度越小，显示越暗，强度越大，显示越亮。“焊接宽度”选项设定玻璃块焊接处的宽度。“焊接颜色”选项设定玻璃块焊接处的颜色。“三维照明”复选框显示彩色玻璃图像的三维照明效果。

4．虚光

选择“位图 > 创造性 > 虚光”命令，弹出“虚光”对话框，单击对话框中的按钮，显示对照预览窗口，如图 7-74 所示。

在“虚光”对话框中，“颜色”设置区设定光照的颜色。“形状”设置区用来设定光照的形状。“偏移”选项用来设定框架的大小。“褪色”选项用来设定图像与虚光框架的混合程度。

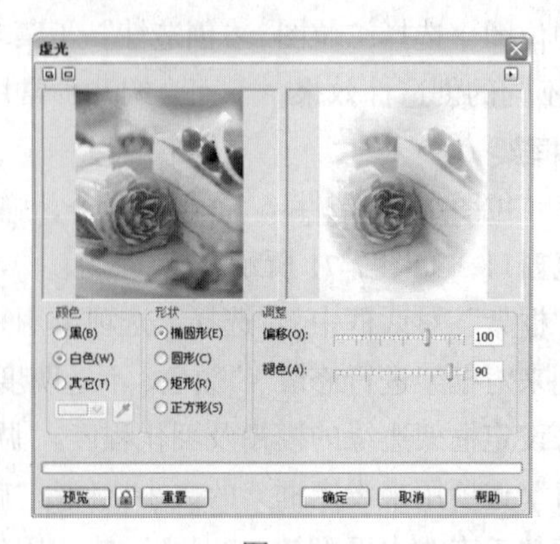

图 7-73　　图 7-74

7.3.7　扭曲

选中位图，选择“位图 > 扭曲”子菜单下的命令，如图 7-75 所示。CorelDRAW X5 提供了 10 种不同的扭曲效果，下面介绍几种常用的扭曲效果。

图 7-75

1. 块状

选择“位图 > 扭曲 > 块状”命令，弹出“块状”对话框，单击对话框中的按钮，显示对照预览窗口，如图 7-76 所示。

在“块状”对话框中，“未定义区域”设置区可以设定背景部分的颜色。“块宽度、块高度”选项用来设定块状图像的尺寸大小。“最大偏移”选项用来设定块状图像的打散程度。

2. 置换

选择“位图 > 扭曲 > 置换”命令，弹出“置换”对话框，单击对话框中的按钮，显示对照预览窗口，如图 7-77 所示。

在“置换”对话框中，“缩放模式”设置区可以选择“平铺”或“伸展适合”两种模式。单击按钮可以选择置换的图形。

图 7-76

图 7-77

3. 像素

选择“位图 > 扭曲 > 像素”命令，弹出“像素”对话框，单击对话框中的按钮，显示对照预览窗口，如图 7-78 所示。

在“像素”对话框中，“像素化模式”设置区选择像素化模式。当选择“射线”模式时，可以在预览窗口中设定像素化的中心点。“宽度、高度”选项用来设定像素色块的大小。“不透明”选项用来设定像素色块的不透明度，数值越小，色块就越透明。

4. 龟纹

选择“位图 > 扭曲 > 龟纹”命令，弹出“龟纹”对话框，单击对话框中的按钮，显示对照预览窗口，如图 7-79 所示。

在“龟纹”对话框中，在“周期、振幅”选项中，默认的波纹是同图像的顶端和底端平行的。拖动滑块，可以设定波纹的周期和振幅，在右边可以看到波纹的形状。

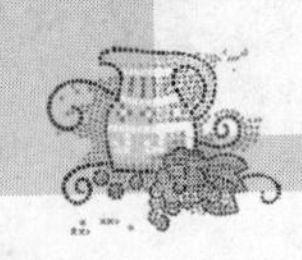

图 7-78

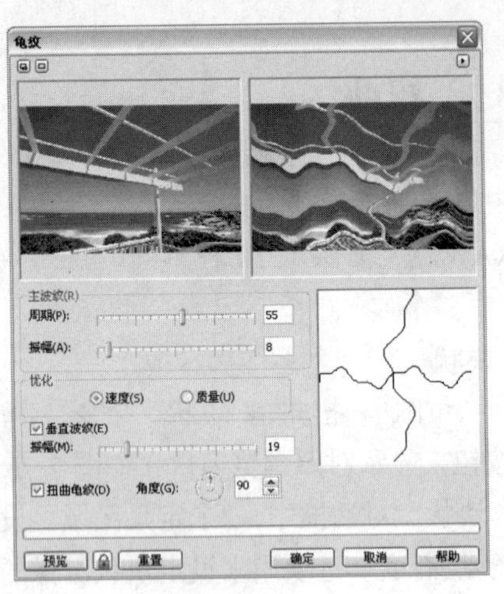

图 7-79

7.3.8 杂点

选取位图，选择“位图 > 杂点”子菜单下的命令，如图 7-80 所示。CorelDRAW X5 提供了 6 种不同的杂点效果，下面介绍几种常见的杂点滤镜效果。

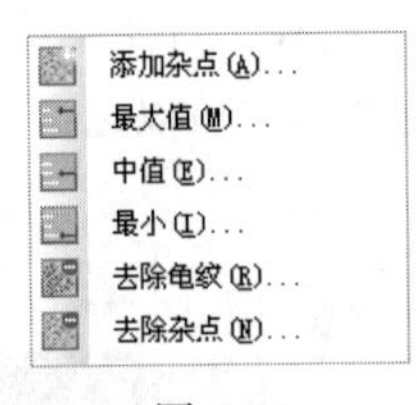

图 7-80

1. 添加杂点

选择“位图 > 杂点 > 添加杂点”命令，弹出“添加杂点”对话框，单击对话框中的回按钮，显示对照预览窗口，如图 7-81 所示。

在“添加杂点”对话框中，“杂点类型”选项设定要添加的杂点类型，有高斯式、尖突和均匀 3 种类型。高斯式杂点类型沿着高斯曲线添加杂点；尖突杂点类型比高斯式杂点类型添加的杂点少，常用来生成较亮的杂点区域；均匀杂点类型可在图像上相对地添加杂点。“层次、密度”选项可以设定杂点对颜色及亮度的影响范围及杂点的密度。“颜色模式”选项用来设定杂点的模式，在颜色下拉列表框中可以选择杂点的颜色。

2. 去除龟纹

选择“位图 > 杂点 > 去除龟纹”命令，弹出“去除龟纹”对话框，单击对话框中的回按钮，显示对照预览窗口，如图 7-82 所示。

图 7-81

图 7-82

在“去除龟纹”对话框中，“数量”选项用来设定龟纹的数量。“优化”设置区有“速度”和“质量”两个选项。“输出”选项用来设定新的图像分辨率。

7.3.9　鲜明化

选中位图，选择“位图 > 鲜明化”子菜单下的命令，如图 7-83 所示。CorelDRAW X5 提供了 5 种不同的鲜明化效果，下面介绍几种常见的鲜明化滤镜效果。

适应非鲜明化(A)...
定向柔化(D)...
高通滤波器(H)...
鲜明化(S)...
非鲜明化遮罩(U)...

图 7-83

1．高通滤波器

选择“位图 > 鲜明化 > 高通滤波器”命令，弹出“高通滤波器”对话框，单击对话框中的▣按钮，显示对照预览窗口，如图 7-84 所示。

在“高通滤波器”对话框中，“百分比”选项用来设定滤镜效果的程度。“半径”选项用来设定应用效果的像素范围。

2．非鲜明化遮罩

选择“位图 > 鲜明化 > 非鲜明化遮罩”命令，弹出“非鲜明化遮罩”对话框，单击对话框中的▣按钮，显示对照预览窗口，如图 7-85 所示。

在“非鲜明化遮罩”对话框中，“百分比”选项可以设定滤镜效果的程度。“半径”选项可以设定应用效果的像素范围。“阈值”选项可以设定锐化效果的强弱，数值越小，效果就越明显。

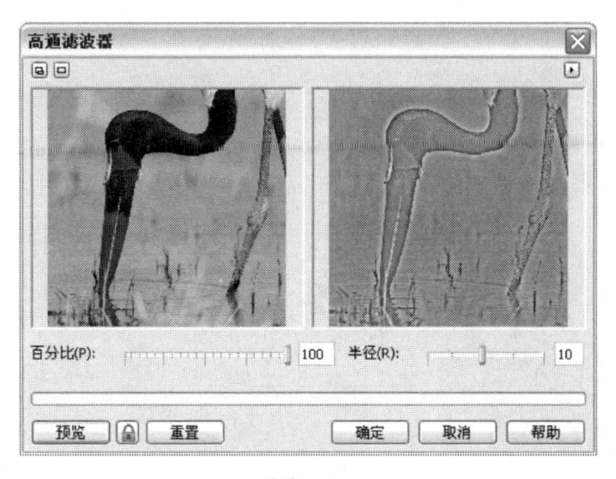

图 7-84

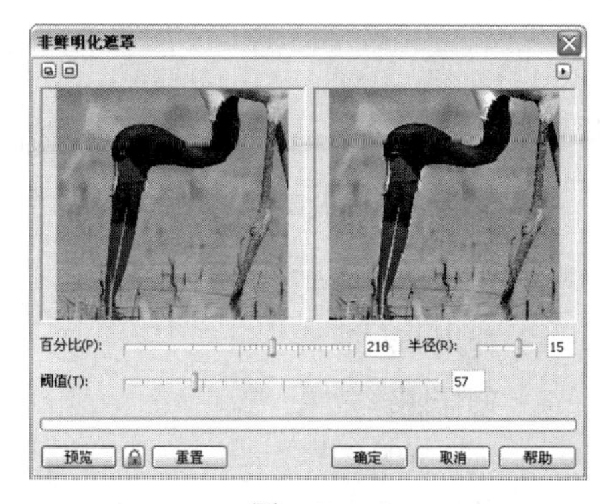

图 7-85

7.4　课后习题——打印机广告设计

【习题知识要点】使用图框精确剪裁命令将背景图片置入到矩形中。使用艺术笔工具绘制出气泡图形。使用轮廓图工具为文字添加轮廓效果。使用文本工具和椭圆形工具添加介绍性文字。打印机广告设计效果如图 7-86 所示。

【效果所在位置】光盘/Ch07/效果/打印机广告设计.cdr。

图 7-86

第8章 图形的特殊效果

CorelDRAW X5 提供了多种特殊效果工具和命令。通过对本章的学习，读者可以了解并掌握如何应用强大的图形特殊效果功能制作出精彩的图形效果。

课堂学习目标

- 设置透明效果
- 使用调和效果
- 制作阴影效果
- 编辑轮廓图
- 使用变形效果
- 使用封套效果
- 制作立体效果
- 制作透视效果
- 制作透镜效果
- 精确剪裁效果
- 调整图形的色调

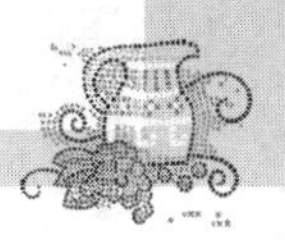

8.1 设置透明效果

使用“透明度”工具可以制作出如均匀、渐变、图案和底纹等多种漂亮的透明效果。

8.1.1 制作透明效果

打开素材文件。选择“选择”工具，选择需要的图形，如图 8-1 所示。选择“透明度”工具，在属性栏中的“透明度类型”下拉列表中选择一种透明类型，如图 8-2 所示，图形的透明效果如图 8-3 所示。

图 8-1

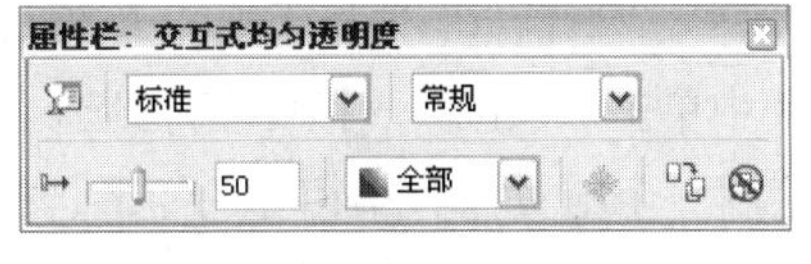

图 8-2

图 8-3

交互式透明属性栏中各选项的含义如下。

“透明度类型” 标准 选项：可以选择透明的类型包含标准、线性、辐射、圆锥、正方形、双色图样、全色图样、位图图样和底纹等。

“透明度操作” 常规 选项：可以选择透明样式。对多边形应用不同的透明样式，可以得到不同的透明样式效果，如图 8-4 所示。

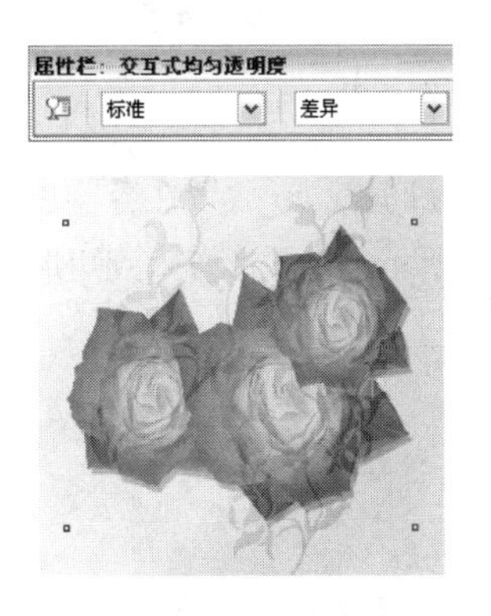

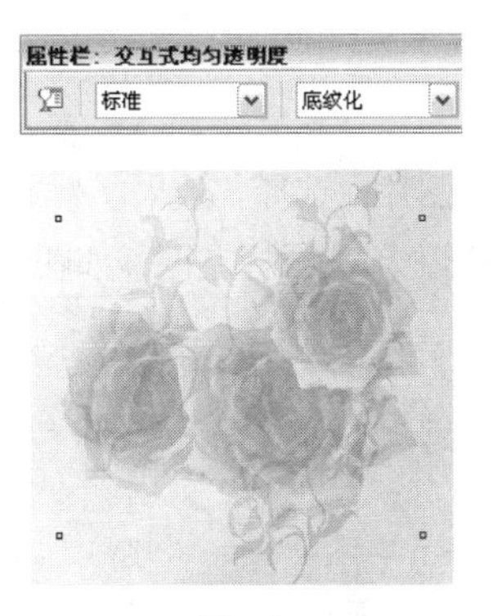

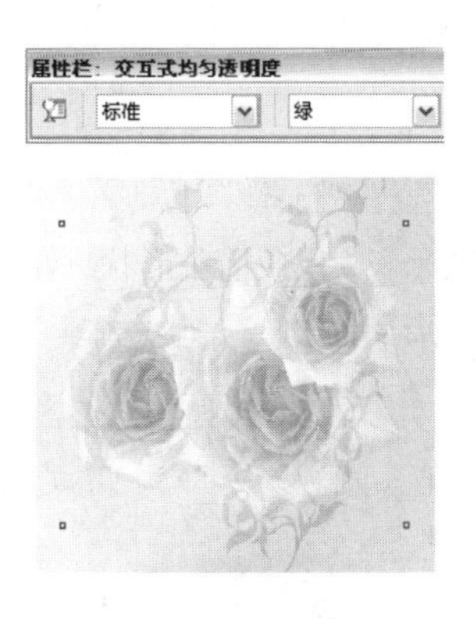

图 8-4

“编辑透明度”按钮：打开与透明度类型相对应的对话框，可以对透明选项进行具体设置。

“开始透明度”选项 70 ：拖曳滑块或直接输入数值，可以改变对象的透明度。

“透明度目标”选项 全部 ：设置应用透明度到“填充”、“轮廓”或“全部”效果。

“冻结透明度”按钮：进一步调整透明度。

“复制透明度属性”按钮：可以复制对象的透明效果。

“清除透明度”按钮：可以清除对象中的透明效果。

8.1.2 课堂案例——制作瓷器鉴赏会海报

图 8-5

【案例学习目标】使用导入命令、几何图形工具、文本工具、透明度工具和阴影工具制作瓷器鉴赏会海报。

【案例知识要点】使用矩形工具、透明度工具和图框精确剪裁命令制作背景效果。使用导入命令、垂直镜像命令和透明度工具制作倒影效果。使用文本工具和阴影工具制作标题文字。瓷器鉴赏会海报效果如图 8-5 所示。

【效果所在位置】光盘/Ch08/效果/制作瓷器鉴赏会海报. cdr。

1. 制作背景效果

（1）按 Ctrl+N 组合键，新建一个 A4 页面。单击属性栏中的“横向”按钮，页面显示为横向页面。按 Ctrl+I 组合键，弹出“导入”对话框，选择“Ch08 > 素材 > 制作瓷器鉴赏会海报 > 01”文件，单击“导入”按钮，在页面中单击导入图片，拖曳图片到适当的位置并调整其大小，如图 8-6 所示。双击“矩形”工具，绘制一个与页面大小相等的矩形，按 Ctrl+PageUp 组合键，将矩形向前移动一层，如图 8-7 所示。

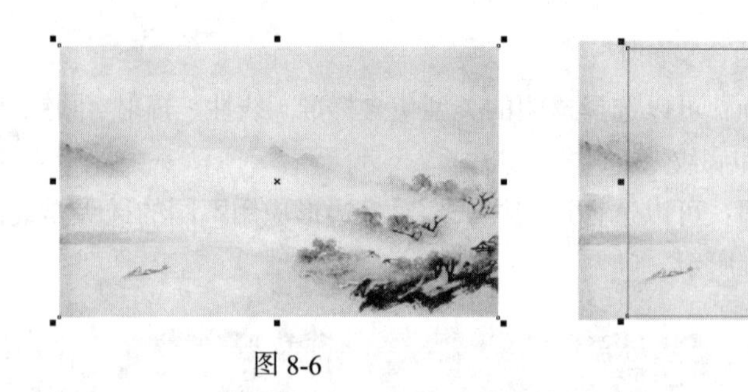
图 8-6　　图 8-7

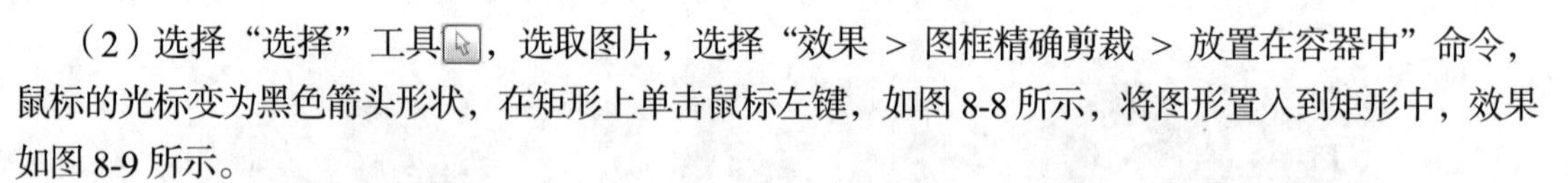

（2）选择“选择”工具，选取图片，选择“效果 > 图框精确剪裁 > 放置在容器中”命令，鼠标的光标变为黑色箭头形状，在矩形上单击鼠标左键，如图 8-8 所示，将图形置入到矩形中，效果如图 8-9 所示。

图 8-8

图 8-9

（3）选择“矩形”工具，在页面中适当的位置分别绘制两个矩形，如图 8-10 所示。选择“选择”工具，按住 Shift 键的同时，将两个矩形同时选取，设置矩形颜色的 CMYK 值为：0、20、40、50，填充图形，并去除图形的轮廓线，效果如图 8-11 所示。

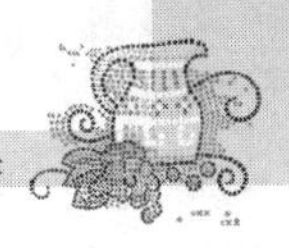

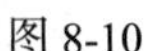

图 8-10

图 8-11

2. 导入图片并制作倒影效果

（1）按 Ctrl+I 组合键，弹出“导入”对话框，选择“Ch08 > 素材 > 制作瓷器鉴赏会海报 > 02”文件，单击“导入”按钮，在页面中单击导入图片，拖曳图片到适当的位置并调整其大小，效果如图 8-12 所示。

（2）选择“选择”工具，按数字键盘上的+键，复制图片。单击属性栏中的“垂直镜像”按钮，垂直翻转复制的图片，向下拖曳图片到适当的位置，效果如图 8-13 所示。

图 8-12

图 8-13

（3）选择“透明度”工具，在图形对象上从上到下拖曳光标，为图形添加透明度效果，在属性栏中的设置如图 8-14 所示，按 Enter 键，效果如图 8-15 所示。

图 8-14

图 8-15

（4）选择“选择”工具，选取需要的图片，如图 8-16 所示，选择“透明度”工具，在属性栏中的设置如图 8-17 所示，按 Enter 键，透明效果如图 8-18 所示。

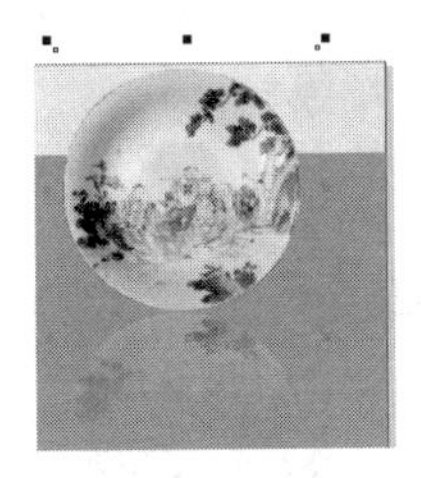

图 8-16

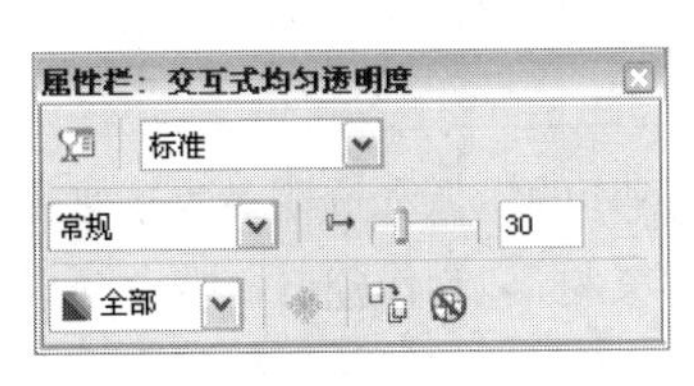

图 8-17

图 8-18

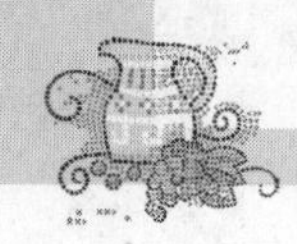

（5）选择“选择”工具，使用圈选的方法选取需要的图形，如图 8-19 所示，选择“效果 > 图框精确剪裁 > 放置在容器中”命令，鼠标的光标变为黑色箭头形状，在褐色矩形上单击鼠标左键，如图 8-20 所示，将图形置入到矩形中，效果如图 8-21 所示。

图 8-19

图 8-20

图 8-21

（6）按 Ctrl+I 组合键，弹出“导入”对话框，分别选择“Ch08 > 素材 > 制作瓷器鉴赏会海报 > 03、04”文件，单击“导入”按钮，在页面中单击导入图片，分别拖曳图片到适当的位置并调整其大小，如图 8-22 所示。

（7）选择“选择”工具，选择 03 图片，按数字键盘上的+键，复制图片。单击属性栏中的“垂直镜像”按钮，垂直翻转复制的图片，向下拖曳图片到适当的位置，效果如图 8-23 所示。

图 8-22

图 8-23

（8）选择“透明度”工具，在图形对象上从上到下拖曳光标，为图形添加透明度效果，在属性栏中的设置如图 8-24 所示，按 Enter 键，效果如图 8-25 所示。

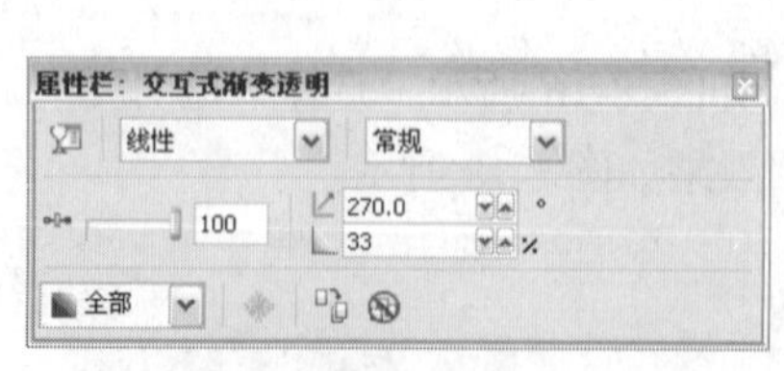

图 8-24

图 8-25

（9）使用相同方法制作出 04 图片的镜像和透明效果，如图 8-26 所示。按 Ctrl+I 组合键，弹出“导入”对话框，选择“Ch08 > 素材 > 制作瓷器鉴赏会海报 > 05”文件，单击“导入”按钮，在页面中单击导入图片，拖曳图片到适当的位置并调整其大小，如图 8-27 所示。

图 8-26　　　　图 8-27

（10）选择“透明度”工具，在属性栏中的设置如图 8-28 所示，按 Enter 键，透明效果如图 8-29 所示。

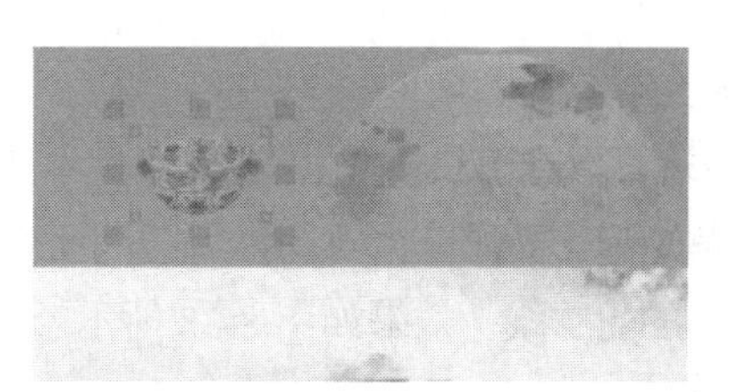

图 8-28　　　　图 8-29

3. 添加并编辑文字

（1）选择“文本”工具，在页面中输入需要的文字，选择“选择”工具，在属性栏中选择合适的字体并设置文字大小，在“CMYK 调色板”中的“淡黄”色块上单击鼠标左键，填充文字，效果如图 8-30 所示。选择“形状”工具，向左拖曳文字下方的图标，调整文字的间距，效果如图 8-31 所示。

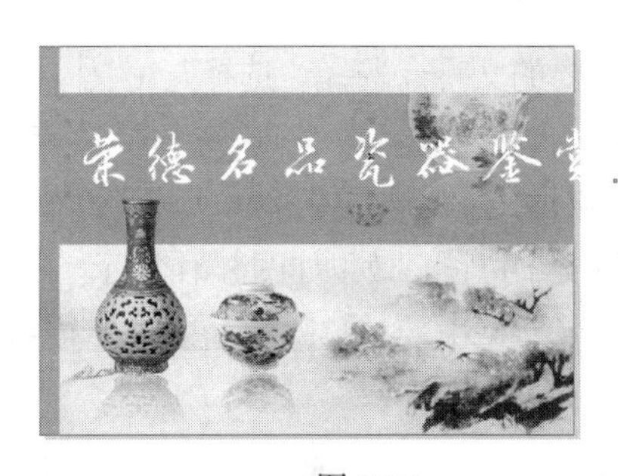

图 8-30　　　　图 8-31

（2）选择“阴影”工具，在文字上由中间向右下方拖曳光标，为文字添加阴影效果，在属性栏中的设置如图 8-32 所示，按 Enter 键，效果如图 8-33 所示。

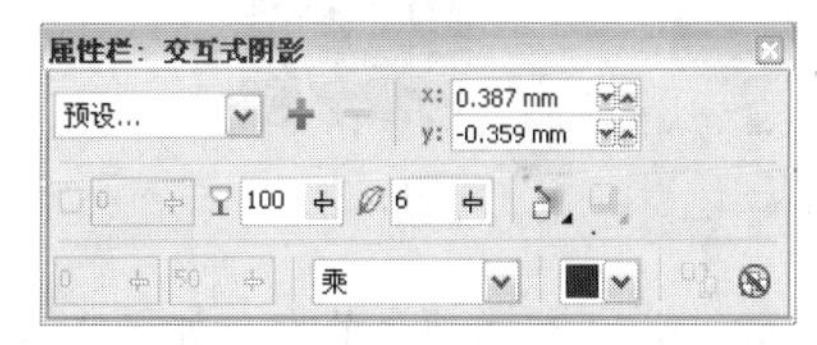

图 8-32　　　　图 8-33

（3）选择“文本”工具，在页面中输入需要的文字，选择“选择”工具，在属性栏中选择合适的字体并设置文字大小，在“CMYK 调色板”中的“淡黄”色块上单击鼠标左键，填充文字，效果如图 8-34 所示。选择“形状”工具，向下拖曳文字下方的图标，调整文字的行距，如图 8-35 所示。

图 8-34

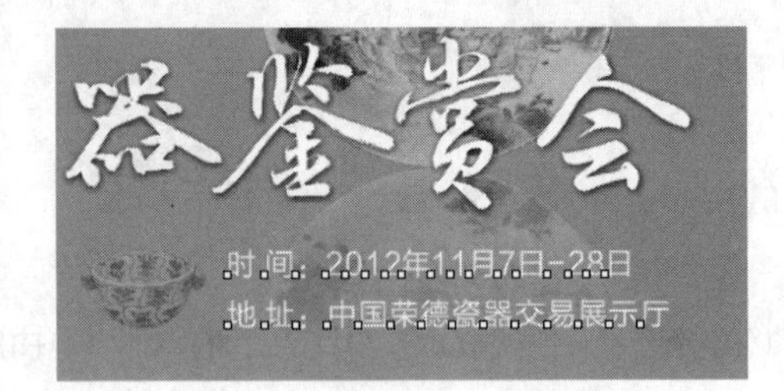

图 8-35

4. 制作图章

（1）选择“矩形”工具，在属性栏中的设置如图 8-36 所示，按 Enter 键，在页面空白处绘制一个圆角矩形，如图 8-37 所示。设置矩形颜色的 CMYK 值为：30、100、100、0，填充图形，并去除图形的轮廓线，效果如图 8-38 所示。

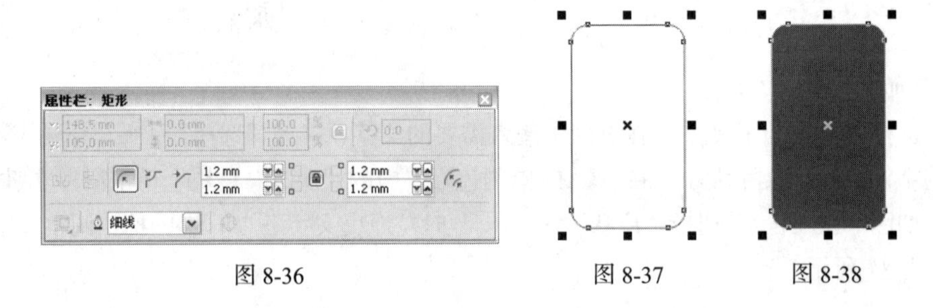

图 8-36　　图 8-37　　图 8-38

（2）选择“文本”工具，在矩形中分别输入需要的文字，选择“选择”工具，在属性栏中选择合适的字体并设置文字大小，如图 8-39 所示。选择“选择”工具，选取文字“精”，向下拖曳文字下方中间的控制手柄到适当的位置，将文字拉长，效果如图 8-40 所示。选取文字“华”，向上拖曳文字上方中间的控制手柄到适当的位置，将文字拉长，效果如图 8-41 所示。

（3）用圈选的方法将文字和矩形同时选取，单击属性栏中的“移除前面对象”按钮，创建新的对象，效果如图 8-42 所示。

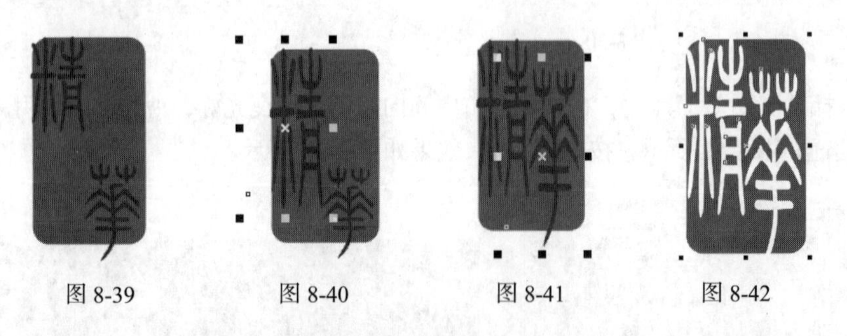
图 8-39　　图 8-40　　图 8-41　　图 8-42

（4）选择“形状”工具，在适当的位置双击鼠标左键，分别添加两个节点，如图 8-43 所示。单击选取需要的节点，如图 8-44 所示，将其拖曳到适当的位置，如图 8-45 所示。用相同的方法添加并调整需要的节点到适当的位置，效果如图 8-46 所示。

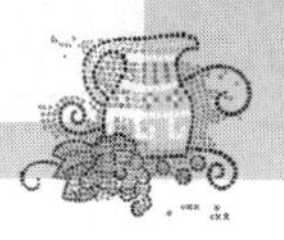

图 8-43

图 8-44

图 8-45

图 8-46

（5）选择“选择”工具，拖曳图形到页面中适当的位置，效果如图 8-47 所示。按 Esc 键，取消选取状态，瓷器鉴赏会海报制作完成，效果如图 8-48 所示。

图 8-47

图 8-48

8.2 使用调和效果

交互式调和工具是 CorelDRAW X5 中应用最广泛的工具之一。制作出的调和效果可以在绘图对象间产生形状、颜色的平滑变化。下面具体讲解调和效果的使用方法。

8.2.1 设置调和

绘制两个要制作调和效果的图形，如图 8-49 所示。选择“调和”工具，将鼠标的光标放在左边的图形上，鼠标的光标变为图标，按住鼠标左键并拖曳光标到右边的图形上，如图 8-50 所示，松开鼠标左键，两个图形的调和效果如图 8-51 所示。

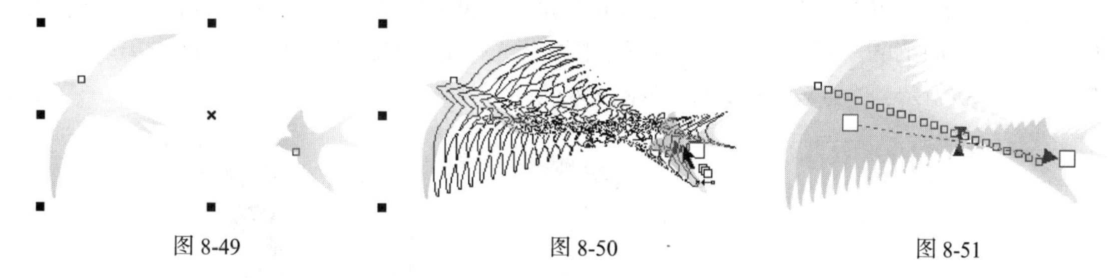

图 8-49　图 8-50　图 8-51

“调和”工具的属性栏如图 8-52 所示。各选项的含义如下。

“调和步长”选项：可以设置调和的步数，设置为 5 时，效果如图 8-53 所示。

“调和方向”选项：可以设置调和的旋转角度，设置为 90° 时，效果如图 8-54 所示。

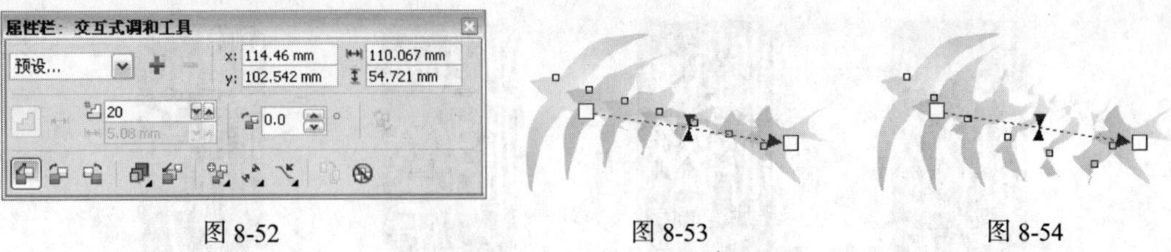

图 8-52　　图 8-53　　图 8-54

“环绕调和”按钮：调和的图形除了自身旋转外，将同时以起点图形和终点图形的中间位置为旋转中心做旋转分布，如图 8-55 所示。

“直接调和”按钮、“顺时针调和”按钮、“逆时针调和”按钮：设定调和对象之间颜色过渡的方向，效果如图 8-56 所示。

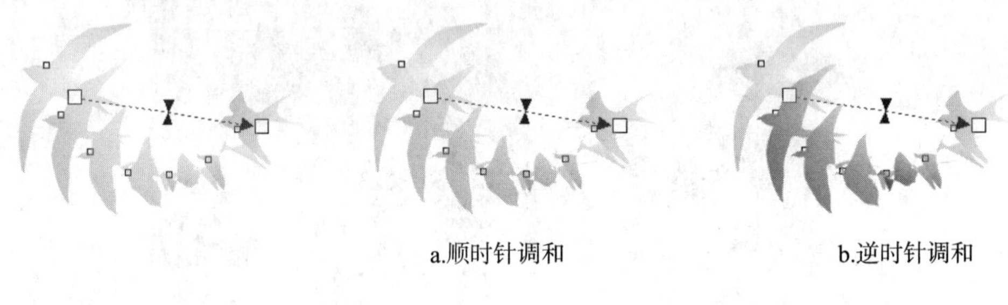

a.顺时针调和　　b.逆时针调和

图 8-55　　图 8-56

“对象和颜色加速”按钮：调整对象和颜色的加速属性。单击此按钮弹出如图 8-57 所示的对话框，拖曳滑块到需要的位置，对象加速调和效果如图 8-58 所示，颜色加速调和效果如图 8-59 所示。

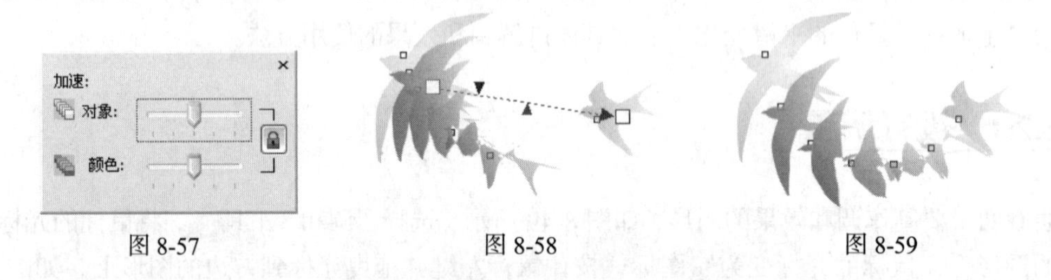

图 8-57　　图 8-58　　图 8-59

“调整加速大小”按钮：可以控制调和的加速属性。

“起始和结束属性”按钮：可以显示或重新设定调和的起始及终止对象。单击此按钮，弹出如图 8-60 所示的菜单，选择“新终点”选项，鼠标的光标变为◀。在新的终点对象上单击鼠标左键，如图 8-61 所示，终点对象被更改，如图 8-62 所示。

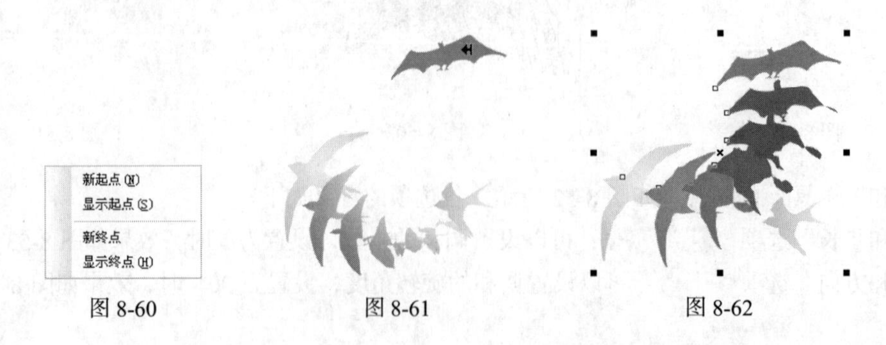

图 8-60　　图 8-61　　图 8-62

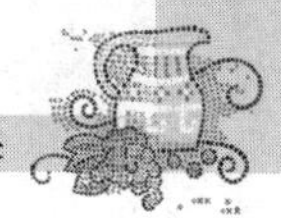

"路径属性"按钮：使调和对象沿绘制好的路径分布。单击此按钮弹出如图 8-63 所示的菜单，选择"新路径"选项，鼠标的光标变为。在新绘制的路径上单击鼠标右键，如图 8-64 所示，沿路径进行调和的效果如图 8-65 所示。

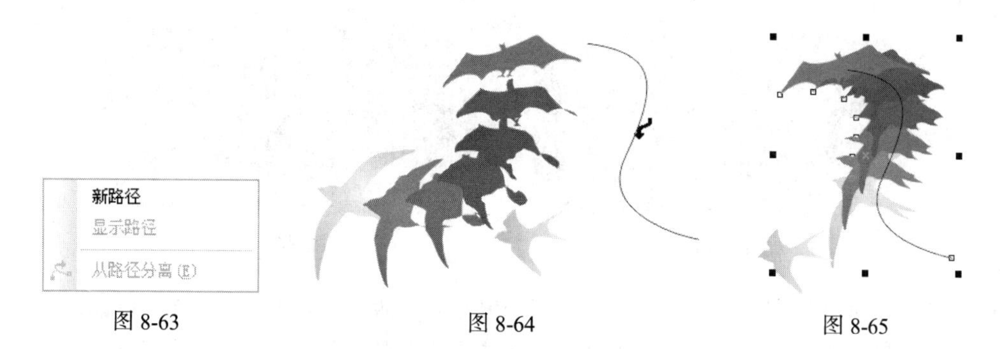

图 8-63　　图 8-64　　图 8-65

"更多调和选项"按钮：可以进行更多的调和设置。单击此按钮弹出如图 8-66 所示的菜单，"映射节点"按钮可指定起始对象的某一点与终止对象的某一节点对应，以产生特殊的调和效果。"拆分"按钮可将过渡对象分割成独立的对象，并可与其他对象再次进行调和。勾选"沿全路径调和"复选框，可以使调和对象自动充满整个路径。勾选"旋转全部对象"复选框，可以使调和对象的方向与路径一致。

图 8-66

8.2.2 课堂案例——绘制水果文字

【案例学习目标】学习使用阴影工具和调和工具绘制水果文字。

【案例知识要点】使用矩形工具、文本工具、渐变填充工具和阴影工具制作文字效果。使用贝塞尔工具绘制不规则图形。使用星形工具添加装饰效果。使用调和工具制作高光。水果文字效果如图 8-67 所示。

图 8-67

【效果所在位置】光盘/Ch08/效果/绘制水果文字.cdr。

（1）按 Ctrl+N 组合键，新建一个 A4 页面。单击属性栏中的"横向"按钮，页面显示为横向页面。选择"矩形"工具，在属性栏中的设置如图 8-68 所示，按 Enter 键，在页面中适当的位置绘制一个矩形，按 P 键，矩形在页面居中对齐，如图 8-69 所示。设置矩形颜色的 CMYK 值为：0、70、100、0，填充图形，并去除图形的轮廓线，效果如图 8-70 所示。

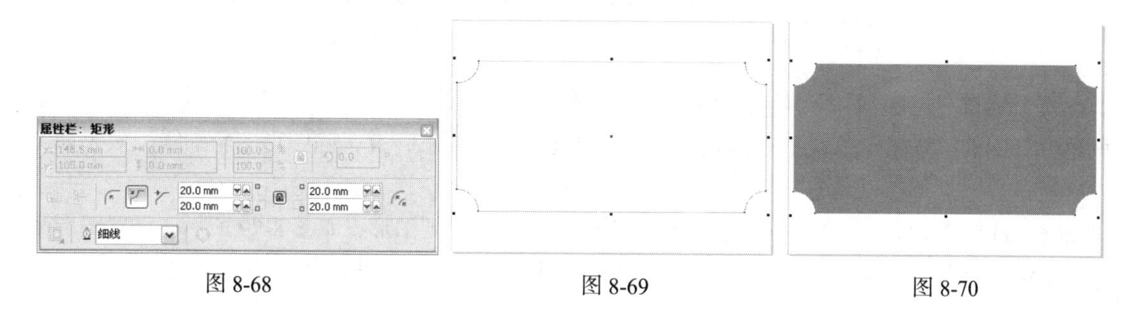

图 8-68　　图 8-69　　图 8-70

（2）选择“文本”工具，在页面中适当的位置输入需要的文字，选择“选择”工具，在属性栏中选择合适的字体并设置文字大小，效果如图 8-71 所示。选择“形状”工具，向左拖曳文字下方的图标，调整文字的间距，效果如图 8-72 所示。

图 8-71

图 8-72

（3）选择“渐变填充”工具，弹出“渐变填充”对话框。点选“自定义”单选框，在“位置”选项中分别输入 0、60、100 三个位置点，单击右下角的“其他”按钮，分别设置三个位置点颜色的 CMYK 值为：0（40、100、0、40）、60（0、100、0、0）、100（0、80、40、0），其他选项的设置如图 8-73 所示，单击“确定”按钮，填充图形，效果如图 8-74 所示。

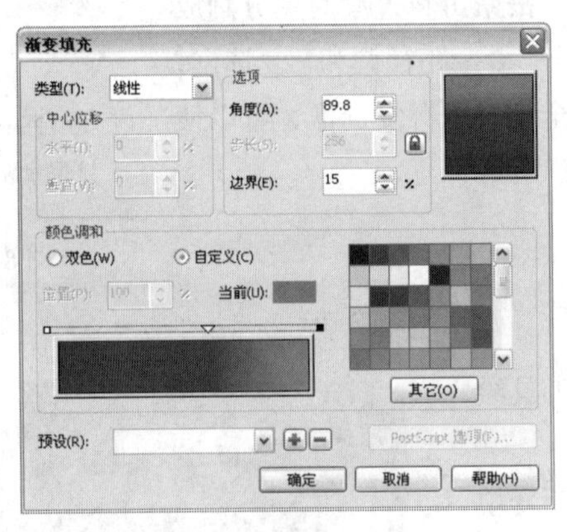

图 8-73

图 8-74

（4）选择“阴影”工具，在文字对象中部由上至下拖曳光标，为文字添加阴影效果，在属性栏中的设置如图 8-75 所示，按 Enter 键，效果如图 8-76 所示。

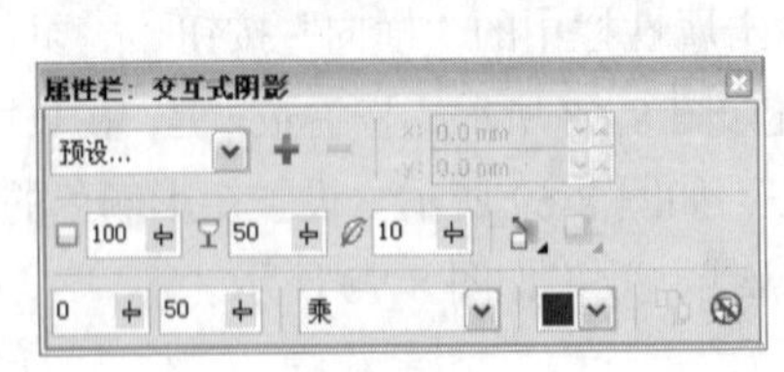

图 8-75

图 8-76

（5）选择“贝塞尔”工具，在页面中绘制一个不规则图形，如图 8-77 所示，在“CMYK 调色板”中的“蓝紫”色块上单击鼠标左键，填充不规则图形，并去除图形的轮廓线，效果如图 8-78 所示。

（6）选择“贝塞尔”工具，在页面中再绘制一个不规则图形，如图 8-79 所示。设置图形颜色的 CMYK 值为：40、100、0、30，填充图形，并去除图形轮廓线，效果如图 8-80 所示。

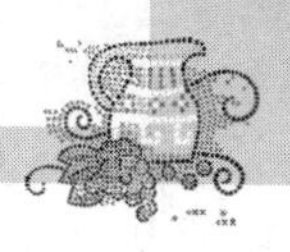

图 8-77

图 8-78

图 8-79

图 8-80

（7）连续按 Ctrl+PageDown 组合键，将图形向后移动到文字的后方，效果如图 8-81 所示。选择“选择”工具，按数字键盘上的+键，复制一个图形。将复制的图形向右拖曳到适当的位置并调整其大小，如图 8-82 所示。在“CMYK 调色板”中的“蓝紫”色块上单击鼠标左键，填充图形，效果如图 8-83 所示。使用相同的方法再绘制一个图形，填充相应的颜色，效果如图 8-84 所示。

图 8-81

图 8-82

图 8-83

图 8-84

（8）选择“椭圆形”工具，在页面外的适当位置绘制一个椭圆形，如图 8-85 所示。选择“渐变填充”工具，弹出“渐变填充”对话框。点选“自定义”单选框，在“位置”选项中分别输入 0、28、100 三个位置点，单击右下角的“其他”按钮，分别设置三个位置点颜色的 CMYK 值为：0（0、40、0、0）、28（20、60、0、0）、100（40、100、0、0），其他选项的设置如图 8-86 所示，单击“确定”按钮，填充图形，效果如图 8-87 所示。

（9）选择“选择”工具，拖曳图形到页面中适当的位置并调整其大小，效果如图 8-88 所示。多次按数字键盘上的+键，复制多个图形，分别拖曳复制的图形到适当的位置并调整其大小，效果如图 8-89 所示。

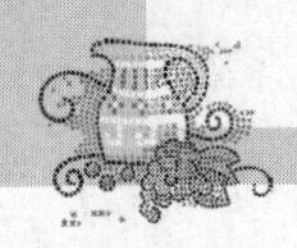

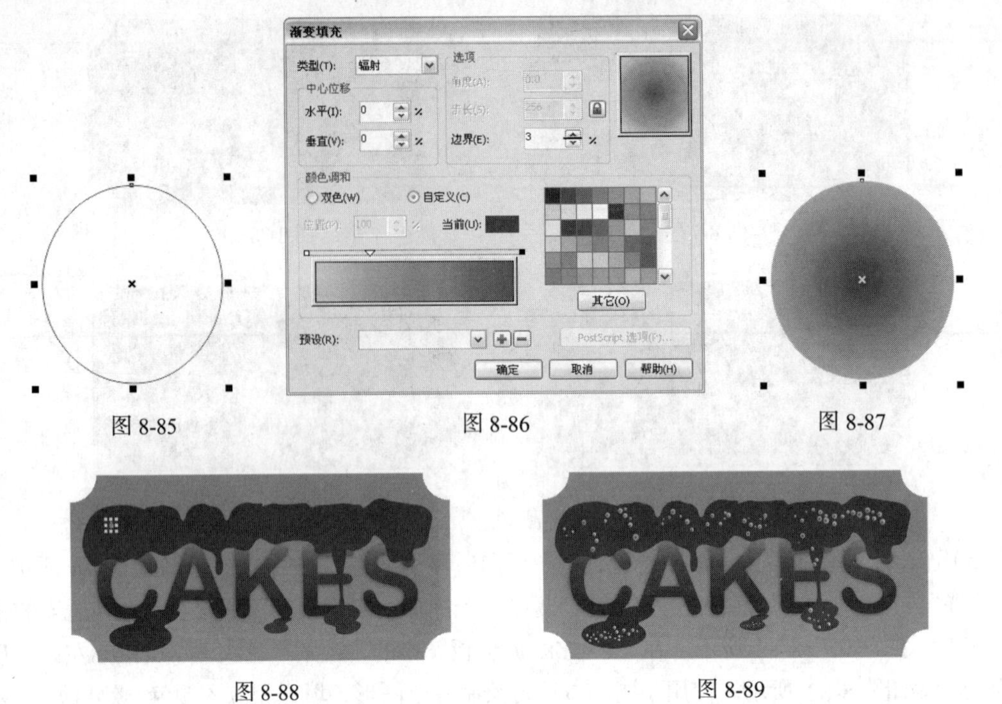

图 8-85　　图 8-86　　图 8-87

图 8-88　　图 8-89

（10）选择“贝塞尔”工具，在页面中绘制一个不规则图形，如图 8-90 所示，在“CMYK 调色板”中的“霓虹紫”色块上单击鼠标左键，填充不规则图形，并去除图形的轮廓线，效果如图 8-91 所示。使用相同的方法在适当的位置再绘制多个图形，并填充相应的颜色，效果如图 8-92 所示。

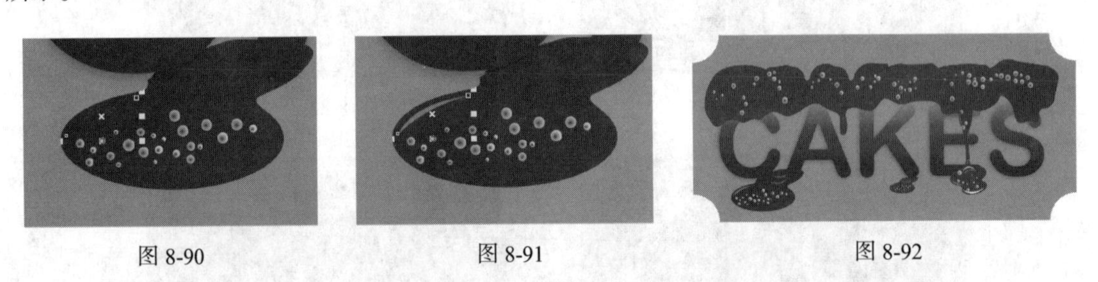

图 8-90　　图 8-91　　图 8-92

（11）选择“钢笔”工具，在页面中绘制一个不规则图形，如图 8-93 所示，在“CMYK 调色板”中的“霓虹紫”色块上单击鼠标左键，填充图形，并去除图形的轮廓线，效果如图 8-94 所示。使用相同方法绘制另一个白色的不规则图形，效果如图 8-95 所示。

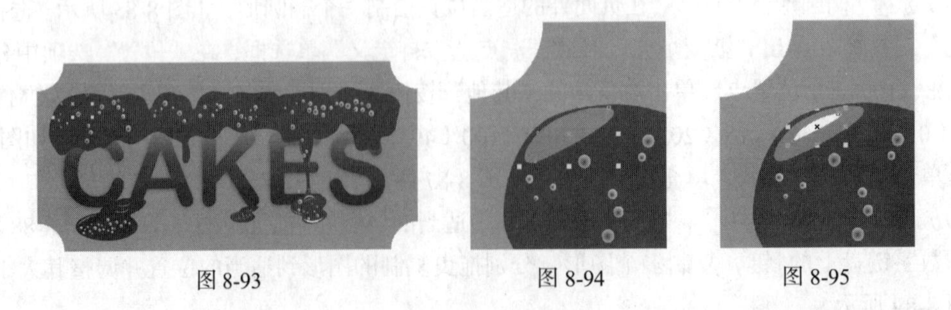

图 8-93　　图 8-94　　图 8-95

（12）选择“调和”工具，在白色图形和紫色图形之间拖曳鼠标，在属性栏中的设置如图

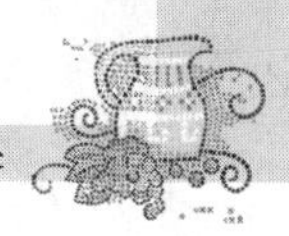

8-96 所示，按 Enter 键，效果如图 8-97 所示。使用相同的方法制作出其他图形，效果如图 8-98 所示。

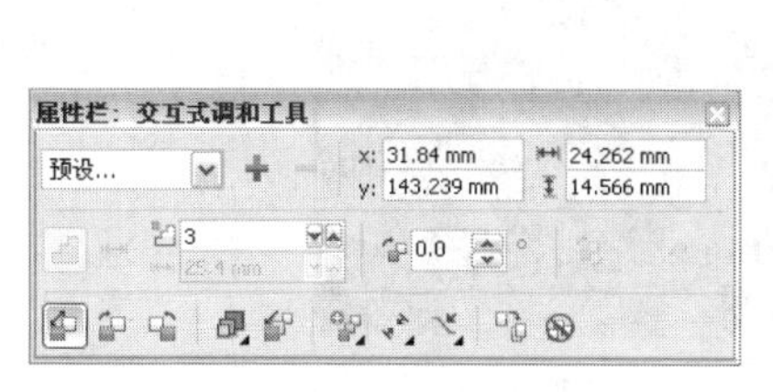

图 8-96

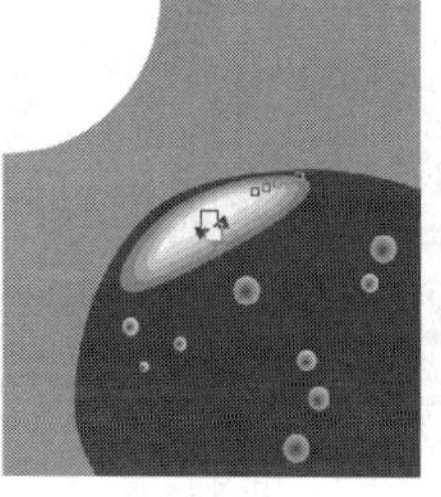

图 8-97

图 8-98

（13）选择“星形”工具，在属性栏中的设置如图 8-99 所示，绘制一个星形，如图 8-100 所示。选择“选择”工具，选取星形，填充为白色，并去除图形的轮廓线，将其拖曳到适当的位置并旋转到适当的角度，效果如图 8-101 所示。

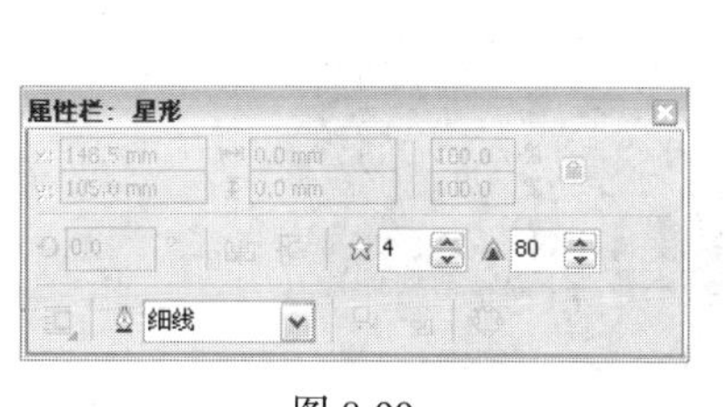

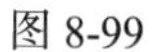

图 8-99

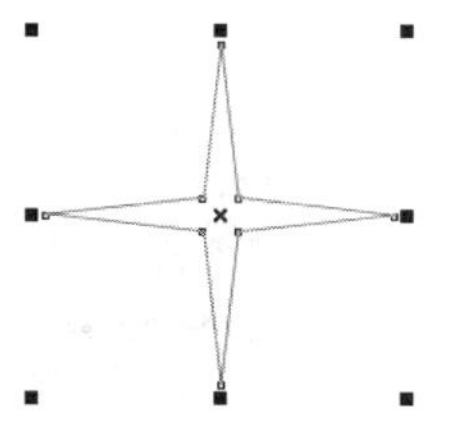

图 8-100

图 8-101

（14）多次按数字键盘上的+键，复制多个图形，分别拖曳复制的图形到适当的位置，并调整其大小和角度，效果如图 8-102 所示。选择“选择”工具，选取需要的星形，如图 8-103 所示。

图 8-102

图 8-103

（15）选择“属性滴管”工具，在页面中圆形球体上单击鼠标左键，复制对象属性，如图 8-104 所示，松开鼠标左键后，光标变为图标时，在星形图形对象上单击，将圆形球体属性应用到星形上，效果如图 8-105 所示。按数字键盘上的+键，复制星形，将其向右拖曳到适当的位置并调整其大小，如图 8-106 所示。

图 8-104

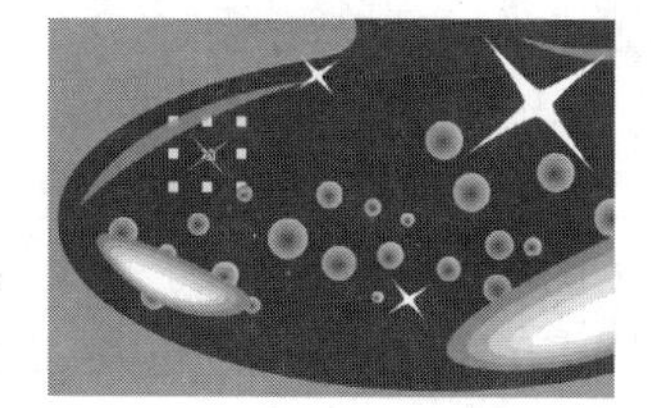

图 8-105

图 8-106

（16）选择“钢笔”工具，在页面中绘制一个不规则图形，如图8-107所示。设置图形颜色的CMYK值为：40、100、0、30，填充图形，并去除图形轮廓线，效果如图8-108所示。

图8-107

图8-108

（17）使用相同方法再绘制一个不规则图形，设置图形颜色的CMYK值为：40、100、0、40，填充图形，并去除图形的轮廓线，效果如图8-109所示。按Esc键，取消选取状态，水果文字绘制完成，效果如图8-110所示。

图8-109

图8-110

8.3 制作阴影效果

阴影效果是经常使用的一种特效，使用“阴影”工具可以快速地给图形添加阴影效果，还可以设置阴影的透明度、角度、位置、颜色和羽化程度。下面具体介绍如何制作阴影效果。

打开一个图形，使用“选择”工具选取，如图8-111所示。选择“阴影”工具，将鼠标光标放在图形上，按住鼠标左键并向阴影投射的方向拖曳鼠标，如图8-112所示，到需要的位置后松开鼠标左键，阴影效果如图8-113所示。

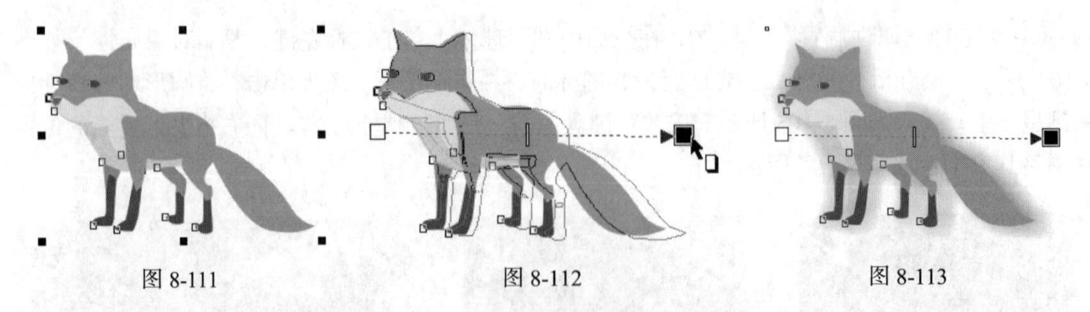

图8-111　　图8-112　　图8-113

拖曳阴影控制线上的图标，可以调节阴影的透光程度。拖曳时越靠近□图标，透光度越小，阴影越淡，如图8-114所示，拖曳时越靠近■图标，透光度越大，阴影越浓，如图8-115所示。

“阴影”工具的属性栏如图8-116所示，各选项的含义如下。

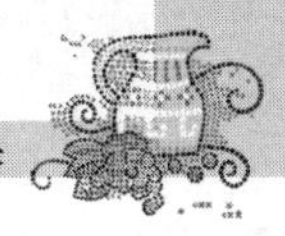

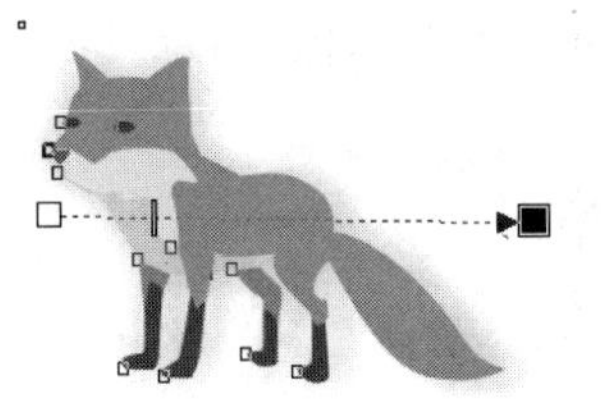

图 8-114

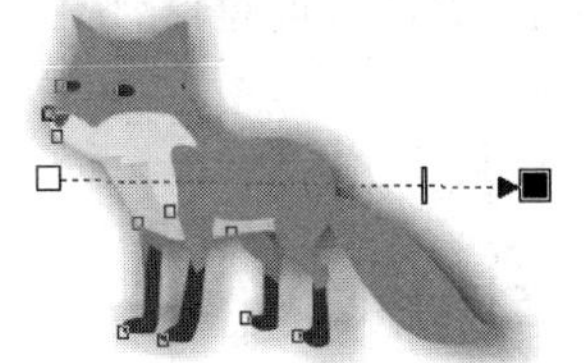

图 8-115

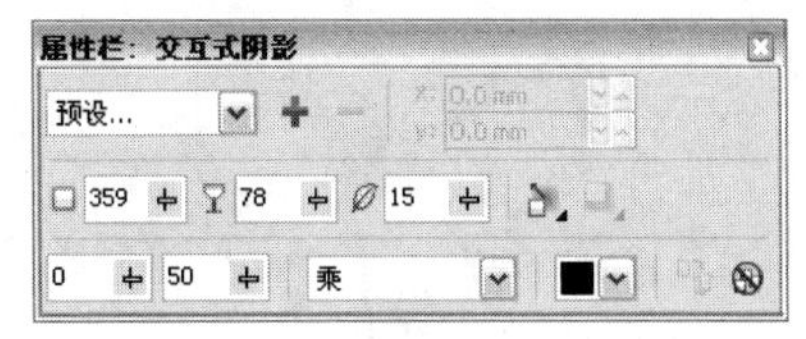

图 8-116

“预设列表”选项：选择需要的预设阴影效果。单击预设框后面的或按钮，可以添加或删除预设框中的阴影效果。

“阴影偏移”、阴影角度：可以设置阴影的偏移位置和角度。

“阴影的不透明”选项：可以设置阴影的透明度。

“阴影羽化”选项：可以设置阴影的羽化程度。

“羽化方向”按钮：可以设置阴影的羽化方向。单击此按钮可弹出“羽化方向”设置区，如图 8-117 所示。

“羽化边缘”按钮：可以设置阴影的羽化边缘模式。单击此按钮可弹出“羽化边缘”设置区，如图 8-118 所示。

图 8-117

图 8-118

“阴影淡出”、“阴影延展”选项：可以设置阴影的淡化和延展。

“阴影颜色”选项：可以改变阴影的颜色。

“复制阴影效果属性”按钮：可以复制阴影。单击此按钮，光标变为黑色箭头，用黑色箭头在已制作阴影图形的阴影上单击即可复制阴影。

“清除阴影”按钮：可以将制作的阴影清除。

8.4 编辑轮廓图

轮廓图效果是由图形中向内部或者外部放射的层次效果，它由多个同心线圈组成。下面介绍如何制作轮廓图效果。

打开一个图形，如图 8-119 所示。选择“轮廓图”工具，用光标在图形轮廓上方的节点上单击并向内拖曳至需要的位置，如图 8-120 所示，松开鼠标左键，效果如图 8-121 所示。

图 8-119

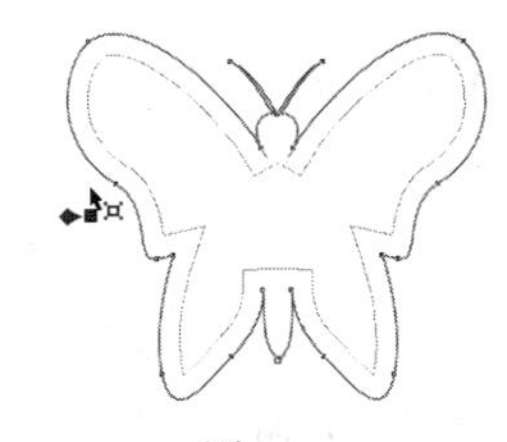

图 8-120

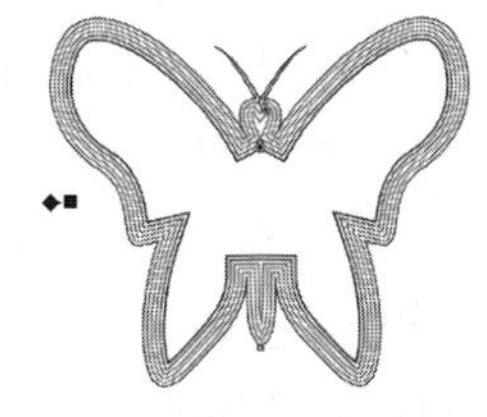

图 8-121

属性栏如图 8-122 所示。各选项的含义如下。

“预设列表”选项：选择系统预设的样式。

“内部轮廓”按钮、“外部轮廓”按钮：使对象产生向内和向外的轮廓图。

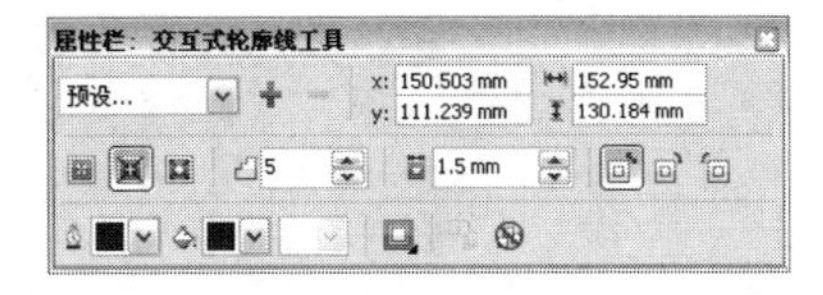

图 8-122

“到中心”按钮：根据设置的偏移值一直向内创建轮廓图，效果如图 8-123 所示。

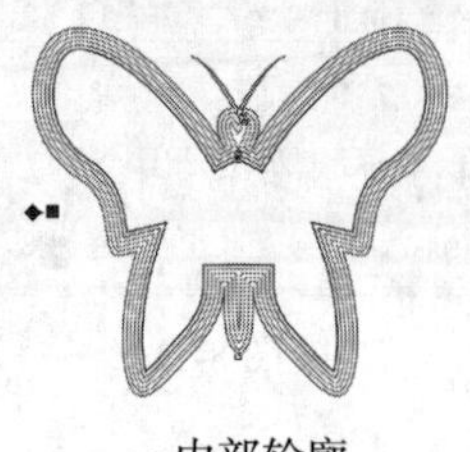
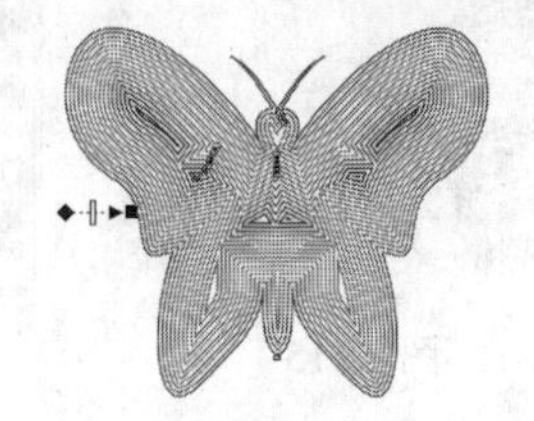
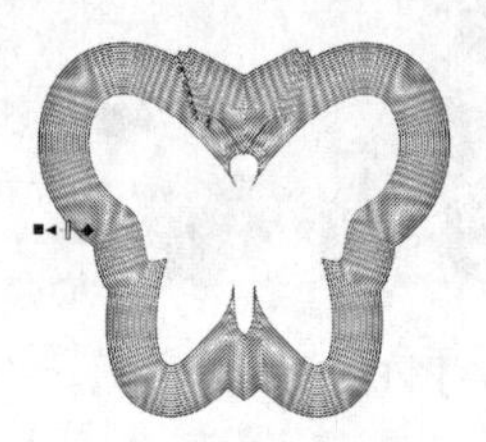

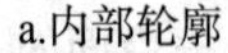

a.内部轮廓　　b.到中心　　c.外部轮廓

图 8-123

“轮廓图步长”选项和“轮廓图偏移”选项：设置轮廓图的步数和偏移值，如图 8-124、图 8-125 所示。

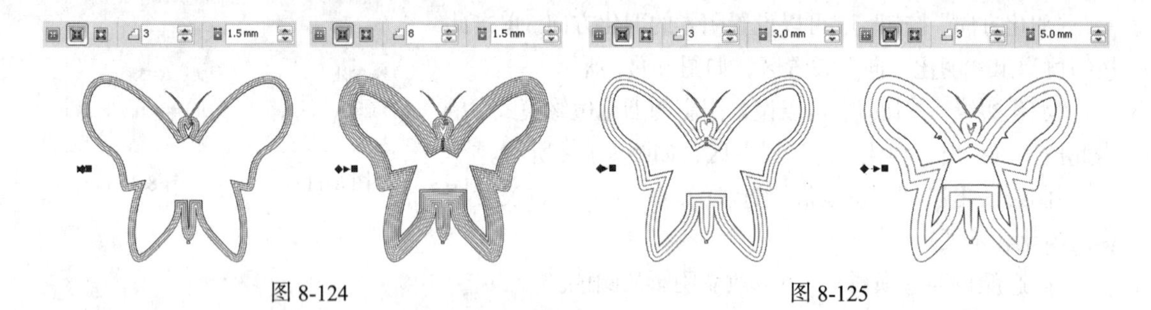

图 8-124　　图 8-125

“轮廓色”选项：设定最内一圈轮廓线的颜色。

“填充色”选项：设定轮廓图的颜色。

8.5 使用变形效果

“变形”工具可以使图形的变形更加方便。变形后可以产生不规则的图形外观，变形后的图形效果更具弹性、更奇特。

8.5.1 制作变形效果

选择“变形”工具，弹出如图 8-126 所示的属性栏，在属性栏中提供了 3 种变形方式：“推拉变形”、“拉链变形”和“扭曲变形”。

在属性栏中的“预设列表”选项中，CorelDRAW X5 提供了多个预置的变形效果，单击黑色三角按钮，弹出下拉列表，在其中选择需要的预置的变形效果，如图 8-127 所示。单击预置框后面的按钮或按钮，可以添加或删除预置框中的变形效果。

图 8-126

图 8-127

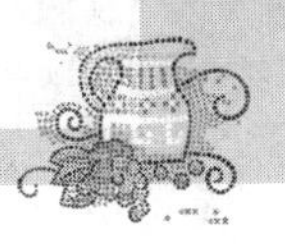

1. 推拉变形

绘制一个图形，如图 8-128 所示，单击属性栏中的“推拉变形”，在图形上按住鼠标左键并向右拖曳光标，如图 8-129 所示，松开鼠标，变形效果如图 8-130 所示。

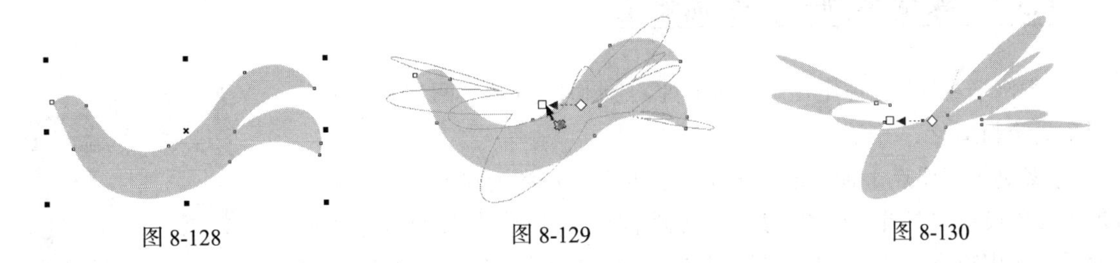

图 8-128　　图 8-129　　图 8-130

在属性栏中的“推拉振幅”框中，可以输入数值来控制推拉变形的幅度，推拉变形的设置范围在-200 ~ 200。单击“居中变形”按钮，可以将变形的中心移至图形的中心。单击“转换为曲线”按钮，可以将图形转换为曲线。

2. 拉链变形

绘制一个图形，如图 8-131 所示，单击属性栏中的“拉链变形”按钮，在图形上按住鼠标左键并向左拖曳光标，如图 8-132 所示，松开鼠标，变形效果如图 8-133 所示。

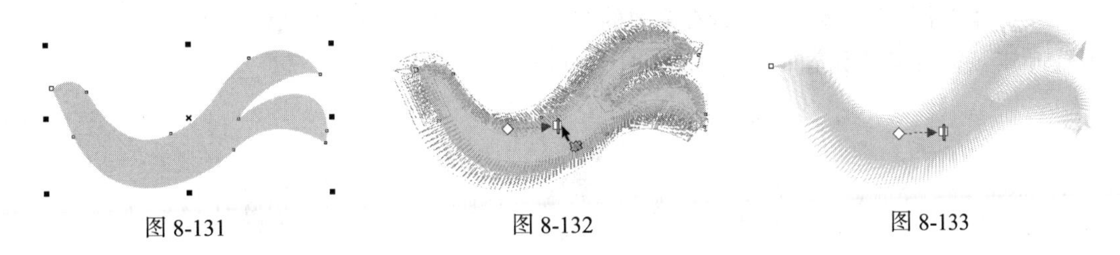

图 8-131　　图 8-132　　图 8-133

在属性栏的“拉链失真振幅”框中，可以输入数值调整变化图形时锯齿的深度。“拉链失真频率”框中，可以输入频率的数值来设置两个节点之间的锯齿数。单击“随机变形”按钮，可以随机地变化图形锯齿的深度。单击“平滑变形”按钮，可以将图形锯齿的尖角变成圆弧。单击“局部变形”按钮，在图形中拖曳光标，可以将图形锯齿的局部进行变形。

3. 扭曲变形

绘制一个图形，效果如图 8-134 所示。选择“变形”工具，单击属性栏中的“扭曲变形”按钮，在图形中按住鼠标左键并转动光标，如图 8-135 所示，图形变形的效果如图 8-136 所示。

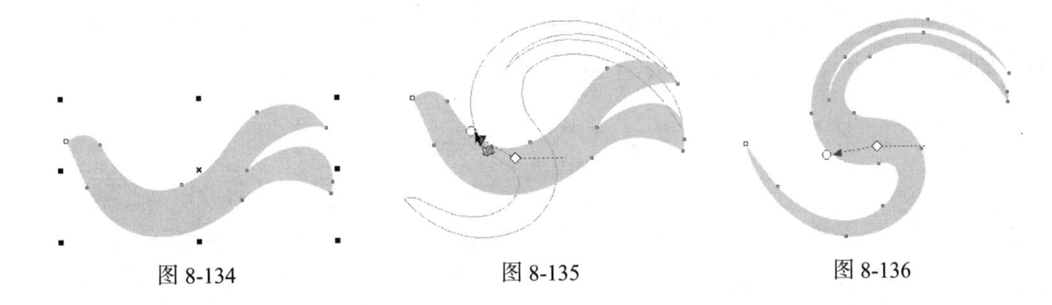

图 8-134　　图 8-135　　图 8-136

单击属性栏中的“添加新的变形”按钮，可以继续在图形中按住鼠标左键并转动光标，制作新的变形效果。单击“顺时针旋转”按钮和“逆时针旋转”按钮，可以设置旋转的方向。

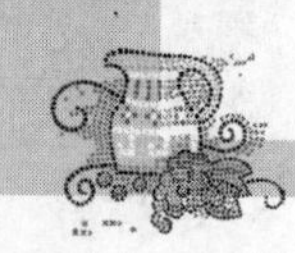

在“完全旋转”文本框中设置完全旋转的圈数。在“附加角度”文本框中设置旋转的角度。

8.5.2 课堂案例——绘制菊花

【案例学习目标】使用几何图形工具、绘制曲线工具、调和工具和变形工具绘制菊花。

【案例知识要点】使用多边形工具、变形工具和椭圆形工具制作花形。使用贝塞尔工具、调和工具、3 点椭圆形工具和阴影工具制作花瓶效果。使用矩形工具、形状工具、图框精确剪裁效果和导入命令制作背景效果。菊花效果如图 8-137 所示。

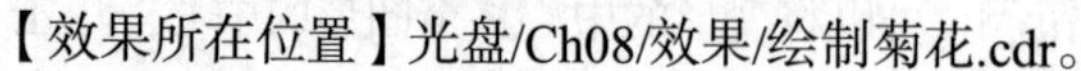

【效果所在位置】光盘/Ch08/效果/绘制菊花.cdr。

图 8-137

（1）按 Ctrl+N 组合键，新建一个 A4 页面。选择“贝塞尔”工具，在页面中适当的位置绘制三个不规则图形，在属性栏中设置适当的轮廓宽度，如图 8-138 所示。由左到右分别设置三个图形颜色的 CMYK 值为：（20、0、60、0）、（60、0、60、20）、（40、0、100、0），分别填充图形，效果如图 8-139 所示。

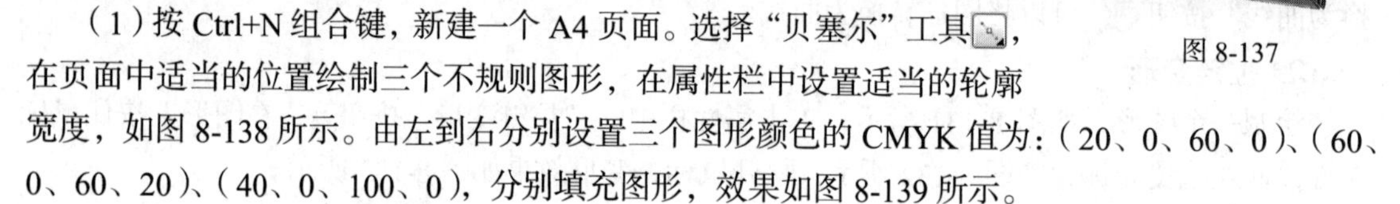

（2）选择“手绘”工具，分别在需要的图形上绘制曲线，并在“CMYK 调色板”中的“白”色块上单击鼠标右键，填充曲线，效果如图 8-140 所示。

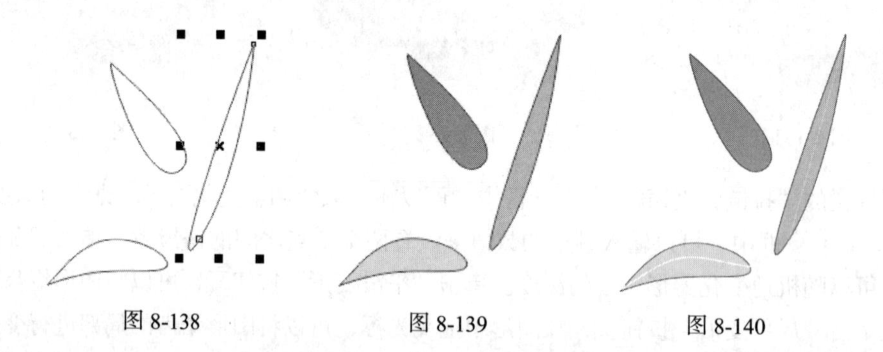

图 8-138　　图 8-139　　图 8-140

（3）选择“多边形”工具，在属性栏中的“点数或边数”框中设置数值为 10，在页面中绘制一个十边形，在属性栏中设置适当的轮廓宽度，如图 8-141 所示。填充图形为白色并在“CMYK 调色板”中的“草绿”色块上单击鼠标右键，填充图形的轮廓线，效果如图 8-142 所示。

（4）选择“变形”工具，在属性栏中单击“推拉变形”按钮，在十边形内由中部向左拖曳光标，如图 8-143 所示，松开鼠标左键，十边形变为花形，效果如图 8-144 所示。

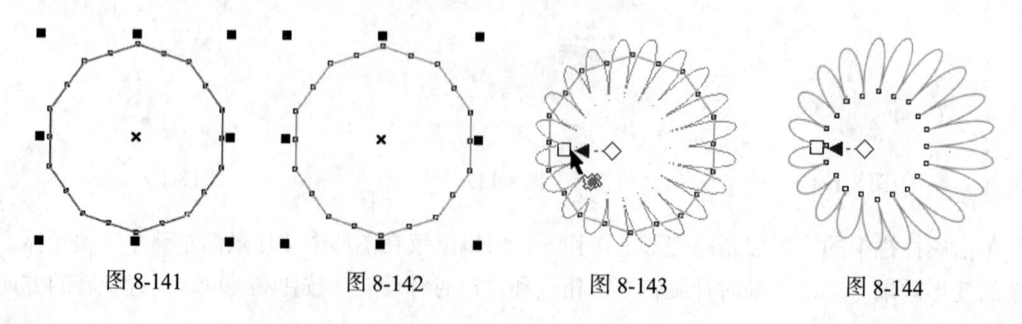

图 8-141　　图 8-142　　图 8-143　　图 8-144

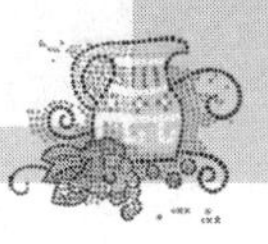

（5）选择“选择”工具，按数字键盘上的+键，复制一个花形，调整其大小和位置，如图 8-145 所示。在“CMYK 调色板”中的“浅黄”色块上单击鼠标左键，填充图形，效果如图 8-146 所示。使用圈选的方法将两个花形同时选取，将其拖曳到适当的位置，效果如图 8-147 所示。

图 8-145　　图 8-146　　图 8-147

（6）选择“选择”工具，选取上方的花形，按数字键盘上+键，复制一个花形，调整其大小并拖曳到适当的位置，效果如图 8-148 所示。连续按 Ctrl+PageDown 组合键，将花形向后移动到适当的位置，效果如图 8-149 所示。在“CMYK 调色板”中的“深黄”色块上单击鼠标左键，填充图形，并填充图形的轮廓线为黑色，效果如图 8-150 所示。

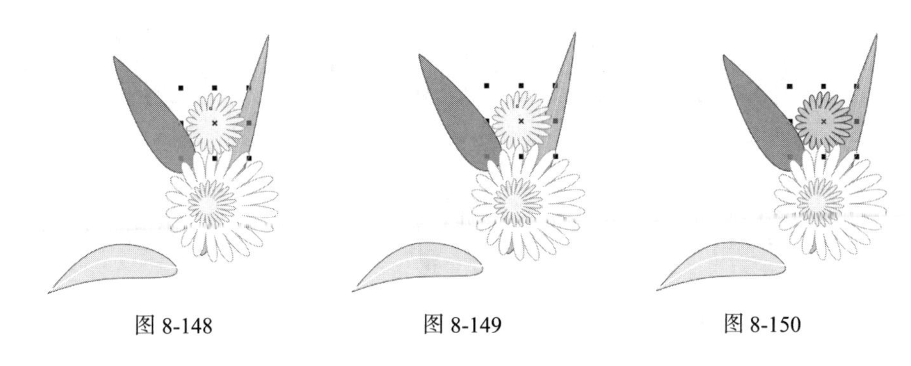

图 8-148　　图 8-149　　图 8-150

（7）选择“椭圆形”工具，按住 Ctrl 键的同时，绘制一个圆形，如图 8-151 所示。在“CMYK 调色板”中的“黄”色块上单击鼠标左键，填充图形，效果如图 8-152 所示。

（8）选择“选择”工具，选取花图形，如图 8-153 所示。按数字键盘上+键，复制一个图形，在“CMYK 调色板”中的“浅橘红”色块上单击鼠标左键，填充图形，拖曳复制的图形到适当位置并调整其大小，效果如图 8-154 所示。

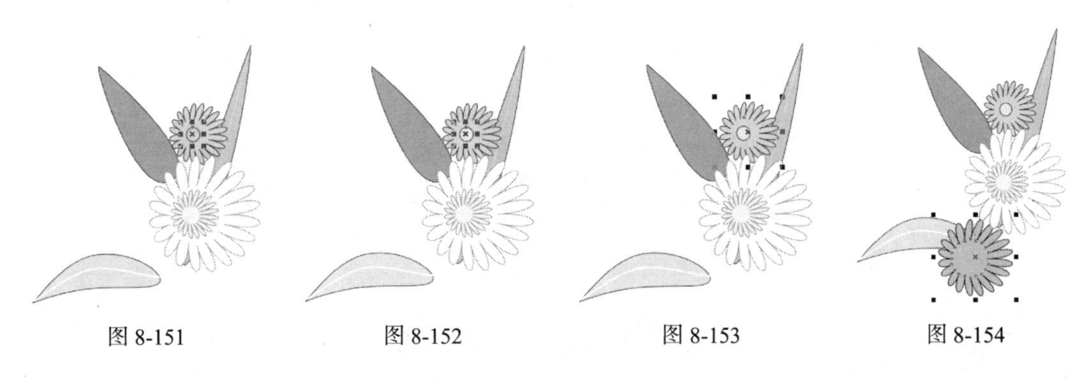

图 8-151　　图 8-152　　图 8-153　　图 8-154

（9）按数字键盘上的+键，复制一个图形，拖曳复制的图形到适当的位置并调整其大小，如

图 8-155 所示。在“CMYK 调色板”中的“浅黄”色块上单击鼠标左键，填充图形，在“草绿”色块上单击鼠标右键，填充图形的轮廓线，效果如图 8-156 所示。使用上述所讲的方法，按需要复制多个花形，分别填充适当的颜色并调整其位置和大小，效果如图 8-157 所示。

图 8-155　　图 8-156　　图 8-157

（10）选择“贝塞尔”工具，在页面中适当的位置绘制三个不规则图形，如图 8-158 所示。由左到右分别设置三个图形颜色的 CMYK 值为：（40、0、100、0）、（60、0、60、20）、（20、0、60、0），分别填充图形，效果如图 8-159 所示。选择“手绘”工具，分别在图形上绘制曲线，并在“CMYK 调色板”中的“白”色块上单击鼠标右键，填充曲线，效果如图 8-160 所示。

图 8-158　　图 8-159　　图 8-160

（11）选择“选择”工具，选取叶子及曲线图形，按 Ctrl+G 组合键，将其群组，如图 8-161 所示。拖曳群组图形到适当的位置，连续按 Ctrl+PageDown 组合键，将群组图形向后移动到适当的位置，效果如图 8-162 所示。使用相同的方法分别将另外两片叶子图形拖曳到适当的位置并调整其前后顺序，效果如图 8-163 所示。

图 8-161　　图 8-162　　图 8-163

（12）选择“贝塞尔”工具，在页面中绘制花瓶图形的轮廓线，如图 8-164 所示。在“CMYK 调色板”中的“深黄”色块上单击鼠标左键，填充图形，在“无填充”按钮☒上单击鼠标右键，

去除图形的轮廓线，效果如图 8-165 所示。

图 8-164

图 8-165

（13）选择“椭圆形”工具，在适当的位置绘制一个椭圆形，填充图形为白色，并去除图形的轮廓线，效果如图 8-166 所示。选择“调和”工具，在白色椭圆形和花瓶图形之间拖曳光标，在属性栏中的设置如图 8-167 所示，按 Enter 键，效果如图 8-168 所示。

图 8-166

图 8-167

图 8-168

（14）选择“3 点椭圆形”工具，在页面中绘制一个椭圆形，如图 8-169 所示。选择“渐变填充”工具，弹出“渐变填充”对话框。点选“双色”单选框，将“从”选项颜色的 CMYK 值设置为：0、0、0、20，“到”选项颜色的 CMYK 值设置为：0、0、0、0，其他选项的设置如图 8-170 所示，单击“确定”按钮，填充图形，并去除图形的轮廓线，效果如图 8-171 所示。

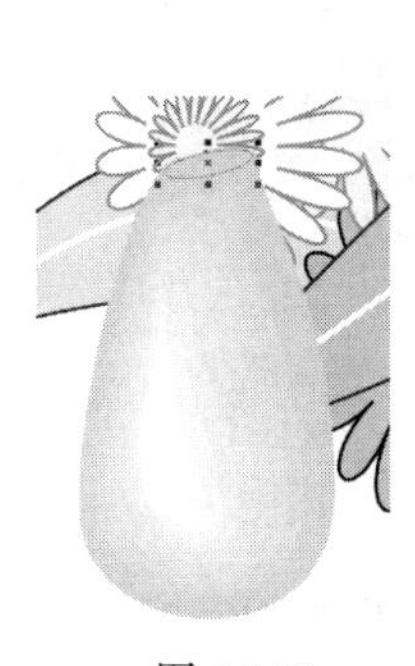
图 8-169

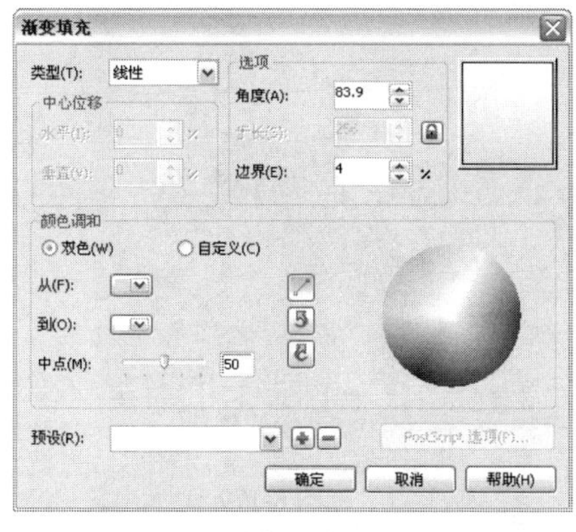

图 8-170

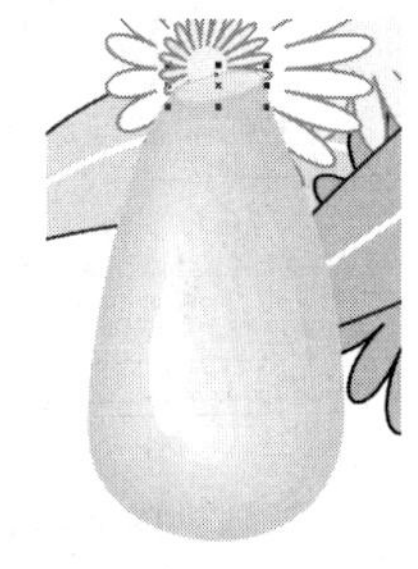
图 8-171

（15）使用相同的方法再绘制一个椭圆形，填充图形相应的渐变色，效果如图 8-172 所示。选择“选择”工具，使用圈选的方法将椭圆形和调和图形同时选取，按 Ctrl+G 组合键，将其群组，效果如图 8-173 所示。

（16）选择“阴影”工具，在图形对象中由上至下拖曳光标，为图形添加阴影效果，在属性栏中的设置如图 8-174 所示，按 Enter 键，效果如图 8-175 所示。

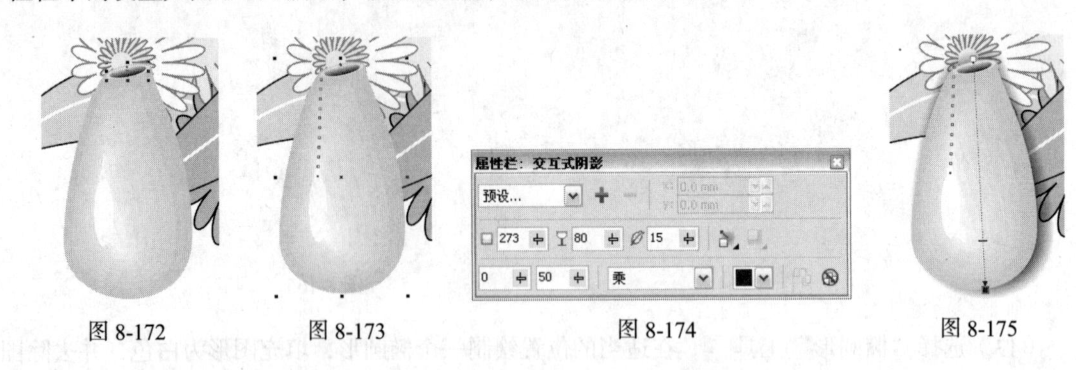

图 8-172　　图 8-173　　图 8-174　　图 8-175

（17）双击“选择”工具，将所有的图形同时选取，按 Ctrl+G 组合键，将其群组，效果如图 8-176 所示。选择“3 点矩形”工具，在页面中绘制一个矩形，如图 8-177 所示。按 Ctrl+Q 组合键，将图形转换为曲线。

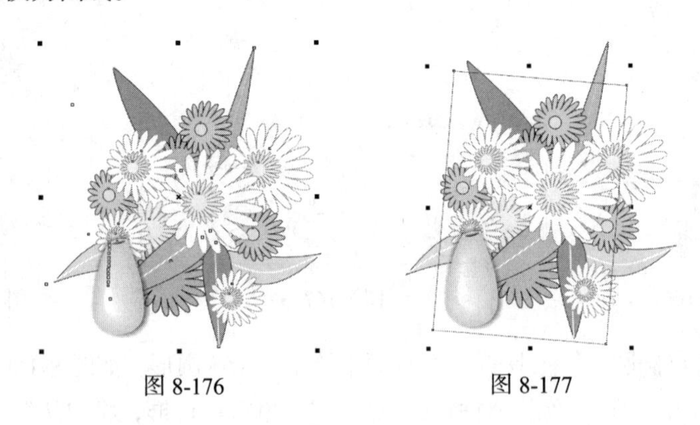

图 8-176　　图 8-177

（18）选择“形状”工具，单击矩形右上角的节点，如图 8-178 所示。按住鼠标左键拖曳节点到适当的位置，效果如图 8-179 所示。使用相同的方法调整其他节点到适当的位置，效果如图 8-180 所示。

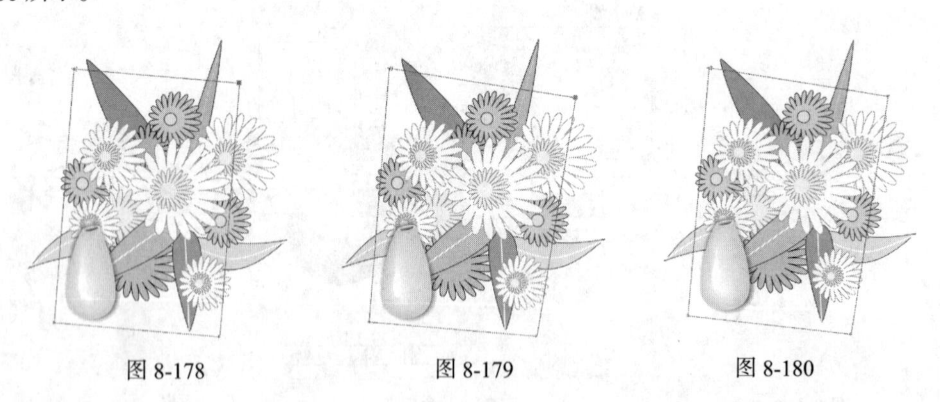

图 8-178　　图 8-179　　图 8-180

（19）选择“选择”工具，在“CMYK 调色板”中的“白黄”色块上单击鼠标左键，填充图形，并去除图形的轮廓线。按 Ctrl+PageDown 组合键，将图形向后移动一层，效果如图 8-181 所示。选取编组图形，选择“效果 > 图框精确剪裁 > 放置在容器中”命令，鼠标的光标变为黑色箭头形状，在黄色图形上单击鼠标左键，如图 8-182 所示，将图形置入到黄色图形背景中，效果如图

8-183 所示。

（20）按 Ctrl+I 组合键，弹出“导入”对话框，选择光盘中的“Ch08 > 素材 > 绘制菊花 > 01”文件，单击“导入”按钮，在页面中单击导入图片，将其拖曳到适当的位置并调整其大小，效果如图 8-184 所示。菊花绘制完成。

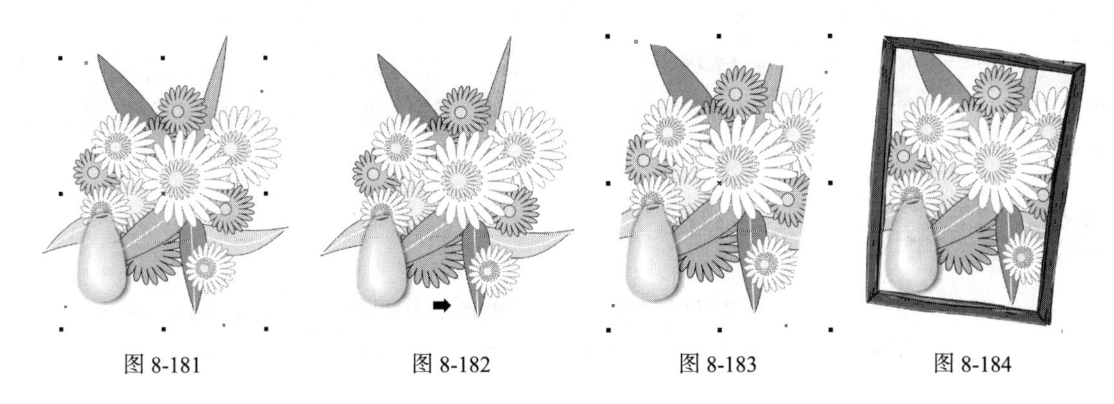

图 8-181　　图 8-182　　图 8-183　　图 8-184

8.6　使用封套效果

使用“封套”工具可以快速建立对象的封套效果。使文本、图形和位图都可以产生丰富的变形效果。

打开一个要制作封套效果的图形，如图 8-185 所示。选择“封套”工具，单击图形，图形外围显示封套的控制线和控制点，如图 8-186 所示。用鼠标拖曳需要的控制点到适当的位置，如图 8-187 所示，松开鼠标左键，可以改变图形的外形，如图 8-188 所示，选择“选择”工具并按 Esc 键，取消选取，图形的封套效果如图 8-189 所示。

图 8-185

图 8-186

图 8-187

图 8-188

图 8-189

“封套”工具的属性栏如图 8-190 所示。各选项的含义如下。

图 8-190

在属性栏中的“预设列表”预设...中可以选择需要的预设封套效果。“直线模式”按钮、“单弧模式”按钮、“双弧模式”按钮和“非强制模式”按钮，可以选择不同的封套编辑模式。“映射模式”自由变形列表框包含 4 种映射模式，分别是“水平”模式、“原始”模式、“自由变形”模式和“垂直”模式。使用不同的映射模式可以使封套中的对象符合封套的形状，制作出需要的变形效果。

8.7 制作立体效果

立体效果是利用三维空间的立体旋转和光源照射的功能来完成的。CorelDRAW X5 中的“立体化”工具可以制作和编辑图形的三维效果。下面介绍如何制作图形的立体效果。

8.7.1 设置立体化效果

绘制一个要制作立体化的图形，如图 8-191 所示。选择“立体化”工具，在图形上按住鼠标左键并向右上方拖曳光标，如图 8-192 所示，达到需要的立体效果后，松开鼠标左键，图形的立体化效果如图 8-193 所示。

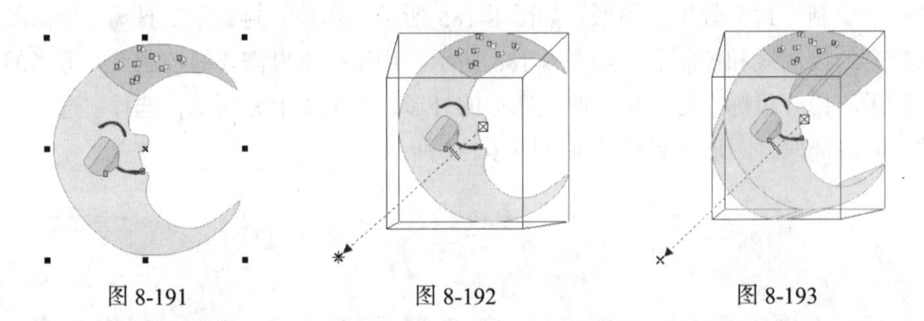
图 8-191　　图 8-192　　图 8-193

“立体化”工具的属性栏如图 8-194 所示。各选项的含义如下。

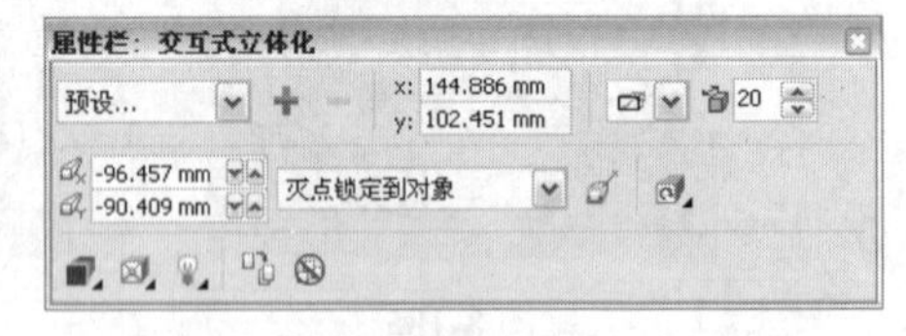

图 8-194

“立体化类型”选项：单击弹出下拉列表，分别选择可以出现不同的立体化效果。

“深度”20选项：可以设置图形立体化的深度。

“灭点属性”灭点锁定到对象选项：可以设置灭点的属性；“页面或对象灭点”按钮：可以将灭点锁定到页面上，在移动图形时灭点不能移动，立体化的图形形状会改变。

“立体的方向”按钮：单击此按钮，弹出旋转设置框，光标放在三维旋转设置区内会变为手形，拖曳鼠标可以在三维旋转设置区中旋转图形，页面中的立体化图形会进行相应的旋转。单击按钮，设置区中出现“旋转值”数值框，可以精确地设置立体化图形的旋转数值。单击按钮，恢复到设置区的默认设置。

“立体化颜色”按钮：单击此按钮，弹出立体化图形的“颜色”设置区。在颜色设置区中有三种颜色设置模式，分别是“使用对象填充”模式、“使用纯色”模式和“使用递减的颜色”

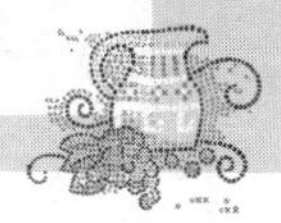

模式。

“立体化倾斜”按钮：单击此按钮，弹出“斜角修饰”设置区，通过拖动面板中图例的节点来添加斜角效果，也可以在增量框中输入数值来设定斜角。勾选“只显示斜角修饰边”复选框，将只显示立体化图形的斜角修饰边。

“立体化照明”按钮：单击此按钮，弹出照明设置区，在设置区中可以为立体化图形添加光源。

8.7.2　课堂案例——制作立体字

【案例学习目标】学习使用立体化工具制作立体字。

【案例知识要点】使用文本工具、添加透视命令、渐变填充工具和立体化工具制作立体字，效果如图 8-195 所示。

图 8-195

【效果所在位置】光盘/Ch08/效果/制作立体字.cdr。

（1）按 Ctrl+N 组合键，新建一个页面，在属性栏的“页面度量”选项中分别设置宽度为 180.0mm，高度为 180.0mm，按 Enter 键，页面尺寸显示为设置的大小。按 Ctrl+I 组合键，弹出“导入”对话框，选择光盘中的“Ch08 > 素材 > 制作立体文字 > 01”文件，单击“导入”按钮，在页面中单击导入图片，调整其大小并将其拖曳到适当的位置，效果如图 8-196 所示。

（2）选择“文本”工具，在页面中适当的位置输入需要的文字，选择“选择”工具，在属性栏中选择合适的字体并设置文字大小，效果如图 8-197 所示。

图 8-196

图 8-197

（3）选择“效果 > 添加透视”命令，图形上出现控制线和控制点，如图 8-198 所示，拖曳文字左侧下方的节点到适当的位置，如图 8-199 所示，使用相同方法拖曳左侧上方的节点到适当的位置，效果如图 8-200 所示。

图 8-198

图 8-199

图 8-200

（4）选择“选择”工具，选取文字。选择“渐变填充”工具，弹出“渐变填充”对话框。

点选“双色”单选框，将“从”选项颜色的 CMYK 值设置为：0、0、100、0，“到”选项的颜色设置为白色，其他选项的设置如图 8-201 所示，单击“确定”按钮，填充文字，效果如图 8-202 所示。

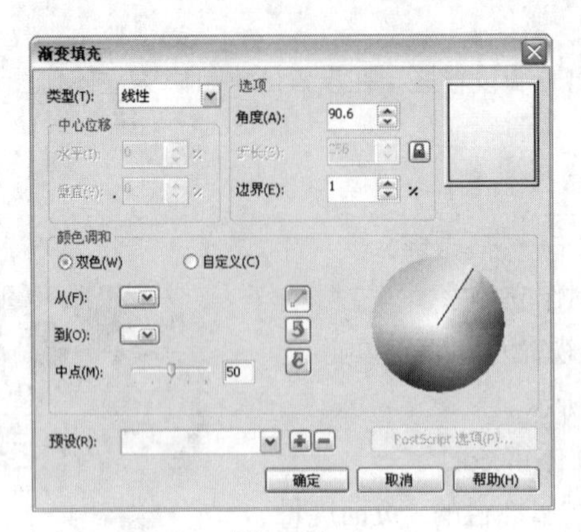

图 8-201

图 8-202

（5）选择“立体化”工具，由文字中心向右上方拖曳光标，如图 8-203 所示，在属性栏中单击“立体化颜色”按钮，在弹出的下拉列表中单击“使用递减的颜色”按钮，将“从”选项颜色的 CMYK 值设置为：0、100、100、30，“到”选项颜色的 CMYK 值设置为：0、0、0、0，其他选项的设置如图 8-204 所示，按 Enter 键，效果如图 8-205 所示。在页面中单击鼠标左键，取消文字的选取状态，立体字制作完成，效果如图 8-206 所示。

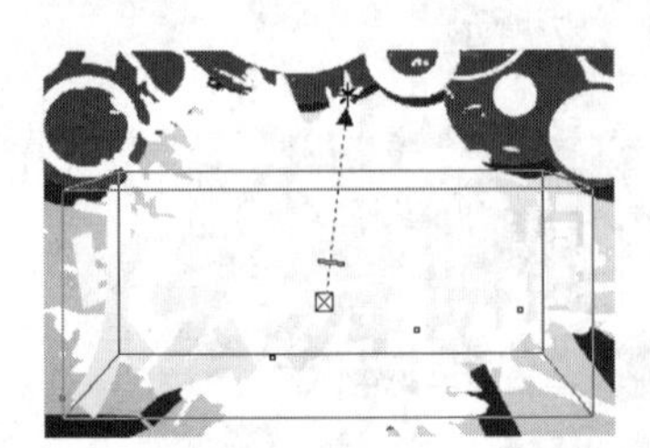
图 8-203

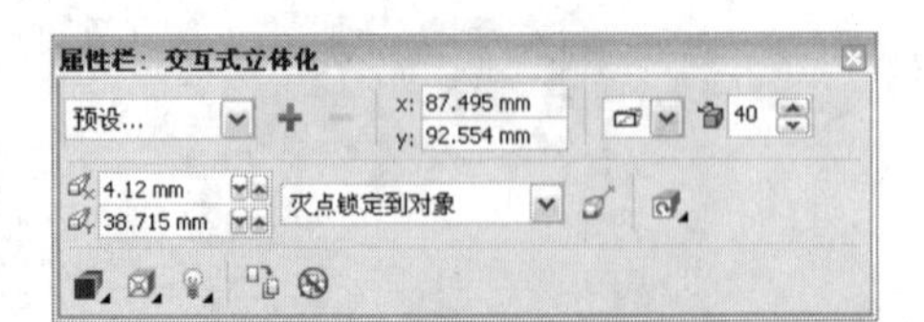

图 8-204

图 8-205

图 8-206

8.8 制作透视效果

在设计和制作过程中，经常会使用到透视效果。下面介绍如何在 CorelDRAW X5 中制作透视

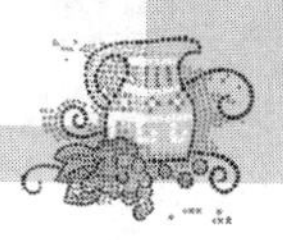

效果。

打开要制作透视效果的图形，使用“选择”工具将图形选中，效果如图 8-207 所示。选择“效果 > 添加透视”命令，在图形的周围出现控制线和控制点，如图 8-208 所示。用光标拖曳控制点，制作需要的透视效果，在拖曳控制点时出现了透视点×，如图 8-209 所示。用光标可以拖曳透视点×，同时可以改变透视效果，如图 8-210 所示。制作好透视效果后，按空格键，确定完成的效果。

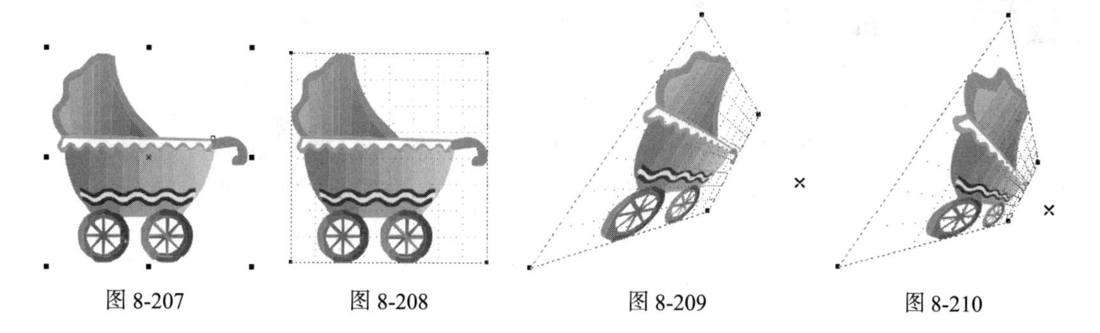

图 8-207　　图 8-208　　图 8-209　　图 8-210

要修改已经制作好的透视效果，需双击图形，再对已有的透视效果进行调整即可。选择“效果 > 清除透视点”命令，可以清除透视效果。

8.9 制作透镜效果

在 CorelDRAW X5 中，使用透镜可以制作出多种特殊效果。下面介绍使用透镜的方法和技巧。

打开一个图形，使用“选择”工具选取图形，如图 8-211 所示。选择“效果 > 透镜”命令，或按 Alt+F3 组合键，弹出“透镜”泊坞窗，如图 8-212 所示进行设定，效果如图 8-213 所示。

图 8-211

图 8-212

图 8-213

在“透镜”泊坞窗中有“冻结”、“视点”和“移除表面”3 个复选框，选中它们可以设置透镜效果的公共参数。

“冻结”复选框：可以将透镜下面的图形产生的透镜效果添加成透镜的一部分。产生的透镜效果不会因为透镜或图形的移动而改变。

“视点”复选框：可以在不移动透镜的情况下，只弹出透镜下面对象的一部分。单击“视点”后面的“编辑”按钮，在对象的中心出现×形状，拖动×形状可以移动视点。

“移除表面”复选框：透镜将只作用于下面的图形，没有图形的页面区域将保持通透性。

透明度 选项：单击弹出“透镜类型”下拉列表，如图 8-214 所示。在“透镜类型”下拉列表中的透镜上单击鼠标左键，可以选择需要的透镜。选择不同的透镜，再进行参数的设定，可以制作出不同的透镜效果。

图 8-214

8.10 精确剪裁效果

在 CorelDRAW X5 中，使用精确剪裁，可以将一个对象内置于另外一个容器对象中。内置的对象可以是任意的，但容器对象必须是创建的封闭路径。

1. 制作精确剪裁对象

打开一个图形，再绘制一个图形作为容器对象，使用“选择”工具选中要用来内置的图形，效果如图 8-215 所示。

图 8-215

选择“效果 > 图框精确剪裁 > 放置在容器中”命令，鼠标的光标变为黑色箭头，将箭头放在容器对象内并单击鼠标左键，如图 8-216 所示。完成的图框精确剪裁对象效果如图 8-217 所示。内置图形的中心和容器对象的中心是重合的。

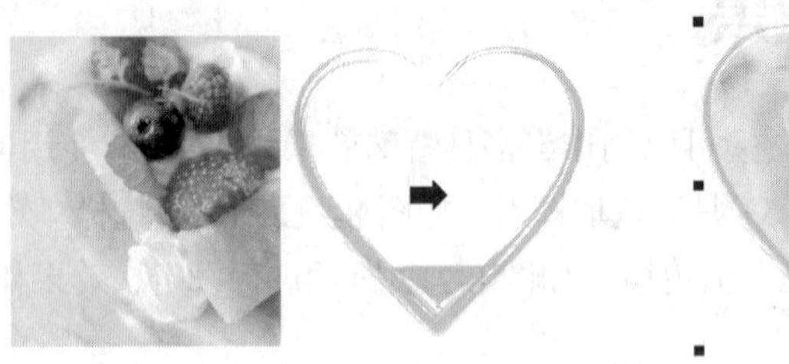

图 8-216

图 8-217

选择“效果 > 图框精确剪裁 > 提取内容”命令，可以将容器对象内的内置位图提取出来。选择“效果 > 图框精确剪裁 > 编辑内容”命令，可以修改内置对象。选择“效果 > 图框精确剪裁 > 结束编辑”命令，完成内置位图的重新选择。选择“效果 > 复制效果 > 图框精确剪裁自”命令，鼠标的光标变为黑色箭头，将箭头放在图框精确剪裁对象上并单击鼠标左键，可复制内置对象。

2. 设置内置对象

在默认的状态下，内置对象的中心会自动对齐容器对象的中心。通过设置可以改变默认的状态。

选择“工具 > 选项”命令，弹出“选项”对话框。在对话框中的“工作区”目录中选择“编辑”选项，显示“编辑”设置区，在设置区中单击“新的图框精确剪裁内容自动居中”复选框，取消选取状态，如图 8-218 所示。新的内置对象将不会对齐容器对象的中心。

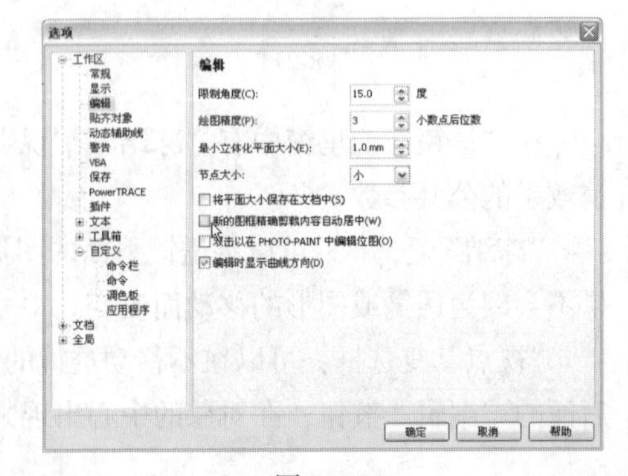

图 8-218

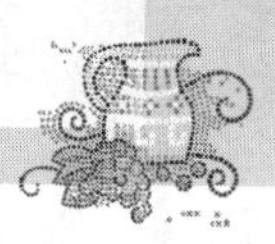

8.11 调整图形的色调

在 CorelDRAW X5 中可以对图形进行色调的调整。下面具体讲解如何调整图形的色调。

8.11.1　调整亮度、对比度和强度

打开一个图形，如图 8-219 所示。选择“效果 > 调整 > 亮度/对比度/强度”命令，或按 Ctrl+B 组合键，弹出“亮度/对比度/强度”对话框，用鼠标拖曳滑块可以设置各项数值，如图 8-220 所示，调整好后，单击“确定”按钮，图形色调的调整效果如图 8-221 所示。

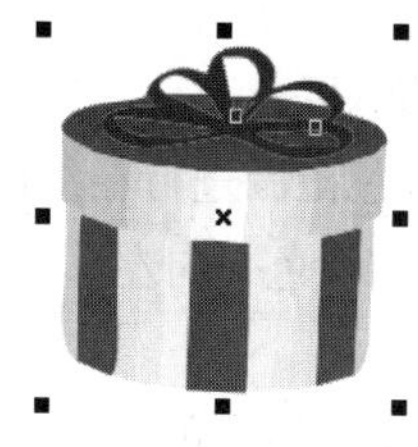

图 8-219

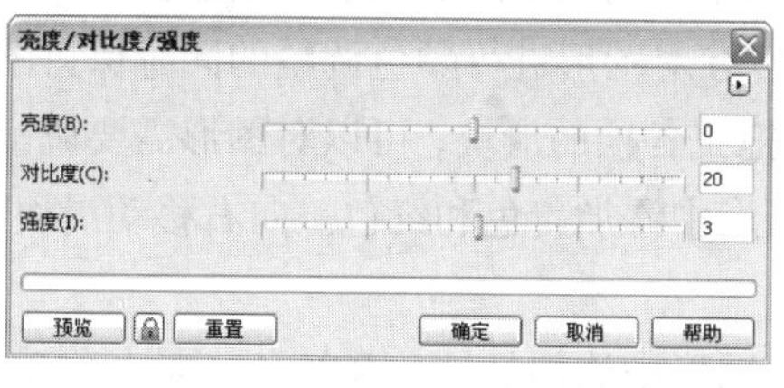

图 8-220

图 8-221

“亮度”选项：可以调整图形颜色的深浅变化，也就是增加或减少所有像素值的色调范围。

“对比度”选项：可以调整图形颜色的对比，也就是调整最浅和最深像素值之间的差。

“强度”选项：可以调整图形浅色区域的亮度，同时不降低深色区域的亮度。

“预览”按钮：可以预览色调的调整效果。

“重置”按钮：可以重新调整色调。

在“亮度/对比度/强度”对话框中的按钮上单击鼠标左键，弹出快捷菜单，可以快捷地选择需要的命令，如图 8-222 所示。

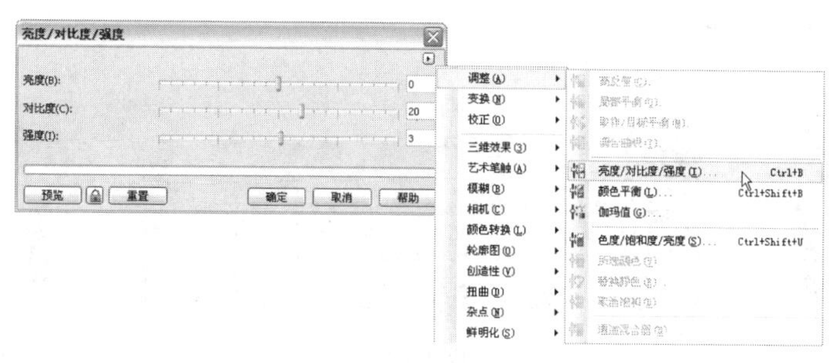

图 8-222

8.11.2　调整颜色通道

打开一个图形，如图 8-223 所示。选择“效果 > 调整 > 颜色平衡”命令，或按 Ctrl+Shift+B 组合键，弹出“颜色平衡”对话框，用鼠标拖曳滑块可以设置各项的数值，如图 8-224 所示，调整好后，单击“确定”按钮，图形色调的调整效果如图 8-225 所示。

图 8-223

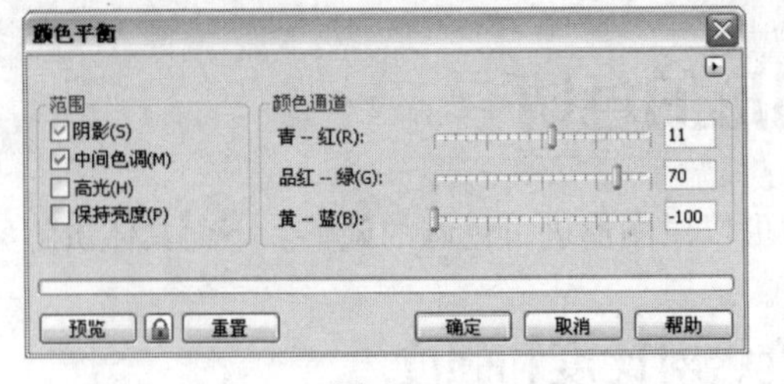

图 8-224

图 8-225

在对话框中的“范围”设置区中有 4 个复选框，可以共同或分别设置对象的颜色调整范围。

“阴影”复选框：可以对图形阴影区域的颜色进行调整。

“中间色调”复选框：可以对图形中间色调的颜色进行调整。

“高光”复选框：可以对图形高光区域的颜色进行调整。

“保持亮度”复选框：可以在对图形进行颜色调整的同时保持图形的亮度。

在“颜色通道”设置区中拖曳各项的滑块，可以对图形需要调整的颜色范围进行精细的调整。

“青--红”选项：可以在图形中添加青色和红色。向右移动滑块将添加红色，向左移动滑块将添加青色。

“品红--绿”选项：可以在图形中添加品红色和绿色。向右移动滑块将添加绿色，向左移动滑块将添加品红色。

“黄--蓝”选项：可以在图形中添加黄色和蓝色。向右移动滑块将添加蓝色，向左移动滑块将添加黄色。

8.11.3 调整伽玛值

打开一个图形，如图 8-226 所示。选择“效果 > 调整 > 伽玛值”命令，弹出“伽玛值”对话框，用鼠标拖曳滑块可以设置其数值，如图 8-227 所示，调整好后，单击“确定”按钮，图形色调的调整效果，如图 8-228 所示。

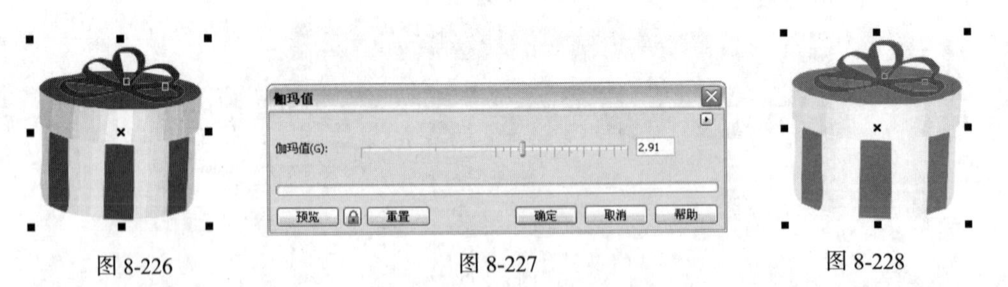

图 8-226　　图 8-227　　图 8-228

伽玛值的调整将影响对象中的所有颜色范围，但主要调整对象中的中间色调，对对象中的深色和浅色影响较小。

8.11.4 调整色度、饱和度和亮度

打开一个要调整色调的图形，如图 8-229 所示。选择“效果 > 调整 > 色度/饱和度/亮度”命令，或按 Ctrl+Shift+U 组合键，弹出“色度/饱和度/亮度”对话框，用鼠标拖曳滑块可以设置其数

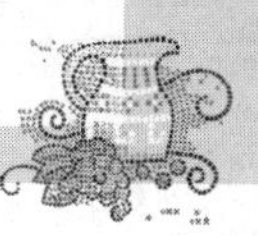

值，如图 8-230 所示，调整好后，单击“确定”按钮，图形对象色调的调整效果如图 8-231 所示。

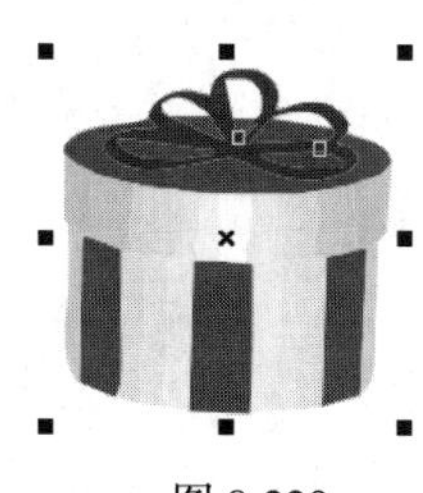

图 8-229

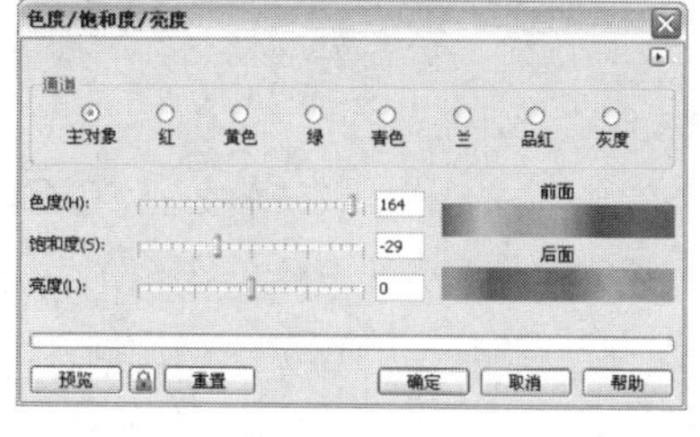

图 8-230

图 8-231

“通道”设置区可以选择要调整的主要颜色。

“色度”选项：可以改变图形的颜色。

“饱和度”选项：可以改变图形颜色的深浅程度。

“亮度”选项：可以改变图形的明暗程度。

8.12　课后习题——制作摄像机产品宣传单

【习题知识要点】使用图框精确剪裁命令将背景图片置入到矩形中，使用调和工具为两条曲线制作调和效果。使用文本工具添加需要的文字。摄像机产品宣传单效果如图 8-232 所示。

【效果所在位置】光盘/Ch08/制作摄像机产品宣传单.cdr。

图 8-232

第9章 商业案例设计

本章将通过多个商业案例的设计，进一步讲解 CorelDRAW X5 各个功能的特色和使用技巧，使读者能够快速地掌握软件的功能和知识要点，制作出变化丰富的设计作品。

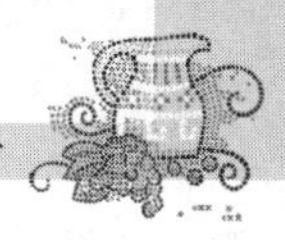

9.1 课堂案例——博览会请柬

【案例学习目标】学习使用几何图形工具、导入命令和阴影工具制作博览会请柬。

【案例知识要点】使用矩形工具和椭圆工具制作请柬和图案背景。使用导入命令和旋转再制命令制作叶子的旋转再制效果。使用贝塞尔工具和转换泊坞窗制作需要的图形。使用文本工具添加需要的文字。博览会请柬效果如图 9-1 所示。

【效果所在位置】光盘/Ch09/效果/博览会请柬.cdr。

图 9-1

1. 制作背景效果

（1）按 Ctrl+N 组合键，新建一个页面，在属性栏的“页面度量”选项中分别设置宽度为 297.0mm，高度为 140.0mm，按 Enter 键，页面尺寸显示为设置的大小。双击“矩形”工具，绘制一个与页面大小相等的矩形，如图 9-2 所示。在“CMYK 调色板”中的“深黄”色块上单击鼠标左键，填充图形，在“无填充”按钮上单击鼠标右键，去除图形的轮廓线，效果如图 9-3 所示。

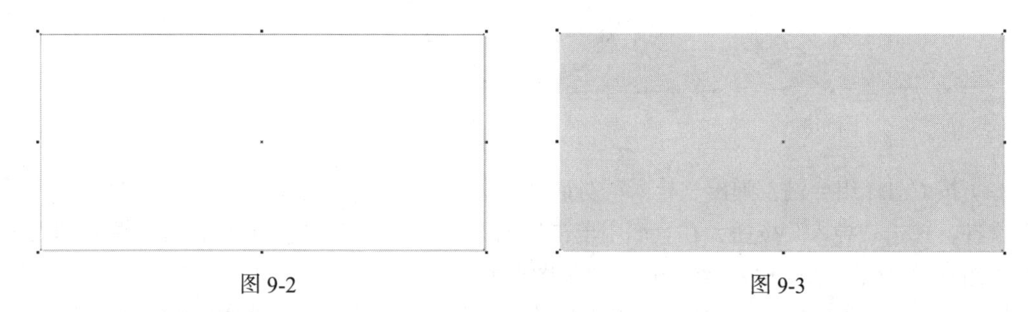

图 9-2　　图 9-3

（2）选择“选择”工具，按数字键盘上的+键，复制一个矩形。按住 Shift 键的同时，向下拖曳矩形上方中间的控制手柄到适当的位置，效果如图 9-4 所示。设置矩形颜色的 CMYK 值为：0、100、100、30，填充图形，效果如图 9-5 所示。

图 9-4　　图 9-5

2. 制作主体图案

（1）选择“椭圆形”工具，按住 Ctrl 键的同时，在页面外的适当位置绘制一个圆形，如图 9-6 所示。在“CMYK 调色板”中的“深黄”色块上单击鼠标左键，填充图形，在“无填充”按钮上单击鼠标右键，去除图形的轮廓线，效果如图 9-7 所示。

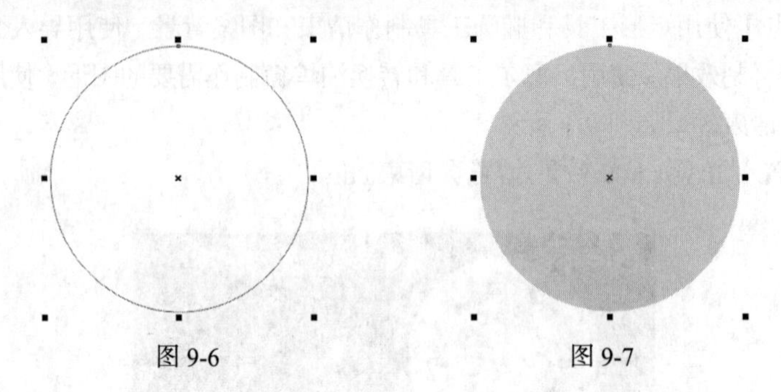

图 9-6　　图 9-7

（2）选择“选择”工具，按数字键盘上的+键，复制一个圆形。按住 Shift 键的同时，向内拖曳图形右上角的控制手柄到适当的位置，同心圆效果如图 9-8 所示。在属性栏中的“轮廓宽度”0.2 mm框中设置数值为 1.5mm，按 Enter 键，效果如图 9-9 所示。在“CMYK 调色板”中的“无填充”按钮上单击鼠标左键，取消图形填充，在“淡黄”色块上单击鼠标右键，填充图形的轮廓线，效果如图 9-10 所示。

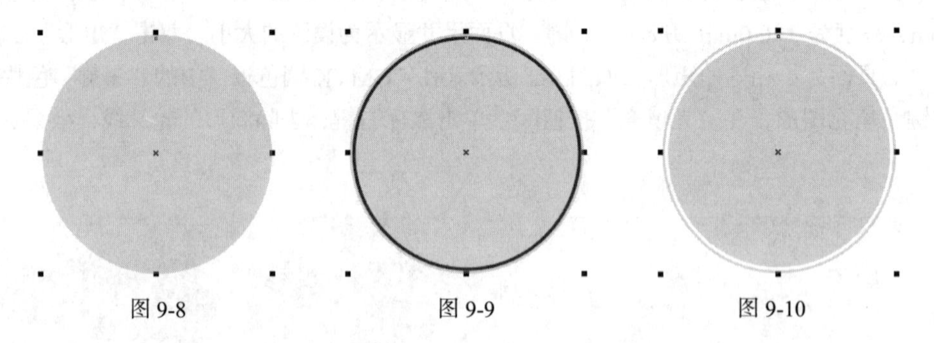

图 9-8　　图 9-9　　图 9-10

（3）按 Ctrl+I 组合键，弹出“导入”对话框，选择光盘中的“Ch09 > 素材 > 博览会请柬 > 01”文件，单击“导入”按钮，在页面中单击导入图片，将其拖曳到适当的位置并调整其大小，效果如图 9-11 所示。按 Ctrl+U 组合键，取消图形的群组。

（4）选择“选择”工具，选取需要的图形，如图 9-12 所示，在“CMYK 调色板”中的“红”色块上单击鼠标左键，填充图形，如图 9-13 所示。再次单击图形，使其处于旋转状态，将旋转中心拖曳至适当的位置，如图 9-14 所示。

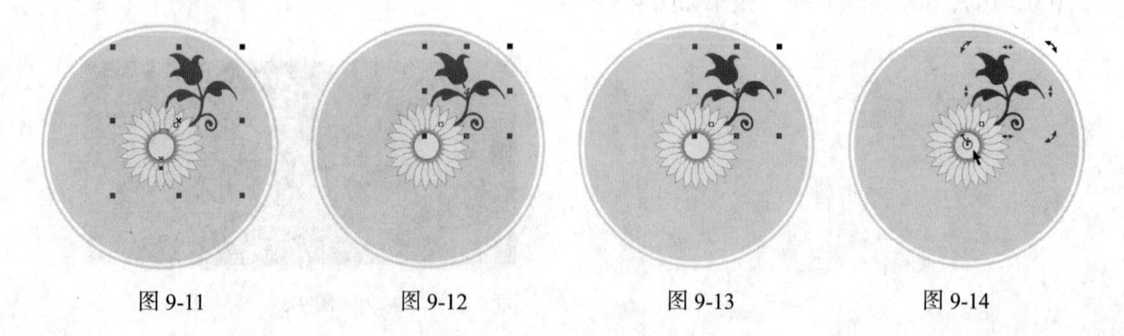

图 9-11　　图 9-12　　图 9-13　　图 9-14

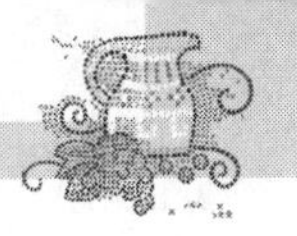

（5）按数字键盘上的+键，复制一个图形，在属性栏中的“旋转角度” 框中设置数值为 72，按 Enter 键，效果如图 9-15 所示。按住 Ctrl 键的同时，再连续点按 D 键，按需要再制出多个图形，效果如图 9-16 所示。

（6）按 Ctrl+I 组合键，弹出“导入”对话框，选择光盘中的“Ch09 > 素材 > 博览会请柬 > 02”文件，单击“导入”按钮，在页面中单击导入图片，调整大小并将其拖曳到适当的位置，效果如图 9-17 所示。使用相同方法制作图形的再制效果，如图 9-18 所示。

图 9-15　　图 9-16　　图 9-17　　图 9-18

（7）选择“椭圆形”工具，按住 Ctrl 键的同时，在适当的位置绘制一个圆形，在“CMYK 调色板”中的“黄”色块上单击鼠标左键，填充图形，并去除图形的轮廓线，效果如图 9-19 所示。使用相同的方法制作圆形的再制效果，效果如图 9-20 所示。

图 9-19　　图 9-20

（8）选择“贝塞尔”工具，绘制一个不规则图形，如图 9-21 所示。在“CMYK 调色板”中的“白黄”色块上单击鼠标左键，填充图形，并去除图形的轮廓线，效果如图 9-22 所示。

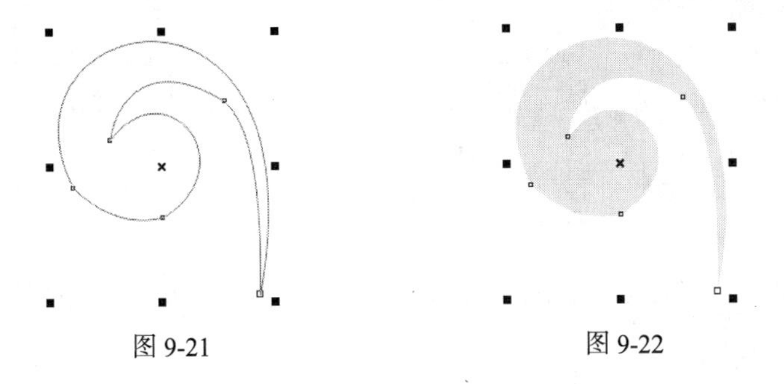

图 9-21　　图 9-22

（9）按 Alt+F9 组合键，弹出“转换”泊坞窗，选项的设置如图 9-23 所示，单击“水平镜像”按钮，再单击“应用”按钮，效果如图 9-24 所示。按方向键微调图形的位置，效果如图 9-25 所示。

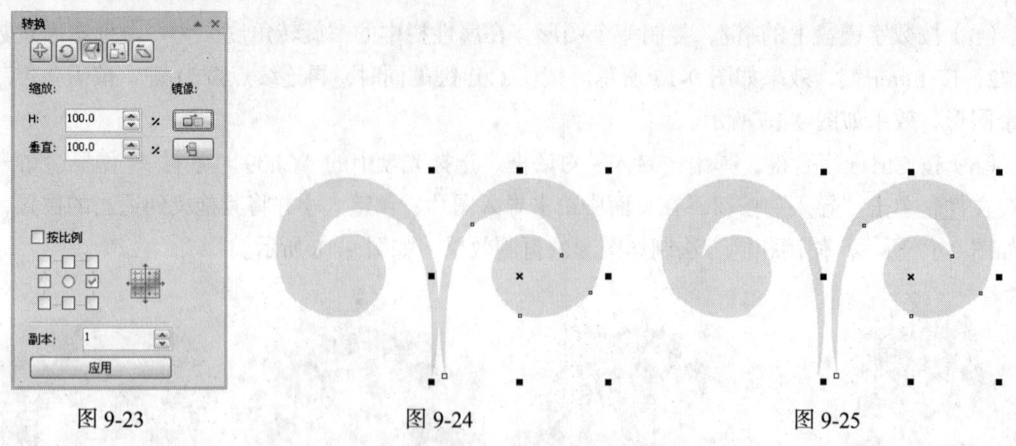

图 9-23　　　　图 9-24　　　　图 9-25

（10）选择“选择”工具，将两个图形同时选取，按 Ctrl+G 组合键，将其群组，并调整其位置和角度，效果如图 9-26 所示。使用相同的方法制作图形的再制效果，如图 9-27 所示。选择“选择”工具，使用圈选的方法将刚绘制的图形全部选取，按 Ctrl+G 组合键，将其群组，效果如图 9-28 所示。

图 9-26　　　　图 9-27　　　　图 9-28

（11）选择“阴影”工具，在编组图形对象中由上至下拖曳光标，为图形添加阴影效果，在属性栏中的设置如图 9-29 所示，按 Enter 键，效果如图 9-30 所示。

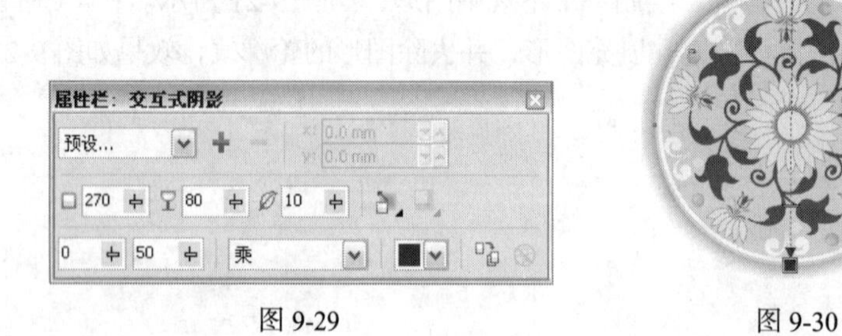

图 9-29　　　　图 9-30

（12）选择“选择”工具，选取阴影图形，将其拖曳到页面中适当的位置，效果如图 9-31 所示。

3. 添加请柬的相关信息

（1）选择“文本”工具，在页面中适当的位置输入需要的文字，选择“选择”工具，在属性栏中选择合适的字体并设置文字大小，效果如图 9-32 所示。

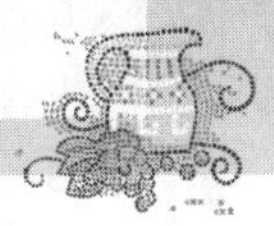

图 9-31

图 9-32

（2）选择“贝塞尔”工具，绘制两个不规则图形，如图 9-33 所示。选择“选择”工具，将两个图形同时选取，在“CMYK 调色板”中的“黄”色块上单击鼠标左键，填充图形，并去除图形的轮廓线，效果如图 9-34 所示。选择“选择”工具，按住 Shift 键的同时，选取文字，按 Ctrl+G 组合键，将其群组，效果如图 9-35 所示。

图 9-33

图 9-34

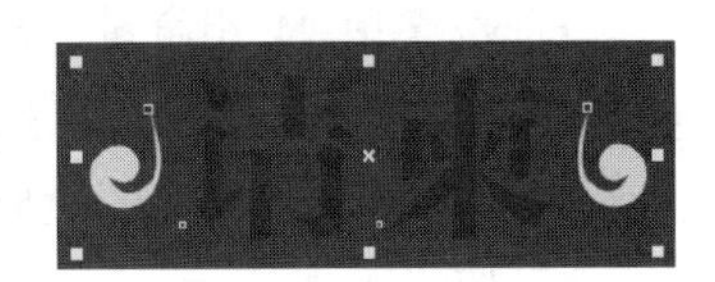

图 9-35

（3）选择“文本”工具，在页面中适当的位置输入需要的文字，选择“选择”工具，在属性栏中选择合适的字体并设置文字大小，如图 9-36 所示。选择“形状”工具，向右拖曳文字下方的图标，调整文字的间距，效果如图 9-37 所示。

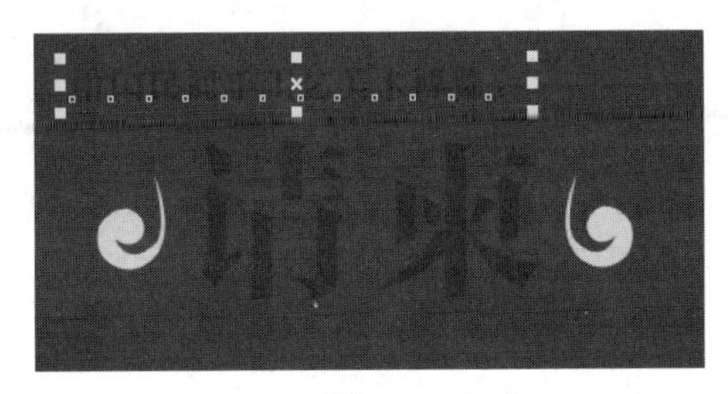

图 9-36

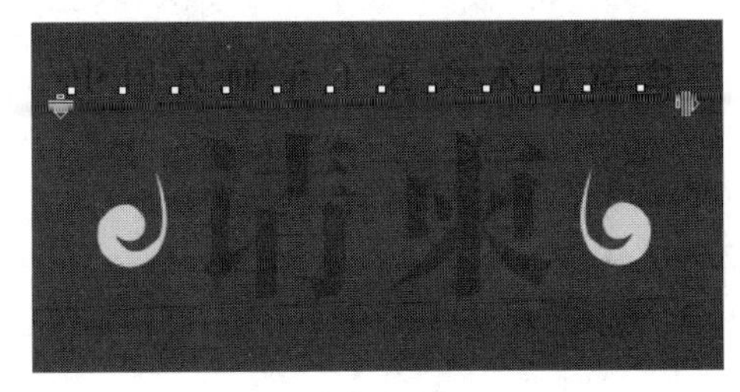

图 9-37

（4）选择“文本”工具，在页面中适当的位置输入需要的文字，选择“选择”工具，在属性栏中选择合适的字体并设置文字大小。选择“形状”工具，向右拖曳文字下方的图标，调整文字的间距，效果如图 9-38 所示。按 Esc 键，取消选取状态，博览会请柬制作完成，效果如图 9-39 所示。

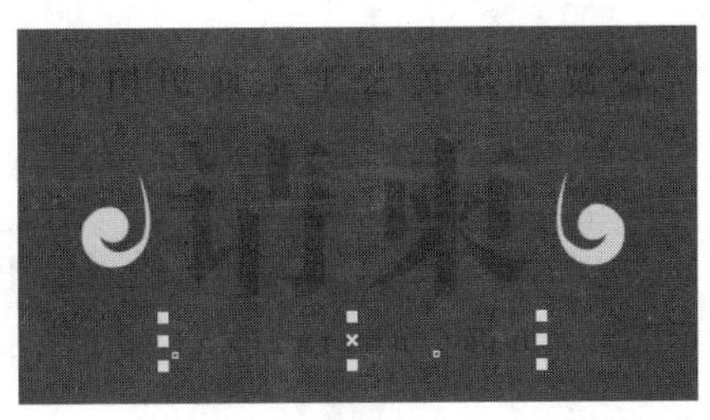

图 9-38

图 9-39

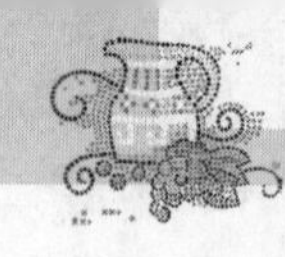

9.2 课堂案例——旅游宣传单设计

图 9-40

【案例学习目标】学习使用几何图形工具、导入命令、图框精确剪裁命令和文本工具设计旅游宣传单。

【案例知识要点】使用矩形工具、贝塞尔工具和渐变命令背景图形。使用导入命令和精确剪裁命令制作图片的置入效果。使用螺纹工具、艺术笔工具和复杂星形工具制作装饰图形。使用文本工具和贝塞尔工具制作文本绕路径排列效果。旅游宣传单效果如图 9-40 所示。

【效果所在位置】光盘/Ch09/效果/旅游宣传单设计.cdr。

（1）按 Ctrl+N 组合键，新建一个页面，在属性栏的“页面度量”选项中分别设置宽度为 240.0mm，高度为 180.0mm，按 Enter 键，页面尺寸显示为设置的大小。双击“矩形”工具，绘制一个与页面大小相等的矩形。在“CMYK 调色板”中的“白”色块上单击鼠标左键，填充图形，效果如图 9-41 所示。

（2）选择“贝塞尔”工具，在页面中适当的位置，绘制一个不规则图形，如图 9-42 所示。在“CMYK 调色板”中的“酒绿”色块上单击鼠标左键，填充图形，并去除图形的轮廓线，效果如图 9-43 所示。

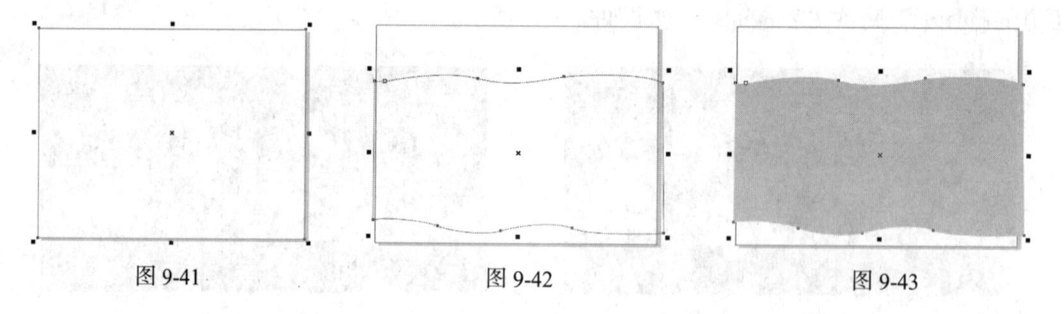

图 9-41　　图 9-42　　图 9-43

（3）选择“选择”工具，按数字键盘上的+键，复制一个图形。按向下方向键微调图形的位置，效果如图 9-44 所示。选择“渐变填充”工具，弹出“渐变填充”对话框。点选“双色”单选框，将“从”选项颜色的 CMYK 值设置为：100、0、0、0，“到”选项的颜色设置为白色，其他选项的设置如图 9-45 所示，单击“确定”按钮，填充图形，效果如图 9-46 所示。

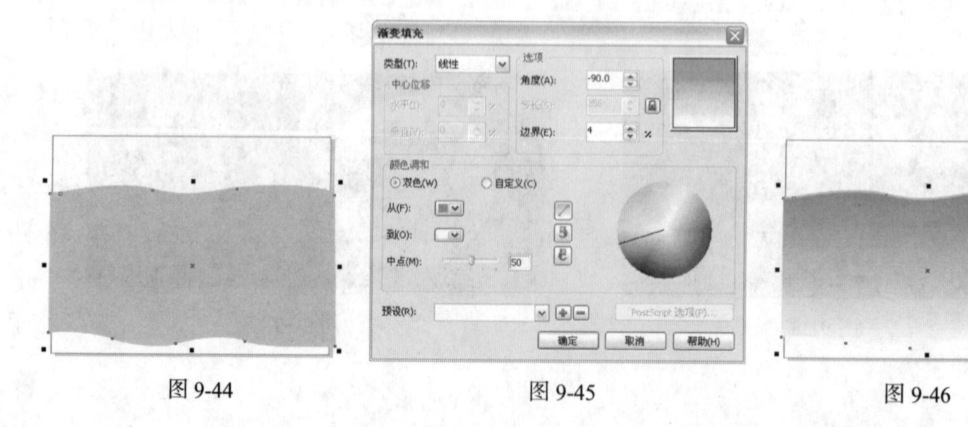

图 9-44　　图 9-45　　图 9-46

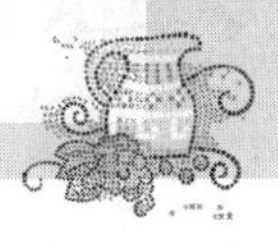

（4）选择“文本”工具字，在页面中适当的位置输入需要的文字，选择“选择”工具，在属性栏中选择合适的字体并设置文字大小。设置文字颜色的 CMYK 值为：0、100、100、30，填充文字，效果如图 9-47 所示。连续按 Ctrl+PageDown 组合键，将文字向后移动到适当的位置，效果如图 9-48 所示。

图 9-47

图 9-48

（5）按 Ctrl+J 组合键，弹出“选项”对话框，选择“编辑”选项，在设置区中取消勾选“新的图框精确剪裁内容自动居中”复选框，如图 9-49 所示，单击“确定”按钮。选择“选择”工具，选取需要的图形，如图 9-50 所示，选择“效果 > 图框精确剪裁 > 放置在容器中”命令，鼠标的光标变为黑色箭头形状，在矩形背景上单击鼠标左键，如图 9-51 所示，将图形置入到矩形背景中，效果如图 9-52 所示。

（6）按 Ctrl+I 组合键，弹出“导入”对话框，选择光盘中的“Ch09 > 素材 > 旅游宣传单设计 > 01”文件，单击“导入”按钮，在页面中单击导入图片，将其拖曳到适当的位置并调整其大小，效果如图 9-53 所示。

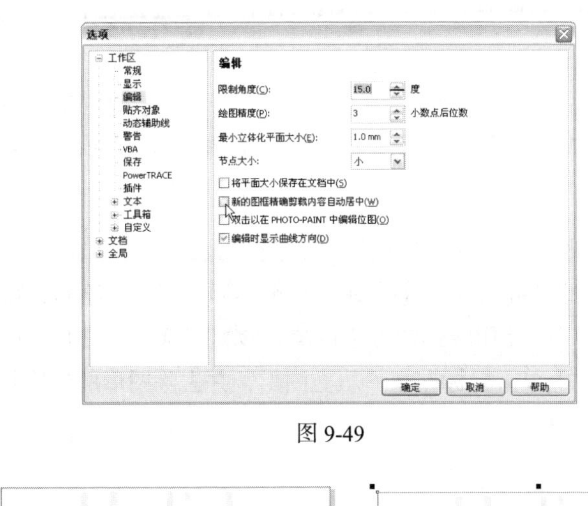

图 9-49

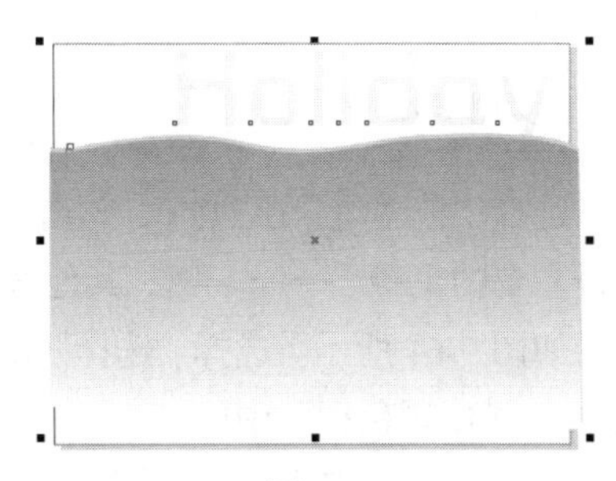

图 9-50

图 9-51

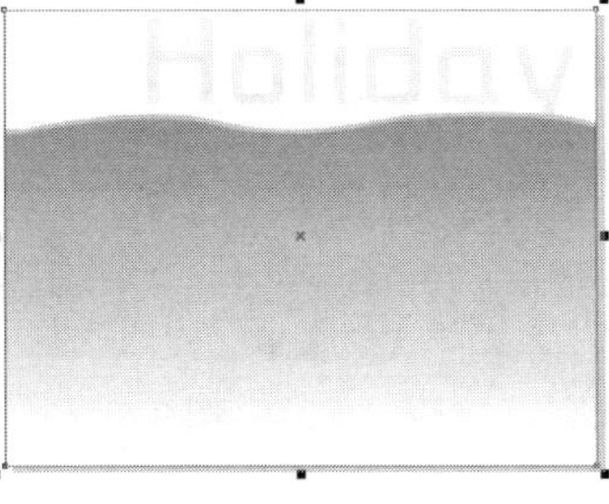

图 9-52

图 9-53

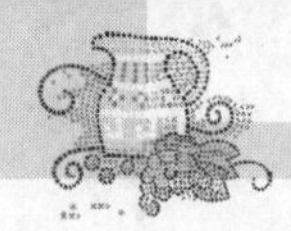

（7）选择“贝塞尔”工具，在页面中适当的位置绘制一个不规则图形，如图 9-54 所示。选择“选择”工具，选取图片，选择“效果 > 图框精确剪裁 > 放置在容器中”命令，鼠标的光标变为黑色箭头形状，在不规则图形上单击鼠标左键，如图 9-55 所示，将图形置入到矩形背景中，并去除图形的轮廓线，效果如图 9-56 所示。

图 9-54

图 9-55

图 9-56

（8）选择“螺纹”工具，在属性栏中的“螺纹回圈”框中设置数值为 4，单击“对称式螺纹”按钮，在页面中由左下角至右上角拖曳光标，绘制出一个螺旋形，如图 9-57 所示。选择“艺术笔”工具，单击属性栏中的“笔刷”按钮，在“类别”选项的下拉列表中选择“飞溅”命令，在“笔刷笔触”选项下拉列表中选择需要的笔触，其他选项的设置如图 9-58 所示，按 Enter 键，效果如图 9-59 所示。

图 9-57

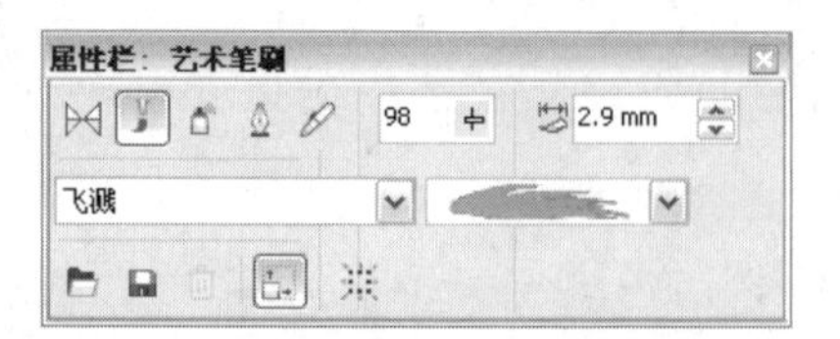

图 9-58

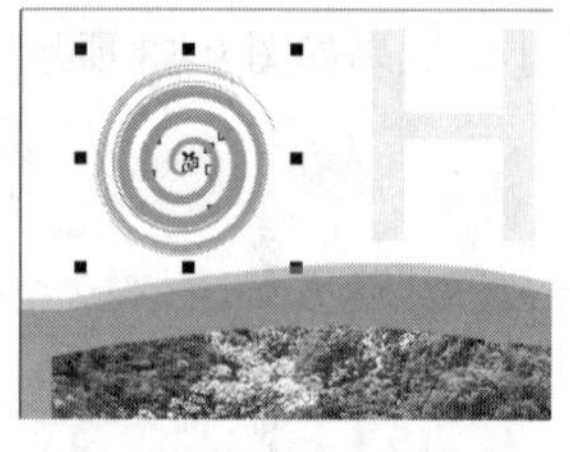

图 9-59

（9）选择“艺术笔”工具，单击属性栏中的“预设”按钮，在“预设笔触”选项下拉列表中选择需要的笔触，其他选项的设置如图 9-60 所示，在螺旋形周围进行绘制，制作出的效果如图 9-61 所示。选择“选择”工具，使用圈选的方法将螺旋形和刚绘制的图形同时选取，在“CMYK 调色板”中的“洋红”色块上单击鼠标左键，填充图形，并去除图形的轮廓线。按 Ctrl+G 组合键，将其群组，效果如图 9-62 所示。

图 9-60

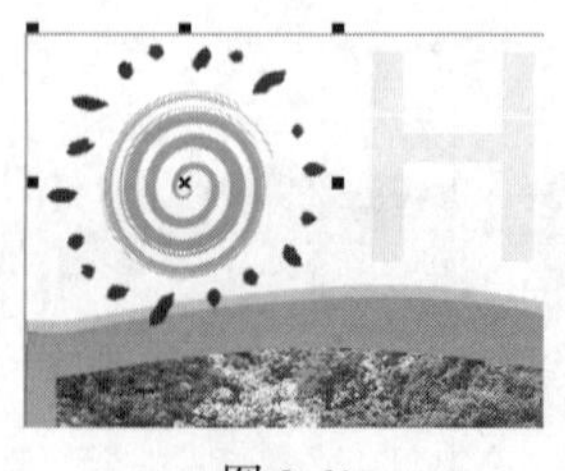

图 9-61

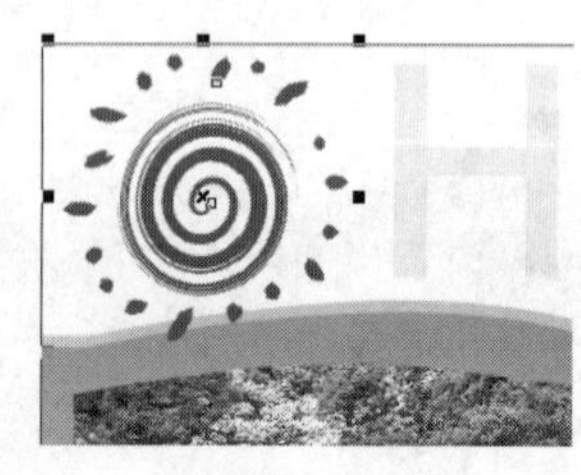

图 9-62

（10）选择“文本”工具，在页面中输入需要的文字。选择“选择”工具，在属性栏中

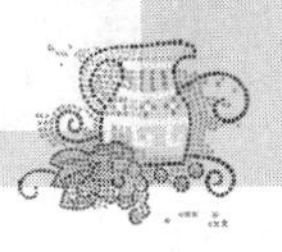

选择合适的字体并设置文字大小，效果如图 9-63 所示。

（11）选择“贝塞尔”工具，绘制一条曲线路径，如图 9-64 所示。按住 Shift 键的同时，单击文字，将文字和路径同时选取。选择“文本 > 使文本适合路径”命令，文本自动绕路径排列，在属性栏中的“偏移” 0.0 mm 框中设置数值为 3mm，按 Enter 键，效果如图 9-65 所示。

图 9-63

图 9-64

图 9-65

（12）选择“形状”工具，在文字上单击，向右拖曳文字下方的图标，调整文字的间距，效果如图 9-66 所示。选择“选择”工具，选取文字，在“CMYK 调色板”中的“洋红”色块上单击鼠标左键，填充文字，如图 9-67 所示。选取曲线，在“无填充”按钮上单击鼠标右键，去除曲线的颜色，效果如图 9-68 所示。

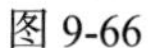

图 9-66

图 9-67

图 9-68

（13）用上述所讲的方法制作其他路径文字，效果如图 9-69 所示。选择“复杂星形”工具，在属性栏中的“点数或边数” 9 框中设置数值为 5，按住 Ctrl 键的同时，在页面中绘制一个五角星，在“CMYK 调色板”中的“黄”色块上单击鼠标左键，填充图形，并去除图形的轮廓线，效果如图 9-70 所示。选择“选择”工具，按数字键盘上的+键，复制一个星形，将星形拖曳到适当的位置并调整大小，效果如图 9-71 所示。

图 9-69

图 9-70

图 9-71

（14）选择“手绘”工具，按住 Ctrl 键的同时，在页面下方绘制一条直线。按 F12 键，弹出“轮廓笔”对话框，在“颜色”选项中设置轮廓线的颜色为“洋红”，在“箭头”设置区中，单击右侧样式框中的按钮，在弹出的“箭头样式”列表中选择需要的箭尾样式，如图 9-72 所示，

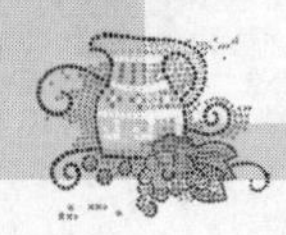

单击右侧的“选项”按钮，在弹出的下拉列表中选择“属性”命令，弹出“箭头属性”对话框，设置如图 9-73 所示，单击“确定”按钮。返回到“轮廓笔”对话框中，其他选项的设置如图 9-74 所示，单击“确定”按钮，效果如图 9-75 所示。

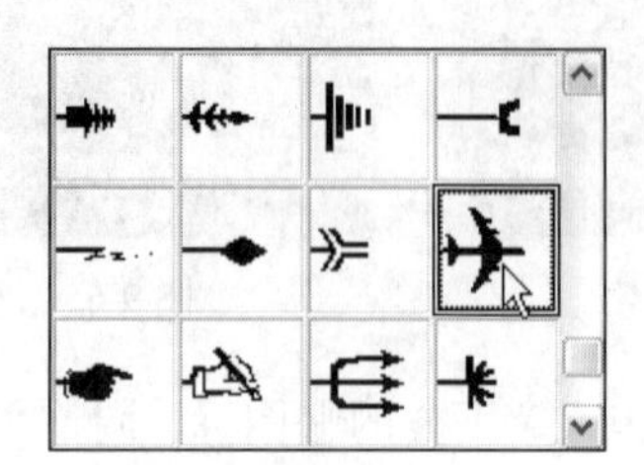

图 9-72

图 9-73

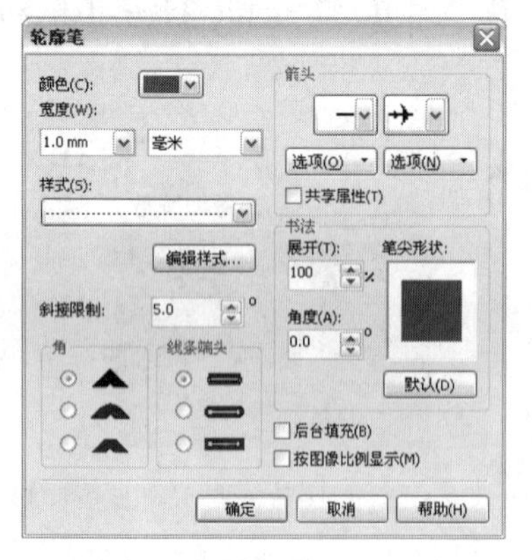

图 9-74

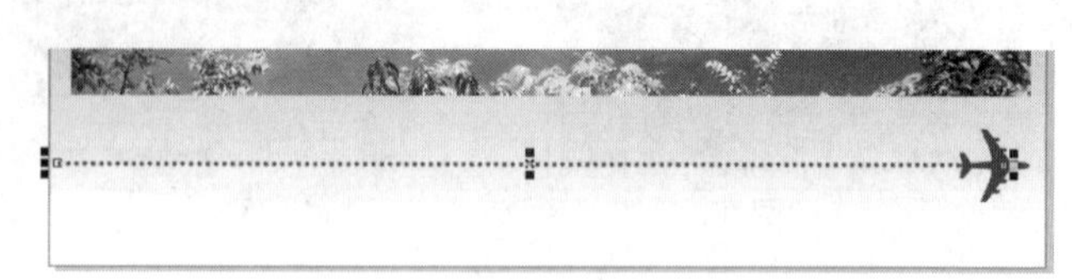

图 9-75

（15）选择“矩形”工具，在属性栏中的设置如图 9-76 所示，拖曳光标绘制一个圆角矩形，如图 9-77 所示。在“CMYK 调色板”中的“绿松石”色块上单击鼠标左键，填充图形，并去除图形的轮廓线，效果如图 9-78 所示。

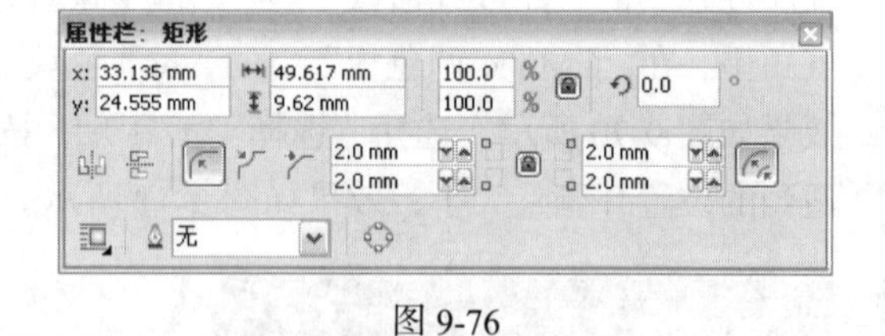

图 9-76

（16）选择“文本”工具，在圆角矩形上输入需要的文字。选择“选择”工具，在属性栏中选择合适的字体并设置文字大小，填充文字为白色，效果如图 9-79 所示。

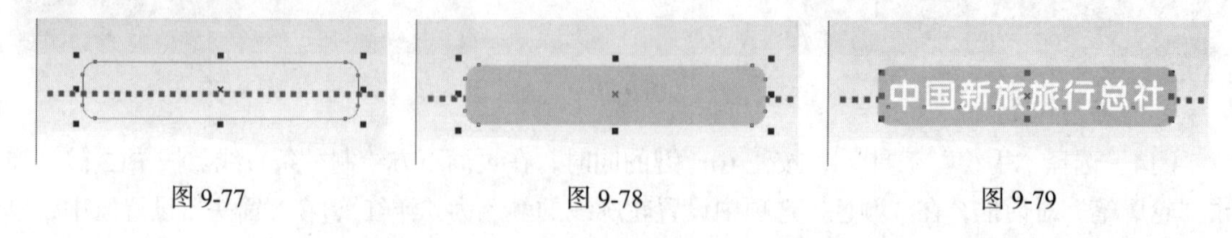

图 9-77　　图 9-78　　图 9-79

（17）按 Ctrl+I 组合键，弹出“导入”对话框，选择光盘中的“Ch09 > 素材 > 旅游宣传单设

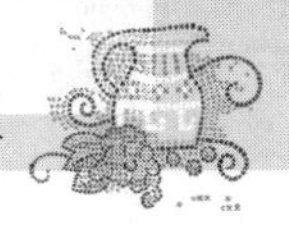

计 >02”文件，单击“导入”按钮，在页面中单击导入图片，将其拖曳到适当的位置，效果如图 9-80 所示。按 Esc 键，取消选取状态，旅游宣传单设计制作完成，效果如图 9-81 所示。

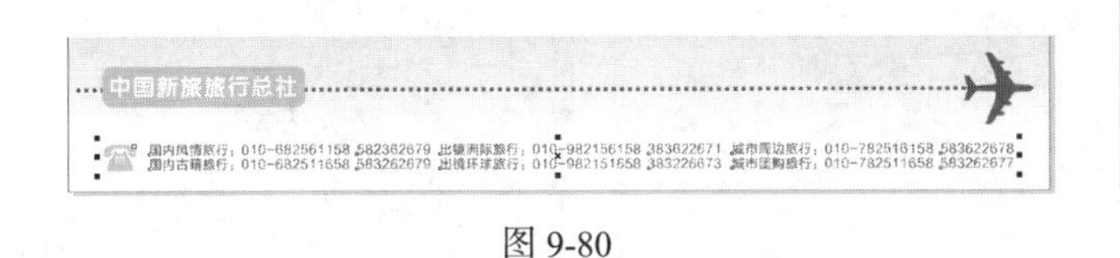

图 9-80

图 9-81

9.3 课堂案例——食品海报设计

【案例学习目标】学习使用几何图形工具、图框精确剪裁命令、文本工具设计食品海报。

【案例知识要点】使用矩形工具和精确剪裁命令制作海报背景效果。使用文本工具、轮廓笔工具和阴影工具制作标题文字。食品海报设计如图 9-82 所示。

【效果所在位置】光盘/Ch09/效果/食品海报设计.cdr。

图 9-82

1．制作海报背景效果

（1）按 Ctrl+N 组合键，新建一个页面，在属性栏的“页面度量”选项中分别设置宽度为 349.0mm，高度为 225.0mm，按 Enter 键，页面尺寸显示为设置的大小。

（2）按 Ctrl+I 组合键，弹出“导入”对话框，选择光盘中的“Ch09 > 素材 > 食品海报设计 > 01”文件，单击“导入”按钮，在页面中单击导入图片，调整其大小并将其拖曳到适当的位置，效果如图 9-83 所示。

（3）选择“贝塞尔”工具，在页面中适当的位置，绘制一个不规则图形，如图 9-84 所示。设置图形颜色的 CMYK 值为：100、0、100、50，填充图形，并去除图形的轮廓线，效果如图 9-85 所示。

图 9-83

图 9-84

图 9-85

（4）按 Ctrl+I 组合键，弹出“导入”对话框，选择光盘中的“Ch09 > 素材 > 食品海报设计 >

02”文件，单击“导入”按钮，在页面中单击导入图片，选择“选择”工具，将其拖曳到适当的位置，效果如图 9-86 所示。按住 Shift 键的同时，选取背景图片和不规则图形，按 Ctrl+G 组合键，将其群组，效果如图 9-87 所示。双击“矩形”工具，绘制一个与页面大小相等的矩形，按 Shift+PageUp 组合键，将矩形置于顶层，效果如图 9-88 所示。

图 9-86

图 9-87

图 9-88

（5）选择“选择”工具，选取编组图形，选择“效果 > 图框精确剪裁 > 放置在容器中”命令，鼠标的光标变为黑色箭头形状，在矩形图形上单击鼠标左键，如图 9-89 所示，将图形置入到矩形图形中，并去除图形的轮廓线，效果如图 9-90 所示。

图 9-89

图 9-90

2. 添加并编辑标题文字

（1）选择“文本”工具，在页面中输入需要的文字，选择“选择”工具，在属性栏中选择合适的字体并设置文字大小，效果如图 9-91 所示。选择“文本”工具，选取文字“鲜”，如图 9-92 所示，在属性栏中选择合适的字体并设置文字大小，效果如图 9-93 所示。

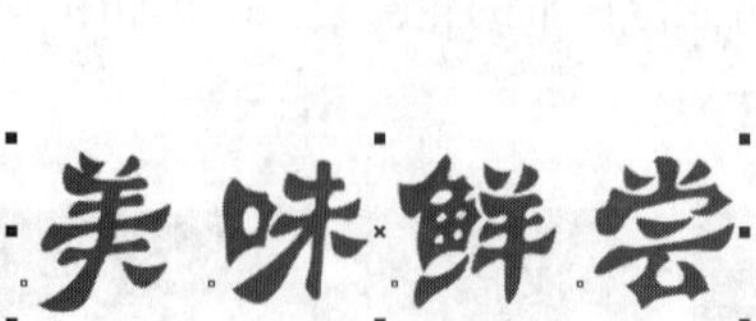

美味鲜尝

图 9-91

鲜

图 9-92

美味鲜尝

图 9-93

（2）选择“选择”工具，拖曳文字到页面中适当的位置，如图 9-94 所示。按 Ctrl+K 组合键，将文字进行拆分，拆分完成后“美”字呈选中状态，在属性栏中的“旋转角度”框中设置数值为 19，按 Enter 键，效果如图 9-95 所示。使用相同的方法，分别选中另外三个文字将其旋转到适当的角度，并按左右方向键调整文字的位置，效果如图 9-96 所示。

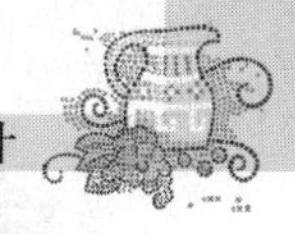

图 9-94

图 9-95

图 9-96

（3）选择“选择”工具，按住 Shift 键的同时，依次单击文字“美”、“味”、“尝”，将其同时选取，在“CMYK 调色板”中的“洋红”色块上单击鼠标左键，填充文字，效果如图 9-97 所示。选取文字“鲜”，设置文字颜色的 CMYK 值为：80、40、100、0，填充文字，效果如图 9-98 所示。

图 9-97

图 9-98

（4）按住 Shift 键的同时，依次单击文字“美”、“味”、“尝”，将其同时选取。按 F12 键，弹出“轮廓笔”对话框，在“颜色”选项中设置轮廓线颜色为白色，其他选项的设置如图 9-99 所示，单击“确定”按钮，效果如图 9-100 所示。

图 9-99

图 9-100

（5）选择“贝塞尔”工具，绘制一个不规则图形，在“CMYK 调色板”中的“黄”色块上单击鼠标左键，填充图形，并去除图形的轮廓线，效果如图 9-101 所示。

（6）选择“阴影”工具，在图形对象上由中间向下拖曳光标，为图形添加阴影效果，在属性栏中的设置如图 9-102 所示，按 Enter 键，效果如图 9-103 所示。选择“选择”工具，选取图形，连续按 Ctrl+PageDown 组合键，将阴影图形放置在文字的后面，效果如图 9-104 所示。

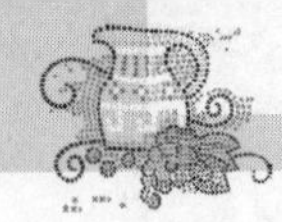

图 9-101

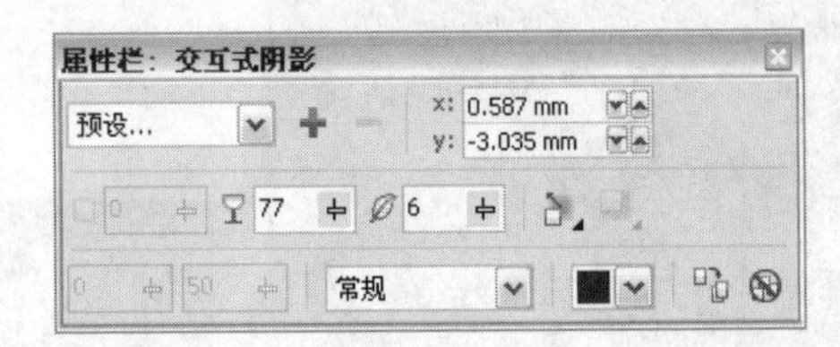

图 9-102

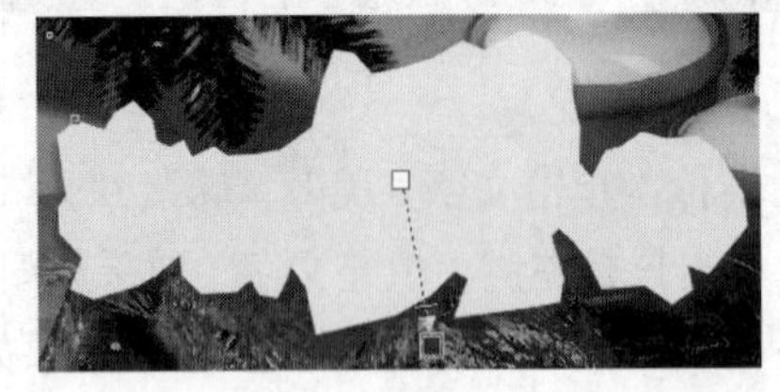

图 9-103

图 9-104

（7）选择“选择”工具，选取文字“鲜”，选择“阴影”工具，在文字对象上由中间向右侧拖曳光标，为图形添加阴影效果，在属性栏中的设置如图 9-105 所示，按 Enter 键，效果如图 9-106 所示。

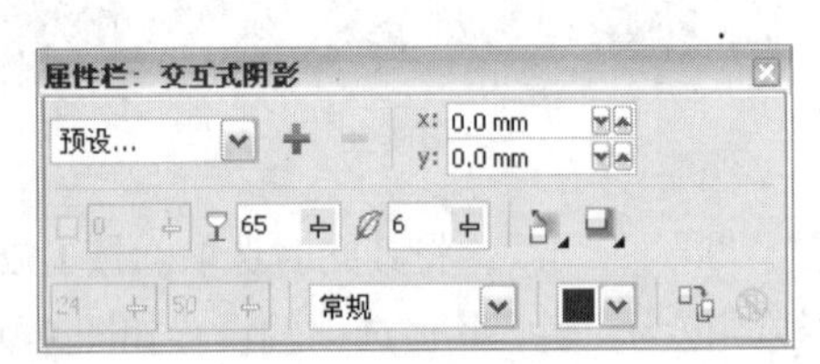

图 9-105

图 9-106

（8）使用相同方法制作其他文字和黄色背景效果，如图 9-107 所示。按 Ctrl+I 组合键，弹出“导入”对话框，选择光盘中的“Ch09 > 素材 > 食品海报设计 > 03”文件，单击“导入”按钮，在页面中单击导入图片，拖曳图片到适当的位置，效果如图 9-108 所示。食品海报设计制作完成。

图 9-107

图 9-108

9.4 课堂案例——数码相机招贴

【案例学习目标】学习使用几何图形工具、编辑图形命令、透明度工具和文本工具制作数码相机招贴。

【案例知识要点】使用矩形工具、椭圆工具、调和工具和图框精确剪裁命令制作背景。使用椭圆工具、合并命令和移除前面对象制作镜头图形。使用透明度工具制作剪切图形的透明效果。使用文本工具添加相关信息。数码相机招贴效果如图 9-109 所示。

【效果所在位置】光盘/Ch09/效果/数码相机招贴.cdr。

图 9-109

1．绘制背景并编辑图形

（1）按 Ctrl+N 组合键，新建一个页面，在属性栏的“页面度量”选项中分别设置宽度为 220.0mm，高度为 320.0mm，按 Enter 键，页面尺寸显示为设置的大小。选择“矩形”工具，在页面中适当的位置绘制一个矩形，如图 9-110 所示。在“CMYK 调色板”中的“黄”色块上单击鼠标左键，填充图形，在“无填充”按钮上单击鼠标右键，去除图形的轮廓线，按 P 键，居中对齐页面，效果如图 9-111 所示。

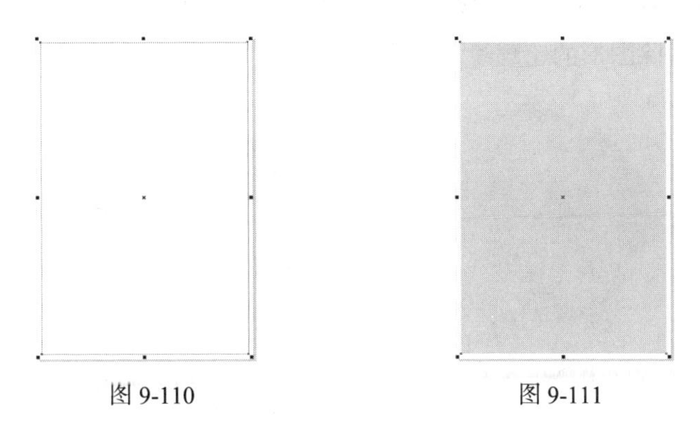

图 9-110　　图 9-111

（2）选择“椭圆形”工具，在页面中适当的位置分别绘制两个椭圆形，分别设置椭圆形颜色的 CMYK 值为：（0、80、100、0）、（40、0、100、0），填充图形，并去除图形的轮廓线，效果如图 9-112 所示。

（3）选择“调和”工具，在两个圆形之间拖曳鼠标添加调和效果，在属性栏中的设置如图 9-113 所示，按 Enter 键，效果如图 9-114 所示。

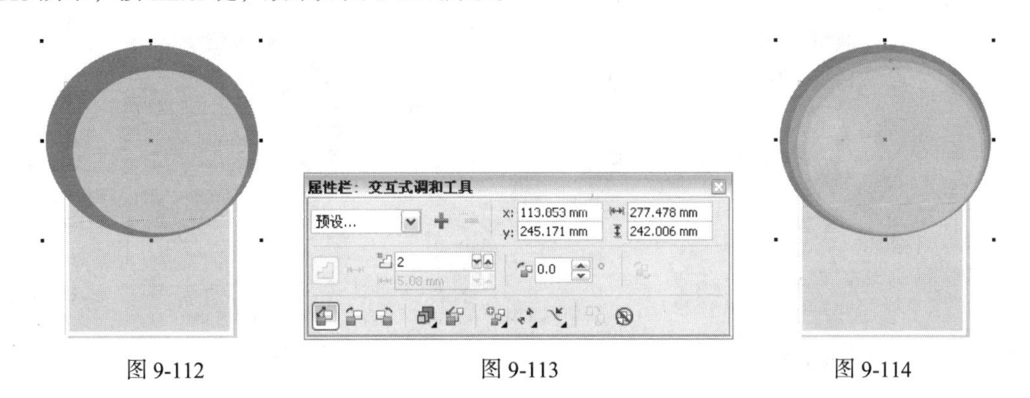

图 9-112　　图 9-113　　图 9-114

（4）选择“椭圆形”工具，在适当的位置绘制一个椭圆形，在属性栏中的“轮廓宽度” .2 mm 框中设置数值为 1mm，并填充轮廓线为白色，如图 9-115 所示。选择“选择”工具，

按住 Shift 键的同时，向内拖曳圆形右上角的控制手柄到适当的位置单击鼠标右键，复制一个圆形，在“CMYK 调色板”中的“黄”色块上单击鼠标右键，填充图形的轮廓线，效果如图 9-116 所示。

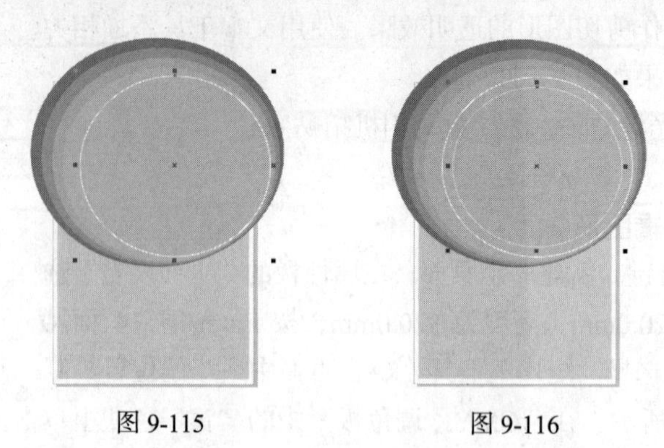

图 9-115　　图 9-116

（5）选择“选择”工具，用圈选的方法将两个椭圆形同时选取，如图 9-117 所示。按数字键盘上的+键，复制一组椭圆形。单击属性栏中的“合并”按钮，将两个圆形合并成一个图形，填充图形为白色，并去除图形的轮廓线，效果如图 9-118 所示。

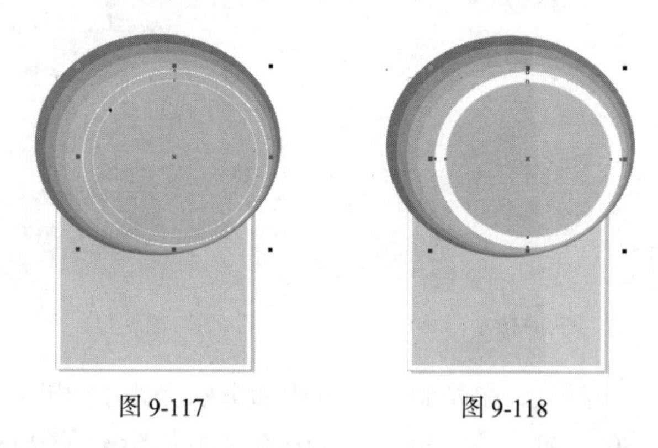

图 9-117　　图 9-118

（6）选择“贝塞尔”工具，在适当的位置绘制两个不规则图形，如图 9-119 所示。选择“选择”工具，按住 Shift 键的同时，单击白色环形，将其同时选取，如图 9-120 所示。单击属性栏中的“移除前面对象”按钮，将多个图形剪切为一个图形，效果如图 9-121 所示。

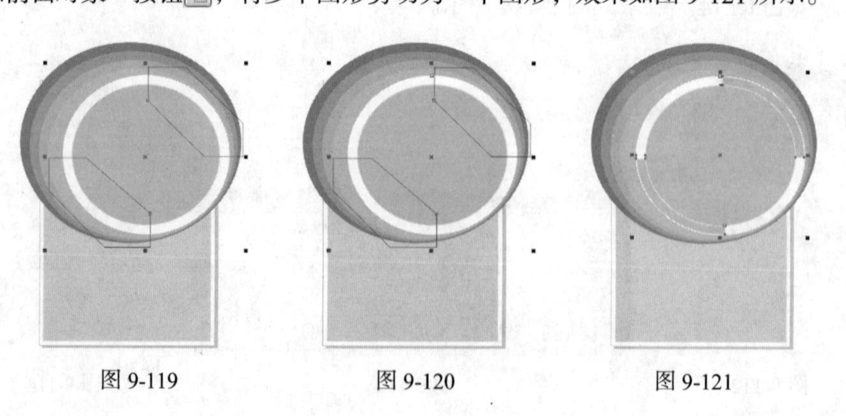

图 9-119　　图 9-120　　图 9-121

（7）选择“透明度”工具，在属性栏中的设置如图 9-122 所示，按 Enter 键，透明效果如图 9-123 所示。

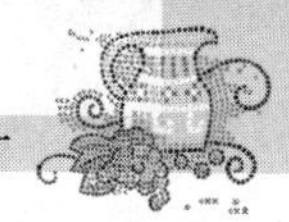

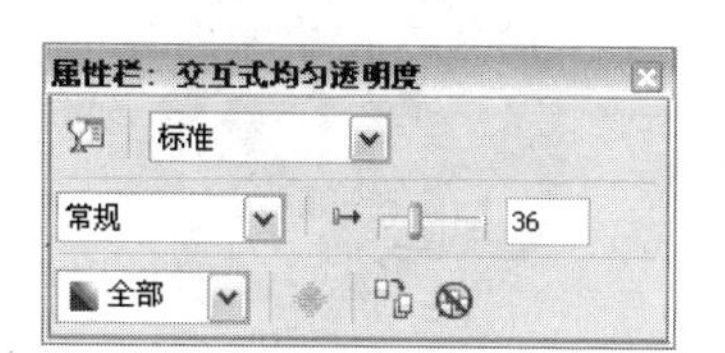

图 9-122

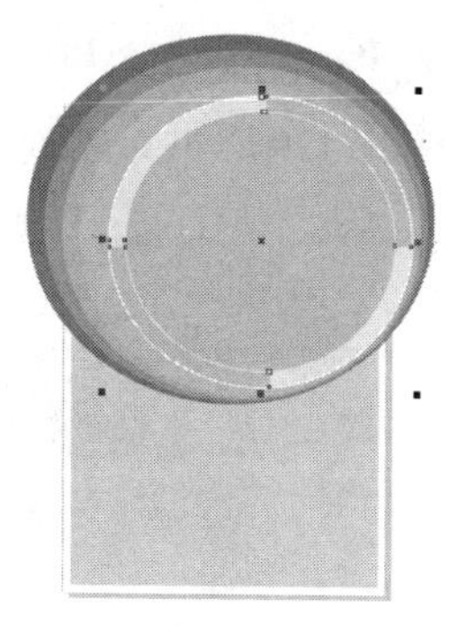

图 9-123

2. 导入并编辑图片

（1）选择“文件 > 导入”命令，弹出“导入”对话框。选择光盘中的“Ch09 > 素材 > 数码相机招贴 > 01”文件，单击“导入”按钮，在页面中单击导入图片，选择“选择”工具，将其拖曳到适当的位置并调整其大小，如图 9-124 所示。连续按 Ctrl+PageDown 组合键，将其向后移动到适当的位置，效果如图 9-125 所示。

图 9-124

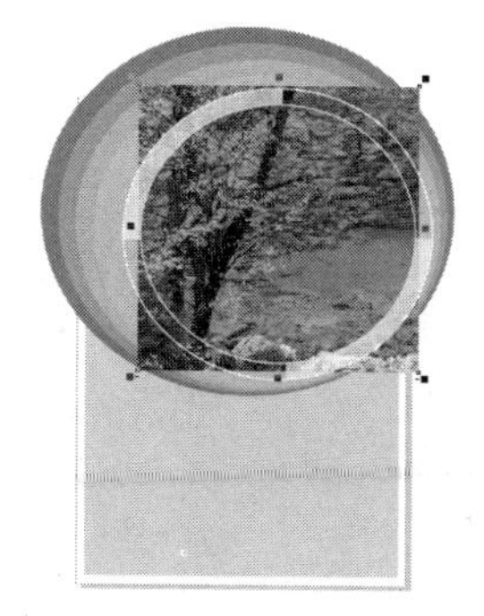

图 9-125

（2）选择“效果 > 图框精确剪裁 > 放置在容器中”命令，鼠标的光标变为黑色箭头形状，在黄色圆形上单击鼠标左键，如图 9-126 所示，将图形置入到黄色圆形中，并去除图形的轮廓线，效果如图 9-127 所示。

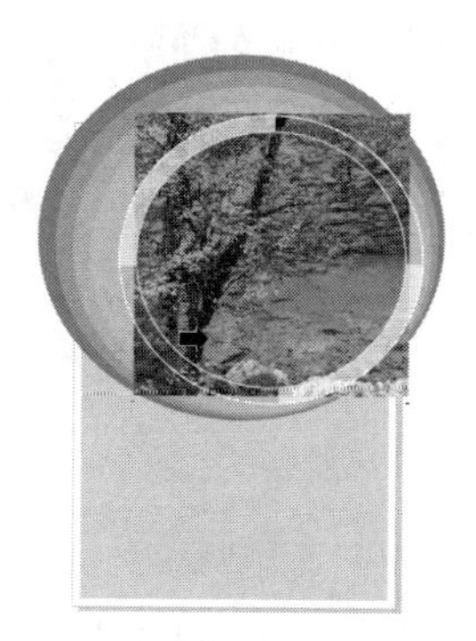

图 9-126

图 9-127

（3）选择“椭圆形”工具，在适当的位置绘制两个椭圆形。选择“选择”工具，用圈选的方法将两个椭圆形同时选取，如图 9-128 所示。单击属性栏中的“合并”按钮，将两个椭圆形合并成一个图形。在“CMYK 调色板”中的“黄”色块上单击鼠标左键，填充图形，并去除图形的轮廓线，效果如图 9-129 所示。

图 9-128

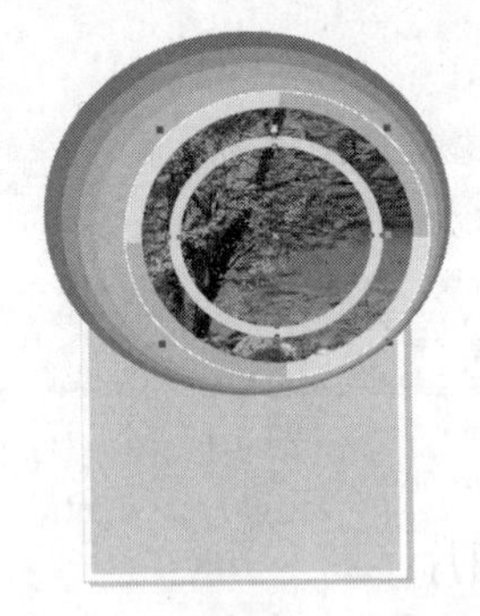

图 9-129

（4）选择“贝塞尔”工具，在适当的位置绘制两个不规则图形，如图 9-130 所示。选择“选择”工具，按住 Shift 键同时，单击黄色环形，将其同时选取，单击属性栏中的“移除前面对象”按钮，将多个图形剪切为一个图形，效果如图 9-131 所示。

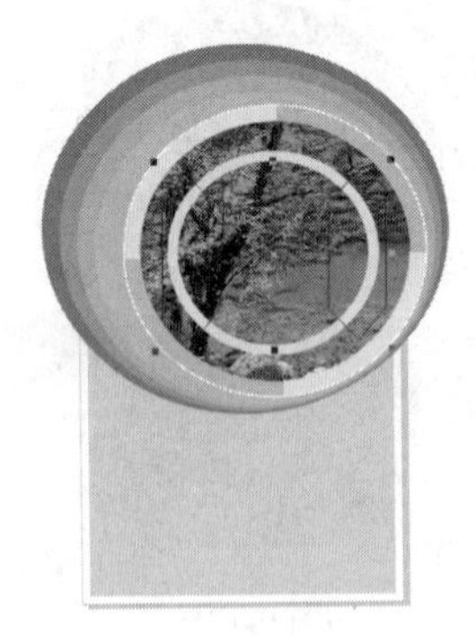

图 9-130

图 9-131

（5）选择“透明度”工具，在属性栏中的设置如图 9-132 所示，按 Enter 键，透明效果如图 9-133 所示。

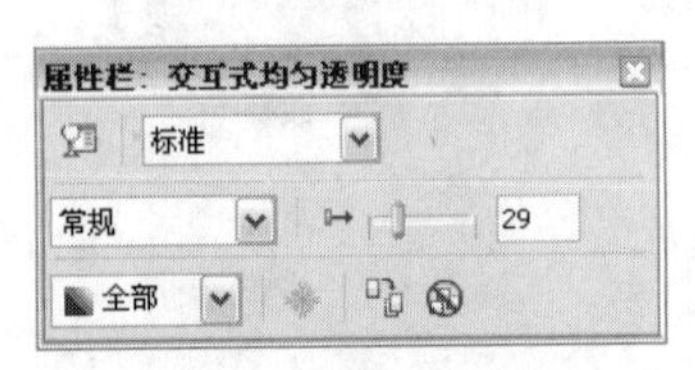

图 9-132

图 9-133

（6）选择“选择”工具，用圈选的方法选取需要的图形，如图 9-134 所示。选择“效果 > 图框精确剪裁 > 放置在容器中”命令，鼠标的光标变为黑色箭头形状，在黄色矩形上单击鼠标左键，如图 9-135 所示，将图形置入到背景矩形中，效果如图 9-136 所示。

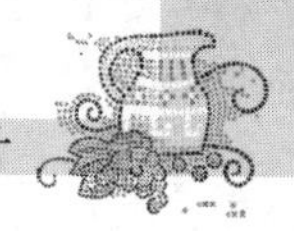

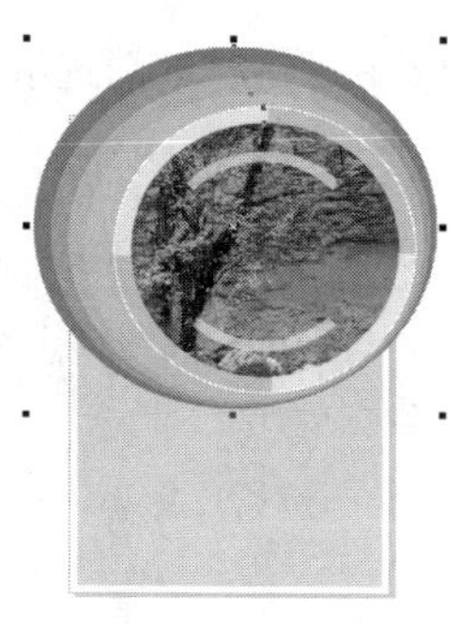

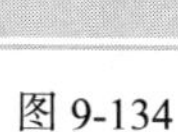

图 9-134

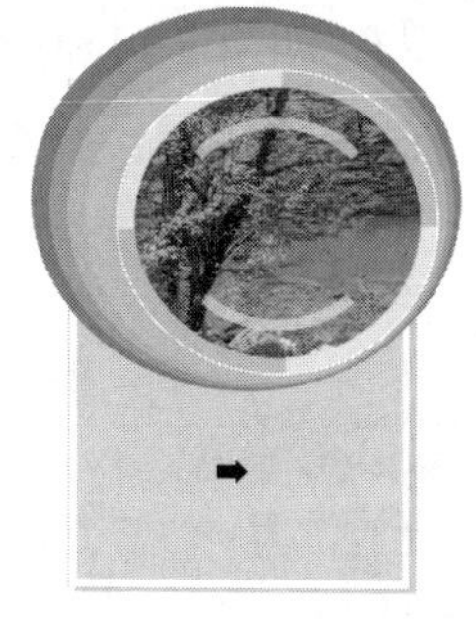

图 9-135

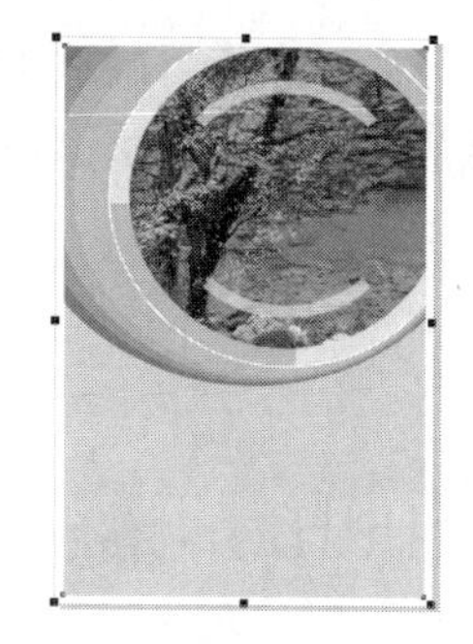

图 9-136

3. 导入图片并添加相关文字

（1）选择“文件 > 导入”命令，弹出“导入”对话框。选择光盘中的“Ch09 > 素材 > 数码相机招贴 > 02”文件，单击“导入”按钮，在页面中单击导入图片，选择“选择”工具，将其拖曳到适当的位置并调整其大小，如图 9-137 所示。

（2）选择“文本”工具，在页面中适当的位置分别输入需要的文字。选择“选择”工具，在属性栏中选择合适的字体并分别设置文字大小，效果如图 9-138 所示。

（3）选择“文件 > 导入”命令，弹出“导入”对话框。选择光盘中的“Ch09 > 素材 > 数码相机招贴 > 03、04”文件，单击“导入”按钮，在页面中分别单击导入图片，选择“选择”工具，分别将其拖曳到适当的位置并调整其大小，如图 9-139 所示。

图 9-137

图 9-138

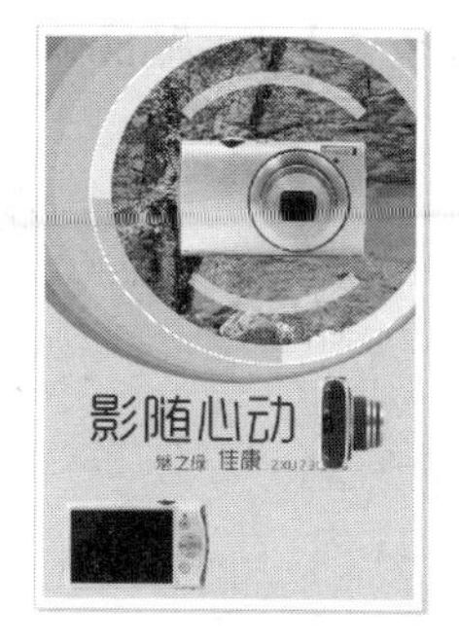

图 9-139

（4）选择“选择”工具，选取需要的图片，如图 9-140 所示。在属性栏中单击“水平镜像”按钮，水平翻转选中的图片，并将其拖曳到适当的位置，效果如图 9-141 所示。

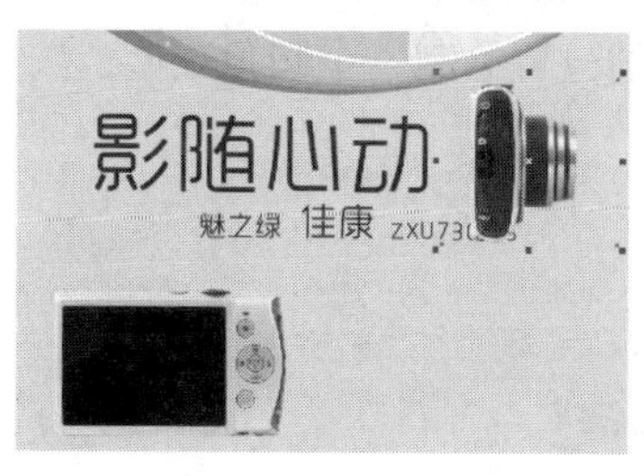

图 9-140

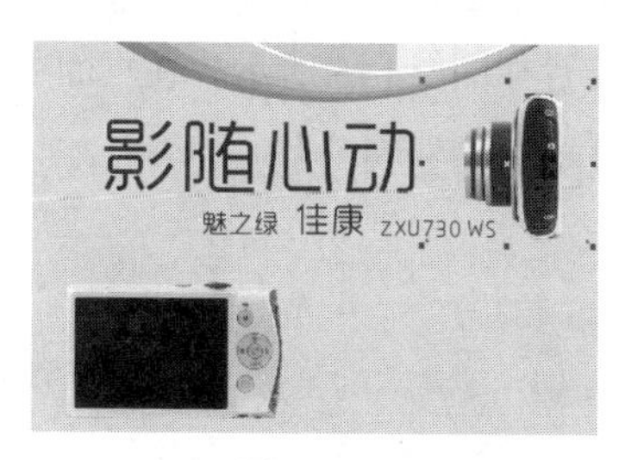

图 9-141

（5）选择“文本”工具，在页面中适当的位置拖曳出一个文本框，在属性栏中选取适当的字体并设置文字大小，在文本框内输入需要的文字，如图 9-142 所示。选择“形状”工具，向

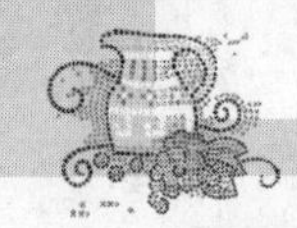

下拖曳文字下方的≑图标，调整文字行距，如图 9-143 所示。按 Esc 键，取消选取状态，数码相机招贴制作完成，效果如图 9-144 所示。

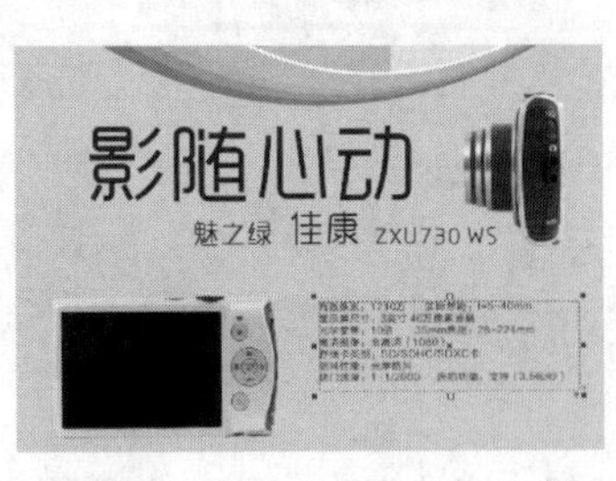

图 9-142

有效像素：1210万　实际焦距：5-40mm
显示屏尺寸：3英寸46万像素液晶
光学变焦：10倍　35mm焦距：28-224mm
高清摄像：全高清（1080）
存储卡类型：SD/SDHC/SDXC卡
防抖性能：光学防抖
快门速度：1-1/2000　连拍功能：支持（3.5张/秒）

图 9-143

图 9-144

9.5 课堂案例——POP 设计

【案例学习目标】学习使用几何图形工具、导入命令、透明度工具和文本工具设计 POP。

【案例知识要点】使用矩形工具和渐变填充工具制作背景渐变。使用多边形工具、变形工具和透明度工具制作花形。使用文本工具、导入命令和文本换行命令制作文本绕图效果。POP 设计如图 9-154 所示。

【效果所在位置】光盘/Ch09/效果/ POP 设计.cdr。

图 9-145

（1）按 Ctrl+N 组合键，新建一个页面，在属性栏的“页面度量”选项中分别设置宽度为 296.0mm，高度为 209.0mm，按 Enter 键，页面尺寸显示为设置的大小。选择“矩形”工具□，在属性栏中的设置如图 9-146 所示，在页面中适当的位置绘制一个圆角矩形，按 P 键，圆角矩形在页面居中对齐，效果如图 9-147 所示。

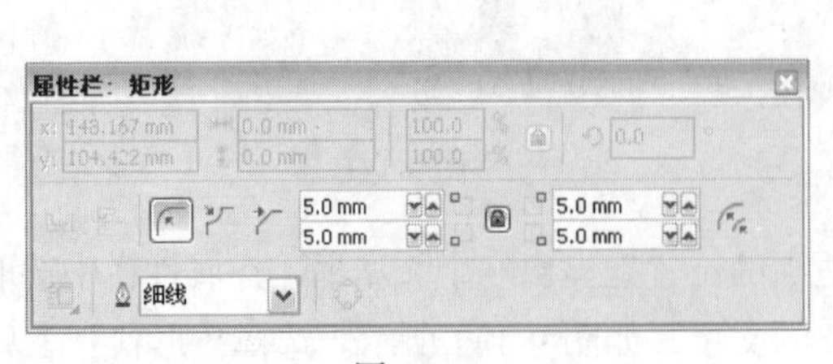

图 9-146

图 9-147

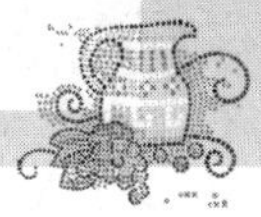

（2）选择“渐变填充”工具▇，弹出“渐变填充”对话框。点选“双色”单选框，将“从”选项颜色的 CMYK 值设置为：100、0、0、0，“到”选项颜色的 CMYK 值设置为：0、0、100、0，其他选项的设置如图 9-148 所示，单击“确定”按钮，填充图形，并去除图形的轮廓线，效果如图 9-149 所示。

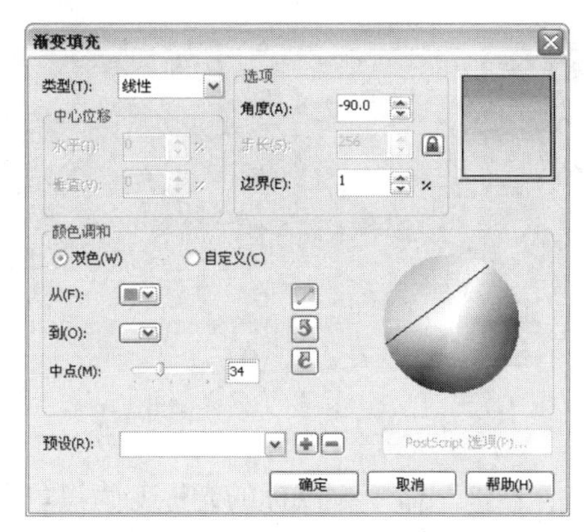

图 9-148

图 9-149

（3）选择“多边形”工具，在属性栏中的“点数或边数”框中设置数值为 6，绘制一个六边形，填充图形为白色，并去除图形的轮廓线，如图 9-150 所示。选择“变形”工具，在属性栏中单击“推拉变形”按钮，在六边形内由中部向左上角拖曳光标，如图 9-151 所示，松开鼠标左键，六边形变为花形，效果如图 9-152 所示。

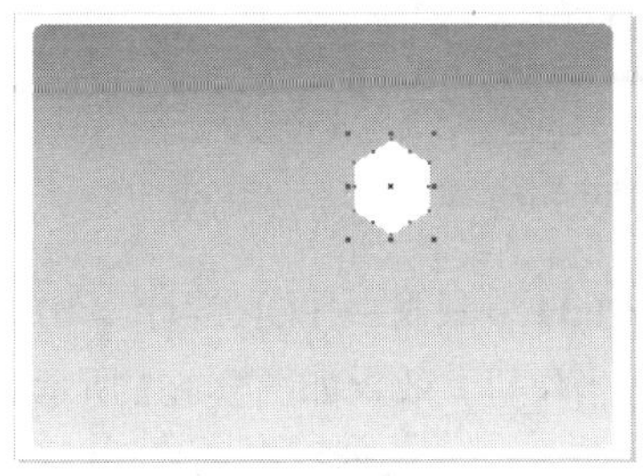

图 9-150

图 9-151

图 9-152

（4）选择“透明度”工具，在属性栏中的设置如图 9-153 所示，按 Enter 键，效果如图 9-154 所示。

（5）选择“椭圆形”工具，按住 Ctrl 键的同时，绘制一个圆形，填充图形为白色，并去除图形的轮廓线，如图 9-155 所示。使用相同方法制作圆形的透明效果，如图 9-156 所示。

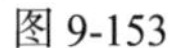

图 9-153

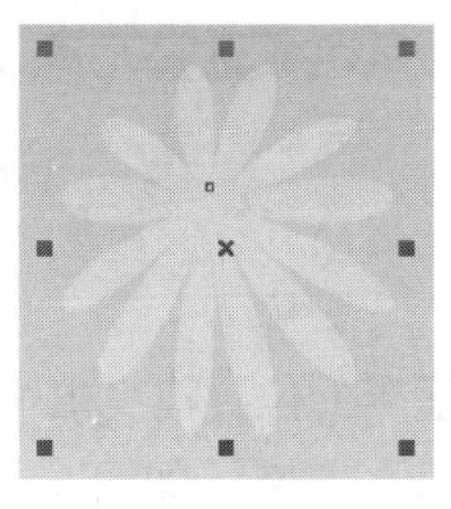

图 9-154

图 9-155

图 9-156

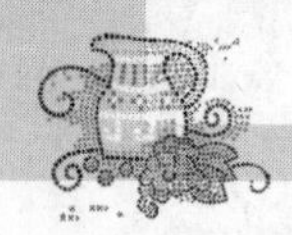

（6）选择“选择”工具，按 Shift 键的同时，将花形同时选取，按 Ctrl+G 组合键，将其群组，如图 9-157 所示。多次按数字键盘上的+键，复制多个编组图形，分别拖曳复制的编组图形到适当的位置并调整其大小，效果如图 9-158 所示。选择“选择”工具，用圈选的方法将花图形同时选取，如图 9-159 所示。

图 9-157　　图 9-158　　图 9-159

（7）选择“效果 > 图框精确剪裁 > 放置在容器中”命令，鼠标的光标变为黑色箭头形状，在背景矩形上单击鼠标左键，如图 9-160 所示，将图形置入到背景矩形中，效果如图 9-161 所示。

图 9-160　　图 9-161

（8）按 Ctrl + I 组合键，弹出“导入”对话框，选择光盘中的“Ch09 > 素材 > POP 设计 > 01”文件，单击“导入”按钮，在页面中单击导入图片，将其拖曳到适当位置，效果如图 9-162 所示。

（9）选择“文本”工具，输入需要的文字，选择“选择”工具，在属性栏中选择合适的字体并设置文字大小，文字效果如图 9-163 所示。

图 9-162

图 9-163

（10）选择“文本”工具，在页面中适当的位置拖曳出一个文本框，在属性栏中选取适当的字体并设置文字大小，在文本框内输入需要的文字，如图 9-164 所示。选择“形状”工具，向下拖曳文字下方的≑图标，调整文字的行距，如图 9-165 所示。使用相同的方法输入需要的文

字，分别在属性栏中选取适当的字体并设置文字大小，调整文字行距，效果如图 9-166 所示。

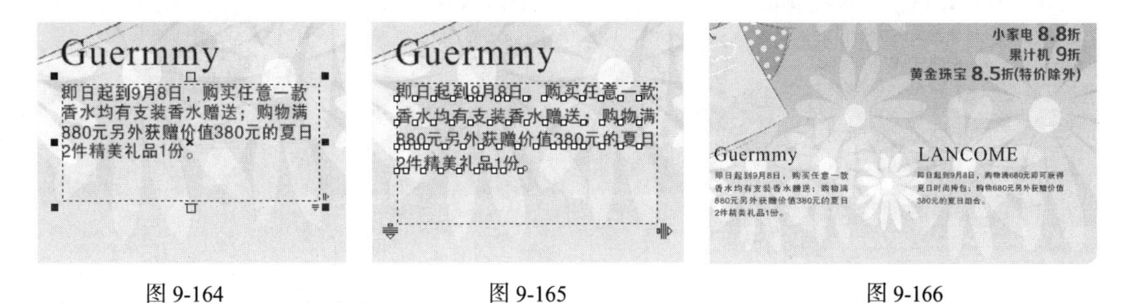

图 9-164　　　图 9-165　　　图 9-166

（11）按 Ctrl + I 组合键，弹出“导入”对话框，选择光盘中的“Ch09 > 素材 > POP 设计 > 02、03”文件，单击“导入”按钮，在页面中单击导入图片，适当地调整大小和位置，效果如图 9-167 所示。

（12）选择“选择”工具，选取导入的 02 图片，单击属性栏中的“文本换行”按钮，在弹出的下拉列表中单击“文本从左向右排列”按钮，如图 9-168 所示，效果如图 9-169 所示。

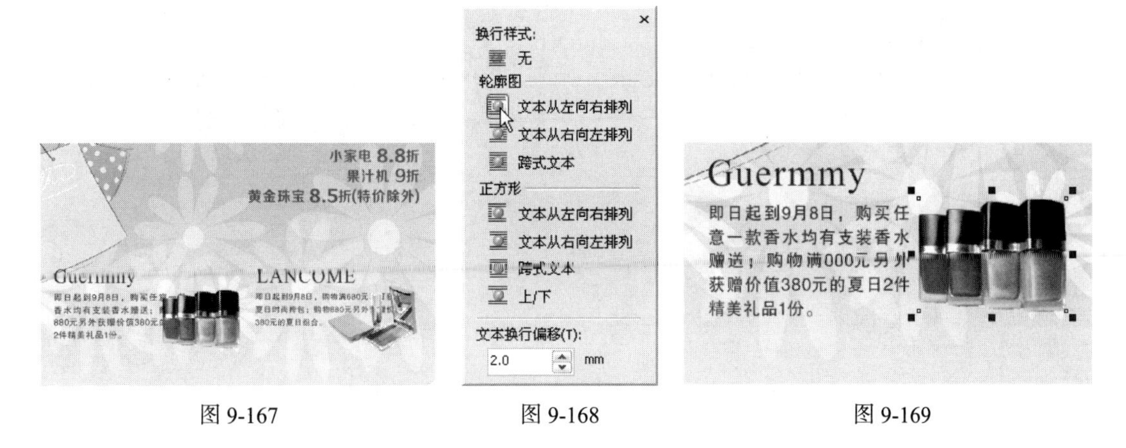

图 9-167　　　图 9-168　　　图 9-169

（13）选择“选择”工具，选取导入的 03 图片，如图 9-170 所示。单击属性栏中的“文本换行”按钮，在弹出的下拉列表中单击“文本从左向右排列”按钮，效果如图 9-171 所示。

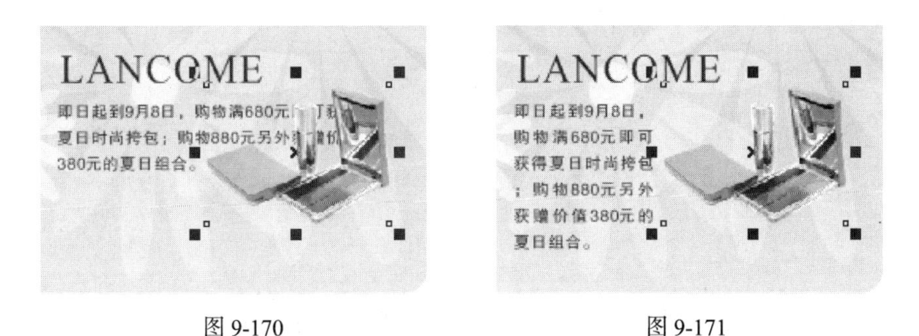

图 9-170　　　图 9-171

（14）选择“形状”工具，在适当的位置双击鼠标左键，添加节点，如图 9-172 所示，按住鼠标左键拖曳该节点到适当的位置，松开鼠标左键，效果如图 9-173 所示。

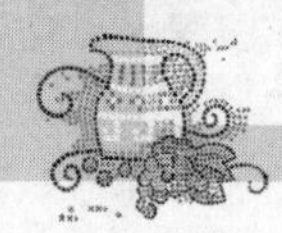

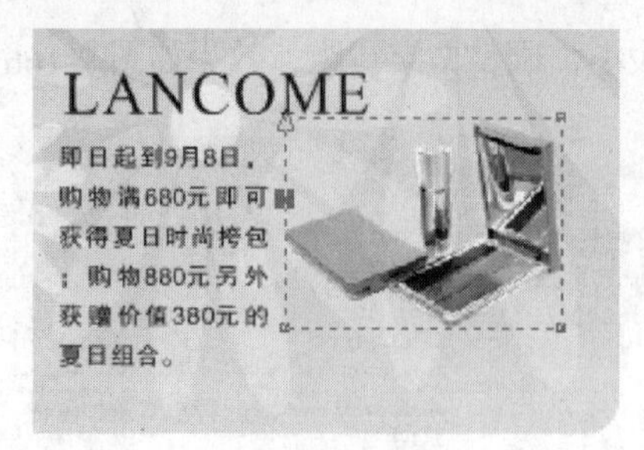

图 9-172

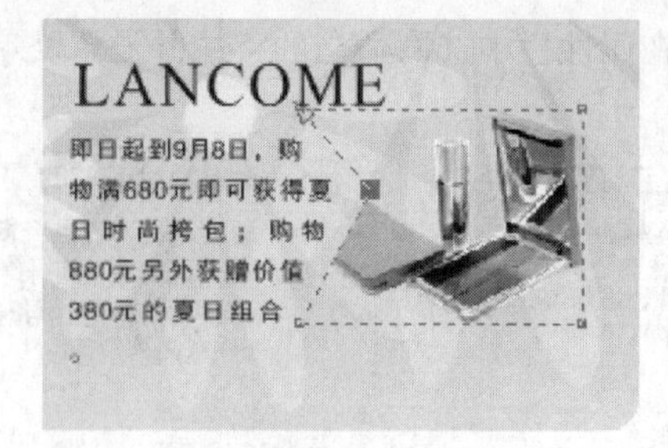

图 9-173

（15）使用相同的方法分别在适当的位置再添加几个节点，分别调整节点到适当的位置，效果如图 9-174 所示。选择“选择”工具，按 Esc 键，取消选取状态，POP 设计制作完成，效果如图 9-175 所示。

图 9-174

图 9-175